创新思维
——技法·TRIZ·专利实务

陶友青 编著

华中科技大学出版社
http://www.hustp.com
中国·武汉

内 容 简 介

本书以创新能力的培养为目标,从传统创新技法,发明问题解决理论,技术创新成果的创造、保护和利用,以及创新成果的管理、运营等维度对相关知识进行了系统的介绍。全书旨在按照传授知识、引导兴趣、激发创意等环节,突出创新意识的激发、创新精神的塑造和创新能力的训练。

全书注重理论与实际相结合,兼顾科技、管理、经济、法律知识的运用,选用大量的发明专利、管理创新以及互联网、人工智能、大数据等方面的案例,深入浅出、通俗易懂,内容新颖、独特,体现出较强的知识性、趣味性和实用性。本书既可用于教师开展创新人才培养的教学,又可用于大中专学生自学,还可供创新创业竞赛指导、企业培训参考。

图书在版编目(CIP)数据

创新思维:技法·TRIZ·专利实务/陶友青编著.—武汉:华中科技大学出版社,2018.9(2023.3重印)
ISBN 978-7-5680-4423-3

Ⅰ.①创… Ⅱ.①陶… Ⅲ.①创造性思维-能力培养 Ⅳ.①B804.4

中国版本图书馆 CIP 数据核字(2018)第 213049 号

创新思维——技法·TRIZ·专利实务　　　　　　　　　　　　　　　陶友青　编著
Chuangxin Siwei——Jifa·TRIZ·Zhuanli Shiwu

策划编辑:陈培斌
责任编辑:李文星
封面设计:刘　婷
责任校对:张会军
责任监印:周治超

出版发行:华中科技大学出版社(中国·武汉)　　电话:(027)81321913
　　　　　武汉市东湖新技术开发区华工科技园　　邮编:430223
录　　排:武汉楚海文化传播有限公司
印　　刷:武汉开心印印刷有限公司
开　　本:787mm×1092mm　1/16
印　　张:19
字　　数:461千字
印　　次:2023年3月第1版第5次印刷
定　　价:56.00元

本书若有印装质量问题,请向出版社营销中心调换
全国免费服务热线:400-6679-118　竭诚为您服务
版权所有　侵权必究

前　言

在知识经济时代,个体、企业乃至国家间的竞争归根到底是创新能力的竞争。具有创新思维、掌握创新方法等无一例外是创新人才能力培养的必备条件。创新方法的内涵和精髓其实就是以提升创新能力为本,通过有意识的学习和总结,通过掌握一定的思维方法、学习方法、工作方法,并通过不断的实践,使这种创新能力成为个人以及组织的核心资源。

大学生创新能力培养是一件十分重要的事情,本书编著者作为一名高校教育工作者,一直致力于高校创新人才的培养与研究工作,先后在学校科技处、高等教育研究所、经济管理学院等部门工作。长期的多岗位的教育实践经历,使编著者切实体会到,合理的知识与能力结构是工程教育改革的重要组成部分,理工科、经管类专业学生学习创新思维方法和技术管理理论是非常必要的。理工科院校学生应具备更强的工程实践能力和解决实际问题的能力,也就是要具有较强的应用能力、协作能力和创新能力。在总结教学、研究和创新实践经验基础上,本着应用为主的目的,我们编著了《创新思维——技法·TRIZ·专利实务》。

本书全书旨在从传授知识、引导兴趣、激发创意、训练能力、提升素质等递进环节着手安排相应章节,并突出创新意识的激发、创新精神的塑造和创新能力的训练。通过学习,达到拓宽学生视野,优化其知识结构,提升其综合素养的目的。

全书分为以下六章:

第一章全面介绍创新的背景知识和创新的必要性,从概念层面了解创新与创新思维,阐明与创新相关的创意、创造、发明等概念,以及创新思维与互联网思维的关系。

第二章主要介绍创新思维过程的形式及技法,包括形象思维、逆向思维、发散思维与收敛思维,以及设问法、头脑风暴法、组合法、类比法、列举法、专利情报分析法等主要创新技法。

第三章介绍发明问题解决理论——TRIZ。通过 TRIZ 训练,可以缩短研发时间,解决关键技术问题,提升产品的市场竞争力,使企业获得拥有自主知识产权的核心技术,营造持续创新的企业文化。

第四章系统介绍专利与专利制度、专利申请与审批、专利申请文件的撰写、专利实施、专利战略和运营,以及专利文献检索。专利文献是智能的宝库、发明的向导,通过专利文献可以了解国内外科技水平,避免时间、人力和财物的重复浪费。

创新思维——技法·TRIZ·专利实务

第五章介绍技术创新与管理创新,以及它们之间的互动关系。技术创新与管理创新是企业发展的一对风火轮。企业掌握了核心技术,并不等于具备了核心竞争力,要通过管理创新对企业一系列知识与技能的整合、协调,才能逐步累积发展实力。

第六章介绍商业模式创新。商业模式可以改变整个行业格局,技术创新只有与商业模式创新共振,以新技术打开视野,以新的商业模式、理念、运营方式使技术落地,才能发挥出最大的效能,产生最大的价值。

本书与其他创新思维教材相比,最大的特点是不局限于仅仅介绍传统创新技法,而且还进一步介绍了发明问题解决理论——TRIZ,进而又上升到技术创新成果的创造、保护和利用,即国际上通行的利用法律和经济手段保护和促进技术发明的专利制度,最后介绍了创新成果的管理与运营——技术创新与管理创新,以及商业模式创新。全书通过六个章节既系统、又相对独立分层的知识安排,将单纯知识学习引导到知识学习、能力培养和素质提高三个层面上来。

本书兼顾科技、管理、经济、法律知识的运用,注重理论联系实际,选用大量生动的发明专利、管理创新以及互联网、人工智能、大数据等方面的案例,深入浅出,通俗易懂,内容新颖、独特,体现出较强的知识性、趣味性和实用性。本书既可用于理工类、经管类等各专业教师开展创新创业人才培养教学,又可用于大中专学生拓宽视野、增长知识,也可供创新创业竞赛指导、企业培训参考。教师可根据教学对象和授课学时不同,灵活选择相关内容进行重点讲解。

感谢南昌航空大学学工处处长罗来松、经济管理学院副院长雷轶,以及辛泳、朱延平老师。他们对书名、框架、教学模块及本书的特色,都提出了宝贵意见。感谢张金晶、柴晓岭、李星、刘柳、曾婷同学。他们对本书提出了改进建议,进行了文字校对工作,并提供了部分案例和素材。

也借此机会感谢在教学中相识的学生们。他们在创新创业、学科竞赛、申请专利提出的问题,给予我很多启发。同时感谢家人的鼎力支持。在此一并对所有为本书提供热忱帮助和付出辛勤劳动的人们表示衷心的感谢!特别感谢华中科技大学出版社的陈培斌编辑和李文星编辑。他们对工作严谨认真,一丝不苟,为本书前期的策划及后期的规范性处理都付出了大量心血。

本书获得"南昌航空大学教材建设基金"资助。本书在编著过程中,参阅了许多创新研究的成果,吸收借鉴了国内外大量相关文献资料上的案例,大部分已作为参考文献列出,限于篇幅,未能一一注明,谨在此表示敬意!同时由于编著者水平有限,不妥之处在所难免,欢迎广大读者批评指正,以便日后修订。

陶友青
2018 年 4 月

目录

第一章 创新与创新思维 (1)
第一节 创新与社会进步 (1)
一、创新推动人类与社会发展 (1)
二、创新推动自我发展、自我完善 (4)
第二节 创新 (5)
一、什么是创新 (5)
二、与创新有关的概念 (16)
第三节 创新思维 (23)
一、什么是创新思维 (23)
二、互联网思维 (28)
参考文献 (32)

第二章 创新思维方法与技法 (33)
第一节 创新思维方法 (33)
一、形象思维 (33)
二、发散思维与收敛思维 (44)
三、逆向思维 (48)
四、逻辑思维与辩证思维 (52)
第二节 创新技法 (57)
一、设问法(有序思维法) (57)
二、智力激励法(头脑风暴法) (68)
三、组合法 (70)
四、类比法 (76)
五、列举类技法 (80)
六、专利情报分析法 (82)
第三节 创新思维实践 (84)
一、创新过程理论 (84)
二、创新思维训练 (85)

三、创新思维误区 …………………………………………………… (86)

参考文献 ……………………………………………………………………… (87)

第三章　发明问题解决理论——TRIZ ………………………………… (89)

第一节　TRIZ理论概述 ……………………………………………… (89)
　　一、TRIZ的基本概念 ………………………………………………… (89)
　　二、TRIZ创新思维方法 ……………………………………………… (94)

第二节　技术系统进化法则及应用 …………………………………… (99)

第三节　40个发明原理及应用 ………………………………………… (107)

第四节　发明问题的矛盾及解决方法 ………………………………… (126)
　　一、矛盾分析及解决思路 ……………………………………………… (126)
　　二、技术矛盾与矛盾矩阵 ……………………………………………… (127)
　　三、物理矛盾与分离原理 ……………………………………………… (135)

第五节　物-场模型 …………………………………………………… (140)
　　一、物-场模型概述 …………………………………………………… (140)
　　二、物-场模型分类 …………………………………………………… (141)
　　三、物-场模型一般解法 ……………………………………………… (143)
　　四、物-场模型构建步骤 ……………………………………………… (145)

参考文献 ……………………………………………………………………… (147)

第四章　制度创新——专利制度 …………………………………………… (148)

第一节　制度创新的典范——知识产权 ……………………………… (148)
　　一、制度创新 …………………………………………………………… (149)
　　二、知识产权制度的历史与发展趋势 ………………………………… (150)
　　三、知识产权的定义 …………………………………………………… (154)
　　四、知识产权的分类 …………………………………………………… (155)
　　五、知识产权的内容 …………………………………………………… (156)

第二节　专利与专利制度 ……………………………………………… (168)
　　一、专利制度的起源与发展 …………………………………………… (169)
　　二、专利的基本概念 …………………………………………………… (171)
　　三、专利的种类 ………………………………………………………… (173)
　　四、授予专利权的条件 ………………………………………………… (176)
　　五、不授予专利权的主题 ……………………………………………… (181)

第三节　专利挖掘与专利申请 ………………………………………… (183)
　　一、专利挖掘及其方法 ………………………………………………… (183)
　　二、专利申请分析 ……………………………………………………… (185)
　　三、专利申请文件 ……………………………………………………… (186)

  四、专利申请与审批 ……………………………………………………… (189)

 第四节 专利申请文件撰写 …………………………………………………… (196)
  一、权利要求书撰写 ……………………………………………………… (196)
  二、说明书撰写 …………………………………………………………… (198)

 第五节 专利实施 ……………………………………………………………… (206)
  一、专利转让 ……………………………………………………………… (206)
  二、专利许可 ……………………………………………………………… (207)
  三、专利质押 ……………………………………………………………… (209)
  四、技术入股 ……………………………………………………………… (209)

 第六节 专利战略 ……………………………………………………………… (210)
  一、专利进攻战略 ………………………………………………………… (211)
  二、专利防御战略 ………………………………………………………… (214)

 第七节 专利运营 ……………………………………………………………… (216)
  一、专利运营的历史 ……………………………………………………… (217)
  二、专利运营模式 ………………………………………………………… (218)
  三、专利运营模式成功因素 ……………………………………………… (219)

 第八节 专利信息检索与应用 ………………………………………………… (221)
  一、什么是专利文献 ……………………………………………………… (221)
  二、专利文献的特点 ……………………………………………………… (223)
  三、专利文献的作用 ……………………………………………………… (224)
  四、专利分类法 …………………………………………………………… (225)
  五、专利信息检索与分析 ………………………………………………… (227)

 参考文献 …………………………………………………………………………… (237)

第五章 技术创新与管理创新 …………………………………………………… (239)
 第一节 技术创新 ……………………………………………………………… (239)
  一、什么是技术创新 ……………………………………………………… (239)
  二、技术创新的分类 ……………………………………………………… (244)
  三、技术创新过程与管理 ………………………………………………… (248)

 第二节 管理创新 ……………………………………………………………… (253)
  一、什么是管理创新 ……………………………………………………… (253)
  二、管理创新思维 ………………………………………………………… (258)

 第三节 技术创新与管理创新互动 …………………………………………… (262)

 参考文献 …………………………………………………………………………… (264)

第六章 商业模式创新 …………………………………………………………… (265)
 第一节 什么是商业模式 ……………………………………………………… (265)

一、商业模式的发展 …………………………………………………… (266)
　　二、商业模式的分类 …………………………………………………… (267)
　　三、商业模式的要素 …………………………………………………… (268)
　　四、成功商业模式的特征 ……………………………………………… (270)
　　五、商业模式与管理模式的关系 ……………………………………… (272)
　第二节　创业项目商业模式 …………………………………………… (274)
　　一、创业项目商业模式分类 …………………………………………… (274)
　　二、创业项目需求分析 ………………………………………………… (275)
　第三节　商业模式设计 ………………………………………………… (279)
　　一、商业模式设计原则 ………………………………………………… (279)
　　二、商业模式画布 ……………………………………………………… (281)
　第四节　商业模式创新 ………………………………………………… (286)
　　一、商业模式创新的特征 ……………………………………………… (286)
　　二、商业模式创新的方法 ……………………………………………… (288)
　第五节　商业模式创新与技术创新互动 ……………………………… (291)
参考文献 …………………………………………………………………… (295)

第一章 创新与创新思维

> 【学习要点及目标】
> 本章全面介绍创新的背景及其必要性,从概念层面了解创新与创新思维,以及与创新相关的创意、创造、发明等概念。通过本章学习,激发自身的创新意识、增强创新欲望、培养创新精神,为后续章节的学习奠定基础。

第一节 创新与社会进步

一、创新推动人类与社会发展

茫茫宇宙中,孕育我们生命的地球无时无刻不在演化着。生命的进化就是生命自身创新的结果。创新是人类特有的天性。探究未知是人类心理的自然属性。反思自我、探究价值是人类主观能动性的反映。创新是人类自身存在与发展的客观要求。人类要生存就必然向自然界索取,要发展就必须将思维的触角伸向明天。创新是人类社会文明与进步的标志。创新是人类与自然交互作用的必然结果。人类的文明史是一部不断创新的历史,人类生活的本质是创新,人类文明的源泉是创新。《大学》中的"苟日新,日日新,又日新"就是从动态的角度强调不断创新。

回顾历史,从古到今,民族和国家之间的所有进步和落后的差异,都由创新所致。小至企业发展,大至行业兴衰,都离不开创新思维的渗透作用。一切竞争归根结底是创新能力的竞争,而适宜创新的环境的营造与制度安排是创新的根本。

21世纪是创新的世纪。目前,全球共有20个左右的创新型国家,如美国、日本、韩国、芬兰、以色列等。创新型国家共同特征是:一是创新综合指数明显高于其他国家,科技进步贡献率在70%以上;二是研究开发投入占国内生产总值的比重大都在2%以上;三是对外技术依存度在30%以下;四是科技产出方面,这些国家获得的三方专利(美国、欧洲和日本授权的专利)数占到世界总量的97%。

【例1-1】 创新的国度——以色列

作为中东仅有850万人口的弹丸小国,创新创业已成为以色列的经济支柱。以色列人均拥有创新企业数目居世界第一,人均拥有高科技公司位居世界第一,因而被称为"世界硅谷"。以色列为世界贡献了20.2%的诺贝尔奖获得者,每万人中就有近150名科学家和工程师,在世界上是比例最高的,从事研发的全职人员占总人口的比例为9.1%,在世界上名列前茅⋯⋯在纳斯达克上市的高科技公司数量仅次于美国和中国,人均产值更是在全球范围内无人能敌。在农业技术、人工智能、医疗科技、网络安全等诸多领域,以色列都处于全球领先地位。

亮眼数据的背后是以色列浓厚的创新氛围和强大的创新能力。创新能力来自于犹太人的基因,然而再好的基因也需要教育。教育不是比拼学生的分数高,而是教会孩子独立思考。从小学起,以色列孩子就开始挑战权威,不停地提问;长大后更是具有挑战权威的精神。其次,在创业的过程中,以色列人从不惧怕失败,不认为失败是一件丢面子的事情,反而很享受在失败中学习的过程。以色列人崇尚终身学习、思辨,所以创业者都很擅长跨学科创新。以色列国土面积狭小,本国市场非常有限,所以他们的创新视野和思维非常全球化,在获得经济回报的同时,也习惯以改变世界为己任。

中国社科院《经济蓝皮书》指出,中国工业虽然存在产能过剩的情况,但很多行业的高端环节却大量依赖进口。

例如,在发动机、液压、传动和控制技术等关键零部件上,中国核心技术不足,汽车发动机的核心技术一直受制于人,99%的自动挡变速器来自进口。中国能造出世界上吨位最大的轮船,但汽轮机技术掌握在日韩船企手里。我们可以制造出廉价的圆珠笔,但圆珠笔笔芯的滚珠却需要大量进口。我国的钢铁产量世界第一,但特种钢铁需要从日本购买。高铁现在已经成为中国的一张名片,但核心的动力系统、制动系统很多来自西门子、ABB等外国公司。中国的手机产量已经世界领先,但多数芯片来自美国高通、韩国三星等公司。联想已经成为世界上的PC霸主,但计算机的芯片基本上被英特尔、AMD公司垄断。中国也有规模庞大的机器人产业,但很多国内汽车制造商不敢将国产的机器人放到流水线上,原因之一是故障率太高。高端医疗器械70%~80%依赖价格昂贵的进口或外资品牌,导致检查费用高,患者负担加重。

我们贡献了巨大的市场,却未能换来核心技术!我们贡献了廉价的劳动力,却得不到合理的回报!我们贡献了财力和智慧,却未能打造属于自己的自主知识产权和知名品牌!

【例1-2】 缺"芯"之痛

2018年4月,美国商务部对中兴通讯发布禁售令,禁止美国公司向中兴通讯销售零部件、商品、软件和技术7年,这背后折射出的是中国核心技术的短板。

2017年中国集成电路进口量高达3770亿块,进口额2601亿美元,同期中国原油进口总额约1500亿美元。

中国有着全球最大的半导体市场,但在计算机、移动通信终端等领域,如CPU、GPU、FPGA等核心芯片几乎全部依赖进口。就软件来说,虽然中国有淘宝网、微信、支付宝等一大批应用软件,但在操作系统、数据库、中间件等基础软件,基本被微软、谷歌、甲骨文、IBM等公司垄断。在PC市场,通用CPU芯片的开放市场被Wintel(Intel+Windows)的体系把持,手机市场则由AA(ARM+Android)体系掌握话语权。

芯片被誉为一个国家的"皇冠明珠""工业粮食",是一个国家高端制造能力和科技实力的综合体现,从某种程度上反映了国家的整体水平。芯片产业包含软件、设计、制造、封测、材料、设备等领域,芯片研发具有周期长、投入大、试错成本高等特点。试错周期长需要逻辑严谨细致的工作态度,排错难度大需要一套科学的实验方法,而这方面,恰恰是国内教育的软肋:芯片产业人才培养不平衡,应用型人才多,基础研究人才少。特别是钻研算法、芯片等底层系统的人才更少。

芯片的研发也不是资本驱动的游戏,而是靠技术驱动的,需要长期、持续的资本投入,且面临许多风险。从全球芯片产业的新业态看,随着移动智能终端以及云计算、物联网、大数据等新业态快速发展,芯片制造技术的新趋势会为新兴芯片制造企业带来新的机会。

而这些新的机会,有望为我国自主芯片的发展提供突破点。中兴的危局,也正是国产芯片产业转危为机,迎来再生的机会。

1992年,宏碁集团创办人施振荣先生,提出著名的"微笑曲线"(Smiling Curve)理论,价值最丰厚的区域集中在价值链的两端——研发(专利)和市场(品牌)。没有研发能力就只能做代理或代工,利润低;没有市场能力,再好的产品,产品周期过了也只能作废品处理。一条微笑型的曲线两端朝上,在产业链中,附加值更多体现在两端,设计和销售,处于中间环节的制造附加值最低。微笑曲线见图1-1。

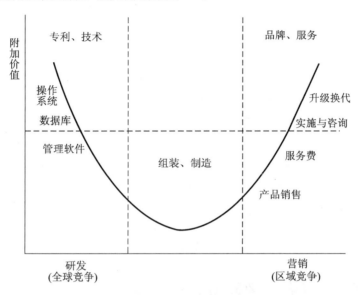

图1-1 微笑曲线

彭博社发布的2018年"彭博创新指数",韩国连续五年居首位。瑞典、新加坡、德国、瑞士、日本、芬兰、丹麦、法国、以色列分列2~10位。美国首次跌出前10,中国排名19。排名的七项指标分别为:R&D强度——研究和开发支出占GDP的百分比;工业附加值——人均工业附加值占GDP的百分比;生产力——15岁以上雇员的人均GDP以及3年间的增长;高科技密度——高科技企业数量;高等教育率——高等教育入学率和科学、工程类毕业生集中;研究者集中度——参与R&D(研究与开发)的专家、博士后、学生比例;专利活动——单位专利申报数量,专利获批占全球总数比例。

眼下的中国,必须摆脱依靠廉价劳动力、挖掘有限资源和留下环境污染的现状,提高科技创新能力,实现从"中国制造"走向"中国创造"。

【例1-3】 2017年我国研发经费投入超过2.12%

2017年我国研发投入占GDP总量的2.12%,且呈持续上升态势,科技进步贡献率增至57.5%,表明我国研发实力进一步增强,科技水平不断提高。企业、政府属研究机构、高等学校是我国研发活动的三大执行主体。近年来,我国研发经费投入先后超过英国、法国、德国和日本,成为仅次于美国的世界第二大科技经费投入大国;研发投入强度与发达国家3%~4%的水平相比虽然还有差距,但呈逐年上升的态势。

《巴特尔》(Battelle)和《研发杂志》(R&D Magazine)预测全球研发投入将呈增长态势。从总趋势上来看,美国仍然占据主导地位,占GDP总量的2.8%。但是亚洲地区的研发投入占比逐渐增加,且保持增长势头。根据这一趋势,中国的研发总投入将于2022年超越美国。

市场经济警示我们:物竞天择,优胜劣汰。国家、行业、组织和个人之间的竞争必将在没有疆界、没有障碍的更高层次展开,更多地表现为超越现实和竞争对手创新能力的竞争。市场经济的核心竞争力就是创新能力。因此,谁更具创新能力,谁就将在竞争中脱颖而出。创新,使人们的梦想得以实现;创新,使国力日渐强盛,国威日益突显;创新,更使世界瞬息万变,魅力无限。

【例1-4】 海尔文化的核心——创新

张瑞敏说,创新能力是海尔真正的核心竞争力,因为它不易或无法被竞争对手所模仿。

企业不断高速发展,风险非常大,好比行驶在高速公路上的汽车,稍微遇到一点屏障就会翻车。而要想不翻车,唯一的选择就是要不断创新。创新就是要不断战胜自己,也就是明确目标,不断打破现有平衡,再建立一个新的不平衡;在新的不平衡的基础上,再建一个新的平衡。

海尔的创新之所以比较成功,正是因为有效地将儒家文化(合适的等级制)、美国的创业精神、日本的团队文化、德国的质量文化有效地整合在一起。

二、创新推动自我发展、自我完善

有一句话人们耳熟能详:"天才是1%的灵感加上99%的汗水。"这句爱迪生的名言,让我们懂得勤劳和汗水可以造就天才和成功。其实不然,在这句话的原文后面,还有一句关键的话:"但那1%的灵感是最重要的,甚至比那99%的汗水都要重要。"爱迪生向我们传达出什么?成功不单单是汗水那么简单。灵感究竟是什么?灵感,其实是一种卓有成效的思考方式,一种引领人们发现新的途径的方式,一种崭新的思维方式。

物理大师杨振宁比较了中美教育,认为美国教育鼓励拥有广泛的兴趣爱好,中国的教育则注重狭窄专业;美国的教育比较灵活多变,中国教育强调扎实操练;美国教育鼓励跳跃性,中国教育要人按部就班;美国教育注重培养自信心,中国教育下的学生常常缺乏自信心;美国学生常傲慢自大,中国学生常谦逊忍让。

钱学森认为:中国没有完全发展起来,一个重要原因是没有一所大学能按照培养科技发明创新人才的模式办学,没有自己独特的创新的东西,老是冒不出杰出人才。缺乏创造性人才是问题所在! 中国最缺的不是资源,而是创新意识、创新精神、创新能力和鼓励创新、保护创新的社会环境。

【例1-5】 改变思维赚钱

美国摩根财团的创始人摩根,原先并不富有,夫妻二人靠卖蛋维持生计。但身高体壮的摩根卖蛋远不及瘦小的妻子。后来他终于弄清了原委。原来他用手掌托着蛋叫卖时,由于手掌太大,人们眼睛的视觉误差害苦了摩根,他立即改变了卖蛋的方式:将蛋放在一个浅而小的托盘里,销售情况果然好转。摩根并不因此满足。眼睛的视觉误差既然能影响销售,那经营的学问就更大了,从而激发了他对心理学、经营学、管理学等的研究和探讨,最终创建了摩根财团。

日本东京的一个咖啡店老板则利用人的视觉对颜色产生的误差,减少了咖啡用量,增加了利润。他给30多位朋友每人4杯浓度完全相同的咖啡,但盛咖啡的杯子的颜色则分别为咖啡色、红色、青色和黄色。结果朋友们对完全相同的咖啡评价则不同:认为青色杯子中的咖啡"太淡";黄色杯子中的咖啡"不浓,正好";咖啡色杯子以及红色杯子中的"太浓",而且认为红色杯子中的咖啡"太浓"的占90%。于是老板依据此结果,将其店中的杯子一律改为红色,既大大减少了咖啡用量,又给客户留下极好的印象。结果客户越来越多,生意随之更加红火。

实践证明,创新能力是存在于人大脑中的一种属性和机能,人人都有,与生俱来,经过科学的教育、培训和开发完全可以变成实实在在的工作能力。

对创新思维规律的研究,始于20世纪初。此前,发明创新活动主要依靠自发的直觉和经验,人们认为做出发明成果的人只有天才或幸运者。19世纪,由于对工业化的需求增大和科学技术发展加速,发明创新成果大量涌现,发明者的经验也逐渐得到积淀、得以互相交流。此后,对创新方面的研究工作日益增多,到20世纪50年代,形成风靡欧美各国的创造教育运动,其中,总结出数以百计的创造技法,使基础不断完善。自20世纪70年代开始,美国、德国、日本和苏联陆续推出不同形式的创新方法。我国从20世纪80年代起开始这方面的研究。

创新素质是现代人才的根本标准之一。创新思维是时代提出的必然要求,是获取知识的关键,也是实现个体社会化的客观需要。

在知识经济时代,知识更新周期不断缩短,转化速度加快。在这种情形下,知识的接受变得不再重要,重要的是知识的选择、整合、转换和操作。最需要掌握的是那些牵涉面广、迁移性强、概括程度高的"核心"知识,而这些知识并不能靠言语"传授",只能通过主动的"构建"和"再创造"获得,这就需要创新意识和创新能力主动发挥作用。

面对纷繁复杂又日益多变的世界,创新能力则有利于自身创造潜能的生成。只有具备创新意识和创新能力的人,才能不断完善自身知识和能力结构,更好地达到完善自我和适应社会的目的,从而为终身教育打下坚实的基础。

由此看来,创新,我们别无选择。如何才能创新?必不可少的环节是:增强创新思维意识,掌握创新思维方法,进行创新思维实践。如果方法得当,就会为创新的成功奠定坚实的基础。

思考题

1. 微笑曲线的基本含义是什么?谈谈你对微笑曲线的理解并给出实例分析。
2. 结合你了解的案例,思考为什么创新如此重要。
3. 评估一下自己周围的创造环境。

第二节 创 新

一、什么是创新

(一)创新的定义

人们可以从多个角度来理解创新。如创新就是改变现状、产出更多、效率更高、做得更好、节约资源、风险更小、更加简单、更加全面、更加强大;别人没想到的你想到了,没发现的你发现了,没做成的你做成了;创新是大胆突破;创新往往是简单的;创新是歪打正着;创新是突发奇想;创新是巧妙组合;创新是新瓶装老酒;创新是调整程序与重新排列……

国际上较为公认的"创新"(innovation)一词源于美籍奥地利经济学家、技术变革经济学的创始人约瑟夫·熊彼特(Joseph Schumpeter)所写的《经济发展理论》(1912)。在该书中,他首次明确提出"创新"的概念,第一次将创新引入经济领域。在熊彼特看来,作为资本主义"灵魂"的"企业家"的职能是实现"创新",引进"新组合"。

按照熊彼特的观点,创新主要包括以下内容:

(1)产品创新:引入一种新的产品或赋予现有产品一种新的特性。

(2)工艺创新:引入一种新的生产方法,主要体现为生产过程中采用的新工艺或新的生产组织方式。

(3)市场创新:开辟一个新的市场。

(4)原料创新:获得原料或半成品新的供应来源。

(5)管理创新:实现一种新的工业组织。

此后,沿着熊彼特的"创新理论"逐渐形成西方创新经济学的两个分支:一是以技术变革和技术推广为对象的技术创新经济学;另一个是以制度变革和制度形成为对象的制度创新经济学,包括管理创新。

创新指对事物的整体或其中的某些部分进行变革,从而使其得以更新与发展的活动。创新是通过创造或引入新的技术、知识、观念或创意,创造出新的产品、服务、组织、制度等,并将其应用于社会之中,以实现其价值的过程。

作为促进人类社会发展的不竭动力,创新不仅存在于经济领域,还存在于人类的一切活动领域,如知识创新、制度创新、技术创新、观念创新、管理创新、组织创新、教育创新等。

创新有失败和成功之分,一项创新尝试如果未能建立有价值的市场或创造利润,即使从技术上说得通,也是失败的创新。能够占据相当的市场份额和创造利润的创新才是成功的创新。

【例1-6】"挑战杯"的第一大单

2007年,在南开大学举办的第十届"挑战杯"全国大学生课外学术科技作品竞赛中,哈尔滨工业大学徐俊研发的"无油梁长冲程抽油机控制系统",获得了他经历过的最大一笔投资。天津的一家企业打算向各油田推广采用他的抽油机,预计在两年内推广1000台。按每台市场价大约70万元计算,这是一项涉及7亿元的合作,堪称"挑战杯"竞赛的"第一大单"。

在各地油田中,以传统的游梁式抽油机最为普遍。这种抽油机俗称"磕头机",结构简单、使用方便,但是冲程短、冲次快,已经不能很好地适应油井深抽工艺的需要。这是困扰油田生产及增效节支的一大问题。控制系统采用机电一体化设计,以可编程逻辑控制器为控制核心,机械结构简单,载荷大,冲程长,高效节能,抽油杆磨损小,在深层开采油井、稠油井中都更具优势。

(二)创新的特性

创新具有以下特性:

(1)首创性。创新要解决前人没有解决的问题,因而其成果必然是新颖的、首创的。

(2)未来性。创新始终将目光注视未来,总是面向未来、研究未来、追求未来、创造未来的。

(3)变革性。从创新成果的实质看,创新带有变革性,创新成果往往是变革旧事物的结果。

(4)价值性。创新的社会效果具有普遍的社会价值,如经济价值、学术价值、艺术价值、实用价值等。

(5)先进性。创新之所以为创新,是因为其成果具有旧事物无可比拟的先进性。如果没有先进性,新事物就不可能战胜旧事物,也就谈不上创新。

(6)效益性。创新的最终目标应是增加社会效益,促进其可持续发展。只有达到增加效益的目标,才真正达到了创新的目的。

(7)目的性。任何创新活动都有一定的目的,这个特性贯穿于创新过程的始终。

【例1-7】 新瓶装老酒——日本词语对当代中国汉语影响超乎想象

中国的近代化和现代化,在文化层面上,日本汉语有力地推动了"西学"在中国的传播,大大推动了思想启蒙,这对中国近代化和现代化进程起到了巨大的推动作用。我们使用的70%的人文学科和社会生活用词,都是源于日本汉语。如果我们不用这些外来词,几乎张不开口,说不成整句话,甚至会影响我们的语义表达。

在人文学科之中,大量的日本汉语词汇进入了学科的话语体系,比如文化、世界、社会、经济、民主、科学、政治、艺术、自由、革命、法律、哲学、美学、化学、物理、金融,等等。日本汉语影响中国,是日本的汉文化"倒流"中国,如解读、达人、乘客、批评、气氛、服务、人格、升华、投资、商店、赔偿、企业、生产、银行、干部、杂志、电话、资源、背景、编制、参观、常识、出版、代表、单位、动员、发明、反对、方案、分析、复制、概念、观点、广告、会谈、环境、机关、集中、简单、交通、教育、进度、金额、经验、精神、绝对、节约、计划、课程、客观、理智、立场、领土、论坛、母校、敏感、漫画、内幕、能力、偶然、评价、权利、日程、审美、世纪、市场、思想、索引、特产、统计、条件、投影、温度、悟性、物质、系列、现实、现象、想象、效果、信号、性能、宣传、学历、业务、元素、原理、印象、知识、指标、质量、重点、主观、综合、组织、作品、座谈,等等。很多人都忘记了自己脱口而出的词汇是外来词,"时间"这个词,又有多少人会意识到是个外来词呢?

(三)创新的原理

创新原理是依据创新思维的特点、对人们进行的无数创新活动的经验性总结,是对客观反映的众多创新规律的综合性归纳。因此,它能使人们更好地认识创新活动、更好地运用创新方法、更好地解决创新问题。

著名创造学研究者庄寿强教授1990年提出了创新的基本原理。

首先,创新是人脑的一种机能和属性——与生俱来。如美国神经心理学家斯佩里的研究以及其他的一些研究表明,人的大脑两个半球存在机能上的分工,对于大多数人来说,左半球是处理语言信息的"优势半球",它能完成那些复杂、连续、有分析的活动,并熟练地进行数学计算。右半球虽然是"非优势的",但它掌管空间知觉能力,对非语言性的视觉图像的感知和分析比左半球占优势。

其次,创新是人人皆有的一种潜在的自然属性,即人人都有创造力,因此都具有开发创造的潜能。事实上,只要稍微注意就可以发现,每个人在自己的工作、学习、生活中,都会或多或少、自觉不自觉地进行着创新活动。

在我国古代,孟子就有"人人皆尧舜"的说法,可谓是"创造力人人皆有的"一种朴素思想。著名教育家陶行知说,"人类社会处处是创造之地,天天是创造之时,人人是创新之人",更是对这一基本原理的最好阐释。"人人是创新之人",揭示出创新力不是极少数天才才具有的特殊天赋,而是人人都有的创新潜力。

最后,人们的创造力可以通过科学的教育和训练不断地被激发,转化为显性的创造能力,并得到不断的提高。虽然每个人都具有创新潜力,这种创新潜力却只有通过教育、训练以及创新实践活动才有可能被开发,一些所谓"无创造力"的人,其实并不是真的没有创造力,而是其创造力没有得到应有的开发,只要进行科学开发,人的创造力完全可以被激发,并转变为显性创造力。因此开发自身的创新潜力意义重大,迫在眉睫。

例如,上海的一所发明学校讲授创造学知识,进行创造力开发的创造思维训练,运用创造技法解决创造性课题,开展创造力开发教育。其在教学中曾对学员做过培训前后的创造力测量,结果令人惊喜:创造力提高 5 倍的人在下列几方面所占的百分比为:思考能力 27.5%、发现能力 43.8%、想象能力 45.3%、新产品开发能力 39.1%。也就是说,至少有 1/3 到接近一半的人在创造力的几项能力方面提高了 5 倍。这说明创造力是完全可以开发的。

调查表明,推广实施创造教育,是最根本、最有效的开发创造力的方法。浙江省在创造力培训方面每投入 1 元,其产出经济效益可高达 5640 元。

在创新活动中,创新原理是运用创新思维,分析问题和解决问题的出发点,也是人们使用何种创造方法、采用何种创造手段的依据。因此,掌握创新原理,是人们能否取得创新成果的先决条件。我们不能指望在浅涉创新原理之后,就能对创新方法了如指掌并使用自如,就能解决创新的任何问题。只有在深入学习并深刻理解创造原理的基础上,才有可能有效地掌握创新方法,成功地开展创新活动。

(四)创新的原则

创新原则,是指开展创新活动所依据的法则和判断创新构思所凭借的标准。

1. 遵守科学原理原则

创新必须遵循科学技术原理,不得有违科学发展规律。因为任何违背科学技术原理的创新都不可能获得成功。

例如,近百年来,不少人费尽心机,力图发明一种既不消耗任何能量、又可源源不断对外做功的"永动机"。但无论他们的构思如何巧妙,结果都逃不出失败的命运。其原因在于他们的创新违背了"能量守恒"的科学原理。

2. 市场评价原则

创新要经受市场考验,实现商品化和市场化,就需按市场评价原则进行分析。其评价通常从市场寿命、定位、特色、容量、价格和风险等方面入手,考察创新对象市场化的发展前景,而最基本的要点是考察该创新的使用价值是否大于销售价格,也就是要看它的性能、价格是否优良。

【例 1-8】 摩托罗拉铱星计划破灭

铱星计划曾是一个让许多摩托罗拉人兴奋不已的想法:由 66 颗近地卫星组成的星

群,让用户从世界上任何地方都可以打电话。项目于1991年正式启动。

1998年11月1日,在耗资1.8亿美元广告宣传之后铱星公司展开了通信卫星电话服务。开幕式上,副总统阿尔·戈尔用铱星打了第一通电话。电话机的价格是每部3000美元,每分钟话费3~8美元。结果却令人沮丧。到1999年4月,公司只有1万名用户。面对微乎其微的收入和每月4000万美元的贷款利息,公司陷入巨大的压力中。

铱星计划被称为"摩托罗拉的美妙幻想"。由于铱星的技术是基于看得见的天线和轨道上的卫星,市场目标只是一小部分人——商务旅行者,用户在车里、室内和市区的许多地方都无法使用电话。在野外的用户还得将电话对准卫星方向来获取信号。

手机的普及之快超过了他们的预想。按照铱星复杂的科技,从构想到推广的时间是11年。在这期间,手机已经覆盖了几乎整个世界。

3. 相对较优原则

创新不可盲目追求最优、最佳、最美、最先进。在创新过程中,需要人们按相对较优原则,对设想进行判断选择。

(1)从技术先进性上进行比较选择。将创新设想同解决同样问题的已有技术手段进行比较,看谁领先和超前。

(2)从经济合理性上进行比较选择。应对各种设想的可能经济情况进行比较,看谁合理、节省。

(3)从整体效果性上进行比较选择。任何创新的设想和成果,其使用价值和创新水平主要通过它的整体效果得以体现。因此,应对它们的整体效果进行比较,看谁全面、优良。

【例1-9】 未来世界,因小而美

1973年,德国经济学家舒马赫首次提出"小而美"的概念。无独有偶,在美学上同样有个因小而美的原则,叫作"小的就是美的"。舒马赫通过反思大机器工业所带来的负面影响,而后提出"小而美"的概念。他认为应该以人为中心,将人作为创造财富的最重要来源,将发展看作循序渐进的过程:克服对大规模的迷信,强调小规模的优越性,进行组织变革。

构成未来商业发展根基的是"小而美"。"小而美"其实是市场发展日趋成熟后,重新布局细分的一种表现。这里的"小"不是市场小,而是主动去满足某个群体认同的需求,去细分市场;"美"是细节之处让用户感动,创新经营方式,有新意,追求极致,从产品、营销、服务等多维度打造最佳客户体验。未来商业的发展将从大规模、标准化到聚焦消费者,个性化、人性化回归,而众多"小而美"将构成未来商业发展的根基。"小而美"本质是某种意义上的生态多样化和可持续发展。它的核心在于对消费者需求的更大满足。

4. 机理简单原则

在现有科学水平和技术条件下,如不限制实现创新的方式和手段的复杂性,付出的代价可能远远超出合理程度,使得创新的设想或结果毫无使用价值。在科技竞争日趋激烈的今天,结构复杂、功能冗余、使用烦琐已成为技术不成熟的标志。因此,在创新的过程中,应始终坚持机理简单原则。

【例1-10】 简单就好

美国施乐复印机曾经风靡全世界,"施乐"(Xerox)在英文中成了"复印"的代名词。但是,施乐公司为了追求高利润率,给复印机加了越来越多功能。这些附加功能提高了复印机的价格,也使得机器维修变得更困难,而绝大多数用户并不需要这些额外的功能。

日本佳能公司也开发了一种复印机,它只不过是施乐公司最初复印机产品的复制品:功能简单,价格便宜,且便于维修。不到一年就占领了美国市场,而施乐公司却近乎破产。它最终设法生存了下来,而且也的确设法扭转了局面。但是,它再也无法在市场上占据主导地位,更不用说恢复它以前的盈利能力了,最终被日本富士胶片公司收购。

5. 构思独特原则

我国古代军事家孙子在其名著《孙子兵法·势篇》中指出:"凡战者,以正合,以奇胜。故善出奇者,无穷如天地,不竭如江河。"所谓"出奇",即"思维超常"和"构思独特",创新贵在独特,创新也需要独特。在创新活动中,创新对象是否独特,可以从以下几个方面考察:创新构思的新颖性、开创性和特色性。

【例 1-11】《李凭箜篌引》的独特构思

吴丝蜀桐张高秋,空山凝云颓不流。
江娥啼竹素女愁,李凭中国弹箜篌。
昆山玉碎凤凰叫,芙蓉泣露香兰笑。
十二门前融冷光,二十三丝动紫皇。
女娲炼石补天处,石破天惊逗秋雨。
梦入神山教神妪,老鱼跳波瘦蛟舞。
吴质不眠倚桂树,露脚斜飞湿寒兔。

《李凭箜篌引》是唐代诗人李贺的作品。此诗运用一连串出人意表的比喻,传神地再现了乐工李凭创造的诗意浓郁的音乐境界,生动地记录下李凭弹奏箜篌的高超技艺,也表现了作者对乐曲有深刻理解,具备丰富的艺术想象力。全诗构思新奇,独辟蹊径,对乐曲本身,仅用两句略加描摹,没有对李凭的技艺做直接的评判,也没有直接描述诗人的自我感受,有的只是对乐声及其效果的摹绘,而将大量笔墨用来渲染乐曲惊天地、泣鬼神的动人效果。大量的联想、想象和神话传说,使作品充满浪漫主义气息。然而纵观全篇,又无处不寄托着诗人的情思,曲折而又明朗地表达了他对乐曲的感受和评价。这就使外在的物象和内在的情思融为一体,构成独特的艺术境界。

6. 不轻易否定,不简单比较原则

此原则是指在分析评判各种产品的创新方案时应注意避免轻易否定的倾向。同时,还应注意不要随意在两个事物之间进行简单比较。不同的创新,包括非常相近的创新,原则上不能以简单的方式比较其优势。

不同的创新不能简单比较的原则,带来了相关技术在市场上的优势互补,形成了共存共荣的局面。创新的广泛性和普遍性都源于创新具有的相融性。

例如,市场上常见的钢笔、铅笔就互不排斥,即使都是铅笔,也有普通木质铅笔和金属或塑料的自动铅笔之分,它们之间也不存在排斥的问题。

在创新活动中遵循创新原理和创新原则是提升创新能力的基本要素,是攀登创新云梯的基础。有了这个基础,人们就掌握了开启创新大门的"金钥匙"。

(五)创新人才及其特征

1996年,国际21世纪教育委员会提出了创新人才的七条标准:积极进取的开拓精

神;崇高的道德品质和对人类的责任感;在急剧变化的竞争中有较强的适应能力;宽厚扎实的基础知识,有广泛联系实际问题的能力;有终身学习的本领,适应科学技术综合化的发展趋势;丰富多彩的个性;具有和他人协调与进行国际交往的能力。

许多学者也对创新人才的特征进行了概括总结。如创新人才是指具有创新精神、创新能力、创新品质和创新人格等几个方面素质的人才;也有人从知识水平、能力结构、人格特点三个方面分析创新人才的素质要件构成。

创新人才的定义与特征可从创新的精神、能力、人格三个方面界定。

1. 创新精神

创新精神,即创新意识,有无强烈的创新意识是能否具有创造能力的前提。创新精神就是不满足于现状,不满足于现成的答案,有强烈的不断探索的兴趣和欲望,勤于思考,善于发现问题和提出问题,渴望变革,追求卓越。创新精神是创新的灵魂,主要包括好奇心、探究兴趣、求知欲、对新奇事物的敏感度、对真知的执着追求等。

【例 1-12】 "流浪汉"的创造力

在美国的一座城市里,一个清瘦的青年人在街上徘徊,年纪不过二十出头,却无所事事,正遭失业,他叫奥斯本。突然,奥斯本被招贴栏前一则招聘广告吸引,他读完广告,立刻奔进一家报社,终于赶上了那里的招聘考试。主考人问他:"你写作有多少年的经验?"奥斯本回答说:"只有三个月,但是请你先看一看我写的文章吧!"主考人看完后,对他说:"从你写的文章来看,你既无写作经验,又缺乏写作技巧,文句也不够通顺,但是内容富有创造性,可以留下来试一试。"奥斯本由此领悟到"创造性"的可贵。工作以后,他"日行一创",积极主动地开发自己的创造能力,尽力在工作中发挥出来。后来,这位没有受过高等教育的小职员成了一名大企业家,成为创造学和创造工程之父、头脑风暴法的发明人。

2. 创新能力

创新能力是认识能力、工作态度和个性特征的综合表现。认识能力是理解事物复杂性的能力,以及在解决问题时打破旧规则、旧方法的束缚,以及寻求新规则的能力。创新能力由多种能力构成,包括学习能力、分析能力、综合能力、想象能力、批判能力、创造能力、解决问题能力、实践能力、组织协调能力以及整合多种能力的能力。美国创造心理学家格林提出创新能力 10 个要素:知识、自学能力、好奇心、观察力、记忆力、客观性、怀疑态度、专心致志、恒心和毅力。

美国心理学家马斯洛认为,创造性有两种,一种是"特殊才能的创造性",另一种是"自我实现的创造性"。其中,前者是人的个体差异,后者是人的共同潜能。前者指科学家、发明家、作家、艺术家等杰出人物的创造性,后者指在开发人的可能性、自我潜在能力意义上的创造性,是从事对他人可能不新、对自己却是初次进行的活动的创造性。

【例 1-13】 硅谷之父弗雷德·特曼

20 世纪 40 年代,美国斯坦福大学面临着一个重大问题:怎样使大学的土地产生收益,以便用这些收益聘请一流教授,提升学校学术声望,并向世界一流大学迈进。这个重任落到了刚刚被提升为副校长的特曼肩上。在麻省理工学院攻读博士期间,他的指导老师是大名鼎鼎的万尼瓦尔·布什。布什是模拟计算机的发明者,其创立的雷神公司产品覆盖集成电路、雷达、导弹、卫星传感器、飞机等。这位恩师对特曼的最大影响就是:大学应成为研究与开发的中心,而不是单纯搞学术的象牙塔。特曼后来任斯坦福大学工学院院长。特曼深感电子学应用的飞速发展,于是建议校方要进一步加强同当地电子产业界的联系,以斯坦福大学为依托,联合惠普等一批公司,将美国西部的电子产业带动起来。

1951年,在特曼的推动下,斯坦福大学将部分校园约579英亩(1英亩≈4046.86平方米),划出来成立一个斯坦福工业园区,兴建研究所、实验室等。世界上第一个高校工业区诞生了,成了美国及全世界纷纷效仿的高技术产业区楷模。斯坦福工业园区奠定了"硅谷"电子产业的基础。正是特曼的远见和智慧,造就了硅谷。而研究区带来的租金也为斯坦福大学的发展提供了财力。1960年,斯坦福大学已跃居美国学术机构前列。1991年,斯坦福大学百年校庆时传来佳音,这所昔日的"乡村大学"超过了哈佛、耶鲁和普林斯顿的地位,位居全美大学之首。

斯坦福大学还成为众多伟大创新的发源地,培养了众多高科技公司的领导者,这其中就包括谷歌、惠普、雅虎、耐克、罗技、特斯拉、Firefox、Sun、英伟达(NVIDIA)、思科及eBay等公司的创始人。

创新能力可以分为知识水平与能力结构两个方面。一方面,创新者要有扎实的基础知识,深厚的人文底蕴与科学素养,较宽的知识面,另一方面还要有应用知识的能力,即较强的实践能力、丰富的实践经验与理性的创新思维能力。后者以前者为基础,二者相辅相成。

3. 创新人格

人格是个体在实践中形成的德和才的内在素质的整合体,包括世界观、方法论、价值观、道德品质、气质、个性心理品质和学识才能等。

创新人格是创新主体合理的智力因素与非智力因素交互作用在创新实践中形成的超越自我的人格。其中非智力因素在创新人格中居主导地位。也就是说,在构成创新人格的"智商"(IQ)与"情商"(EQ)中,情商的作用居主导地位。情商指人们的价值观、世界观、方法论,以及勤奋、毅力、责任心、事业心、兴趣、爱好等。

有学者认为,在一个创新人才的成功因素中,智商的作用占25%,情商的作用占75%,用公式可表达为:成功=25%IQ+75%EQ。

创新人格,是创新人才的核心要素,是创新人才最主要特征,是创新的保证,对创新人才的形成起决定作用。

关于创新人格的特征,美国心理学家戴维斯在第22届国际心理学大会上概括了创新人格十个方面的特征:独立性强;自信心强;敢于冒风险;具有好奇心;有理想抱负;不轻信他人意见;富有幽默感;易于被新奇事物所吸引;具有艺术的审美观;兴趣爱好既广泛又专一。

例如,一位心理学家曾进行过一项连续30年的实验,他挑选了1000名智力超常的儿童(智商在151以上)进行跟踪实验。这些智力相近的儿童,后来成就相差却很大,有的做出了举世瞩目的成就,有的则平庸无奇。心理学家仔细研究了20%最有成就的对象和20%最无成就的对象,发现他们最大和最显著的差别,不在于智力,而在于兴趣、意志、信心、进取心等非智力因素。

(1)勇于探索的创新素质。

经济和科技的竞争,不仅是人才数量和结构的竞争,更是人才创造精神和创新能力的竞争,哈佛大学前校长陆登庭认为:"一个人是否具有创造力,是一流人才和三流人才的分水岭。"

因此,应当改变传统的以传授知识为主的整齐划一的培养模式,将培养创造精神和创新能力摆在突出位置,开发创造能力的源头。不仅传授现成的知识,更要引导对未知领域进行探索,不只是接受解决问题的现成答案,而是自己寻找独创性的解决问题的方法,更要注重个性的塑造,力求全面发展和个性塑造的统一;不仅注重知识的学习和传承,更应注重知识的应用和创新。

【例1-14】 袁隆平:科学精神的渊源

袁隆平创造了一门崭新的系统的学科:杂交水稻科学,丰富和发展了作物遗传和育种理论,而且以身作则、言传身教,为这门科学奠定了从认识手段、思维方法到人格修养的系统化的科学精神的基础。

袁隆平科学精神的渊源,来自于时代精神的沉淀。面向实践、挑战权威、信息联比、灵感思维等,是袁隆平从事杂交水稻以来的个人感悟。他能抓住敏锐的灵感直觉,将这种灵感又用科学的理论推理来证实,再用于指导试验和实践,反复进行,直到成功,形成了自己独具特色的思维方式。经历无数坎坷与挫折而从不放弃,求实、创新、怀疑、宽容、孜孜不倦,是袁隆平坚持水稻研究的无限动力,支撑着他在科学探索征途中不断地否定与自我否定,成就了丰功伟绩。

杂交水稻成功带来的巨大效益,为解决中国的粮食需求问题发挥了极其重要的作用。因此,这项成果获得了国家特等发明奖,也先后获得了联合国知识产权组织"杰出发明家"金质奖、联合国教科文组织"科学奖"等。巨大的成功和崇高的荣誉并没有使袁隆平停止科研的脚步。袁隆平认为,科学的探索无止境,创新是科学技术发展的灵魂,也是杂交水稻育种不断发展的灵魂。

美国学者布朗曾发出"21世纪谁来养活中国人"的疑问,事实上当袁隆平带领的杂交水稻团队在获取一系列令人瞩目的突破之后,"杂交水稻之父"的国际赞誉已经让他出色地回答了这个问题,从而以科学巨人的身份注定被世界铭记。

(2)终身学习的能力素质。

在知识经济时代,知识更新越来越快,科学技术的发展日新月异,知识和技术转变为产品的速度也在加快,产品的更新换代周期越来越短,研究表明:大学生一生中所需知识的总量大约10%在学校学习中获得,其余90%在工作和生活中为适应需要而不断获取和更新。因此,更要改革教学方法、内容和手段,培养自己的自学能力和科学的思维方法,尤其注重开发以学习能力、应用能力与创造能力为基础的应变能力,发展新的学习方式,通过多种渠道获得知识,为终身学习奠定坚实基础。

【例1-15】 不断推动产品创新的鲍尔曼

耐克公司联合创始人比尔·鲍尔曼(Bill Bowerman)认为:"一双鞋子应该具备三个要素——穿着轻便、脚感舒适、经久耐穿。"

20世纪50年代,鲍尔曼曾是一名经验丰富的田径教练,他潜心研究如何减轻跑鞋的重量,帮助跑者缩短比赛用时,而他的这种探索也重新定义了运动鞋,并由此形成了耐克从运动员的视角设计出具有变革性产品的理念。

1970年,鲍尔曼看到盘子里华夫饼的凹槽中聚集了大量糖浆并由此获得灵感。他想:"如果将华夫饼倒过来,通过一种材质制成像华夫饼一样网格状会怎么样?"于是,他设计出了易弯曲且有弹性的轻质橡胶材质,表面呈凸起的网格状,具有很强的抓地力,于1974年推出了标志性的 Waffle Trainer 训练鞋,1979年第一款运用耐克专利气垫技术的 Thaiwind 跑步鞋诞生,将耐克推向了全球运动鞋的舞台。

耐克的梦想一直在演变,但鲍尔曼致力于创造能让运动员发挥最佳水平的产品理念一直推动着耐克创新文化的发展。

(3)丰富扎实的人文素质。

知识经济对人才的人文素质提出了更高的要求,因为创新人才的科技素质与人文素质是通过相互作用、相互影响、有机结合在一起参与创造活动的。优良的品德、浓厚的兴趣、坚强的意志、强烈的成就欲望、高度的事业心和责任感可以起到不断开发智力潜能的作用。另外,人际协调能力可以帮助人获得有用的知识信息,可以使自身的能力在社会实践中得以更好地发挥,可以使团体产生神奇的创造力。

所以,学会生存,学会合作,学会创造,使所学的知识得以最大限度地内化,身心潜能得以更好地开发,人格整体水平得到进一步升华,应将做人与做事统一起来,这同科学素质的培养一样重要。

【例1-16】 张忠谋:成功源于创新

张忠谋改变了全球半导体行业的运作模式,开创了半导体专业代工的先河。张忠谋的成功,源于他不断地创新。许多人认为技术创新才是核心竞争力和长远发展之计。但在全球半导体行业中,张忠谋凭借商业模式创新,打造出台积电的商业奇迹。

作为第一家芯片代工公司,因为不与客户竞争,不设计或生产自有品牌,成为客户真正的伙伴,已经有无数来自世界各地的客户因为信赖而把他们的集成电路制造需求交给台积电,而台积电也以"客户成功至上"的信念,真诚地为客户服务。

事实上,张忠谋是一个右脑发达,对人特别有感觉、特别有感情的人。他说,是否能成为一个领导者,就看你的右脑;是否能成为一个管理者,就看你的左脑。让他印象最深刻的是他大一下学期所修的一门课——古典英美文学导读。念莎士比亚、罗马史诗、荷马史诗,让他产生了一种对人的关怀与关注,因为喜欢文学的人右脑发达。他认为,这是他在整个求学生涯中最重要的一课。

(4)专博结合的科学素质。

在知识经济时代,科学技术和学科知识呈现两个基本趋势:一方面高度分化,学科的划分越来越细,分支越来越多;另一方面又高度综合,学科间相互交叉,相互渗透,产生了许多新兴边缘学科。

作为未来社会的高级专门人才,必须既有渊博的学科知识,扎实的专业基础,扎实的基本技能,又要了解熟悉学科前沿,迎接新技术革命的挑战;既有国际视野,又要熟悉国情,能够参与全球性竞争与合作;既胸怀大志,充满朝气,又脚踏实地,百折不挠,能够主动适应并引导社会变革。因此,知识经济需要的不仅仅是精通一门专业和学科的"专才",也不是通晓一切书橱式的"通才",而是"专""博"结合的复合型技术人才。

【例1-17】 旷世奇才达·芬奇

不朽名作《蒙娜丽莎》是意大利文艺复兴时期天才画家达·芬奇的肖像画作品,也是他为数不多的绘画作品之一。现代学者称他为"文艺复兴时期最完美的代表",是人类历史上绝无仅有的全才。

达·芬奇的一生被称为旷世奇才,还因为他是一位学识广博的工程师、建筑师和科学家。他有许多令人震撼的发明,如他设计的一种变速装置,其原理和现今汽车的变速箱是一样的。在军事方面,他设计了可以说是最早的先进武器,如坦克、散弹炮等。他设计出降落伞、伸缩梯、滚珠轴承、潜水呼吸管、剪刀、活动扳手、机关枪、自动织布机、液压千斤顶、水闸、滑翔机、降落伞和直升机等许许多多令人称奇的发明,涵盖了军事和民用领域的诸多方面,充分证明了他是超乎常理的天才。

(5) 协调发展的综合素质。

21世纪成功的劳动者,将是全面发展的人,是对新思想和新机遇开放的人。因此,创新人才还要有优良的综合素质,做到既善于学习,又勇于探索创新,寓科学精神与人文素养为一体,做到做人做事相统一,将自己培养成为适应知识经济的德才兼备的新型人才。只有坚持知识、能力、素质的协调发展,将知识转化为能力,内化为素质,才能促进综合素质的提高。

【例1-18】 乔布斯的创新法则

乔布斯是美国历史上最伟大的创新者之一,他勇于从不同角度思考问题,敢于相信自己能改变世界。他确实改变了世界。他一直走在世界的前面,走在时代和科技的最前沿。乔布斯的成功,可以从他的创新法则中寻找答案。

法则1:"做自己喜欢的事"——乔布斯一生都在追随内心的指引,正如他所说,这改变了一切。

法则2:"给这个世界留下印记"——乔布斯吸引志同道合的人,帮助他一同将想法转化成改变世界的创新产品。激情助力苹果的腾飞,飞向梦想的终点。

法则3:"激活你的大脑"——没有创造力,何谈创新。对乔布斯来说,创造力就是整合事物的能力。他相信人生经历越丰富,越能理解人的各种体验。

法则4:"兜售梦想,而非产品"——乔布斯从不把苹果产品的购买者看作单纯的"消费者",而是一些怀抱梦想、希望和雄心壮志的人。乔布斯的产品旨在帮助他们实现梦想。

法则5:"学会说不"——按照乔布斯的说法,复杂的极致即简约。无论从 iPod 或 iPhone 的设计、产品包装还是公司网站的设计上看,创新意味着删繁就简,突出精要。

法则6:"创造神奇体验"——乔布斯将苹果零售店变为了客户服务的业界标杆。苹果零售店依靠一个个小创新维系了与客户间深入长久的情感纽带,成为全球最佳零售商。

法则7:"学会讲故事"——乔布斯恐怕是世界上最会讲故事的商业领袖了。每一次产品发布会都被他变成一场艺术的盛宴。你也许拥有世界上最具创意的点子,可如果不能让大家为之兴奋,再好的创意也没用。

(6) 良好的心理素质与身体素质。

心理素质包括人的认识、情感、克服困难的毅力、承受失败和挫折的耐受力、对事业成功的自信心和冒险精神等心理方面的品质,对人才的综合素质起着潜移默化的作用。一个具有良好心理素质的人,通常能清楚地认识自我,当社会和外界环境发生变化时,能正确地调整自我,增强心理承受能力,保持良好的心态、坚强的毅力和执着的追求,促使自己的思想和行为适应客观实际的要求,坚定信心,以良好的心理素质,战胜自我,为自己的事业不懈努力。

【例 1-19】 连亏 20 年后 贝佐斯成为全球首富

要说世界"电商之父",非杰夫·贝佐斯(Jeff Bezos)莫属。1995 年,互联网蓬勃发展,贝佐斯敏锐地发现互联网才是未来,于是他辞职创业,用父母 30 万美元全部积蓄创建了亚马逊,这就是全球最早的电商平台,创始人贝佐斯也被称为"电商之父"。

亚马逊从网上卖书开始,很快就成为美国第一大图书零售商。为了扩大规模,亚马逊不断烧钱,创下了连续 20 年亏损的记录。但亚马逊也从单一的图书销售,延伸至各个类目。

贝佐斯在选择创业时,也不确定自己创业是否能成功。在他做出决定之前,他做了一个最小化后悔表,"假设自己 80 岁高龄时,对 20 岁时没有创业会不会后悔?"答案是显而易见的,他不会因为自己没有成为更高阶的职业经理人而后悔,但是如果没有创业他一定会后悔。贝佐斯后来还将这种逻辑应用到他的个人生活中,每当他不得不做出重大决策时,他常常会以这种方式来思考问题。其最关键的就是找到你一开始做这件事情的最初目的,然后根据这个目的去工作。

作为普林斯顿大学校友,贝佐斯在 2010 年学士毕业典礼上发表演讲。他讲述自己如何在儿时懂得了"善良比聪明更难"的道理,分享了自己决定放弃优厚工作、创建亚马逊时的复杂心路。聪明是一种天赋,而善良是一种选择,选择比天赋更重要。"追随内心的热爱"是贝佐斯给精英人才的建议,他认为是一个个的选择最终塑造了我们的人生。

综上所述,创新人才可以定义为具有创新精神、创新能力与创新人格的人。创新人才往往个性更独立、心灵更自由、好奇心更强、观察力更敏锐、思维更独特、意志更顽强、批判精神与超越欲望更强烈。

二、与创新有关的概念

与创新有关的概念包括创意(originality)、创造(creation)、发明(invention)、发现(discovery)、革新(renovation)等。

(一)创意

创意指具有新颖性和创造性的想法。

创意是什么?创意是对传统的叛逆,是打破常规的哲学,是导引递进升华的圣圈,是一种智能拓展,是一种闪光的震撼,是点题造势的把握,是跳出庐山之外的思路,超越自我,超越常规的导引,是智能产业神奇组合的经济魔方,是思想库、智囊团的能量释放,是深度情感与理性的思考与实践,是思维碰撞、智慧对接,是投资未来、创造未来的过程。

创意经济大师霍金斯说,人人都有创意,只是不善于表达。它的意思是,人们都可以提出新的想法,但是因为不会表达,不愿意表达,而让灵感消失。灵感是正常人都具备的,也是一种正常的思维活动,但是能够表达出来的人却是少数。

美国是创意大国,这与其鼓励全民自由表达的教育体系和社会文化有关;日本是动漫大国,有全社会消费漫画的风气,有让民间表达的机会,并且形成了一种表达的社会风气(如图 1-2 所示的苹果创意)。美国教育鼓励人们讲出来,用语言符号表达;日本漫画社会则鼓励人们画出来,用图画符号表达,允许表达可以激励人们学会表达。在他们的教育中,学习如何表达是一项重要内容。提高创意能力,需要先提高表达能力,学习表达的方法,同时构建鼓励表达的环境与制度。

图 1-2 苹果创意

【例 1-20】 洛杉矶奥运会的创意

始于 1896 年的奥运会是四年一度的全球体育盛会。历届奥运会几乎所有主办国都严重亏损。直到 1984 年美国洛杉矶奥运会,由商界奇才尤伯罗斯接手主办,首次创下奥运史上巨额盈利的纪录。尤伯罗斯将经济理论、创新思维引入体育事业,用经济手段操办体育比赛。他一抓节流,二抓开源,使奥运会开支少,收入多,从而大额得利。他的节流主要从两个方面入手:一是宣传奥运,虽然不发工资,却引来数万名义务服务员,仅此一项节省工资数千万美元;二是全面使用现成的体育场馆,并以当地 3 所大学的宿舍作为奥运村,大大节省了建筑费用。

在开源上,尤伯罗斯更是创意迭出,如图 1-3 所示。第一,出售奥运圣火接力权。圣火于希腊点燃后,在美国接力达 1.5 万千米,愿意举火炬跑上一程者每千米得付赞助费 3000 美元。当然,赞助商还可以在相应的区段里做广告。仅此一项,收入即达 4500 万美元。第二,限定赞助厂商的数量,提高单位赞助数额——每家赞助不得少于 500 万美元,通过精选 30 家赞助商,得款 1.17 亿美元。第三,竞拍独家电视转播权,从美国全国广播公司取得 2.25 亿美元的转播费。第四,打破奥运广播电台免费转播比赛的惯例,得款 7000 万美元。第五,奥运吉祥物山姆鹰的标志作为商标出售,获得高额收入。最后的结果是,第 23 届奥运会总支出仅 5.1 亿美元,盈利却达 2.5 亿美元,为原计划的 10 倍。

(二)创造

创造是首创前所未有的新思想、新理论和新方法,做出新事物、新东西。创造的主要特性是新颖性和有价值性。创造主要来源于科学研究成果。在技术领域,创造与发明十分密切,常将发明创造放在一起使用。

创造强调从无到有,产生新的东西;创新除此之外,还侧重于变化、变革。创造是原来没有的,通过创造,产生出新的可称为"无中生有";而创新则指对现有的东西进行变革,使其更新,成为新的东西,可称为"有中生新"。

【例 1-21】 非洲小牧童的故事

一千多年前,非洲埃塞俄比亚凯夫小镇上有个聪明的牧童。他对自己的羊了如指掌,羊也非常听他的话。

有一天,他将羊赶到了周围有一大片灌木的草地上吃草。到了晚上,发生了件奇怪的

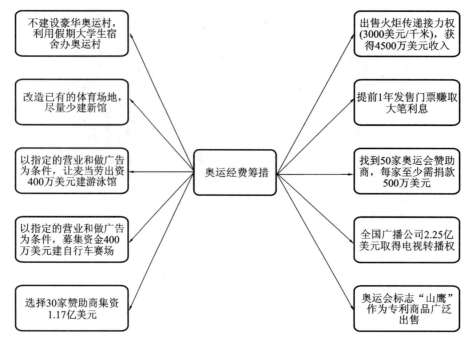

图 1-3 洛杉矶奥运会创意

事,羊不听话了。他费了好大的劲儿才将羊赶进了围栏,羊进栏后,还是兴奋得挤来挤去。

小牧童很奇怪:羊怎么了?是不是吃灌木叶引起的变化?为了探个究竟,第二天,他又将羊赶到那片草地上去。他看到,羊除了吃青草外,还吃灌木上的小白花小浆果和叶子。到了晚上,他的羊和前一天一样不听指挥。

为了证明羊是吃了灌木叶和果实出现了反常的现象,第三天,他将羊赶到另一块草地上,只让羊吃青草。当晚,羊恢复了常态。问题就出在灌木上。于是小牧童拔了几棵灌木回家。他尝了尝灌木毛茸茸的叶子,有点苦,又尝了尝果子,又苦又涩。他将果实放在火里烧一烧,发出浓郁的香味。再将烧过的果实放在水里泡着喝,味道好极了。那一天晚上,小牧童也兴奋地彻夜未眠。

小牧童反复试了几次,每次都得到同样的结果。于是,他将这种香喷喷的东西当成饮料招待镇子里的人。此后,一种新的饮料诞生了。

小牧童的创造力表现在哪些方面?①我的羊怎么变得这么奇怪?表现了其好奇心。②羊是不是吃了灌木叶引起的变化?表现了其敏感性。③羊不仅吃了灌木叶,还吃了花和果实?表现了其观察力。④叶子和果实中有特殊的东西,人能不能吃?表现了其联想能力。⑤拔一些灌木回家去看个究竟,表现了其探究性。⑥我来尝一尝,表现了其冒险性。⑦有点苦,烧一烧怎么样?泡水喝是不是更好?表现了其进取心。

(三)发明

发明,是指人们运用科学发现的成果创造出一种以前不存在的人工事物或方法的实践活动,如电灯、青霉素、复印机、飞机、计算机,等等。技术发明的基本形态是制造人工事物的技术构想或技术方案,这种技术构想或技术方案通过技术创新,可以转化为工业化产品,直接推动社会经济或文化的发展。技术发明包括产品发明和方法发明两种类型。

【例 1-22】 信用卡的发明

20 世纪 50 年代,美国商人弗兰克·麦克纳马拉在纽约一家饭店招待客人用餐。就餐后,因发现钱包忘记带在身边而深感难堪,不得不打电话叫妻子带现金来饭店结账。之后,他产生了创建信用卡公司的想法。1950 年,麦克纳马拉与他的好友施奈德合作投资 1 万美元,在纽约创立了 Diners Club,这是大来信用卡公司的前身。大来俱乐部为会员们提供一种能够证明身份和支付能力的卡片,会员凭卡片可以记账消费。会员带一张记账卡就能到指定的 27 间餐厅就餐,不必付现金,这就是最早的信用卡。

1959 年,美国的美洲银行在加利福尼亚州发行了美洲银行卡。从那时起,其他许多发明使得信用卡更安全,也更便于使用。如将磁条加到卡上,在卡上录入顾客的身份证号码信息等。之后,集成电路 IC 被用来贮存持有人的银行账户和其他信息细目,内装 IC 的"智能卡"便越来越流行。银行信用卡很快受到社会各界的普遍欢迎,并迅速发展起来。

(四)发现

发现是指经过研究、探索等看到或找到前人没有看到和找到的事物或规律。它包含新的科学事实的发现与新的科学规律和理论的发现。

例如,哥伦布发现美洲新大陆;陕西农民发现秦始皇兵马俑;紫金山天文台发现小行星。发现的成果是客观存在的事物。

又如,分析出一种新的化学元素;首次认识人类基因的双螺旋结构;总结元素周期性变化规律等。揭示的是已有的但前人没有认识的科学规律和理论。

【例 1-23】 姆佩姆巴效应

一杯冷水和一杯热水同时放入冰箱的冷冻室里,哪一杯水先结冰?热水比冷水结冰快,这种自然现象是坦桑尼亚中学生埃拉斯托·姆佩姆巴第一个发现的。

1963 年,姆佩姆巴在热牛奶里加了糖,准备做冰淇淋。如果要等热牛奶凉后再放入冰箱,恐怕别的同学将冰箱占满了,所以他便将热牛奶塞进了冰箱。

令人惊奇的是:姆佩姆巴的热牛奶比别的同学的冷牛奶结冰要快得多。他的这一重要发现,当时不过被老师和同学当成笑料。姆佩姆巴不顾人们的嗤笑,求教于达累斯萨拉姆大学物理教授奥斯博尔内博士。奥斯博尔内博士做了同样的实验,证实这种自然现象确实存在。此后,世界上很多科学杂志,刊登了这一发现,并将它命名为"姆佩姆巴效应"。

分析百年诺贝尔奖,其中重大的科学发现占 59%,重大的理论突破占 23%,重大的技术和方法发明仅占 18%。一个世纪以来,诺贝尔奖所授予的数百项原始性的创新研究成果对人类的文明和社会的进步起到了重大的导向作用。原始创新无一例外是他们获奖成果的核心和共同特点。发现可以分为自发性发现与自觉性发现。前者是人类对自然规律现象外在性的首次感性认识,后者亦即通常所说的科学发现,是人类对自然规律内在性的首次理性认识。

【例 1-24】 道格拉斯·诺斯的伟大发现

一旦人们做了某种选择,就如走上了一条不归之路,惯性的力量会使这一选择不断自我强化,并让你不能轻易走出去。生活中,这种现象被称为"路径依赖"。

第一个使"路径依赖"理论声名远播的是道格拉斯·诺斯。由于用"路径依赖"理论成功地阐释了经济制度的演进,建立了包括产权理论在内的"制度变迁理论",道格拉斯·诺斯于 1993 获得诺贝尔经济学奖。

诺斯认为,"路径依赖"类似于物理学中的惯性,事物一旦进入某一路径,就可能对这种路径产生依赖。这是因为,经济生活与物理世界一样,存在着报酬递增和自我强化的机制。这种机制使人们一旦选择走上某一路径,就会在以后的发展中得到不断的自我强化。

"路径依赖"理论被总结出来之后,人们将它广泛应用在选择和习惯的各个方面。在一定程度上,人们的一切选择都会受到路径依赖的影响,人们过去做出的选择决定了他们现在可能的选择,人们关于习惯的一切理论都可以用"路径依赖"来解释。

沿着既定的路径,不管是经济、政治,还是个人的选择都可能进入良性循环的轨道,迅速优化;也可能顺着原来错误的路径往下滑,甚至被"锁定"在某种无效率的状态而导致停滞。而这些选择一旦进入锁定状态,想要脱身就会变得十分困难。

但不管是优化还是锁定,在"路径依赖"的背后,隐藏的都是人们对利益的考虑。对组织来说,一种制度形成以后,会形成某种既得利益的压力集团。他们对现存路径有着强烈的要求,力求巩固现有制度,阻碍选择新的路径,哪怕新的体制更有效率。

(五)革新

革新即变革或改变原有的观念、制度和习俗,提出与前人不同的新思想、新学说、新观点,创立与前人不同的艺术形式等。革新常与合理化建议联系在一起,如产品质量、工程质量、服务质量的提高,产品品种的改进,新产品的研发;工具、设备、仪器、装置的改进;引进技术、操作方法、设备技术等方面的改进;管理制度、管理机制、管理技术和管理手段的改进等。

【例1-25】 海尔让员工主动做大

海尔一直相信,让员工做大,才能将市场做大。海尔多年来开展合理化建议活动是员工参与企业民主管理的一种重要途径。

在海尔,员工合理化建议活动的开展非常普及,集团成立了"员工创新成果经营公司",专门管理员工的合理化建议活动,还利用信息化建立了合理化建议网上申报、网上确认,让员工提合理化建议更加便捷,建议解决更加迅速,员工参与率达100%。合理化建议还采取提案书的形式,在一张提案书上实现建议提出、建议落实、建议跟踪、建议闭环。同时全集团推行"即时激励",员工的建议被采纳后,奖金必须随即发到位。每天,新被采纳的合理化建议都会在信息网上发布、推广。

20世纪80年代,可口可乐公司首席营销官塞尔希奥·齐曼经过对经典的创新失败案例以及其他诸多公司的创新失败案例的深刻反思和研究,得出结论:革新比创新更有利于企业的品牌和价值。他的研究成果形成了名为《先革新,再谈创新》的新书。他认为,革新是一种促进企业内生增长的策略,它不同于推动企业横向增长的创新。比如,革新在现有业务、现有品牌、现有消费者、现有竞争力的范围内进行,创新是面对新的业务、新的品牌、新的消费者、新的竞争力。更为重要的是,两者的基础不同。革新的基础是核心特质,创新的基础是核心竞争力。

(六)创作

创作主要指文学艺术领域的创造。在文学艺术领域中,作家和艺术家依据丰富的生活经验,用创造性思维构思作品,揭示人生的哲理和美的规律,从而丰富人的精神生活,如小说、诗歌、音乐、舞蹈、绘画、雕塑等。创作的文学、艺术和自然科学、社会科学、工程技术等智力成果作品,一般通过著作权(版权)得到保护。

【例1-26】 波音飞机和哈利波特,谁飞得快?

美国华纳兄弟公司拍摄影片《哈利波特4》花费1.5亿美元,首映票房获得1亿美元,全美票房获得3亿美元,而海外票房获得6亿美元,投资回报率为667%;而波音公司卖出一架1亿美元的飞机,利润是3%。

《哈利波特》全球发行3亿册,使得作者罗琳从一个普通女教师成为"全球最富有女星"。哈利波特电影、游戏、玩具服装等相关产业获利百亿美元。

(七)发现与发明的关系

有研究表明,如果没有发现,就不会有发明。人类的每项发明都建立在发明者对某种特定自然规律的发现性认识的基础上。可以简单概括为科学发现是什么、为什么?技术发明是做什么、怎么做?

从表1-1历史上重大技术发明实例,可以看出发现与发明间存在着"滞后期"。因为发现经过研究、探索,找到前人没有认识到的事物或规律,而发明则要应用发现的自然规律,在科技进步前提下,才有可能解决技术领域中的特有问题。

表1-1 发现与技术发明的滞后期

科学理论思想	时间	技术发明	时间	滞后期
摄影原理	1782	照相机	1838	56年
电磁原理	1831	发电机	1872	41年
内燃机原理	1862	汽油内燃机	1883	21年
电磁波通信原理	1895	第一个公众广播电台	1921	26年
涡流喷气机原理	1906	涡轮喷气发动机	1935	29年
发现抗菌素(现称"抗生素")	1910	制造出抗菌素	1940	30年
雷达原理	1925	制造出雷达	1935	10年
发现铀核裂变	1938	制造出原子弹	1945	7年
发现半导体	1948	制造出半导体收音机	1954	6年
提出集成电路的设计思想	1952	制造出第一块集成电路	1959	7年
光纤通信原理	1966	制造出光纤	1970	4年
提出无线通信设想	1974	蜂窝移动电话系统	1978	4年
多媒体设想	1987	多媒体计算机	1991	4年

【例1-27】 巨磁电阻效应与硬盘的发明

1988年法国科学家阿尔贝·费尔和德国科学家彼得·格林贝格尔发现巨磁阻效应。1997年IBM公司发明了全球首个基于巨磁阻效应的读出磁头。

正是借助巨磁阻效应,人们才能够制造出如此灵敏的磁头,清晰读出微弱的磁信号,并且转换成清晰的电流变化。这使得存储单字节数据所需的磁性材料尺寸大为减少,从而使得磁盘的存储能力得到大幅提高。新式磁头的出现引发了硬盘的"大容量、小型化"革命。如今,巨磁阻技术已经成为全世界几乎所有电脑、数码相机、MP3播放器的标准技术。

(八)发明与创新的关系

发明创造是创新的基础和前提,创新过程需要发明创造。创新是一个连续不断的过程。偶然的发明并不能直接推动生产力的发展,发明只有经过不断创新,才能最终发挥作用。创新的本质是通过新发明去创造新市场,满足或创造消费需求,获取经济和社会效益。

将创新与发明创造区分开来,被认为是著名经济学家熊彼特的另一大贡献。熊彼特认为:只要发明还没有得到实际应用,那么经济上就不起作用。在发明未能转化为商品之前,发明只是一个新观念、新设想,不能创造任何经济价值。因此,可以说发明是创新的必要条件之一,但不是充分条件。对于源于发明的技术创新来说,发明仅仅是创新过程中的一个环节。

创新和发明虽有一定的联系,但仍有本质的区别。

第一,创新是一个经济学概念,创新是有价值的创造。如果根据新的思想,生产出新的产品,虽然新颖,若不能应用,没有价值,则只是发明创造,但不是严格意义上的创新。

第二,发明创造是一个绝对的概念。例如,发明申请专利时强调"首创"。创新是一个相对的概念,只需了解做的程度如何,做了以后有哪些进步,同时这个进步能够产生价值,这就是创新。创新的出发点和目的,不仅仅在于"创造新东西",而主要在于"首次实现其商业价值"。

第三,发明既有积极的,也有消极的发明创造。如计算机的发展是积极创造,而计算机病毒则是消极创造;核科学和技术的发展是积极创造,而核武器的发展则是消极创造;生物和化学科学的发展是积极创造,而生化武器则是消极创造。

第四,发明创造强调首创,也可以是全盘否定后的全新创造;创新更强调永无止境地更新、优化。它一般并不是对原有事物的全盘否定,通常是在辩证的否定中螺旋上升。

观察19世纪到20世纪的发明和创新时,会发现一个有趣的现象:从发明到创新的过程,也存在着滞后期。而这个滞后期随着时代进步而缩短,因为人们运用科技解决实际问题的能力越来越强。当社会需求与技术发明相结合时,这个滞后就大大缩短,见表1-2。

表1-2 发明与技术创新的滞后期

技术与产品	发明年份	创新年份	滞后期
日光灯	1859	1938	79年
采棉机	1889	1942	53年
拉链	1891	1918	27年
电视	1919	1941	22年
喷气发动机	1929	1943	14年
雷达	1922	1935	13年
复印机	1937	1950	13年
蒸汽机	1764	1775	11年
尼龙	1928	1939	11年
无线电报	1889	1897	8年
三极真空管	1907	1914	7年
圆珠笔	1938	1944	6年

【例1-28】 不发明也能创新

1947年,美国贝尔实验室制成了世界上第一个能清晰地将声频信号放大上百倍的晶体管,这一奇迹注定将改变世界。

而当时人人都认为它仅能应用于简单的助听器。受过高等教育、具有专门知识的索尼公司创始人井深大和盛田昭夫听到这个消息,相信它有更大的潜力,立即飞到美国考察。晶体管可以代替发热且寿命短暂的真空管,就可以制造更小型、省电、坚固、便利的产品。1953年,他们以2.5万美元购买了美国生产晶体管的专利。通过收音机享受娱乐节目和接收新的信息在当时非常流行,但那时的收音机几乎与冰箱一般大,全家必须集中在一起收听。这样,索尼开始开发用于收音机的晶体管。经多次试验,于1957年研制成功了世界上第一台袖珍式晶体管收音机,并以"SONY"命名。首批200万台投放市场,立即受到消费者青睐,出现了爆发性销售效果,销售额正好是用于购买专利花费的100倍,SONY成功了!

思考题

1. 创新人才具有多方面的素质要求,你认为哪一种素质最重要,为什么?
2. 创新、创意、创造、发明、发现、革新有何异同?

第三节 创 新 思 维

一、什么是创新思维

(一)思维

1. 思维的含义

思维科学认为,思维是人接收信息、贮存信息、加工信息以及输出信息的全过程,而且是概括地反映客观现实的过程。心理学认为,思维是人脑对客观事物间接的、概括的反映,是人的认识能力的核心。思维的过程包括对相关事物的分析、综合、比较、分类、抽象、概括、具体化、系统化。

脑科学的研究表明,大脑中有150亿个神经元,每个神经元随时与附近其他的神经元发生联系,形成许多的神经接触点。这些神经接触点之间能够形成数量极其巨大的神经回路,由此作为人们的思维得以产生的物质基础,所以人的思维创新具有极大的潜力。

半个多世纪以来有关人脑的科学研究获得了重大进展。通过研究发现,人的左、右脑在功能上存在着巨大的区别,又共同协调指挥着人的一切活动。左脑以"条理记忆"为特征,可称为"知性脑";右脑以"瞬间记忆"为特征,可称为"艺术脑"。左脑主要支配着人的逻辑、抽象思维能力;而形象思维、情感思维则主要由右脑控制。人的大脑两半球虽有分工,各有侧重,但是相互协作,相辅相成,大脑左半球的理性思维,也会促进大脑右半球非理性思维的发展,在学术上有所成就的人,在艺术上也有创新。

创新潜力的开发为什么容易受到忽视?这是因为,创新潜力是一种心理潜能,心理潜能比生理潜能弱很多,更容易被忽视。比如,饥饿反应是一种较强的生理潜能。身体活动要消耗能量,就要吃东西,这是人的一种生理本能。但是,创新力的心理本能很微弱,大脑右半球脑神经细胞缺乏必要的刺激,外部几乎没有反应,你可能全然不知右脑机能正在衰退。现在需要做的,首先要意识到自己创新的潜力,其次要唤醒沉睡的创新潜力,投身到创新实践活动中。

2. 智力金字塔的三个层次

第一个层次是知识(指完整的知识系统)。人的智力是在通过掌握知识、运用知识的过程中得到发展的。不通过掌握知识这个环节,就不可能有智力的发展,脱离知识的纯粹智力是不存在的。所以,知识是构成智力金字塔的"塔基",是整个智力结构的基础。第二个层次是由智力诸要素构成的"塔身",包括观察能力、记忆能力、想象能力、思维能力。第三个层次是创造力,是智力金字塔的"塔顶"。

这三个层次既相对独立,又相互依存、相互促进。三者之间不是机械的重叠,而是以思维能力为核心,形成一个有机整体。

【例 1-29】 高尔基包装蛋糕

苏联作家、政论家高尔基早年曾在一家食品店当童工。有一天商店接到一张订单,上面写着:"定做蛋糕 9 块,要装在 4 个盒子里,且每个盒子装的蛋糕不得少于 3 块。"蛋糕很快就做好了,可怎么包装呢?真把人给难住了。老板一会这样摆,一会儿那样摆,就是无法合乎客户要求,全店的人都为此伤透了脑筋。

这时,干杂活的高尔基好奇地拿过单子一看,笑着说:"这有何难……"老板就让他试试。他先将 9 块蛋糕分装在 3 个盒子里,每盒装 3 块,然后再将这 3 个盒子一齐装在一个大盒子里。

3. 智力各要素特征

(1) 观察能力,心理学上也叫感知能力,可以将它喻为智力结构的"眼睛"。有的心理学家认为,正常人 80% 的感性知识是通过视觉的观察力获得的。

(2) 记忆能力,可以将它比作智力结构的"仓库"。通过记忆,人们既可以巩固学习成果,积累直接经验,又可以利用别人的间接经验。如果记忆力差,前学后忘,储存的信息少,思维能力就会受到影响。

(3) 想象能力,可以将它比作智力结构的"翅膀"。有了丰富的想象力,就能将学到的知识加以深化,并将头脑中储存的信息组合成绚丽多彩的图画,形成新的创见。

(4) 创造能力,可以将其比作智力结构的"明珠",也有人将其看作智力转化为物质的转换器。就是从已知探索未知的创新思维能力。通过运用已经获得的知识,经过想象、假设、论证等一系列思维活动,从而形成有社会价值的新观点、新理论、新知识、新方法、新产品的能力。

思维能力是智力结构的核心,是智力活动的高级阶段。如果将观察获得的感性知识比作原料,要将原料变成产品,就要通过思维能力的加工制作。人的思维能力如何,是衡量其智力水平高低的重要标志。

(二)创新思维

创新思维是在客观需要的推动下,以新获得的信息和已贮存的知识为基础,综合地运用各种思维形态或思维方式,克服思维定式,经过对各种信息、知识的匹配、组合,或从中选出解决问题的最优方案,或系统地加以综合,或借助类比、直觉、灵感等创造出新方法、新概念、新形象、新观点,从而使认识或实践取得突破性进展的思维活动。

创新思维能力是创新力的核心,它的产生是人脑的左脑和右脑同时作用和默契配合的结果。创新思维和创新一样,是一个外延极广、内涵丰富的概念。无论从思维方式、思维结果、思维类型,还是从思维特征所下的定义都不能囊括它的全部含义。创新思维是头脑瞬间的闪光,是对某种现象本质的深入追求,已知向未知的扩展。但是,不论人们对于创新思维下怎样的定义,创新思维的本质都在于创新,在于一般人的意想不到,在于破除形式逻辑的限制,因而非逻辑思维形式更能突出创新思维的本质特征。

【例 1-30】 三星公司的"生鱼片"法则

韩国三星公司信仰"生鱼片"法则:如果你在海里钓到一条高档鱼,趁新鲜可以到顶级日本料理店,当生鱼片卖个好价钱,但晚一天,就只能以一半的价格卖到二流餐厅,再晚一天,只能卖四分之一的价钱,最后变成不值钱。而电子产品的开发与推销也是同样的道理,要在市场竞争展开之前将最先进的产品推向市场,放到零售架上。这样,就能赚取由额外的时间差带来的高价格。但你只要迟到两个月,就毫无竞争优势可言。

这套理论形成了三星公司的"四先原则":发现先机、先取得技术标准、抢先在全球开卖、取得全球领先地位。为了解消费者、发现先机,三星每年全额资助两三百位优秀员工,到全球超过80个国家旅行,考察当地文化和风俗,将各地消费者的习性,放入产品设计中。

进入21世纪,三星将未来押在NAND闪存芯片上,通过推动NAND闪存芯片战略,加强其在全球存储器市场上的主宰地位。如今三星在DRAM和闪存全球市场占有半壁江山。三星是首家使用3D NAND技术大规模生产NAND闪存芯片的厂商,NAND技术领先主要竞争对手——东芝、SK海力士和美光,至少2~3年,产生竞争对手难以企及的规模经济效应。

创新思维是人类思维的最高表现形式。在思维的类别中,与常规性思维相对,创新思维是指以新颖独创的方法解决问题的思维过程。这种思维不仅能揭示客观事物的本质及规律,在创新思维的驱动下,人类的物质文明和精神文明也将得到大幅提高。不过,在进行创新过程中,只有在正确认识自己的前提下才能建立起创新思维理念,进而产生创新的行为。

【例 1-31】 鬼谷子与创新思维

相传中国古代著名军事家孙膑的老师鬼谷子在教学中极其善于培养学生的创新思维。其方法别具一格。有一天,鬼谷子给孙膑和庞涓每人一把斧头,让他俩上山砍柴,要求"木柴无烟,百担有余",并限期10天内完成。庞涓未加思索,每天砍柴不止。

孙膑则经过认真考虑后,选择一些榆木放进窑洞里,烧成木炭,然后用一根柏树枝做成的扁担,将榆木烧成的木炭担回鬼谷洞。意为百(柏)担有余(榆)。10天后,鬼谷子先在洞中点燃庞涓的木柴,火势虽旺,但浓烟滚滚。接着鬼谷子又点燃孙膑的木炭,火旺且无烟。这正是鬼谷子所期望的。

(三)创新思维的特征

1. 传统上的突破性

突破性主要表现为突破条框、实现质变,即只有突破已有成规、理论权威、思维定式等框架的束缚,实现认识或实践的飞跃等质变的思维活动,才能算是创新思维。因此,突破性是创新思维的必要属性。

【例 1-32】 硅谷钢铁侠——马斯克

2018年2月,埃隆·马斯克创立的 Space X 成功将"猎鹰"重型火箭发射升空。马斯克被公认为继乔布斯之后,新一代的硅谷精神领袖,甚至比乔布斯更伟大。马斯克从小就痴迷于科学技术,更是痴迷于航天飞行。大学期间,马斯克开始深入关注互联网、清洁能源、太空这三个领域。他认为,这三个领域影响着人类的未来发展。2000年,他与朋友成立了专注移动支付领域的 PayPal。2002年,马斯克转身投入太空探索领域,成立太空探索技术公司(Space X),他开始研究如何降低火箭发射成本,并计划在未来实现火星移民,打造人类真正的太空文明。他还提出了 Hyperloop(超级高铁)的设想,时速高达1287公里,将再度引领交通革命的浪潮。

马斯克还成立了一家名叫 Neuralink Corp 的公司,其正在寻求开发一种被称作"神经织网"(Neural Lace)的新技术。据报道,这种技术可以在人类大脑中植入微电极。也许未来某一天,人们可以借此上传或下载自己的思维,将计算机与人类的大脑融合在一起。

马斯克探索性工作的意义在于,他不仅是互联网领域的创新者,而且在多个实体经济领域有重大突破。这种突破既是梦想驱使的结果,也是脚踏实地找到新商业逻辑的结果。

2. 思路上的新颖性

独创性是指独立于前人、他人,没有现成的规律可循。所谓新颖,主要指思维的求异性,即不同于前人、他人之处或一般之处。它与思维的求同性相对应,甚至有学者将创新思维视作求异思维,而求异思维的实质就在于创新。

【例 1-33】 甲壳虫汽车广告语:"Think Small"(想想还是小的好)

想想还是小的好——爱车族对这句甲壳虫轿车广告语一定不会陌生。

20世纪60年代的美国汽车市场,豪华车大行其道,德国大众公司的甲壳虫轿车根本没有市场。而伯恩巴克创造的这句 Think Small(想想还是小的好)的广告语(见图1-4),运用广告的力量,改变了美国人的汽车观念,使美国人认识到小型车的优点。同时这一广告创意,适时地拯救了大众,使得甲壳虫轿车迅速打入美国市场,并在很长一段时间内稳执美国汽车市场之牛耳。

图 1-4 大众公司甲壳虫车广告

其实,"Think Small"的提出也并不是没有根据的。按当年的背景来说,就要一切从简。当时的人们认为,汽车很大程度上是身份、财富以及地位的象征,所以在1973年世界性的石油危机爆发之前,底特律的汽车制造商们大都强调更长、更大、更流线型、更豪华美观的汽车设计。也正是因为如此,甲壳虫轿车打入美国市场时,以美国的工薪阶层作为自己的目标,迎合了普通工薪阶层的购车欲望。

3. 程序上的非逻辑性

创新思维往往超出逻辑思维,在出人意料违反常规的情形下出现。因此,创新思维的产生常常具有跳跃性,省略了逻辑推理的中间环节。

【例1-34】 牛根生的逆向思维——先建市场,再建工厂

按照一般创办企业的思路,首先要建厂房、进设备、生产产品,然后打广告、做促销,产品才有了知名度,才会有市场。如果按这样的思路运作,也许蒙牛今天仍然像一头牛在慢行,绝对不会跑出"火箭"的速度。但牛根生反其道而行之,提出了"先建市场,再建工厂"的思路,将有限的资金集中用于市场营销推广之中,然后将全国的工厂变成自己的加工车间。

在没有一头奶牛的情况下,牛根生用三分之一的启动资金即300多万元,在呼和浩特进行广告宣传,形成铺天盖地的广告效应,几乎在一夜之间,人们都知道了"蒙牛"。

接着,牛根生与中国营养学会联合开发了新产品,然后再与国内的乳品厂合作,以投入品牌、技术、配方,采用托管、承包、租赁、委托生产等形式,"借鸡下蛋"生产"蒙牛"产品。

4. 视角上的灵活性

思维活动不受常规思维定式的束缚、局限,不恪守一种稳定的有序性,其思维方式、方法、程序、途径没有固定的框架,允许思维的自由跳跃,它往往借助于直觉和灵感,以突发式、飞跃式的形式寻求问题的答案。

视角能随着条件的变化而转变;能摆脱思维定式的消极影响;善于变换视角看待同一问题,善于变通与转化,重新解释信息。

【例1-35】 苏州博物馆新馆

2006年,由国际建筑大师贝聿铭设计的苏州博物馆新馆(见图1-5)正式对外开放,江南一隅的这栋建筑吸引了全世界的目光,更让无数建筑爱好者为之疯狂。

图1-5 苏州博物馆新馆

一读者在来信中自称已去过苏博9次,每次都是一趟心灵的震撼和涤荡,他说,"苏博首先是一座数字化博物馆的精品之作,它的风格、气派、内部功能的先进、运作程序的完善、布局安排的科学,都闪烁着现代建筑的光辉;同时它又是一座扩大了的中国庭院,一座别具一格的苏州园林。就连馆中的两丛藤蔓,都专选江南四杰文徵明手植紫藤的根来嫁接,中华文明的信息无不在其间流淌传承。"

5. 内容上的综合性

许多创造性成果是对已有成果的综合,或是在已有成果的基础上产生的。创新思维是多种思维形态的综合运用,但以抽象思维与形象思维的综合运用为主。创新思维是多种思维方式的综合运用,求异与求同、发散与收敛、横向与纵向、演绎与归纳、分析与综合、抽象与概括等。

对已有思维成果的综合运用,同时也是对多种思维方式、方法的综合运用。其中特别突出的是对直觉和灵感方法的运用。

【例1-36】 博弈论的发展与创新

博弈论在诺贝尔经济学奖中备受青睐,在解释现实经济生活和经济政策的分析中有着的重要作用。一般认为,1944年诺依曼和摩根斯坦合著的《博弈论和经济行为》初步形成了博弈论的基本分析框架,标志着系统博弈论的初步形成。此后不久,纳什在20世纪50年代明确提出了"纳什均衡"这一基本概念,揭示了博弈论和经济均衡的内在联系,抓住了博弈论研究的关键问题,后续的理论研究也以此为基础不断发展。泽尔滕率先开辟了动态模型的研究,给出了子博弈和子博弈完美均衡的概念,并发展了倒推归纳法等分析方法,使经济博弈论的发展向前迈了一大步。此外,哈萨尼开辟了不完全信息博弈研究的新领域,首先提出了"贝叶斯-纳什均衡",运用现代随机分析方法解决信息不完全和信息不对称问题,由此发展起来的不完全信息动态博弈模型使博弈论研究与实际应用更紧密。维克里和莫里斯对不对称信息条件下的激励理论做出了基础性和开创性的研究。而在不对称信息条件下的激励理论和市场交易理论方面,阿克罗夫、斯宾塞、斯蒂格利茨做出了巨大贡献。2005年,奥曼和谢林所创建的博弈理论(交互决策理论)为解决合作与冲突这一古老问题提供了最优路径,将博弈论由经济领域拓展到社会领域。

二、互联网思维

互联网思维指在移动互联网、大数据、云计算等科技不断发展的背景下,对市场、用户、产品、企业价值链乃至对整个商业生态进行重新审视的思考方式。互联网思维的内涵主要包括三方面的内容:

第一,注重用户体验。互联网思维下的创业企业销售的不仅仅是产品,还包含用户的参与度,具体来说就是按照客户需求进行生产,更加贴近客户,关注客户的满意度。

第二,开放、参与、交互、共享的互联网精神。互联网思维下的创业企业面向所有人开放,更加注重参与客户的交流、互动,注重合作和连接不同的利益方,实现共赢。

第三,以赢得更多的客户为企业的盈利模式,以客户数量来衡量盈利能力。一个产业有没有潜力,就看它离互联网有多远。能够真正用互联网思维重构的企业,才可能真正赢得未来。

(一)用户思维

用户思维是指在价值链各个环节中都要"以用户为中心"考虑问题。从整个价值链的各个环节,构建"以用户为中心"的企业文化。

用户思维贯穿于每一个细节,让用户有所感知。而且,这种感知要超出用户预期,给用户带来惊喜,贯穿品牌与消费者沟通的整个链条。

要增强用户的参与感,如评论、留言、打赏、互动游戏。用户的成就感和参与程度的深浅相关,更高的黏性产生更忠实的粉丝,更容易实现粉丝向消费者的转化。

【例 1-37】 横空出世的微信红包

2014 年的春节,微信红包引爆了众多用户的手机。微信"抢红包"成为马年春节最为火爆的移动互联网活动,各个微信群被"红包"刺激得活跃度大涨。微信支付的开通率也直线上升——腾讯不费吹灰之力,就让客户体验了微信支付的操作步骤。

2013 年 7 月,微信开始力推支付功能,但由于根基不足,比不上支付宝在用户习惯和应用数量方面的深厚积淀,导致微信的支付业务始终处于不温不火的状态。既然正面进攻费力不讨好,那就突破定式思维,来个"偷袭珍珠港"。果然,红包一出,天下侧目。

(二)平台思维

平台思维就是开放、共享、共赢的思维。平台模式的精髓在于打造互利共赢的生态圈。平台模式最有可能成就产业巨头。

例如,百度、阿里、腾讯围绕搜索、电商、社交各自建立了生态圈,它们都是通过免费或降低粉丝的进入成本,从而吸引大量粉丝,形成规模流量,然后通过提供增值服务吸引一部分特定用户或收取第三方广告租金等收入方式来盈利。后来者如 360 也很难撼动其商业地位。百度搜索引擎通过出售用户搜索的关键字段给广告主,以及出售用户的点击量、有选择地排列用户的搜索结果,来收取广告主的费用。

互联网巨头的组织变革,都围绕着怎样打造内部的"平台型组织"。内部平台化就是要变成自组织,自己来创新。

【例 1-38】 平台组织:海尔的内部市场外部化

传统洗衣机将脏衣服放进去,转动一两分钟清水就变黑了,水脏了换一整桶清水但转一下又脏了,衣服有 70% 时间是在脏水里洗的,而且浪费水。海尔新产品在洗衣机里加了一个净水器,脏水循环变成清水,洗衣过程有 90% 时间衣服都是在清水里洗涤。

海尔在开发流程中采用平台思维。首先,这款产品的创意并非来自研发人员,而是来自客户。有一位消费者在网上评论说,为什么我们不能像古人一样,在流动的溪水里来洗衣服?这句话被海尔人挖掘,然后将这个概念发布到海尔的全球创新开放平台上,这个平台连接了全球顶尖科学家、工程师,变成海尔内部可用资源。海尔自己没有净水器技术,怎么办?传统思维下,只有自己研发的技术才拥有核心竞争力。但海尔从供应商中选出美国陶氏化学,请它开发并共享专利池——每卖出一台这款洗衣机,陶氏化学都能得到分成。海尔并不拥有某些关键技术,但却能利用全球领先技术。

海尔的终极目标是要建立一个平台型企业,将自己变成一个创新的生态圈,将消费者变成设计师,将全球顶尖技术好手变为内部可用的资源,将供应商转变成合伙人。

(三)大数据思维

用户在网络上通常会形成信息、行为、关系三个层面的数据。伴随着大数据的发展,互联网让数据的采集和获得变得更加便捷有效。企业的营销应该针对个性化用户做出精准营销。

例如,大数据技术促使腾讯视频成为国内视频领域的领先者。腾讯视频凭借全平台资源,建立 iSEE 内容精细化运营战略,利用腾讯视频的庞大数据资源,了解用户所喜欢看的内容和用户的常见行为。通过技术优势带给用户更好的观看体验。最后借助腾讯视频社区化的关系链和多平台触达能力，让营销内容得到最大范围的传播，致力于成为国内最大的在线视频媒体交流平台。

又如，沃尔玛利用数据挖掘工具对顾客数据进行分析和挖掘，揭示了隐藏在"尿布与啤酒"背后的美国人的一种行为模式：一些年轻的父亲下班后经常要到超市去买婴儿尿布，而他们中有30%～40%的人同时也为自己买上啤酒。既然尿布与啤酒一起被购买的机会很多，于是沃尔玛就在其一个个门店将尿布与啤酒摆放在一起，结果是尿布与啤酒的销售量双双增长。

【例1-39】 三只松鼠的精准营销

三只松鼠运用大数据技术，仔细分析消费者对产品的评价，并及时给予反馈。如其通过大数据分析发现，对于坚果口味，广东人喜欢少盐的，安徽人则喜欢口味偏重的，根据这些分析，三只松鼠使坚果的口味更加符合顾客的喜好。与顾客直接对接，利用数据挖掘技术，三只松鼠能快速准确地分析客户订单的需求趋势变化，基本做到按照订单生产产品，基本不会出现传统企业常见的库存积压情况，节省的费用则可以用于灵活定价吸引顾客。如三只松鼠经常按成本价销售一些优质产品，回馈客户。三只松鼠还构建出一套可追溯信息系统，构建了客户与产品之间的链条，将客户、供应商、股东和合作农户联系起来，使客户能够准确地掌握产品生产、销售、运输的每一个环节。顾客只要扫一下三只松鼠的二维码，就能看到产品的产地、加工、质检和与自己沟通的客服和负责分装人员的工作情况，这都实现了产品质量的可追溯化，以及消费者体验的可追溯化。在产品卖出后，三只松鼠利用大数据工具分析顾客意见和建议，及时反馈给供货商，从源头改进产品品质。

（四）跨界思维

跨界指的是突破原有行业惯例和常规，通过嫁接其他行业的理念和技术，从而实现创新和突破的行为。随着互联网和新科技的发展，许多产业的界限变得模糊，互联网企业的触角已无孔不入，如零售、图书、金融、电信、娱乐、交通、媒体等领域。跨界思维是互联网思维的不可逆趋势的呈现。

例如，苹果公司的成功，也体现了跨界思维。在iMac、iPod、iPhone之前，IT产品体现的是工程师思维。只要能用、稳定就行，而在美学、设计感等方面缺乏足够的重视。当乔布斯第一次将人文精神、艺术品位引入IT产品之后，一切都变得大不一样了。时尚、易用的苹果产品，瞬间征服了亿万用户。

【例1-40】 "池上米"的营销

一亩水稻，即使品质再高，概念炒作再妙，售价也有相对天花板。但如果把稻田当背景和道具，就有可能获得无限可能。

我国台湾地区台东县的"池上米"，为了摆脱被中间商"压价"的困境，决定先通过休闲娱乐的方式带动游客来当地旅游。他们认为：只有亲眼所见，才能建立感情维系。于是，在台湾乡建组织的帮助下，"池上秋收音乐会"应运而生。他们利用早晚稻的收割差异，在稻田上搭建舞台，每年邀请著名的音乐团体前来演出。

结果，这个活动一鸣惊人。不仅"池上米"品牌一飞冲天，当地也成为台湾著名的休闲旅游度假地，可谓名利双收。池上米迈向产品精致化，通过各种精致包装销售池上米，如新式米瓮包装、古朴的小米桶包装，成为婚嫁喜庆伴手礼。

(五)众包思维

众包是指借助互联网等手段,将传统由特定企业和机构完成的任务,向自愿参与的所有企业和个人进行分工,这样可以完成一个企业或个人没有能力完成的事情,包括网络发包、智慧分享、生活众包。

(1)研发创意众包。

企业与研发机构等通过网络平台将部分设计、研发任务分发和交付,促进成本降低和提质增效,推动产品技术的跨学科融合创新。

例如,宝洁公司目前有9000多名研发员工,而外围网络的研发人员达到150万人。外部的创新比例从原来的15%提高到50%,研发能力提高了60%。

(2)知识内容众包。

百科、视频等开放式平台积极通过众包实现知识内容的创造、更新和汇集,引导有能力、有条件的个人和企业积极参与,形成大众智慧集聚共享新模式。

【例1-41】 免费协作的无限时空

维基百科是世界上最大的百科全书,涵盖了200多种语言、670多万个词条。它的内容完全是免费的,并且全部由志愿者在一个允许任何人编辑的开放性平台上完成。任何人,只要在维基百科网站上注册一个用户账号,就可以参加编辑工作。这项工作没有报酬,但很多人——包括不少顶级专家,都愿意做这件事。网络的普及、网络互动的特性、人们追求完美以及希望被认同的天性是维基百科网站成功的主要因素。维基百科开创了一种人人参与知识的创造与积累的运作模式,这是一种非凡的网络文化现象。新浪的"新浪爱问"、百度的"百度知道",都是受维基百科影响而产生。维基百科将一个或几个机构合作无法完成的事情,众包给了世界上每一个人,让人类所有公开的和非公开的知识,都能保留、传承下去。

(3)生活服务众包。

交通出行、无车承运物流、快件投递、旅游、医疗、教育等领域生活服务众包,利用互联网技术高效对接供需信息,优化传统生活服务行业的组织运营模式。整合利用分散闲置社会资源的分享经济新型服务模式,打造客户广泛参与、互助互利的服务生态圈。发展以社区生活服务业为核心的电子商务服务平台,拓展服务性网络消费领域。

(4)渠道、资金众筹。

众筹由发起人、跟投人、平台构成。具有低门槛、多样性、依靠大众力量、注重创意的特征。一般而言,众筹是通过网络上的平台连接起赞助者与提案者。众筹被用来支持灾害重建、创业募资、艺术创作、设计发明、科学研究以及公共专案等活动。众筹是一种开放思维,又是一种分享思维。

【例1-42】《辉煌中国》的"众筹思维"

2017年热播的《辉煌中国》,一经播出就获得许多观众追捧,引来收视热潮。正是亿万人生活的变化,"众筹"起了五年来最精彩的"中国故事",展现了五年来最震撼的"辉煌中国"。面向全国征集五年来百姓眼中的成就故事、百姓身边的巨大变化,由百姓自己讲述精彩"中国故事",众筹案例线索、照片、短视频等逾万条。8个摄制组历时3个月,走遍了全国31个省区市,拍摄了近3200个小时的高清纪实素材、300多个小时的航拍素材,采访了108位人物,记录下众多珍贵的历史瞬间,形成了全民参与、全民互动、全民拍摄、全民接力的"讲辉煌""赞辉煌"的互动传播。

成片是在上千个成就案例中,精选展现了 65 个典型的成就故事、250 个成就点位,并将 5 年来近 200 组国家成就数据呈现于荧屏。

思考题

1. 什么是创新思维?创新思维有哪些基本特征?
2. 谈谈你对"互联网+"思维的理解,并给出实例分析。
3. 回顾一下自己的思维过程,其中有哪些创新?
   最近一次创意(创新)在什么时候?这个创意(创新)是什么?实施了吗?
   如果这个创意(创新)实施了的话,对你个人、周围的人乃至社会有多大影响和效益?

参 考 文 献

[1] [美]迈克尔·米哈尔科.创新精神——创造性天才的秘密[M].北京:新华出版社,2004.

[2] 王健.创新启示录:超越性思维[M].上海:复旦大学出版社,2003.

[3] 雷毅等.自然辩证法:案例与思考[M].北京:清华大学出版社,2011.

[4] 胡飞雪.创新思维训练与方法[M].北京:机械工业出版社,2009.

[5] 郭绍生.大学生创新能力训练[M].上海:同济大学出版社,2010.

[6] 何静.大学生创新能力开发与应用[M].上海:同济大学出版社,2011.

[7] 王国安.把创新当成习惯[M].北京:中央编译出版社,2003.

[8] [美]乔治·戴伊.沃顿商学院创新课:凭借创新实力获得加速增长[M].北京:中国青年出版社,2014.

[9] [美]蒂娜·齐莉格.斯坦福大学最受欢迎的创意课[M].长春:吉林出版集团有限责任公司,2013.

[10] 崔智东,郭志亮.麻省理工学院最受推崇的创新思维课[M].北京:台海出版社,2013.

第二章　创新思维方法与技法

【学习要点及目标】

　　创新必须有规律可循,有步骤可依,有方法可行,有技巧可用。本章介绍根据思维规律和大量成功实例总结出来的创新方法与创新技法,包括形象思维、逆向思维、发散思维、收敛思维等创新思维过程形式以及设问法、头脑风暴法、组合法、列举法、专利情报分析法等主要创新技法。

　　通过本章学习,能运用联想思维、发散思维、收敛思维等创新方法,奥斯本检核表法、头脑风暴法、组合法等创新技法解决学习、生活和工作中出现的问题。

第一节　创新思维方法

　　如果将创新活动比喻成过河的话,方法和技法就是过河的桥或船。可以说方法和技巧比内容和事实更重要。

　　法国著名的生理学家贝尔纳曾说过:"良好的方法能使我们更好地发挥天赋才能,而笨拙方法则可能阻碍才能的发挥。"笛卡尔认为:最有用的知识是关于方法的知识。在进行创新思维时,掌握好创新思维的一般方法,许多问题就会迎刃而解。

　　创新思维方法可以启发人的创造性思维。应用创新思维方法和技法可以直接产生创造创新成果,提高人们的创造力和创造成果的实现率。

　　创新思维方法包括形象思维、发散思维、收敛思维、逆向思维、逻辑思维、辩证思维等。

一、形象思维

　　形象思维是客观事物的外在特点和具体形象在人们头脑中的反映。它有三种表现形式:表象、想象和联想。形象思维具有形象性、直观性和灵活性的特点。它源于直观形象和既有经验,却又不受固定程序、规则和逻辑推理的约束,可以灵活地、跳跃式地直接抓住事物的本质。

　　形象思维不仅是创新思维的一种形式,也是直接的创新技法。当我们演算一个较复杂的数学或物理问题时,如能根据题意条件首先画出一个示意图,然后根据这个图形进行分析,就能够比较容易得出求解的具体方案。同样,在创新思考过程中,若能借助图形、符号、模型、实物等形象的帮助,对于解决创新中的问题很有作用。

【例 2-1】 **形象思维在科学发现的作用**

　　20 世纪初,为了探索原子结构,科学家运用形象思维建立了各种模型,其中最成功的是卢瑟福的行星模型:电子像行星绕太阳一样地围绕带正电子的、占原子质量绝大部分的原子核旋转。这种用形象思维法所建立的原子模型,对原子物理的发展起了重大作用。

　　爱因斯坦创立的狭义相对论不是数学或逻辑推导的结果,而是直接来自于形象思维。

那是一个夏天的下午,爱因斯坦躺在长满青草的山坡上,眯起双眼,观察着天空的太阳,阳光像一束金线,穿过空气和睫毛射入他的眼睛。爱因斯坦的头脑内正在进行着海阔天空的想象:"假如我沿着这道光束前进的话,结果将会怎样?"最后,他在一闪念中得到了问题的答案,创立了崭新的相对论时空观。

在采取形象思维法进行创新思考的过程中,一是要借助参考形象,二是要借助创新形象。参考形象就是将创新思考时参考的东西形象化;创新形象就是将创新的有关方案形象化。

例如,要创造一种水陆两用的汽车,首先可参考现有的陆用汽车、船艇、潜艇以及现有的水陆两用汽车,乃至某些水陆两栖动物的形象。然后充分想象出各种自己要研制开发的水陆两用汽车方案,并将这些方案描绘成图形、符号或制成模型,帮助我们进一步形象地进行创新思考。

在创新活动中,人们有时需要赋予创新对象某种象征性,或某种文化理念,以使其风格独具特色。

例如,在建筑方面,设计纪念碑要庄严,设计儿童乐园要活泼,设计音乐厅要幽雅,设计宾馆要豪华……再如,有些产品造型要求与某种图案或某种图腾相结合,用来作为民族或企业的象征,那就更需要运用形象思维法进行创意构思了。

【例 2-2】 北京奥运会火炬主题元素

2008 年的北京奥运会火炬,在外观造型方面,主题元素包括传统的云纹符号,代表中国四大发明的纸以及承载千年中国印象的漆红。其最初的设计理念来自蕴含"渊源共生,和谐共融"的中国传统"云纹"符号,通过"天地自然,人本内在,宽容豁达"的东方精神,借祥云之势,传播祥和文化,传递东方文明;在制造工艺方面,运用了高品质纯铝自由曲面延展成型,立体蚀纹雕刻,独创的双色氧化着色,以及金属表面高触感橡胶漆喷涂等多种领先工艺。不难想象,祥云火炬从设计到制造,几乎每一个环节都需要运用形象思维法才能完成。

现代人们从审美情操出发,对各种生活用品、工业产品的外观造型、线条、色彩,以及产品标牌、产品包装、产品广告、企业标志等方面都有越来越高的要求,所有这些问题都需要运用形象思维法来解决。

【例 2-3】 可口可乐瓶的造型(见图 2-1)

图 2-1 可口可乐瓶造型

有一天,制瓶工人罗特看到他的女友穿着一件膝盖上面部分较窄、使腰部显得很有魅力的裙子,觉得线条很优美。这使他产生了一个灵感:如果将瓶子的形状做成这条裙子的模样一定很好看。于是,经过半个多月的努力,一种外观新颖、颇具美感的瓶子研制出来了。这个过程实质上就是形象思维法的具体运用。1923年,罗特将这一创意申请专利,以600万美元卖给可口可乐公司,因而成了富翁。如今,人们只要看到这个形状的瓶子,立即就会想到"可口可乐"。

形象思维表现为想象思维、联想思维、直觉思维、灵感思维。

(一)想象思维

想象思维是人脑通过形象化的概括作用对脑内已有的表象进行加工或重组的思维方式。它是形象思维的一种基本形式和方法,是一种特殊的心理现象和非逻辑思维。

1. 再造性想象

再造性想象就是根据图片、语言文字或别人对某一事物的描述,经过构想,在头脑中再造出某个对象的完整形象的心理过程。

例如,在学习历史时,头脑中会构想种种历史场景;阅读文学作品,眼前便会浮现各种人物形象;电影演员根据剧本的剧情、对白及导演的启发,想象该角色当时的心理状态。

2. 创造性想象

创造性想象是根据一定的任务和目的,对头脑中已有的表象进行加工创新,独立地创造出崭新形象的过程。

例如,哥白尼在天文仪器极度落后的情况下提出"日心说",魏格纳提出大陆漂移学说等都是创造性想象的结果。

3. 憧憬性想象(幻想)

幻想是创新想象的特殊形式,是一种指向未来的特殊想象。幻想思维的突出特点是它的脱离现实性,幻想思维能够在没有现实干扰的理想状态下任意驰骋,导致创新思想方案百出。

【例2-4】 凡尔纳的幻想

18世纪,法国著名科幻作家儒勒·凡尔纳一生写出104部科幻小说和探险小说,代表作有三部曲《格兰特船长的儿女》《海底两万里》《神秘岛》以及《气球上的五星期》《地心游记》等。书中的霓虹灯、直升机、导弹、雷达、电视台等,当时虽都不存在,但在20世纪都已实现。更让人难以置信的是,凡尔纳曾预言:在美国的佛罗里达将建造火箭发射基地,发射飞向月球的火箭。一个世纪以后,美国果然在佛罗里达发射了第一艘载人宇宙飞船。1969年7月16日,巨大的"土星5号"火箭载着"阿波罗11号"飞船从美国卡纳维拉尔角肯尼迪航天中心点火升空,开始了人类首次登月的太空征程。这是一个人的小小一步,但是人类迈出的一大步。

今天,火箭、喷气式飞机、人造卫星、航天轨道站以及航天飞机等的相继出现,凡尔纳幻想的事物70%已成为现实。所以有人认为幻想是创造活动的源头。幻想可以给予人们以创造发明灵感,丰富的幻想是所有发明家共有的特征。

(二)联想思维

有一种说法:"如果大风吹起来,木桶店就会赚钱。"这两者是怎么联系起来的呢?

原来它经历了下面的思维过程:当大风吹起来的时候,砂石就会满天飞舞,这会导致瞎子的增加,从而琵琶乐师也会增多,越来越多的人会以猫的毛代替琵琶弦,因而猫会减少,结果老鼠的数量就会大大增加。由于老鼠会咬破木桶,所以做木桶的店就会赚钱了。

上面的每段联想都是合理的,而获得的结论却大大出乎人们的意料,这就是运用了联想思维的结果。

联想是由一事物想到另一事物的心理现象。这种心理现象不仅在人的心理活动中占据重要地位,在回忆、推理、创造的过程中也起着十分重要的作用。许多新的创造都来源于人们的联想。

联想可以在特定的对象、空间中进行,也可以是无限的自由联想。这些联想都可以产生出新的创造性设想,获得创造的成功。还可以通过联想的不同类型,得到不同的联想方法,去进行发现、发明和创造。

联想的方法一般为对比联想、相似联想、接近联想和强制联想。如在某种诱因的作用下,人们将一种事物的形象和另一种事物的形象联系起来的思维方式。它也是联想思维的一种基本形式和方法。它的特点是可以在两个不相关的事物之间通过连续联系快速形成联想链。

【例 2-5】 微波炉的发明

珀西·斯潘塞(如图 2-2 所示)早年进入专门制造电子管的雷神公司。1940 年 9 月,英国和雷神公司共同研究制造的磁控管获得成功。一个偶然的机会,斯潘塞做微波空间分布试验时,发现衣兜内的巧克力熔化了。是什么原因使巧克力熔化呢?斯潘塞由此联想到,微波能熔化巧克力,一定也会使其他食品由于内部分子振荡而温度升高,他将一袋玉米粒放在波导喇叭口前,然后观察玉米粒的变化。他发现玉米粒与放在火堆前一样。他又将一个鸡蛋放在喇叭口前,结果鸡蛋受热突然爆炸,溅了他一身。这更坚定了他的微波能使物体发热的论点。

图 2-2 微波炉和它的发明人

雷神公司 1945 年申请了微波炉专利。1947 年推出了第一台家用微波炉。可是这种微波炉成本太高,寿命太短,从而影响了微波炉的推广。1965年,乔治·福斯特与斯潘塞一起设计了一款耐用和价格低廉的微波炉。从此,微波炉逐渐走进了千家万户。由于用微波烹饪食物不仅便捷、味美,且有特色,因此有人诙谐地称之为"妇女的解放者"。

1. 接近联想

指从某一思维对象到与它有接近关系的其他思维对象的联想。这种接近关系可能是时间和空间上的,也可能是功能和用途上的,还可能是结构和形态上的。

例如,人大多有手被草割破的经历,但没有进行创造,只有鲁班在手被草割破以后,仔细地观察到草叶的边缘存在的无数细齿,联想到木工工具,从而发明了木工锯。

又如,一位美国发明家在一次理发时看到理发推子的动作,突然与其正在思考的收割机结构方案联系起来,成功地开发出利用理发推子动作原理的收割机。

【例2-6】 西屋电气公司的发明史

美国发明家乔治·威斯汀豪斯(George Westinghouse,西屋电气公司创始人)一直在寻求一种同时作用于整列火车车轮的制动装置。当他看到在挖掘隧道时,驱动风钻的压缩空气是用橡胶软管从数百米之外的空气压缩站送来的现象,脑海里立刻涌现出气动刹车的创意,进而发明了现代火车的气动刹车装置。

1893年,西屋电气用25万盏电灯照亮了芝加哥世博会,从此开启了有照明世博会的历史;1905年,西屋生产了美国历史上第一辆由电力驱动的火车,开启了电气化火车的时代;1917年,西屋生产了第一台电气炉灶,紧随其后的是电熨斗和咖啡过滤器;1933年,西屋生产的当时世界最快的电梯装备世界最高的建筑——美国洛克菲勒中心;1969年,西屋制造的高清晰度摄像机由美国宇航员带上月球,并记录下宇航员在月球行走的珍贵影像。

2. 相似联想

借助事物在形态、形状、性质、功能、用途、概念、文字、语音等方面的相似性进行联想。相似联想在工程技术上也有很大用途。

例如,"水"和"油"——液体,形态相似;"火柴"和"打火机"——用途相似;"犬"和"大"——字形相似;"鸡蛋"和"橄榄球"——外形相似;"8"和"6"——偶数,奇偶性相似;"元旦"——"圆蛋",语音相似。

【例2-7】 钢筋混凝土的发明

1856年,法国园艺师约瑟夫·莫尼埃(Joseph Monier)在仔细观察植物根系时,发现植物根系在松软的土壤中盘根错节,相互交织成网状结构,可使土壤聚集一团,使植物根部保持必要的水分和养料,由此他联想到花坛的建造,他在水泥中加放一些网状的铁丝,结果制成的花坛不像以前那样容易破碎,既耐用又美观。为此,他在1867年获得了专利权,并使该发明很快在水箱、浴盆、桥梁和建筑上获得广泛的应用。

3. 类比联想

类比是指两种动作、程序、原理、方法有一定的可比性。类比联想就是从某一种动作、程序、原理、方法得到启发,用类似的办法解决其他问题的思维过程。运用这种方法,既借助于已有事物,又不受已有事物的束缚,创新者凭借自己的想象力,在广泛的范围内将不同事物联系起来进行类比,异中求同,同中见异,从而提出富有创造性的新构想。

对于某一具体创新项目或某一创新关键问题来说,如果已经认识到它与某些现存事物有相似的基本特征,就可以应用这类已知事物的技术来解决创新问题。

【例 2-8】 响尾蛇导弹

20世纪50年代,两位儿时的朋友生物学家哈恩托和导弹专家博格纳相聚。交谈中,两人说到一种奇特的蛇——响尾蛇。响尾蛇是一种眼睛已经退化的"瞎蛇",但它的动作却极为敏捷,可以毫不费力地捕捉到老鼠或其他小动物。这是因为在它的鼻子和眼睛中间有一个小"颊窝",这是一个奇特的热敏感器官,能接收小动物身上发出的红外线。说者无心,听者有意。哈恩托的介绍引起了正在为导弹命中率不高而日夜思索的博格纳的联想,他想飞机在飞行中,尾部要放出高温气流,红外线肯定强烈。

如果在导弹的头部装上一个类似响尾蛇的"颊窝"的红外线探寻装置,导弹不就犹如装上眼睛去主动追寻飞机了吗?不久,导弹研制成功并且被命名为"响尾蛇"导弹。

以上相互之间均有可类比的性质,在创新时能够具体而形象地借鉴和参考,这比从无到有的凭空想象要容易得多。

【例 2-9】 人工牛黄的发明

牛黄是珍贵药材,主要靠宰牛搜取,数量少,满足不了医学上的需要。广东海康公司从河蚌育珠中得到启示:牛黄、珍珠都是体内进入异物,由体内分泌物凝聚而成;既然河蚌能够运用"插片"方法,人工将砂粒置入蚌体内,培养成人工珍珠,那么,牛黄也应当能够用人工方法培植。经过试验,他们得到了与天然牛黄一样的人工培植牛黄。

类比联想与相似联想的区别在于,相似联想仅适用于事物属性的联系,而类比联想适用于复杂的过程、事物、事件。

类比联想立足于将未知的对象和已知的对象进行对比和类推,用以启发思考、开拓思路,为创新提供线索,从而实现创新。采用类比法的基础和关键是要找到类比的对象。为此,创新者应善于运用各种有效的检索手段查阅文献和搜集情报,以积累有关类比对象的丰富知识和经验;在寻找类比对象时,不能只看表面的类似,而要看到本质的类似,还要分析、认识它们之间的区别,包括使用条件的区别,避免出现生搬硬套,牵强附会;要注意防止受类比原型的限制,形成先入为主的成见,使创新思考受到不应有的束缚。

【例 2-10】 宇通公司的客运卧车

二十多年前,我国长途汽车客运市场低迷,制造客运汽车的郑州宇通公司不得不依靠制造和安装防盗门而勉强维持运转。为了走出困境,他们通过市场调查,发现顾客对长途客运汽车的舒适度不满意,于是公司将客车与同是长途客运交通工具的火车卧铺车厢相类比,将火车卧铺引入长途客运汽车,制造出中国第一辆客运卧铺汽车。宇通在长途客运市场上一炮打响,能与火车分庭抗礼,引起了轰动。1994年在全国客车总体销售量下降17.19%的情势下,他们的产品销售量却增长了98%,并进入国际市场。

4. 对比联想

由事物间完全对立或某种差异而引起的联想。如黑暗光明,温暖寒冷。每对既有共性,又有个性。如黑暗亮度小,光明亮度大,但都表示亮度。对比联想有时会得出荒谬的结论,例如吸鸦片有害人的健康,但鸦片也能给人治病,这二者也是对比联想关系。

例如,20世纪80年代IBM公司将走遍天下无敌手的俄罗斯国际象棋大师卡斯帕罗夫请到纽约,与公司新开发的超级计算机"深蓝"对弈。经过10天的鏖战,"深蓝"以三平两胜一负的战绩击败卡斯帕罗夫。IBM通过人机大战的对比,既宣传了产品的优越性能,又为公司的形象增添了光彩。

对比联想又可分为下列几种。

(1) 从性质属性对立角度对比联想。

【例2-11】 圆珠笔漏油问题

1945年,美国人雷诺兹发明新型圆珠笔曾风行一时,但漏油问题虽几经改进始终没有得到解决。漏油的原因很简单,就是使用笔芯的笔珠磨损造成间隙过大引起泄漏。人们试验用各种不同材料组合以提高耐磨性,甚至使用宝石等贵重材料制作笔珠,但是容纳笔珠的笔珠槽的磨损仍会引起泄漏。日本人中田藤三郎运用反向探求法成功地解决了这个问题。他发现圆珠笔不是一开始使用就有漏油的现象,而是通常在书写2万多字以后才由于磨损引起泄漏,他创造性地提出,如果控制圆珠笔芯中油墨的量,使得所装油墨只能书写大约1.5万字左右,这样当漏油的问题还没有出现时笔芯就已被丢弃了。

(2) 从优缺点角度对比联想。

既看到优点,看到长处,又要想到缺点,想到短处,反之亦然。

【例2-12】 目标管理的优缺点分析

目标管理是以目标为导向,以人为中心,以成果为标准,而使组织和个人取得最佳业绩的现代管理方法。它有以下优点:①对组织内易于度量和分解的目标会带来良好的绩效。②有助于改进组织结构的职责分工。③有利于调动职工的主动性、积极性、创造性。④有利于促进意见交流和相互了解,改善人际关系。

但是对于在技术上具有不可分性的工作,难以实施目标管理。原因是:①组织的内部活动日益复杂,使组织活动的不确定性越来越大,组织内的许多目标难以定量化、具体化。②在监督不力的情况下,目标管理要求的承诺、自觉、自治气氛难以形成。③目标确定可能增加管理成本。④有时奖惩不一定都能和目标成果相配合,也很难保证公正性,从而削弱了目标管理的效果。

鉴于上述分析,在实际中推行目标管理时,除了掌握具体的方法以外,还要特别注意把握工作的性质,分析其分解和量化的可能,从而使目标管理发挥预期的作用。

(3) 从结构颠倒角度对比联想。

从空间考虑,依据前后、左右、上下、大小的结构,颠倒着进行联想。

例如,一般人进行数学运算都是从右至左、从小到大,史丰收运用对比联想,反其道而行之,从左至右、从大到小来运算,运算速度大大加快。

(4) 从物态变化角度对比联想。

即看到从一种状态变为另一种状态时,联想与之相反的变化。

例如,18世纪拉瓦将金刚石锻烧成CO_2的实验,证明了金刚石的成分是碳。1799年,摩尔沃成功将金刚石转化为石墨。金刚石既然能够转变为石墨,用对比联想思考,反过来石墨能不能转变成金刚石呢?后来人们终于用石墨制成了金刚石。

又如,从自然科学想到社会科学;由电动机联想到发电机;由电流产生磁场(电磁效应)联想到用磁场产生电流(磁电效应)。

5. 因果联想

指由于两个事物之间存在因果关系而引起的联想。这种联想是双向的,可以由"因"

想到"果",也可以由"果"想到"因"。由"果"找"因"的联想在发明创造中被大量运用,找到合适的"因",可以达到更理想的"果"。

例如,产品的质量不高("果")往往是由于操作机床的人造成的,人操作机床是"因";如果由计算机来控制机床(更合适的"因"),产品的质量就可以大大提高了(更理想的"果")。

6. 联想方法

联想的方法有概念联想、直接联想、改变限定词联想、强制联想、多步联想、焦点联想等。

(1) 概念联想法。

概念之间有多种相同的属性,两件不同的事物要建立联系,至少要求有一样属性是相同的。借助于概念到概念的联想,在不同的事物、现象中寻找可以借鉴的观念或原理,以运用到研究中。

例如,砖头、书本——几何形状相同;硫酸、注射液、玻璃——有"透明"共性;红旗、西红柿——"色彩"相同;雨、河、海、蒸汽——由"水"形成;净水、污水、糖水、盐水、水银、油、氢、氧、原子、分子、游水、跳水、划水、消防、试剂——和"水"有关。

改变限定词联想就是进一步说明一个概念其他各种属性的词语。

例如,要对"服装"进一步说明其用途,就变成"男装""女装""工作服""礼服"等。其中的"男""女""工作""礼"就是"服装"的限定词。改变某一事物概念的限定词,就可以联想到各种与该事物有一定共性的其他事物。

【例2-13】 电风扇——只做"风"的生意

1956年,大阪精品电器公司专业生产电风扇。当时,松下幸之助委任西田千秋为总经理,自己任顾问。西田千秋发现公司产品过于单一,决定开发新产品。于是,他征询松下的意见。松下对他说道:"你们只做风的生意就可以了。"松下这样说,目的是为了使大阪精品公司生产尽量专门化。西田千秋想了一会儿,紧盯着松下问道:"只要是与风有关的,就行了吗?"松下并未仔细思考,便随口答道:"是的。"

一年后,松下来大阪精品电器视察,看到厂里正在生产暖风机,便问西田千秋:"这是电风扇吗?"西田笑着答道:"不,但它是和风有关的,我正在按照您的要求进行生产。"

松下继续考察,发现公司里有大量的新产品,除了电风扇、排风扇、暖风机、鼓风机,还有果园和茶园的换气扇,甚至还有家禽养殖业的换气调温系统。它们大大地增加了公司产品的市场销路。

(2) 强制联想。

将似乎无内在联系的事物强行联系在一起,寻找新的、原来不存在的联系,从而产生新事物的思维过程。

例如,对以下概念做两两组合:网络、运动、读书、学习、游戏、旅游、劳动、加工、购物。我们任选其中两个进行组合,一共可以组合成36种。逐一考虑它们在现实中实现的可能。

主概念为网络,次概念为运动、读书、学习、游戏、旅游、劳动、加工、购物……

其中"读书网络""网络学习""网络游戏""网络购物""网络旅游"都已实现。随着网络技术的进一步发展,"网络运动""网络加工"也有可能成为现实。

(3) 多步联想。

当一步无法使两个概念联系起来时，可以采用多步联想。多步联想是在三个(种)或四个(种)事物间建立起联系的思维过程。三步、四步联想是接龙联想和强制联想的结合与发展，但在实践中增大了应用的自由度，更有助于解决实际问题。

苏联心理学家哥洛万和斯塔林茨进行的一项实验表明，任何两个概念(语词)都可以经过四五个阶段，建立起联想的联系。

例如，半导体生产工艺要求高度精密和洁净，为了清除有机物的污染，必须用有机溶剂"甲苯"来清洗，然而硅片上又留下了新的有机物"甲苯"。为了解决这个难题，技术人员采用了多次清洗的办法：甲苯—丙酮—乙醇—水。原因是：相邻二者之间可以互溶，相隔的不能互溶。

(三) 直觉思维

直觉思维是指不受某种固定的思维规则制约，直接领悟客观事物本质及其关系的思维方法。它跳过循序渐进的思维过程，根据对事物的知觉印象，直接把握事物的本质与规律，因此也是一种浓缩或省略的思维方法。直觉是人类能动地了解事物的思维闪念。

【例 2-14】 大陆漂移说

1914 年，德国气象学家魏格纳卧病在床，他望着挂在墙上的世界地图，忽然发现一个有趣的现象：在大西洋的两岸，西岸的南美洲东部，呈直角朝外凸出，而东岸的非洲几内亚湾，则朝里凹进，二者的轮廓线十分吻合；扩而言之，假如没有大西洋隔开的话，整个南美洲东海岸和非洲西海岸可以对接起来。

于是魏格纳不由地忽发奇想：也许在远古时代，这两块大陆本来是合为一体的，由于某种原因，它逐渐断裂而漂移开来。后来魏格纳经过论证，并考察大西洋两岸的地质、动植物，提出"大陆漂移"学说。

运用直觉思维，必须有丰富的知识和经验。在许多情况下，特别是在形势紧急需要当机立断的情况下，运用直觉思维有其必要性和重要作用。

【例 2-15】 梅里美特工

一次梅里美接受了一项任务——潜入某使馆获取一份间谍名单。这是一个艰巨而棘手的任务，因为此名单放在一个密码保险箱内，只有想方设法获知密码，才能打开保险箱。据情报透露，保险箱的密码只有老奸巨猾的格力高里知道，于是梅里美进入使馆成为格力高里的秘书，他凭着自己的才智逐步获得了格力高里的信任。尽管这样，格力高里始终没提过保险箱密码一事。这时上级已经下达命令，限三天时间让梅里美交出间谍名单。梅里美焦急万分，到了最后一天的晚上他决定铤而走险。

梅里美进入格力高里的办公室，试图用自己掌握的解密码技术打开保险箱，可是一阵忙碌之后一切都是徒劳，一看表发现离警卫巡查的时间仅剩十分钟了。怎么办？突然，他的目光盯在了墙上高挂着的一部旧式挂钟，挂钟的指针都分别指向一个数字，而且从来没有走过。梅里美猛然想起自己曾经问过格力高里是否需要修钟，格力高里摇头说自己年龄大了，记性不好，这样设置挂钟是为了纪念一个特殊时刻的。想到这，梅里美热血沸腾，他立即按照钟面上的指针指定的数字在关键的几分钟内打开保险箱，拿到了名单。

直觉也有缺点，例如容易将思路局限于较窄的观察范围里，会影响直觉判断的正确性等。

(四)灵感思维

爱迪生说过:"天才,就是1%的灵感加上99%的汗水。"爱因斯坦从1895年开始经过十年沉思,灵感才突然降临,创立震惊世界的狭义相对论。美国化学家普拉特和贝克,曾就灵感问题调查了许多化学家,被调查人当中有33%经常得益于灵感,50%的人偶尔有灵感,17%的人则从未得益于灵感。

灵感是人们借助直觉启示而对问题得到突如其来的领悟或理解的一种思维形式。一个人长时间思考某个问题得不到答案,在中断了对它的思考以后,却又会在某个场合突然产生对这个问题解答的顿悟。

灵感在长期艰苦的思想劳动过程中孕育、成长,当人们对创新问题进行了长期而顽强的思考,直至废寝忘食,达到了挥之不去、驱之不散、思想饱和的程度,这时离灵感的产生就不远了。一旦受到某种激发以后,问题便可能突然得到解决,犹如瓜熟蒂落,水到渠成。

【例2-16】 米老鼠的诞生

迪士尼乐园是孩子们的智慧王国,其中,"米老鼠"更是蜚声全球。每当它那可爱的形象出现,孩子们喜了,大人们乐了,连老人们也笑了。

"米老鼠"的创造者是华特·迪士尼。他的生活曾经穷困潦倒、一贫如洗。他和妻子曾多次因付不起房租而被赶出公寓。有一次,这对无处可归的年轻夫妇只好到公园去,坐在长椅上考虑前途。

"今后的生活该怎么办呢?"焦虑万分的夫妇俩无言相对。

这时,从他们的行李里,忽然伸出了一个小脑袋,原来,那是华特·迪士尼平常钟爱的鼹鼠。想不到这只鼹鼠竟跑到他那绝无仅有的小行李里,跟他一起搬出了公寓。这真使他有些感动了。

瞧,那滑稽的面孔,迷人的眼睛……夫妇俩看见这似乎想替人解忧的鼹鼠的面孔,一时竟忘记了现实的烦恼。

太阳开始落山,晚霞慢慢笼罩大地。迪士尼忽然惊喜地叫嚷道:"对啦!世界上像我们这样穷困潦倒的人一定很多。让这些可怜的人们,也来看看这鼹鼠的面孔吧!将它的面孔绘成漫画,来抚慰那些哀伤和烦恼的心灵吧!对啦!对啦!就是它,就是它,就是它的面孔!"就这样,脍炙人口的"米老鼠"便诞生了,它走出了美国,跨出了美洲,踏遍了整个世界。这灵感之果——米老鼠,已不是原来的鼹鼠,而是一种独特的创造物。

灵感诱发的形式有形象触发、情景触发、潜意识与梦境等。触景生情、在适宜的情境中容易诱发灵感。科学与文学上像这样在梦境中获得创造灵感的事例不胜枚举。剑桥大学调查发现,有70%的科学家回答说从梦中得到过帮助。日内瓦大学对数学家做过类似调查,69个数学家中有51个认为睡眠中能够解决问题。可见,梦境中的灵感启示,具有很高的创造性价值。

法国物理学家皮埃尔·居里认为在森林中容易产生激情;法国数学家阿马达则常在喧哗声中产生灵感;爱迪生就有白天坐在椅子上打盹的习惯,据说许多发明就是这样产生的。因此,每个人应该根据自己的具体情况,找出诱发灵感的最佳方式和最好时机。

【例2-17】 珍妮纺纱机的发明

1764年的一天,木工哈格里夫斯与往常一样,又为发明纺纱机的问题伤了一整天的脑筋。傍晚,他疲倦地站起来,打算暂时丢开这恼人的问题去做点家务以调节思绪。可他一不小心,一脚将妻子的纺车给绊倒了。这时一个现象使他看呆了,原来水平放置的纺锤翻倒过后变成垂直竖立,却仍然在那里转动。

他由此想到:既然纺锤在竖直状态下仍然转动,那么在纺纱机上并排竖直装上几个纺锤,不就可以一次纺出好几根纱来吗?就这样,他成功地制成了新型纺纱机,即珍妮纺纱机,大大提高了生产效率。恩格斯曾评价这是第一个改变英国工人状况的发明。

学会暂时搁置,有利于产生灵感。许多创新者的经验表明,经过一段长时间的紧张思索之后,暂时放下问题,将其搁置一边,使自己处于松弛状态或转而考虑其他事情,过几天或数周以后,旧的联想、旧的思路便可能有所遗忘,这对摆脱习惯性思维程序的束缚很有帮助,灵感也常常在这种情况下到来。

【例2-18】 捕捉灵感——条形码的发明

20世纪40年代,伍德兰德和西尔弗上大学时,西尔弗偶然听到一名商店管理人员与工程学院主任的对话。商店管理人员希望工程学院主任引导学生,研究商家怎样才能在结账时捕捉商品信息。

1952年,伍德兰德与西尔弗共同发明的如今普及全球的条形码系统获得美国专利权。条形码产生灵感时,伍德兰德正坐在被海沙环绕的椅子上,用手指在沙滩上划道。"我把四根手指插入沙中,不知为什么,我把手拉向自己的方向,划出四条线。""天哪!现在我有四条线。它们可以宽,可以窄,用以取代点和长划。"

因为读取技术未能跟上,条形码当时属于一项超前发明。20世纪70年代初,在IBM公司工作的伍德兰德终于在获得专利权22年后开发出可读取条形码的激光扫描系统。1974年6月26日,俄亥俄州的特洛伊市的收银员克莱德·道森扫描了10片装黄箭口香糖,显示价格为67美分。道森的这一操作也正式意味着革命性条形码扫描技术的诞生。如今,全球每天大约50亿件商品接受条形码扫描。

在创新活动中,提高观察、联想和想象等能力是运用灵感法的重要途径,往往能促使百思不解的问题得到突如其来的顿悟或破解。只有在创新中付出了足够的劳动,灵感终将来临。

【例2-19】 创新不老泉——反常

当今,商业世界充斥着大量数据。创新者潜心钻研各种数据,寻找靠谱的新点子。通常人们只关心中间数或平均值,继而推导出普遍性的结论。但是,有时真正的机会来自那些不同寻常的研究结果。

你是否思考过全球电子商务中存在的反常情况?人们可能会认为,在拥有1亿中产阶级消费者、7500万网络用户的俄罗斯,电子商务市场理应蓬勃发展。但是,这个国家的电子商务仅占国家零售总额的1.5%。创业家尼尔斯·滕森(Niels Tonsen)意识到了个中原因——俄罗斯的邮政系统非常不可靠,很少人拥有信用卡。这一洞察促使滕森创建了一家名为Lamoda的服装零售网站,公司雇用了一大批快递员负责送货上门,同时收取现金,甚至提供时尚方面的建议。Lamoda打包商店、时尚顾问以及收款台,将这个充满创意的体验直接送到消费者家门口,成功建立起了一个适合俄罗斯市场的电子商务模式。

直觉与灵感的联系是:直觉与灵感在创新思维中的作用是类似的;直觉与灵感都需要知识和经验的积累;直觉与灵感都是超越逻辑的思维方法;直觉往往出现在最初的猜想之中,灵感则往往是问题解决终端将要出现的征兆。

直觉与灵感的区别是：直觉是思维的直接活动，灵感是一种神秘的意识状态；直觉的出现表现为快速，灵感的出现则主要表现为突然和意外。

二、发散思维与收敛思维

（一）发散思维及其特点

发散思维又称辐射思维、扩散思维、多向思维及求异思维等。即沿着不同的方向、不同的角度思考问题，从多方面寻找解决问题的思维方式。发散思维有平面思维、立体思维、横向思维、侧向思维、多向思维、组合思维等形式。

【例 2-20】 一支铅笔的用途

纽约里士满区有一所贝纳特牧师在经济大萧条时期创办的穷人学校。1983 年，一位名叫普热罗夫的捷克籍法学博士，在做论文时发现，五十年来，该校出来的学生犯罪记录最低。

为延长在美国的居住期，他突发奇想，上书纽约市长要求得到一笔市长基金，以便就这一课题深入开展调查。普热罗夫展开了调查。凡是在该校学习和工作过的人，他都要给他们寄去一份调查表，问：贝纳特学院教会了你什么？在将近 6 年的时间里，他共收到 3756 份答卷。在这些答卷中有 74% 的人回答，他们知道了一支铅笔有多少种用途。

普热罗夫首先走访了纽约市最大的一家皮货商店的老板，老板说："是的，贝纳特牧师教会了我们一支铅笔有多少种用途。我们入学的第一篇作文就是这个题目。当初，我认为铅笔只有一种用途，那就是写字。谁知铅笔不仅能用来写字，必要时还能用来做尺子画线，还能作为礼品送人表示友爱；能当商品出售获得利润；铅笔的芯磨成粉后可作润滑粉；演出时也可临时用于化妆；削下的木屑可以做成装饰画；一支铅笔按相等的比例锯成若干份，可以做成一副象棋，可以当作玩具的轮子；在野外有险情时，铅笔抽掉芯还能被当作吸管喝石缝中的水；在遇到坏人时，削尖的铅笔还能作为自卫的武器……总之，一支铅笔有无数种用途。贝纳特牧师让我们这些穷人的孩子明白，有着眼睛、鼻子、耳朵、大脑和手脚的人更是有无数种用途，并且任何一种用途都足以使我们生存下去。我原来是个电车司机，后来失业了。现在，你看，我是一位皮货商。"

普热罗夫后来又采访了一些贝纳特学院毕业的学生，发现无论贵贱，他们都有一份职业，并且都生活得非常乐观。而且，他们都能说出一支铅笔至少 20 种用途。

调查一结束，普热罗夫就放弃了在美国寻找律师工作的想法，后来成为捷克最大的一家网络公司的总裁。

发散思维是大脑在思考时呈现的一种扩散状态的思维模式，它表现为思维视野广阔，思维呈现出多维发散状。可以通过从不同方面思考同一问题，如"一题多解""一事多写""一物多用"等方式，培养发散思维能力。

发散思维可以突破人们头脑中固有的逻辑框架，由一事想万事，从一物思万物，构成较大的思维空间，得到众多具有新意的答案。发散思维示意图见图 2-3。

例如，蒙牛经营理念的设计：蒙牛、中国牛、世界牛……奶产品的设计：航天奶、运动奶、早餐奶、晚上奶、酸酸乳。发散思维的未来奶产品：妈妈奶、爸爸奶、宝宝奶、爷爷奶。

又如，宝洁的洗发水系列：去头皮屑——海飞丝、营养发质——潘婷、舒缓头皮——飘柔、中草药乌发——润妍、护理定型——沙宣。

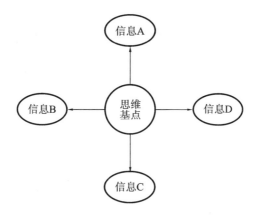

图 2-3 发散思维示意图

【例 2-21】 《天净沙·秋思》的立体思维

元代马致远的《天净沙·秋思》:"枯藤老树昏鸦,小桥流水人家。古道西风瘦马,夕阳西下,断肠人在天涯。"这首元曲用了十个描写景物的词汇(枯藤、老树、昏鸦、小桥、流水、人家、古道、西风、瘦马、夕阳),每个词孤立地看没有什么深刻的意义,但马致远将自然景象和断肠人的心境综合起来,既写了景,又融入了自己的感情,描述了天涯游子孤单、冷清的心境,形成一幅情景交融、美不胜收的现实图画,构成了一个立体形态的艺术画卷。

创新思维的关键在于如何进行发散。有人认为,科学家创造能力与他的发散思维能力成正比,并且可以用"创造能力=知识量×发散思维能力"这一公式来表示。

发散思维的特点有:①流畅性(发散思维"量"的指标)。流畅性是指短时间内就任意给定的发散源,选出较多的观念和方案,即对提出的问题反应敏捷。②灵活性(发散思维"质"的指标)。灵活性是指思维能触类旁通、随机应变,不受消极心理定式的影响,能够提出类别较多的新概念。③独创性。独创性是指提出的设想、方案或方法有与众不同、匠心独具的特点。

【例 2-22】 新龟兔赛跑

兔子和乌龟是一对老冤家。有一天,兔子又遇见了乌龟,兔子说:"笨乌龟,两天之后我们再比一场,奖杯由老虎大王颁发。"乌龟爽快地答应了。

第一天,兔子在拼命地练习跑步。第二天,兔子还在拼命地练习跑步。到了比赛那天,兔子早早地来到了比赛场地,而乌龟则在打电话,嘱咐了几句就挂了。

过了好久,乌龟才来到比赛场地。一声哨响,兔子就飞快地向前跑去,这次它吸取上次比赛的教训,没有睡觉。当兔子跑了一半的时候,来了一辆"保时捷"跑车,乌龟搭上了车,不一会儿就超越了兔子。聪明的乌龟又成了赢家,兔子的眼睛都急得红了,连身上的毛也一下子白了。

龟兔赛跑中,兔子输的原因有很多种,具体原因如图 2-4 所示。

发散思维方式主要特点是多方面、多思路地思考问题。当一种方法、一个方面不能解决问题时,它会主动地否定这一方法、方面,而向另一方法、另一方面跨越。它不满足于已有的思维成果,力图向新的方法、领域探索,并力图在各种方法、方面中,寻找一种更好一点的方法、方面。

侧向思维是发散思维的一种形式,这种思维的思路、方向是偏重于在正向思维和逆向

图 2-4 龟兔赛跑,兔子落后的原因

思维的轨迹之外另辟蹊径的思维,它是沿着正向思维旁侧开拓出新思路的一种创造性思维。

【例 2-23】 深山藏古寺

宋徽宗时的一次科举考试,主考官出了一个画题《深山藏古寺》。

画师们经过构思,有的在山腰间画古寺,有的将古寺画在丛林深处。寺呢? 有的画得完整,有的画出寺的一角或一段残墙断壁……主考官连看几幅均不满意,原因是这些画均体现了半藏而不是全藏,与画题无法吻合,正当主考官失望之余,有一幅画深深吸引了他:

在崇山之中,一股清泉飞流直下,跳珠溅玉,泉边有个老态龙钟的和尚,正一瓢一瓢地舀着水倒进桶里。仅这么一个挑水的老和尚,就将"深山藏古寺"表现得含蓄深邃淋漓尽致:和尚挑水,不是浇菜煮饭,就是洗衣浆衫,让人想到附近一定有寺;和尚年纪老迈,还得自己挑水,可见寺之破败,寺一定藏在深山之中,画面中尽管看不到寺,观者却深知寺是全藏在深山之中。

这位画师的高明之处就在于他运用了旁敲侧画的侧向思维,选择了和尚挑水这一新颖角度来表现主题。

【例 2-24】 茅台酒一摔成名

1915 年在巴拿马万国博览会上,中国的酒瓶子"外貌丑陋",都是土里土气的褐色陶罐,此外所有酒类都被安置在农业馆,结果这些夹杂在棉花、大豆中间的陶罐长时间无人问津。为了扩大中国酒类的影响,将酒类从农业馆移到参观人气很好的食品馆内。

这一天,工作人员在移动酒类过程中,不小心摔破了一罐酒。这个摔碎的酒坛里装的正是茅台酒,其散发出来的酒香,引得过往的游客纷至沓来、啧啧称赞。当即让大家取几个空瓶子,敲开盖子,并将酒倒入其中,供人品尝,结果中国农业馆前一下子热闹起来。

就这样,原本名气不大的茅台,被授予了"荣誉奖章",从此名扬中外。

(二)收敛思维及其特点

收敛思维又称聚敛思维、辐集思维、集中思维和求同思维等,是一种寻求某种正确答案的思维方式。与发散思维相反,收敛思维在解决问题的过程中,总是尽可能地利用已有的知识和经验,将众多的思路和信息汇集于研究对象这个中心,通过比较、组合和论证,得出在现存条件下解决问题的最佳方案。收敛思维示意图见图2-5。

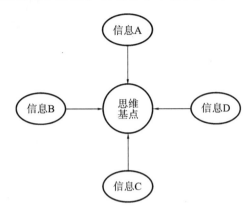

图2-5 收敛思维示意图

【例2-25】 追问到底法

在日本丰田汽车公司,曾经流行一种管理方法,叫作"追问到底法"。就是说,对公司新近发生的每一件事,都采取追问到底的态度,以便找出最终的原因。一旦找到了最终原因,那么对于一连串的问题也就有了深刻的认识。

比如,公司的某台机器突然停了,那就沿着这条线索进行一系列的追问。

问:"机器为什么不转了?"答:"因为保险丝断了。"

问:"为什么保险丝会断?"答:"因为超负荷而造成电流太大。"

问:"为什么会超负荷?"答:"因为轴承枯涩不够润滑。"

问:"为什么轴承枯涩不够润滑?"答:"因为油泵吸不上润滑油。"

问:"为什么油泵吸不上润滑油?"答:"因为抽油泵产生了严重磨损。"

问:"为什么油泵会产生严重磨损?"答:"因为油泵未装过滤器而使铁屑混入。"

追问到此,最终的原因就算找到了。给油泵装上过滤器,再换上保险丝,机器就正常运行了。如果不进行这一番追问,只是简单地换上一根保险丝,机器照样立即转动,但用不了多久,机器又会停下来,因为最终原因没有找到。

(三)发散思维与收敛思维的关系

发散思维是求异思维,广泛搜集创新设想和方案(可能多数是不成熟的),为收敛思维提供加工对象;收敛思维是求同思维,对众多创新设想和方案认真整理、全面考察,精心加工成最优的创新成果。

发散思维的关键是开放,收敛思维的关键是优化,二者对立统一,相辅相成。发散思维更有利于人们思维的广阔性、开放性,使人的思维极限尽量放宽,更利于在空间上的拓展和时间的延伸;收敛思维则有利于从发散思维中选取精华,有利于使问题的解决取得突破性进展。发散思维与收敛思维的关系见图2-6。

【例2-26】 1只猫=司令部?

第一次世界大战期间法德交战时,法军的一个司令部在前线构筑了一个极隐蔽的地下指挥部。德军的侦察人员在观察战场时发现:每天早上八九点钟都有一只小猫在法军

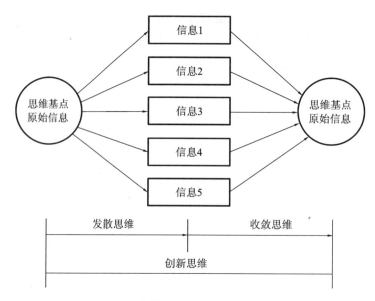

图 2-6　发散思维与收敛思维的关系

阵地后方的一座土包上晒太阳。

他们利用收敛思维判定那个掩蔽部一定是法军的高级指挥所。随后,德军集中火力对那里实施猛烈攻击。事后查明,他们的判断完全正确,这个法军地下指挥所的人员全部阵亡。

德军判断依据:①这只猫不是野猫,野猫白天不出来,更不会在炮火隆隆的阵地上出没;②猫的栖身处就在土包附近,很可能是一个地下指挥部,因为周围没有人家;③根据仔细观察,这只猫是相当名贵的波斯品种,在打仗时还有兴趣玩这种猫的绝不会是普通的下级军官。

三、逆向思维

逆向思维又叫反向思维,是发散思维的一种特殊形式,指从原有的思维方式的相反或相对的角度出发思考问题。如果说思维方式带有演绎的性质,那么逆向思维就是从对立统一规律出发,从反方向上去思考问题。

例如,动物园是动物关在笼子里,然而有人反过来想,将人关在活动的铁笼子(汽车)里,凶猛的动物看我们,不是可以更真实地欣赏大自然中动物的原貌吗?于是野生动物园应运而生。反过来越刺激,票价也越贵。

又如,萧伯纳很瘦。一次,他去参加一个宴会,一位"膘肥体壮"的资本家挖苦他:"萧伯纳先生,一见到您,我就知道世界上正在闹饥荒!"萧伯纳不仅不生气,反而笑着说:"嗯,先生,我一见到您,就知道闹饥荒的原因了!"

逆向思维的成功率在各种创新思维形式中是最高的,不论是社会变革、经济管理,还是科技发明,许多成果都是逆向思维的成果。

【**例 2-27**】 输者赢者效应:塞勒的盈利秘诀

2017 年诺贝尔经济学奖得主理查德·塞勒(Richard Thaler)敏锐地发现了资本市场中的行情变化与人们非理性思维的关系,提出了"输者赢者效应":输者组合是一些在连续几年内带有坏消息的典型投资标的,而赢者组合则相反。由于投资者对好消息和坏消息都存在过度反应,这将导致输者组合价格被低估,而赢者组合的价格被高估,价格偏离各自的基本价值。但是错误定价不会永久持续下去,在输者组合形成一段时间后,错误定价将会得到纠正。输者组合的业绩将会超出市场的平均业绩,而赢者组合的业绩将会低于市场的平均业绩。

塞勒不仅是一个杰出的理论家,他还将理论运用到实际的投资活动中,塞勒掌控的投资公司旗下基金业绩回报率高达832%,而同期大名鼎鼎巴菲特的基金涨幅才307%。

(一)结构逆向

从已有事物的结构形式出发所进行的逆向思维,以通过结构位置的颠倒、置换等技巧,使该事物产生新的性能。

例如,在第四届中国青少年发明创造比赛中获一等奖的"双尖绣花针",发明者是武汉市义烈巷小学的学生王帆,他将针孔的位置设计到中间,两端加工成针尖,从而使绣花的速度提高近50%。

(二)功能逆向

指从原有事物功能上去进行逆向思维,以寻求解决问题,获得新的创造发明的思维方法。

例如,火箭发射→钻井火箭;接收天线→发射天线;保温瓶(保热)→装冰(保冷)。

又如风力灭火器:一般情况下,风是助火势的,特别是当火比较大的时候。但在一定情况下风可以使小的火熄灭,而且相当有效。

任何事物都有其各种各样的功用,人们可以采取一定措施,使得事物因其性质、特点的改变而起到同原有功用相反的功用,包括将事物对己不利的功用转变为对己有利的功用,也就是就事物的某种功用从相反的方向思考,可能引发观念创新。

(三)状态逆向

指人们根据事物某一状态的反面来认识事物,从中找到解决问题的办法或方案的思维方法。

【例2-28】 母亲眉开眼笑

一位母亲有两个儿子,大儿子开染布作坊,小儿子做雨伞生意。每天,这位老母亲都愁眉苦脸,天下雨了怕大儿子染的布没法晒干;天晴了又怕小儿子做的伞没有人买。一位邻居开导她,叫她反过来想:雨天,小儿子的雨伞生意红火;晴天,大儿子染的布很快就能晒干。逆向思维使这位老母亲眉开眼笑,活力再现。

(四)原理逆向

就是从事物原理的相反方向思考问题。

例如,制冷与制热、电动机与发电机、压缩机与鼓风机。

【例2-29】 两向旋转发电机的发明

传统发电机的构造是各有一个定子和一个转子,定子不动,转子转动。而苏卫星通过对发电技术的钻研和探索,打破世界公认的"发电机定子不动"的科学禁锢,所发明的"两向旋转发电机"定子也转动,发电效率比普通发电机提高了4倍,实现了发电机一次质的飞跃。两向旋转发电机已成功应用于风力发电机、路灯照明、家庭用电等领域,实现了脱离外部电源仅依靠自身发电满足照明的需求。

(五)序位逆向

顺序和方位。顺序又指时序或程序,方位又指方向和位置。序位逆向是指对事物的顺序和方位逆向变动,以产生新的较佳效果的思维。

1. 时间顺序上逆向

例如,"种菜种瓜要抢先,迟了不值钱"。也可以在"迟"字上做文章,以迟取胜。越夏西红柿、秋西瓜、冬天结果的桂圆等纷纷问世。物以稀为贵,这些反季节瓜果都能给菜民带来良好的经济效益。

【例 2-30】 看板管理

20世纪50年代,丰田公司从超级市场的运行机制中得到启示,看板作为一种生产、运送指令的传递工具而被创造出来。它是为了达到准时生产(JIT,Just In Time)而控制现场生产流程的工具。其实质是保持物流和信息流在生产中的同步,实现以恰当数量的物料,在恰当的时候进入恰当的地方,生产出恰当质量的产品。这种方法可以减少库存,缩短工时,降低成本,提高生产效率。

看板管理的精髓就是逆向思维,它要求企业以市场拉动生产,以总装拉动零部件的生产,以零部件生产拉动原材料、外协件的供应,以后方服务拉动前方生产,一改过去指令性生产、请求式服务的观念。即改变传统生产模式下一切生产按照指令性计划完成的观念,形成了市场经济体制下以市场为导向,以顾客需求为指令的市场观念;改变超前超量生产的观念,形成适时组织生产确定的品种、准确的数量,下道工序需要多少上道工序就生产多少的准时观念。

2. 程序上逆向

程序是规范化的先后次序或顺序,如操作程序、会议程序、医疗程序、检验程序、办事程序等。程序是人们必须遵循的行为规范或规定。依照程序行事一般不会出错,但是程序并不是一成不变的,它需要随着时间、地点、范围、事件的不同而适当的改变,也就是创新就在改变程序。

例如:楼梯,人动梯不动;电梯,梯动人不动。

3. 方法上逆向

逆向思维在企业管理和经营活动中的创新作用十分显著,能够给企业带来新观念、新思路、新决策、新方法,并开拓企业的新局面。在日常生活中,常规思维难以解决的问题,通过逆向思维却可以轻松破解。

【例 2-31】 海尔的出口创汇——先难后易

在世界经济一体化的进程中,我国的许多企业也主动参与了国际市场的竞争。但产品是先出口到发展中国家,后出口到发达国家呢?还是反之?大多数企业选择了先易后难的策略,即将产品先出口到发展中国家,在出口的过程中一边发现产品的问题和不足,一边对产品进行改进,然后再出口到发达国家。

而海尔却先将产品出口到日本、美国、德国和韩国这些家电的故乡,然后再出口到发展中国家。这样一旦海尔的家电产品在这些发达国家站住了脚,就可以一路无阻地出口到发展中国家。按照这一战略,海尔在境外40多个国家的市场站稳了脚跟,海尔品牌也成为国际营销热点。

在实践中,要正确地运用逆向思维方法,有效地发挥其创新功能,就不能将逆向思维方法孤立起来,而是要和正向思维方法联系起来。具体说来,要注意如下几点:

第一,逆向思维是正向思维的对立面。正向思维是符合常规的,而逆向思维是反常规的。正向思维由于长期反复使用,往往成为一种习惯和思维定式;而逆向思维则必须有意识地、自觉地破除习惯和思维定式,经过反复思考才能进行,非有意、自觉所不能为。

第二,逆向思维与正向思维具有相互的依赖性。正向思维在人类的思维活动中占据主导地位,可以高效率处理大量的常规问题。但是,如果出现正向思维所解决不了问题而陷入"山重水复疑无路"困境,正是逆向思维打开"柳暗花明又一村"局面之时。沿着正向思维一路前行,我们便走向逆向思维的门口。

【例2-32】 VISA、迪伊·霍克与混序

凡使用过信用卡的人都了解VISA。VISA从1969年起步,以15%~50%的增长率飞速成长。如今VISA卡的年销售量超过1万亿美元。作为一种跨越国界的全球货币,VISA卡在200多个国家中可使用。

VISA国际公司采用了一种建立在逆向思维法则基础上的非正统的团体机构形式。其探索者是被称为银行卡之父的迪伊·霍克,他融合自己的成长经历与哲学思考,描述了一种全新的组织文化——混序。他认为,未来的混序组织将是一种全新的、人类心灵与自然相结合的最漂亮的组织。1994年,迪伊建立了"混序联盟",作为该联盟创始人并担任CEO。

混序组织的中心思想是诱发与激励人的积极性和建设性,让人们由衷地为共同的希望、愿景、价值等去努力追求。迪伊主张创立务实的混序组织,催化大规模的组织变革,使竞争与合作融为一体,借以解决重要的社会问题,如果社会接受了混序理念,那么,健康平稳、和谐有序及可持续的发展必将成为可能。

阅读材料 逆向营销:换种思维切蛋糕

"在新经济时代,营销基本上已经完全转向,从'替产品寻找客户'转变为'替客户寻找产品'。"据现代营销学之父菲利浦·科特勒表示,营销实务的方向和重点也会随之发生转移。他预计,在客户主导一切的时代,"逆向营销"将帮助企业为客户创造更多价值,同时为自己切到更多蛋糕。

科特勒在自己的营销新论中将"逆向营销"分解为6个要素。

(1)逆向产品设计。

有越来越多的网站可让客户自己设计或参与设计个性化的产品,目前客户已经可以设计自己喜爱的牛仔裤、化妆品和电脑,将来则有可能设计自己心仪的汽车甚至房子。

(2)逆向定价。

在美国priceline.com网站,准备买车的客户可以先在网上设定价格、车型,选购设备,确定取车日期,以及自己愿意前往完成交易的距离,并让网站从自己的信用卡上划走200美元的保证金。网站会将这项提议的联络信息转移并传真给所有的相关经纪人,它只从完成的交易中赚取收益:买方25美元,经纪人75美元。据了解,这家网站还计划为客户提供融资和保险,当然还是采取类似的报价模式。由此可以看出,网络的魔力完全可以使消费者从价格的接受者变为价格的制定者。

(3) 逆向广告。

在传统思维模式的支配下,营销人员会将广告推向消费者,但现在广告的"广泛传播"模式已逐渐被所谓的"窄播"取代。在"窄播"中,企业运用直接邮件或电话营销的方式,以此找出对某一特定产品或服务感兴趣而且具有高度盈利能力的潜在客户。将来消费者可以主动决定自己想看到哪些广告,企业在寄发广告之前必须先征求客户的许可,特别是在电子邮件上,目前客户已经能够要求订阅或停止订阅某类广告。

亚马逊网站的客户正在享受着"点播"广告的服务,这种广告是由客户主动发起,而且是应客户的要求而出现的。他们可以登录自己感兴趣的主题,此后每当有新书、唱片或录像带问世时,该公司就会应客户的要求向他们发出电子邮件信息。此外,它也会运用资料库中的信息在网站上为客户推出专属的横幅广告。

(4) 逆向推广。

现在通过网站等营销中介,客户可以要求厂商寄来折价券和促销品,还可以通过它们要求特定的报价,也可以索取新产品的免费样品,而中介机构则可以在不泄露个人信息的情况下,将客户的要求转交给各公司。

(5) 逆向通道。

目前让客户能够随时购买产品或获得服务的通道日益多样化,许多一般性产品在超市、加油站、自动售货机等处随手可得,或者可以通过专业机构送至客户家中;而对于音乐、书籍、软件、电影等数字化产品,现在可以从网上直接下载。即便是买衣服,也可以在网络上观看有关档案资料,而不必耗时费力亲临现场。将展示间搬到客户家中,而不是客户前往展示间观看,这一方式的转变暗示企业必须发展并管理更多的通道,并为不同的通道推出不同的产品和服务。

(6) 逆向区隔。

通过网上问卷调查的形式,客户可以使企业了解自己的好恶和个性特征;运用这些信息,企业就可以建构起客户区隔,然后再为不同的区隔开发出适当的产品和服务。

四、逻辑思维与辩证思维

(一) 逻辑思维及其特点

逻辑思维又称为抽象思维。通常所说的逻辑思维是指形式逻辑思维,它是以抽象的概念、判断和推理为形式的思维方式。概念是反映客观事物本质属性的思维形式。判断是对思考对象有所断定的思维形式。推理是由已知判断推出新判断的思维形式。逻辑思维过程,就好比一个人从一个据点向另一个更高的据点攀登的过程。可以说,逻辑思维是"线型"思维形式。

逻辑思维的基本形式是概念、判断和推理。概念、判断和推理这几个思维形式是互相联系的。概念往往要通过一定的判断和推理而形成。判断是肯定或否定概念之间的联系关系,而判断的获得通常又需要通过推理。

1. 概念

概念是人脑对事物的一般特征和本质属性的反映。概念是在抽象概括的基础上形成的,因此,概念反映事物的本质属性,而不反映事物的非本质属性。

例如,关于"鸭子"的概念,只反映鸭子扁嘴、短颈、足有蹼、船形体态、喜游水等本质属性,而不反映其颜色、大小、肥胖等非本质属性。

2. 判断

判断是对思维对象是否存在,是否具有某种属性以及事物之间是否具有某种关系的肯定或否定。

人在头脑中通过判断的过程所达到的结果,也叫作"判断"。可见"判断"一词具有两种含义:一种是指人脑产生判断的思维过程,另一种是指人脑经过判断过程所产生的思想形式。判断是通过肯定或否定来断定事物的。肯定或否定是判断的特殊本质。

人们在判断中不是肯定某种事物的存在,就是否定某种事物的存在;不是肯定某种事物的价值,就是否定某种事物的价值;不是肯定某些事物之间的某种关系,就是否定某些事物之间的某种关系。

人在判断的独立性和机敏性方面会表现出很大的个体差异。

例如,有的人凡事优柔寡断,习惯人云亦云;有的人遇事当机立断,决不盲从附会。判断的独立性和机敏性主要取决于进行判断所必须依据的有关知识和经验。

3. 推理

推理,实际上就是通过对某些判断的分析和综合,以引出新的判断的思维过程。

人在头脑中经过推理的过程所引出的新的判断叫作"结论";人在进行推理的过程中所根据判断,称为"前提"。也就是说,已有的概括性认识和有关材料或事实,是人在头脑中进行推理时必须依据的前提;对过去的推断或对未来的预测,是在头脑中经过推理所得到的结论。

判断看起来似乎要比推理简单得多,其实很多的判断都是推理的结果。推理可以分为归纳推理和演绎推理。归纳推理是从特殊事例到一般原理;演绎推理是从一般原理到特殊事例。

逻辑思维一般要与创新思维相配合,才能在创新中发挥作用。如果单独使用,则往往不会产生具有新颖性的思维结果,有时还会限制创新思维。这主要是由逻辑思维自身的特点所决定的。逻辑思维具有严密性,但容易形成思维定式。

例如,爱迪生请一名数学家计算他发明的电灯泡的容积。数学家先测量灯泡的各段直径及壁厚,通过复杂的数学计算求出灯泡的容积。而爱迪生只是将水倒满灯泡,再将灯泡中的水倒入量杯,直接读取量杯容积刻度,就得到了灯泡的容积。这位数学家就是陷入了思维定式,只知道用自己的数学知识解决问题。

逻辑思维的特点有:

(1) 常规性。

逻辑思维结果难以超越常规,超越已有的知识和经验,也就难以产生新颖性。

(2) 严密性。

逻辑思维的方法是严谨周密的,其过程也是固定的。如果已有的知识本身有误,经验有偏差,其思维结果就不可避免地更加不正确。也就不能突破这种已成定论的错误,从而阻碍了创新。

(3) 稳定性。

逻辑思维严密性及逻辑方法程式化的特点,造成了逻辑思维过程的稳定性和结果的必然性。逻辑思维的结果虽然符合逻辑但不一定符合客观事实,它依然具有稳定性,仅用逻辑思维难以打破,有可能成为创新思维的禁锢。逻辑思维的过程也有可能产生多种歧义,甚至出现很不严密的结论。

【例2-33】 元素周期表的发现

门捷列夫发现元素周期律,完成了科学上的创举。当时大多数科学家热衷于研究物质的化学成分,尤其醉心于发现新元素。但却无人去探索化学中的"哲学原理"。而门捷列夫却在寻求庞杂的化合物、元素间的相互关系,寻求能反映内在、本质属性的规律。他不但将所有的化学元素按原子量的递增及化学性质的变化排成合乎规律、具有内在联系的一个个周期,而且还在表中留下了空位,预言了这些空位中的新元素,也大胆地修改了某些当时已经公认的化学元素的原子量。

(二)辩证思维及其特点

思维的高级形式,是用辩证的方法研究事物的内在矛盾,研究矛盾的各个方面及其性质,研究矛盾各方面的力量及相互作用、矛盾发展的方向、趋势和结果,指导人们将认识不断推向前进,从而获得新的规律性的认识。主要方法有:

综合与分析:整体到部分,部分到整体。

抽象与具体:属性到事物,事物到属性;属性是抽象的、事物是具体的。

归纳与演绎:高度集合抽象、举一反三。

辩证思维是指按照辩证逻辑的规律,即遵循唯物辩证法的一般原理进行思维。辩证法是关于联系和发展的学说,它强调用事物普遍联系、发展变化和对立统一的观点看问题。客观性、全面性及深刻性是辩证逻辑的根本要求和基本特征。

辩证思维在创新活动中具有统帅、突破和提升的作用。

1. 统帅作用

世界上的各种具体事物不但具有无限复杂性,更重要地还表现在它们具有多层次性。要深刻地认识事物,必须透过"直接的现象"看到事物的本质。运用唯物辩证法原理可以揭露事物内部深层次的矛盾,从哲学的高度提供世界观和方法论。辩证思维将各种思维方式和思维规律有机地融为一体,灵活地加以运用,在更高层次上统帅其他思维方式。

2. 突破作用

在创新活动中,经常会遇到困难,发现不了主要问题,或者是提供不出解决问题的有效方案,也就是出现了"僵局"。辩证思维可以从"事物是普遍联系的、是发展变化的"认识出发,从正反两个方面切入,分析事物内部矛盾双方对立统一的关系,抓住主要矛盾或矛盾的主要方面,找到解决问题的关键,起到突破"僵局"的作用。辩证思维是打破"僵局"的有力武器。

3. 提升作用

人们对事物的认识总有一个由浅到深、由感性认识到理性认识的过程。在创新活动中,不论运用什么方法,不论取得的成果大小,都需要进行总结概括,将其上升为理论。辩证思维就可以用来帮助全面总结创新思维成果,提升对成果的认识价值,扩大成果的应用,将众多的创新成果变为人类文明的共同财富。

【例2-34】 《道德经》的辩证思想

《道德经》充分体现了中国古代朴素辩证法的思想,阐述了道家对事物的产生、发展、变化的规律及社会观、人生观的基本思想,对人类精神世界影响深远。

《道德经》曰:"祸兮福之所倚;福兮祸之所伏。孰知其极?"意思是:灾祸后面有福在那依托着,福禄后面有灾祸在那潜伏着,有谁知道哪是个头?老子认为,幸福与不幸的关系是辩证的,是互为基础的,又是可以相互转化的。

屈原被放逐,著《离骚》;左丘失明,著有《国语》;孙子膑脚而论兵法;吕不韦迁蜀而世传《吕氏春秋》;韩非囚秦而写《说难》《孤愤》。所有这些都说明了人即使一时陷入低谷,也要鼓足勇气,认真分析失败原因,跌倒了爬起来,自强不息,迎接成功的来临。

"塞翁失马,焉知非福""否极泰来"这些耳熟能详的话都说明坏事可以引出好的结果,好事也可以引出坏的结果。明白"祸福相依"的道理,拥有一颗平常心,才能立于不败之地。

(三)逻辑思维和创新思维的关系

1. 逻辑思维与创新思维的区别

逻辑思维和创新思维的区别主要表现在思维形式、思维方法、思维方向、思维基础和思维结果方面。

(1)思维形式。

逻辑思维的表现形式,是从概念出发,通过归纳、演绎、分析、比较、判断、推理等形式得出合乎逻辑的结论。所以,逻辑思维一般都在现有的知识和经验范围内进行;创新思维则不同,它一般没有固定的程序,其思维方式大多是扩散、想象、联想、直觉和灵感等。因此,创新思维有可能产生许多思维结果,有的可能是正确的,有的可能是不正确的。

(2)思维方法。

逻辑思维的方法,主要是逻辑中的比较和分类、分析和综合、抽象和概括、归纳和演绎;而创新思维的方法,主要是猜测、想象和顿悟等。

(3)思维方向。

逻辑思维一般是单向的思维,总是从概念判断推理,通过比较、分析、判断、推理等形式来得出结论;而创新思维具有多向性,一般有多方向思维扩散和逆向、侧向、转向等各种思维方式,结果也是多样性的。

(4)思维基础。

逻辑思维是建立在现成的知识和经验基础上的,离开已有的知识和经验,逻辑思维便无法进行;创新思维则是从猜测、想象出发,没有固定的思维方式,虽然也需要知识和经验作为基础,但不完全依赖知识和经验。

(5)思维结果。

逻辑思维严格按照逻辑进行,思维的结果是合理的,但可能没有创新性。创新思维活动既然不是按照常规的逻辑进行,其结果往往不合常理,但其中却有新颖性的结果。

2. 逻辑思维与创新思维的联系

创新活动是一个完整的过程,必然需要逻辑思维的介入和参与。在创新活动过程中,逻辑思维和创新思维的关系是十分密切的。在创新过程中,逻辑思维有利于发现问题,有利于筛选设想,有利于评价结果,有利于推广应用,有利于总结提高。逻辑思维和创新思维的关系主要表现在:

(1) 衔接关系。

人类的知识和经验总是不断发展的,当发展到新的阶段时,就会和原有的知识体系发生矛盾,原有的知识体系中就产生了逻辑上的新的矛盾,要解决这些矛盾,就不能仅依靠逻辑思维,而需要非逻辑思维,特别是创新思维来进行突破和创新。

(2) 互补关系。

在进行创新活动时,逻辑思维和创新思维是交替进行的,创新思维有利于活化思维,突破障碍,提出新的设想;逻辑思维有利于思维活动的条理性,对思维结果进行总结和归纳,并投入应用。

(3) 转化关系。

创新思维一旦突破原有的逻辑,就会在更高层次上转化为新的逻辑思维,并将新的知识、新的发现纳入已知的体系中,以逻辑形式的知识形态保留下来。因此,在"逻辑思维—创新思维—更高层次的逻辑思维—更高层次的创新思维"这样一个链条中,逻辑思维和创新思维总是不断相互转化。

【例 2-35】 牛顿与爱因斯坦的思维模式

在科学研究领域,人们不仅需要注重想象思维、直觉思维、灵感思维等非逻辑思维方法的应用,而且不能忽视逻辑思维方法的作用。

牛顿发现了万有引力。他坐在一棵树下,发现一个苹果从树上落下来,他首先在脑中进行逻辑性思考,思考苹果落下的原因,发现已有的知识不能解决这个问题;然后他就进入了第二个阶段,苹果为什么从上往下落,而不能往上掉呢?由此开始发散性的思考、研究,最终得出万有引力定律。

爱因斯坦创立相对论后,曾对创造过程进行了反思,总结出了许多极具启发意义的思想。他提出了一个思维和经验关系:在科学理论的创立过程中,作为前提的假设或公理的提出主要依赖于直觉;而从假设或公理推导出一系列命题,这是逻辑(演绎推理)的功能;最后,对这些导出命题进行检验,又必须依靠直觉。

透过这个模式可以看出:一个科学理论从提出假设或公理到构建假说再到理论发展,整个过程表现在思维方式上,就是逻辑思维与直觉思维交替作用的结果。

思考题

1. 为什么说想象力比知识还重要?请想一想,如何培养自己的想象和联想能力?
2. 联想思维有哪几种类型?
3. 以发散思维的知识和训练要点,回答以下问题:
   (1) "你是谁?"尽可能多地写出你与社会各方面及各种人物的关系。
   (2) 设想出以互联网为创新创业的创意、点子或想法。
4. 请说明发散思维与收敛思维的关系。
5. 逆向思维有哪些分类?
6. 逆向思维练习:
   (1) 请找出一个你认为很讨厌的东西,说出它有什么用。
   (2) 从反面回答问题:逆境出人才。从正面回答问题:经常"挑错"的人。

第二节 创 新 技 法

创新技法,是经大量创新实践验证过的有效方法,也是创新活动中比较常用的基本方法。经专家研究发掘,世界上已经应用的创新技法有300多种。虽然种类繁多,但基本成熟、常用的不过几十种。"创新成果＝创新欲望＋创新思维＋创新技法",它清楚地说明创新技法在发明创造活动中的重要作用。

20世纪40年代,时任BBDO广告公司副经理的亚历克斯·奥斯本(Alex Faickney Osborn)等人,开始关注科学发现和技术发明的过程和规律。他们仅从经验出发,以研究案例为主,总结出了许多创造方法,如享誉全球的头脑风暴法、检核表法等。

1948年,美国麻省理工学院开设了"创造性开发课程"。1949年,奥斯本在纽约州立大学布法罗分校开办"创造性思考"夜校,讲授创造的基本原理和技法,据测定,学生的创造力平均提高47%。此后,加州大学、芝加哥大学等数十所大学开设了创造学或创造力培训课程,推动了创造教育的发展。

奥斯本还创办了"创造力开发咨询公司"。在他的带动下,美国在20世纪70年代已创办了33家这样的公司。这些公司聘请创造学专家从事传播、咨询、培训、开发、评估、解题、决策、人才选拔、设计等方面的创造性咨询服务。企业的参与使创造力的开发培训产生了明显的经济效益和社会效益,反过来又推动了创造学的普及和发展。

依据不同的分类方式,可以将创新技法分为不同的类型,得到不同的结果。一般可分为以下两大类。

一类是偏于理智的技法,包括设问类技法——奥斯本检核表法、和田十二法、5W1H法;组合类技法——组合法、信息交合法、形态分析法;列举类技法——缺点列举法、希望点列举法、特性列举法;程序类技法——发明问题解决理论(TRIZ)。

另一类是偏于激励的技法,包括类比法——综摄法、移植法;逆向类技法——逆向反转法、缺点逆用法、问题逆转法;集智类技法——头脑风暴法(BS)、三菱式(MBS)、卡片式(NBS、CBS)、德尔菲法(4轮征求意见表)。

创新技法的基本原则包括:自由畅想原则,信息刺激原则,集思广益原则,量中求质原则,同中求异与异中求同原则,需求导向原则,尊重科学原则,综合创造原则,实践第一原则。

一、设问法(有序思维法)

巧妙地设问可以启发想象、开阔思路、引导创新。设问检查法就是对已有的方案或者产品进行设问,以此开拓思路,激发创新灵感,实施创新。该创新技法包括奥斯本检核表法、5W1H法、和田十二法等。

(一)奥斯本检核表法

检核表法由创造学之父奥斯本发明,又称"分项检查法"或"对照表法"。它根据需要研究对象的特点列出有关问题,形成检核表,逐项提出问题,逐条讨论思考,这样就可能产生新的创意、新的构想和新的思路。

检核表法几乎适用于任何类型与场合的创新活动,因而被称为"发明创造技法之母"。

实践证明,这是一种能够大量开发创造性设想的方法。目前,创造学家们已创造出许多具有各自特色的检核表法,其应用范围广,简单易学,行之有效。

1. 能否他用

某个产品或技术能否有其他应用?或稍加改变后能否有别的用途?

例如,铅笔在笔杆上带上两个凹孔外套,便于幼儿正确握笔的学写铅笔;专为伤残人设计的独指书写铅笔;笔尖处带有小光源,适宜黑夜书写的照明铅笔;附加有画线导轮,便于徒手画线的直线铅笔;笔杆上缠有纸带,便于随手记事的带纸铅笔;便于放在眼镜架上的铅笔;不用削的自动铅笔等。

2. 能否借用

能否从其他领域、产品、方案中引入新的元素、材料、造型、原理、工艺、思路等。

【例 2-36】 门外汉的借脑经营

美国有个商人初入旅馆业时,对经营一窍不通,当时每月亏损 1.5 万美元。他突然想到,员工们未必知道我对旅馆业是外行,便以旅馆业专家的角色安排每隔 15 分钟请一位部门主管与之面谈:很抱歉,我们无法与你继续合作下去了,公司无法雇用一位失去竞争能力的员工,若是你能正确地指出公司以前所犯的错误及改进的方法,说明你知道如何做好你的工作,我们就愿意与你继续合作。一连几天的面谈,建议堆积如山,目的都是促进旅馆的运营。他将这些建议全部付诸行动。奇迹出现了,旅馆逐渐扭亏为盈。

3. 能否改变

改变原有产品的功能、形状、运动形式、制造方法乃至颜色、气味、声响等,想一想会有什么效果?以及还有什么其他方面也可以改变?

例如,火柴引入新设想后,开发出一系列新产品,包括防风火柴、长效火柴、磁性火柴、保险火柴等。

又如,传统的微波炉都是方形的,2011 年,格兰仕颠覆微波炉发明 60 年来侧开门的方形形象,成功研制出向上开启的圆形微波炉 UOVO,这也是世界首创的圆形微波炉,如图 2-7 所示。

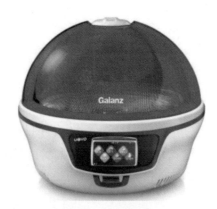

图 2-7 圆形微波炉

【例 2-37】 观念能否变化:贷款给穷人

2006 年诺贝尔和平奖授予孟加拉国"乡村银行"及其创办人穆罕默德·尤努斯(Muhammad Yunus)。

尤努斯终其一生都在勇敢挑战势力强大的社会传统习俗。1976年，尤努斯碰到了一名制作竹凳的赤贫妇女，因为受到放贷人的盘剥，一天连2美分都挣不到。尤努斯掏出27美元，分别借给42个有同样境遇的妇女。当年，以此为目的的乡村银行成立了。这是全球第一家无抵押小额贷款组织。

尤努斯创造的伟大奇迹可归纳为：将穷人和乞丐作为借贷对象；借钱时不要任何担保，并且不要法律文书；还款率高达98%；持续盈利；这个奇迹是可以被复制的。他在孟加拉国建立了一系列乡村银行以及基金会，其中很多是与人合伙成立的社会企业，它们完全独立于国有银行体系。他还将自己的理念向全球推行，甚至还在美国设立了微额信贷银行——美国乡村银行（Grameen America）。

4. 能否扩大

若将现有产品的功能扩大增强一些，容量或体积加大一些，速度提高一些，寿命增长一些，包含的技术再多一些，想一想会有什么效果？在创造设想上多用加法或乘法可使人扩大探索的范围，这是一种很常用又很有效的创造方法。

例如，远近兼顾的手电，两个不同方向灯泡的手电能帮助人们看清脚下的地方和要去的地方（见图2-8）。

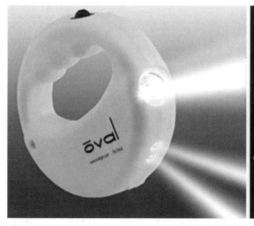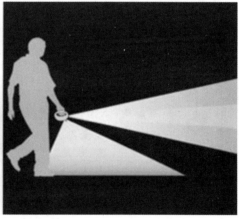

图2-8 双向手电

又如，广告由于高科技发展已经出现激光广告、光纤广告、数字化图像广告、彩云图像广告、电话广告、气味广告等。

5. 能否缩小

将现有产品的体积缩小一些，重量减轻一些，厚度变薄一些，元部件省去一些，功能浓缩一些，形状袖珍化一些，会有什么效果？

例如，最初的收音机、收录机、电视机、计算机等体积都很大，后来经过多次创新改进，发展为现在小型化、微型化的样式。目前，手机、数码相机、笔记本电脑等，还在不断地向轻、薄、精、小的方向演化。

现代企业结构扁平化同样可使管理"短路"更直接有效。美国从事管理咨询的卡尼公司对41家大企业进行调查后发现，优胜企业的组织层次比失败企业少4层。

【例2-38】机电产品微型化

1946年，美国发明的"ENIAC"型计算机，重达30吨，占地170平方米，经过不断改进,体积已缩小到原来的几十万分之一,成为可以装进衣袋的个人电脑;最初的复印机有大衣柜大,现在袖珍复印机只有小学生字典那么大。

微型化兴起于20世纪80年代末,指的是机电一体化向微型机器和微观领域发展的趋势,并向微米、纳米级发展。微机电一体化产品体积小、耗能少、运动灵活,在生物医疗、军事、信息等方面具有不可比拟的优势。

1991年,美国研制出能在核电站曲折管道内搜索裂缝而爬行的微型机器人,直径只有5.5毫米;2010年,美国科学家研制出一种DNA构成的纳米蜘蛛机器人,它们只有4纳米长,比人类头发直径的十万分之一还要小,这些机器人可按照DNA的轨迹实现启动、移动、转向和停止等功能,科学家可以通过编程来辨别癌细胞并且控制纳米蜘蛛杀死癌细胞;2018年2月,德国慕尼黑工业大学开发出纳米机器人电驱动技术,可使纳米机器人在分子工厂像流水线一样以足够快的速度工作,比迄今为止使用的生化过程快10万倍。

谷歌未来学家预计到2030年,纳米机器人将可以借助无创的方式进入人类大脑,与新皮质相连,人类将变得更聪明、更幽默。此外,纳米机器人还可以充当免疫系统,纠正DNA错误、逆转衰老过程。

6. 能否替代

有没有新的技术和产品可以代替现有的技术和产品,或使用另外的材料、元件、工艺、配方、动力、设备等来代替现有产品中的某一部分、某一成分以及某些生产过程,等等。

例如,用光、声、视觉、听觉、嗅觉、触觉方法取代现行机械系统:触摸屏、磁悬浮列车、无损检测,等等。

又如,由于资源紧缺、能源匮乏,寻找理想的替代品也是一种创造发明。如人造花岗岩、人造大理石、人造板、人造金刚钻、人造丝。

7. 能否调整

想一想,现有产品的组成能否重新调整?如调整顺序、布局、型号、规格、元件、速度、位置、连接、程序、因果关系等,重新安排常常会带来意想不到的创造性设想。

例如,变形金刚由若干可动零件组成,通过人们的"剪辑"重组,便可时而金刚,时而汽车、飞机或恐龙,令儿童爱不释手。

又如,商场调整节假日的营业时间与柜台布局,可以提高销售额。

【例2-39】 田忌赛马

战国时期,齐威王与大将军田忌赛马,双方各选出上、中、下三等马分别对阵,由于齐威王的马明显优于田忌的马,所以田忌失败。此时军师孙膑给田忌出了个主意:用下马对齐威王的上马,上马对齐威王的中马,以中马对齐威王的下马,结果以三局两胜而获胜。这是"重组"的成功。

企业在生产过程中,对设计方案、工艺方案和加工设备布局进行重组,往往成为实现产品创新和工艺创新的重要工作内容。此外,从宏观经济方面看,为了适应市场的需求变化,调整产业结构,实行企业重组,能提高竞争活力,促使经济得到新的发展。

8. 能否颠倒

现有产品的结构组成、运动方式以及功能原理,可否颠倒使用?如上下颠倒、内外颠倒、顺序颠倒、任务颠倒、由对称变为不对称等，其实质就是逆向思维创新。

例如，在服务业中，如果老板不将自己视为老板，而是置身于顾客的位置，通过想象顾客的需求，将会发现一些改进管理的好方法。

【例2-40】 内衣外穿

从事妇女内衣生产经营的台商王文宗，是一位女性内衣设计专家，20世纪90年代他所创新的"内衣外穿"，曾在北京的若干专卖店卖得十分红火，日销售额均在万元以上。一次他去法国考察，发现西方妇女的内衣都是浅色的，如白色、粉红色等。他想，中国妇女的内衣，在款式、材料等方面应有自己的文化特色。于是他特地走访古董店，专门考察、研究中国古典的妇女内衣，发现古代妇女肚兜的颜色多为大红或中国红，并有金线绣花，十分好看。他便采用这种颜色来设计现代妇女内衣。但同事们反对，认为颜色太深太浓，现代女性不会喜欢。然而他坚持试一试，结果在市场上很畅销。王文宗创新的成功，正是在设计思路上采用了"内"与"外"、"现代"与"古典"、"浅淡"与"深浓"的"颠倒"。

9. 能否组合

现有的产品或技术能否组合在一起？如装配组合、部件组合、材料组合、方案组合、目标组合，等等。

例如，将望远镜与红外测距仪、电子罗盘组合在一起，就成为望远镜测距仪。联合收割机就是一种产品部件及功能的组合；手机已不是单纯的通信工具了，可以照相、摄像、听MP3、看电视和上网等等。

又如，可拼接的U盘（见图2-9），用户可以单独使用，也可以将很多U盘连在一起使用，按需要来增加存储容量。当插入电脑的时候，它显示的就是一个存储器。

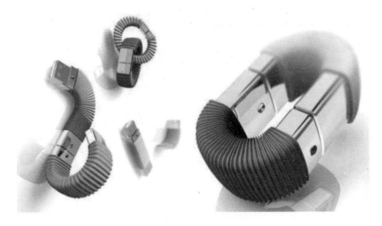

图2-9 可拼接的U盘

以上九条是奥斯本检核表的全部内容。在创新实践中，还可以结合自己的经验和实际情况，进行修改和补充。如可再添加一条：简化。

10. 能否简化

现在的产品或设计方案等，能不能更简单一些？简化的好处很多，主要有：易于加工、装配、维修、管理和使用，并可降低制造成本，提高生产效率和可靠性。简化的根据是：

（1）真理是最朴素的，其实质是简明的。所以古人说"大道至简"，即越是真理越简单。

例如,1905年爱因斯坦用粉笔在黑板上写出了一个惊天动地的质能公式:$E=MC^2$。虽然简单,但它揭示了宇宙的一个巨大奥秘,使人类从此掌握了释放自然界所隐含核能的魔方。

(2) 实现某一目标的途径和方法不是唯一的,必然存在一个最简方案。新技术、新工艺、新材料的不断发展,为在保证性能和质量前提下,实现产品合理的简化提供了物质基础。

(3) 事物的发展规律往往是由简单到复杂再到更高一级的简单。

例如,原先许多自动化机器,都是用机械式的自动机构实现的。虽然巧妙,但很复杂。后来随着电气技术的发展,便广泛采用电气技术来实现机器的自动化,机器结构便得到了简化。微电子技术的应用,又在更高水平上得到了进一步的简化。傻瓜相机和电子表等产品,便是最常见的实例。

奥斯本检核表法实施步骤:

(1) 根据创新对象明确需要解决的问题。

(2) 根据需要解决的问题,制作一张检核表即"检核明细表"。检核表的作用是为对照检查提供依据,还可以起到启发思路的作用。参照表中列出的问题,运用丰富想象力,强制性地一个个核对讨论,写出新设想。

(3) 对新设想进行筛选,将最有价值和创新性的设想筛选出来。

【例 2-41】 手机创新设计

对手机创新设计需要解决的问题逐项进行核对、设问,从各个角度诱发多种创造性设想,最后优选出设计方案(见表 2-1)。

表 2-1 手机设计检核表

序号	设问项目	创意简要说明	创意名称
1	能否他用	加入相应装置,实时检测身体血压等指标	保健手机
2	能否借用	借用 Kindle 阅读器的功能,实现手机与阅读器双用	阅读手机
3	能否改变	改变材料,变成可折叠手机;改变大小,制成迷你手机;有线充电改为无线充电	迷你手机 折叠手机
4	能否扩大	扩大面积,满足部分人对大屏手机的需求;扩大用途,加上打印功能,能随时编辑打印	大屏手机 打印手机
5	能否缩小	缩小人群,以适应残障人;简化功能,以适应老年人	残疾人手机 老年人手机
6	能否替代	新材料、人工智能、大数据等高智能手机	高智能手机
7	能否调整	调整大小厚薄,占用空间减少,屏幕可以弯曲、折叠	超薄手机
8	能否颠倒	双屏手机,可同时使用,也可以单独使用其中的一面	双屏手机
9	能否组合	手机与电磁波组合,将 Wi-Fi 信号转化为电流,实现在没有充电宝、数据线的情况下也能随时随地给手机充电;手机与防盗感应器组合,会发出警报声音	充电手机 防盗手机

检核表法的突出优点是:能使创新思路科学化、系统化,有效地把握创新的目标和方

续表

向,避免漫无边际的乱想,节约创新时间,提高创新效率,帮助人们摆脱旧框架,进入新境界,从而取得创新成果。其缺点是不容易取得较大的突破性成果。

【例 2-42】 企业开发新产品的检核表

每一个企业,特别是大企业,为了在激烈竞争中保持优胜,必须经常不断地研制新产品。为此,许多企业拟定了下列研制新产品用的检核目录:

①开发什么产品?②为什么开发此产品?③产品用在什么地方?④何时使用?⑤谁来使用?⑥起什么作用?⑦成本多大?⑧市场规模多大?⑨竞争形势如何?⑩产品生产周期多长?⑪生产能力怎样?⑫盈利程度如何?

检核表的魅力在于它是一种多向思维的技法,要求人们学会从多角度、多侧面、多渠道观察研究问题,它通过巧妙地指示疏通思路,使思维开阔,加速运转。具体应用时,如用于技术问题方面,则要注意明确产品的材料、结构、功能、工艺过程等;用于管理方面,则要注意明确问题的性质、程度、范围、目的、理由、场所、责任等。它还是一种系统的思考法,可使思路更有条理。

【例 2-43】 美国通用汽车公司的检核表训练

①为了提高工作效率,不能利用其他适当的机械吗?②现在使用的设备有无改进的余地?③改变滑板,传送装置等搬运设备的位置或顺序,能否改善操作?④为了同时进行各种操作,不能使用某些特殊的工具或夹具吗?⑤改变操作顺序能否提高零部件的质量?⑥不能用更便宜的材料代替目前的材料吗?⑦改变一下材料的切削方法,不能更经济地利用材料吗?⑧不能使操作更安全吗?⑨不能除掉无用的形式吗?⑩现在的操作不能更简化吗?

(二)和田十二法

和田十二法是我国的创造学者根据上海市和田路小学开展创造发明活动中所采用的技法,总结提炼而成的,共 12 种。即加一加;减一减;扩一扩;缩一缩;变一变;改一改;联一联;代一代;搬一搬;反一反;定一定;学一学。

1. 加一加

在进行某种创造活动的过程中,可以考虑在这件事物上还可以添加什么?将这件事物加长、加高、加厚、加宽一点行不行?或者将原物品在形状、尺寸、功能上有所"异样""更新",以求实现创新的可能。

例如,日本普拉斯文具公司将文具组合改进提高,为盒子安装电子表、温度计,甚至可以变为一个变形金刚,等等。尽管其内部的文具就几种,由于它的盒子花样多了,迎合了孩子的心理和兴趣,所以销量越来越大,很快成为风行全球的商品,普拉斯也成为名牌商号。

2. 减一减

在原来的事物上还可以减去点什么?如将原来的物品减少点,缩短点,降低点,变窄点,减薄点,减轻点等,这个事物能够变成什么新事物,它的功能、用途会发生什么变化?在操作过程中,减少时间、次数可以吗?这样做又有什么效果?

例如,企业有时候要减少员工,进行末位淘汰,这样才能保持组织持续进步的活力。

3. 扩一扩

现有物品在功能、结构等方面还可以扩展吗？放大一点，扩大一点，会使物品发生哪些变化？这件物品除了大家熟知的用途外，还可以扩展出哪些用途？

例如，将一般望远镜扩成又长又大的天文望远镜。它的能见度是肉眼的 4 万倍，放大率达 3000 倍。用这种望远镜看星空，38 万公里远的月亮，就好像在 128 公里的近处一样。

4. 缩一缩

将原有物品的体积缩小一点，长度缩短一点会怎样，可否据此开发出新的物品。

例如，微雕艺术能在头发丝上刻出伟人的头像、名人诗句等，成为一件件价值连城的珍品。

又如，生活中的袖珍词典、微型录音机、照相机、浓缩味精、浓缩洗衣剂（粉）。

5. 变一变

指改变原有物品的形状、尺寸、颜色、滋味、音响等，从而形成新的物品。它可以从内部结构上，如成分、部件、材料、排列顺序、长度、密度、浓度和高度等方面去变化；也可以从使用对象、场合、时间、方式、用途、方便性和广泛性等方面变化；还可以从制造工艺、质量和数量，对事物的习惯性看法、处理办法及思维方式等方面去变化。

【例 2-44】 味道研究——芳香学

日本资生堂公司经过十年研究，提出一门大有前途的全新科学——芳香学，认为香味对人体生理有积极影响。研究证明，熏衣草和玫瑰花有镇静作用，柠檬能振奋精神，茉莉花能消除疲劳，薄荷能减少睡意。对计算机操作人员的实验表明，茉莉花香可使他们的键盘操作差错减少 30%，柠檬味可减少差错 50%。据此，香味电话、香味闹钟、香味领带、香味袜子、香味卫生纸、香味信纸等产品应运而生。甚至还创造了香味管理法——在不同时间通过空调散布不同香味以提高工作效率。

6. 改一改

指从现有事物存在的缺点入手，发现该事物的不足之处，如不安全、不方便、不美观的地方，然后针对这些不足寻找有效的改进措施，以进行发明和创新。

"变一变"技巧带有主动性，它表现在发明者要主动地对它进行各方面的变动，使这一事物能保持常新。"改一改"技巧则带有被动型，它常常是事物缺点已暴露出来或人们已发现该事物的缺点后，才为人们所利用的发明技巧，即通过消除某种缺点的方式进行创造。因此，"变一变"对于思维灵活、善于创新的人较适合；"改一改"技巧对于初学者或较保守、不善于发现问题的人更适合，因为这一方法使人更容易发现问题和寻找创造对象。

【例 2-45】 云南白药创可贴成细分市场第一品牌

在中国的小创伤护理市场，"邦迪"一度占领了大部分市场，很多用户想到创可贴的时候甚至不知道还有其他品牌存在。云南白药认为自己的市场机会在于，同为给伤口止血的创伤药，"邦迪"产品的性能只在于胶布的良好性能，没有消毒杀菌功能，而云南白药对于小伤口的治疗效果可以让用户更快地愈合。

挑战"邦迪"，云南白药缺少的是胶布材料的技术。选择的解决方案是，整合全球资源来"以强制强"，与德国拜耳公司这家在技术绷带和黏性贴等领域具有全球领先的技术合作。不到两年时间,双方合作的"云南白药创可贴"迅速推向市场。

7. 联一联

某一事物和哪些因素有联系呢?利用它们之间的联系,通过联一联看可否产生新的功能,开发新的产品?

例如,当年富豪矿泉壶进入北京市场,租用了10辆超豪华凯迪拉克轿车推广。将富豪矿泉壶与凯迪拉克放在一起,使人们联想到富豪矿泉壶的品质应该是高档的。结果"富豪"借凯迪拉克发动凌厉攻势,一下子轰动北京。

8. 代一代

指用其他的事物或方法来代替现有的事物或方法,从而进行创新的一种思路。有些事物尽管应用的领域不一样,使用的方式也各有不同,但都能完成同一功能,因此,可以试着替代,既可以直接寻找现有事物的代替品,也可以从材料、零部件、方法、颜色、形状和声音等方面进行局部替代。看替代以后会产生哪些变化?会有什么好的结果?能解决哪些实际问题?

例如,曹冲称象是"代一代"的典型事例。

又如,现在电视节目有了代人读书、读报、理财。同时很多厂家逐渐将非专业业务外包出去,自己实现专业化,公司不断瘦身做减法。

9. 搬一搬

将原事物或原设想、技术移至别处,使之产生新的事物、新的设想和新的技术。即将一事物移到别处,还能有什么用途?某个想法、原理、技术搬到别的场合或地方,能派上别的用场吗?

例如,利用激光的特点来进行激光打孔、激光切割、激光磁盘、激光测量、激光唱片、激光照排、激光治疗近视眼等。

又如,将日常照明电灯通过改变光线的波长,制作紫外线灭菌灯、红外线加热灯,改变灯泡颜色,又成了装饰彩灯。

10. 反一反

"反一反"就是将某一事物的形态、性质、功能及其正反、里外、横竖、上下、左右、前后等加以颠倒,从而产生新的事物。"反一反"的思维方法又叫逆向思维,一般是从已有事物的相反方向进行思考。

例如,人尽皆知的司马光砸缸的故事就是其典型的事例。一个小朋友不小心落到了水缸里,司马光突破要救人必须得"人离开水"这一常规想法,将缸砸破,使水离开人,将小朋友救起。

【例2-46】 洗衣机脱水缸的设计

洗衣机的脱水缸的转轴是软的,用手轻轻一推,脱水缸就东倒西歪。可是脱水缸在高速旋转时,却非常平稳,脱水效果很好。当初设计时,为了解决脱水缸的颤抖和由此产生的噪声问题,工程技术人员想了许多办法,先加粗转轴,无效,后加硬转轴,仍然无效。最后,他们采用逆向思维,弃硬就软,用软轴代替了硬轴,成功地解决了颤抖和噪声两大问题。

11. 定一定

"定一定"指对某些发明或产品定出新的标准、型号、顺序,或者为改进某种东西,为提高学习和工作效率及防止可能发生的不良后果做出的一些新规定,从而进行创新的一种思路。

例如,有人用"定一定"发明了一种"定位防近视警报器"。他利用微型水银密封开关,将其与电子元件、发音器一起安装在头戴式耳机上,经调节,规定头部到桌子的距离,当头低到超过这个规定值时,微型水银开关接通电源,发出警告声,提醒人要端正坐姿。

12. 学一学

学习模仿别的物品的原理、形状、结构、颜色、性能、规格、动作、方法等,以求创新。

例如,科学家研究了蝙蝠飞行原理,发明了雷达;研究了鱼在水中的行动方式,发明了潜水艇;研究了大鲸在海中游行的情形,将船体改进成流线型,大大提高了轮船航行的速度。

又如,英国人邓禄普发明充气轮胎。一次,他看到儿子骑着硬轮自行车在卵石道上颠簸行驶,非常危险。他想,能否做一种新的可以减小震动的轮胎呢?在花园里,他看到浇水的橡皮管,踩一脚上去觉得很有弹性,于是他利用橡胶的弹性,成功发明了充气轮胎。

【例 2-47】 "尼龙搭扣"的发明

1948年,一位名叫乔治·特拉尔的工程师发现,他每次打猎回来,总有一种大蓟花植物黏在他的裤子上。有一天,他好奇地用显微镜观看残留在裤子上的植物,发现每朵小花上都长满了小钩,他明白了这些小东西为什么紧紧钩住衣服。当他解开衣服扣子时,一个新设想冒了出来:能不能仿造大蓟花的结构发明一种"新扣子"呢?经过一段时间的研制,他终于设计出可以代替扣子、拉链或系带的一种"尼龙搭扣",并获得了许多国家的专利权。

(三)5W1H 法

5W1H 法由美国陆军首创,通过连续提 6 个问题,构成设想方案的制约条件,设法满足这些条件,以此获得创新方案。

5W1H 法:对选定的项目、工序或操作,都要从原因(何因 why)、对象(何事 what)、地点(何地 where)、时间(何时 when)、人员(何人 who)、方法(何法 how)等 6 个方面提出问题进行思考。

1. 对象(what)——什么事情

公司生产什么产品?车间生产什么零配件?为什么要生产这个产品?能不能生产别的?我到底应该生产什么?如果这个产品不挣钱,换个利润高点的产品行不行?

2. 场所(where)——什么地点

生产地点在哪里?为什么偏偏要在这个地方?换个地方行不行?到底应该在什么地方?这是选择工作场所应该考虑的。

3. 时间和程序(when)——什么时候

这个工序或者零部件是在什么时候用的?为什么要在这个时候用?能不能在其他时候用?将后面的工序提到前面行不行?到底应该在什么时间用?

4. 人员(who)——责任人

这个事情是谁在做?为什么要让他做?如果他既不负责任,脾气又很大,是不是可以换个人?有时候换一个人,整个生产就有起色了。

5. 为什么(why)——原因

为什么采用这个技术参数？为什么不能有震动？为什么不能使用？为什么变成这个？为什么要做成这个形状？为什么采用机器代替人力？为什么非做不可？

6. 方式（how）——如何

手段也就是工艺方法，我们是怎样做的？为什么用这种方法来做？有没有别的方法可以做？到底应该怎么做？有时候方法一改，全局就会改变。

5W1H法分析技巧（ECRS分析原则）

（1）取消(eliminate)：看能不能排除某道工序，如果可以就取消这道工序。

（2）合并(combine)：看能不能将几道工序合并，尤其在流水线生产上合并的技巧能立竿见影地改善并提高效率。

（3）重排(rearrange)：改变一下顺序，改变一下工艺就能提高效率，使其能有最佳的顺序，除去重复步骤，办事有序。

（4）简化(simplify)：将复杂的工艺变得简单一点，采用最简单的方法及设备，以节省人力、时间及费用，也能提高效率。

无论对何种工作、工序、动作、布局、时间、地点等，都可以运用取消、合并、重排和简化四种技巧进行分析，形成一个新的人、物、场所结合的新概念和新方法。5W1H法的内容和分析步骤见图2-10。

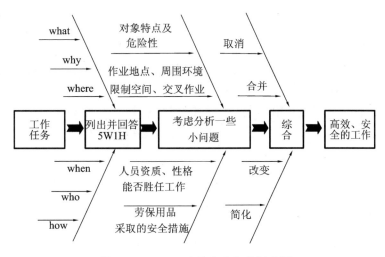

图2-10　5W1H法的内容和分析步骤

【例2-48】5W1H法用于市场营销

王洪怀早年以拾破烂为生。他一直在思考：收一个易拉罐，才赚几分钱。如果将它熔化了，作为金属材料卖，是否可以多卖些钱？于是他将空罐剪碎熔化成银灰色金属，到有关部门化验得知这是一种很贵重的铝镁合金，当时市场价格比直接卖易拉罐要多赚六七倍。于是他以高价向收破烂的同行收购易拉罐。第一年炼出铝锭240多吨。三年时间王洪怀赚了270万元，从一个"拾荒者"一跃成为百万富翁。

我们用5W1H法分析这一案例，不难发现，王洪怀一直在思考的问题，就是这一技法要问和需要解决的问题：how，怎样能赚更多的钱？怎样冶炼？怎样回收？利润有多少？why，为什么这样做？为什么不进一步加工？what，进一步加工后得到的是什么？有什么用？制定什么样的价格？who,向谁收购？向谁销售？是否有竞争者,是谁？when,在规模扩大需要开厂时,什么时候开厂？where,在哪里开厂等也被提了出来。而随着这些问题的逐一解决,王洪怀将"捡破烂"彻底变革,他的命运也随之改变。

二、智力激励法（头脑风暴法）

"三个臭皮匠,胜过一个诸葛亮。""人多主意好,柴多火焰高。"智力激励法也称"头脑风暴法",简称 BS(Brain Storming)法。它是采用集体讨论来激励人们创新智慧的一种创新思考方法,由奥斯本于 1939 年创造。这种创新方法是围绕创新主题开展讨论,与会者可以畅所欲言,相互启发和激励,使大脑处于高度兴奋状态,从而能在短时间内提出大量的创新设想。

头脑风暴法最初用于广告的创意设计,后来很快在技术革新、产品开发、企业管理、社会、经济、教育、新闻、军事以及生活等方面得到广泛应用。头脑风暴法一般只用来产生方案,而不是进行决策,在企业管理中具有很高的实用价值。

例如,管理问题,人力资源、拓宽就业面；规划问题,未来可能增加困难的预期、SWOT 分析；改善流程,生产流程的价值分析；故障检修,寻找故障原因。

头脑风暴法四项原则：

（1）自由畅想。保证与会者的思想放松,气氛活跃,突出求异创新,是头脑风暴法的宗旨。

（2）延迟评判。无拘无束地思考问题,在讨论问题时不对他人的想法和方案进行评判,是头脑风暴法的关键。对设想的评判,留在会后进行。

（3）以量求质。鼓励与会者尽可能多地提出设想,是获得高质量创造性设想的条件。设想多多益善,不必顾虑构思内容的好坏。

（4）综合改善。鼓励改进和综合,强调相互启发、相互补充和相互完善,鼓励借题发挥,根据别人的构思联想另一个构思,即利用一个灵感引发另外一个灵感,或者将别人的构思加以修改。

头脑风暴法八点要求：

（1）运用头脑风暴法,首先应有主题。

（2）不能同时有两个以上的主题混在一起,主题应单一。

（3）问题太大时,要细分成几个小问题。

（4）创造力强,分析力亦要强,要有幽默感。

（5）头脑风暴要在 45~60 分钟内完成。

（6）主持人要将构思写在白板上,字体清晰,以启发其他人的联想。

（7）在头脑风暴后,再对创意进行评价。

（8）评价创意时,做分类处理：可以立即实施的构思；需较长时间,加以研究或调查的构思；缺少实用性的构思。

头脑风暴法的实质在于集思广益,弥补个人知识的不足和思想认识的片面性与局限性,做到互相激励,互相启发,从而有利于联想、灵感和想象等创新思维的产生,因为它能发挥集体智慧,这常比一人单独冥思苦想的效果好。几个人同时对某一问题进行思考研讨,能广开思路,激发心智,触类旁通,产生共振和连锁反应,引发出更多的设想。

在实际应用这种方法时,只要掌握好它所遵循的原则,在形式上可以灵活一些,各种学术讨论会、专业交流会,以及班组会、科室会,甚至同别人交谈创新有关问题等,都可以在某种程度上起到同样的作用。因此,创新者应主动积极地参加上述各种会议和讨论,这不但是创新者个人向他人学习的好机会,同时也有利于在团体中进一步形成比较活跃的创新氛围。

头脑风暴法分三个阶段,如表2-2所示。

表2-2 头脑风暴法的实施

阶 段	内 容
准备阶段	(1) 选定讨论的主题; (2) 选定参加者(一般不超过10名),其中记录员1名; (3) 确定会议时间和场所; (4) 准备好海报纸、记录笔等记录工具; (5) 布置场所,将海报纸(大白纸)贴于白板上,座位的安排以"凹"字形为佳; (6) 主持人应掌握头脑风暴法的一切细节问题,了解头脑风暴法的基本原理、四大原则、八点要求等
头脑风暴阶段	(1) 介绍主题; (2) 主持人引导组员提出各种构思,记录人在看板记录所有构思,鼓励组员自由提出构思; (3) 在各组员都无法再提出构思时,立即结束会议
评价选择阶段	(1) 会后以鉴别的眼光讨论所有列出的构思; (2) 也可以让另一组人来评价; (3) 将会议记录整理分类后展示给参会者; (4) 从效果和可行性两个方面评价各构思; (5) 选择最合适的构思,尽可能采用会议中激发出来的构思

头脑风暴法在推广应用过程中,又派生出一些各具特色的类似方法,如德国创造学家荷立提出的"默写式智力激励法"(又称635法)、日本创造开发研究所所长高桥诚提出的卡片式智力激励法(CBS法)、日本放送协会(NHK)开发的卡片式智力激励法(NBS法)和三菱式智力激励法(MBS法)等。MBS法不仅可以激发出众多的设想,而且可以通过群体讨论获得最佳方案。

例如,在1979年,日本松下电器公司利用智力激励法,全公司职工一共提出了170万个具有创新性的设想;日本创造学家志村文彦将这种方法用于日本电气公司企业技术革新中,1975年获得了58件专利,降低成本210亿日元。

头脑风暴法虽然在短时间内能产生大量的设想,但由于严禁质问、争论和批评,因而难以对各种设想进行集中和评价。会后还必须做大量的分析比较工作,才能提出最佳方案。

【例2-49】 提高周刊发行量

在创造学方面很有造诣的克汉德瓦拉教授组织学员们为一个全国性周刊如何大幅提高发行量的问题进行讨论。学员们仅用40分钟就提出了150条意见,其中的意见有:改为六边形,编入园艺、食谱、手工艺、儿童专栏等活页封面。或几页使用遇水显色的幻术色彩;杂志采用折叠不用装订,以便展开可做糊墙纸;书页洒香水;有奖征求解说词和标题;刊登有关独立经营者、残疾人、艺术家、发明家、企业家的文章;每期要有一篇调查研究性的、宣传性通俗文章,每期要有一篇不用文字说明的作品;注意封面艺术,重视农村、青年和儿童文化;出售以周刊名字命名的冰淇淋;让读者设计出版一期;用另一种语言;用电视及广播介绍内容;制成音像资料;将周刊中有趣的文章印成书等。

三、组合法

组合是客观世界中十分普遍的现象。小至微观世界的原子、分子,大至宇宙中的天体、星系,到处都存在组合的现象。组合的结果是复杂的,组合的可能性是无穷的。组合现象又是极为奇妙复杂的。同样是碳原子,以不同的晶格构造便可形成性质迥异的物质:坚硬的绝缘体金刚石和脆弱的导体石墨。从思维角度来看,想象的本质就是组合。心理学研究表明,创造性想象可以借助不同的手段去建立不同的表象。

组合法是一个以若干不同事物的组合为主导的创新方法,它应用广泛,也比较容易掌握和实现。20世纪50年代后,技术发展开始由单项突破走向多项组合,独立的技术发明逐渐让位于"组合型"新技术。由组合求发展,由综合而创新,已成为当代技术发展的一种基本方法。

【例2-50】 带橡皮头铅笔

美国画家海曼常因粗心而在作画中找不到橡皮,一生气,他便将橡皮绑在铅笔上。这一情景被他的朋友威廉看到,威廉便用铁皮将橡皮固定在铅笔的端头。于是,一种既能写又能擦的带橡皮头的铅笔诞生了。应该说这是用组合法做出来的最简单的产品。随后,威廉申请了专利,最后该专利卖了55万美元,这在当时可是一个大数字。

(一)组合法

组合法是指从两种或两种以上事物或产品中抽取合适的要素重新组织,构成新的事物或新的产品的创造技法。即将多个独立的技术要素(现象、原理、材料、工艺、方法、物品、零部件等)进行重新组合,以获得新产品、新材料、新工艺等,或使原有产品的功能更全面、工艺更先进。

人类的许多创造成果来源于组合。正如一位哲学家所说:"组织得好的石头能成为建筑,组织得好的词汇能成为优美的文章,组织得好的想象和激情能成为壮阔的诗篇。"

【例2-51】 红山的考古发现

中华民族的发祥地之一内蒙古赤峰市的红山,现在称为红山文化遗址。考古学家在那里发掘出6000年前的一件玉器,它被命名为中华第一龙。这个龙雕玉器的造型就是由猪的头和鱼的身体组合而成的,由于当时的人以捕猎野猪和鱼作为主要食品,对猪和鱼很崇尚,于是便创造出龙的原始形象。后来,我们的祖先又将鹿的角和鸡的脚爪组合上去,再进行艺术整合,便创造出我们现在家喻户晓的龙的形象,成为象征中华民族的图腾。这个例子说明中华民族是一个富于想象力、富于创造性的伟大民族,早在远古时代就会运用组合法进行创新构思。

无独有偶,古埃及人创造出狮身人面像,丹麦人创造出美人鱼都是人类组合思维的杰作。可见,组合法是一种历史悠久的创新思考方法。

组合类型包括主体附加、异类组合、同物自组、重新组合、聚焦组合、辐射组合。

1. 主体附加

这是指以某事物为主体,再增添另一附属事物,以实现组合创造的技法。在主体附加创新中,主体事物的性能基本上保持不变,附加物只是对主体起到补充、完善或者充分利用主体功能的作用。主体附加法的原理就是在一个主体上附加一个东西,产生一个新的发明,即主体+附加物=新产品。

【例 2-52】 红绿灯加白杠获专利

江苏常熟中学的庞颖超发明了一种能够让色盲识别的红绿灯,在现行的纯红绿颜色的灯中加入一些白色的有规则形状的图形。如红色圆形中间加入一条横着的白杠,绿色圆形中间加入一条竖着的白杠,以此让色盲进行识别。"我们现在的交通灯都是红绿色,而那些有色盲的人不能分辨出这两种颜色,这就给他们的生活带来了极大的不便。"为了证明这种不便性有多大,庞颖超列举了一个数据:世界人口色盲占到了5.6%。"有一次,我看到交警抓了一个闯红灯的人,结果发现他是色盲,分辨不出红绿灯,于是我就有了做这个红绿灯的想法。"

2. 异类组合

指将两种或两种以上不同种类的事物组合,产生新事物的技法。异类组合实际上是一种异类求同,在创新中具有重要的意义。

例如,广东美的公司将光波技术、微波技术和紫外线技术组合在一起,研制出一种新产品——紫微光微波炉,除了可以进行微波加热、光波加热和微波光波联合加热以外,还可以进行光波消毒、微波消毒和紫外线消毒,因而很受用户青睐。

又如,在现代社会生活中,人们见到的许多产品,都是异类组合的产物,如沙发床、CT(计算机断层扫描)等。

组合应是有机地结合和融合,异类组合绝不是简单的凑合。同时,不是所有的新组合都是创新。例如,收音机和照相机放在一起就没有意义,是一种凑合而不是一项好的发明。创新的组合应是与现有技术有本质区别并有实用价值的组合。

3. 同物自组

指将若干相同的事物进行组合,通过数量的变化来弥补功能上的不足或得到新的功能的技法。

例如,将三支风格相同颜色不同的牙刷包装在一起销售,称为"全家乐"牙刷。旅游景区用的两个座位以上的脚踏车。

4. 重新组合

指有目的地改变事物内部结构要素的次序,并按照新的方式进行重新组合,以促使事物的功能和性能发生变革,达到特殊要求,取得较佳效果的技法。

例如,减速器为了使传动比增大或减小,必须增加齿轮的对数。能否不增加齿轮对,而是减少齿轮对,重新组合一种新的减速器?通过减少齿轮对,人们发明了少齿减速器,又发明了谐波减速器、差动减速器、多轴减速器等,达到节能、省料、增效的目的。

【例 2-53】 用重组组合法设计出头尾倒换的飞机

自从螺旋桨飞机发明以来,螺旋桨都是设计在机首,两翼从机身伸出,尾部安装稳定翼。美国著名飞机设计专家卡里格·卡图按照空气的浮力和气流推动原理,将螺旋桨放在机尾,即像轮船一样推动飞机前进,他将稳定翼放在机头,设计出世界上第一架头尾倒换的飞机。重组后的飞机有尖端悬浮系统,更趋合理化的流线型机体形状,这不仅提高了飞行速度,而且排除了失速和旋冲的可能性,增加了安全性。

5. 聚焦组合

指以解决特定的问题为目标,广泛寻求与解决问题有关的信息,聚焦于问题之上,形成各种可能的组合,以实现解决问题为目标的技法。

例如,西班牙建成当今世界最新式的发电厂——门泽乃斯气流发电厂,就是利用聚焦组合法来思考的。以"如何提高太阳能利用技术"为题,将温室技术、风力发电技术、排烟技术、建筑技术等多种技术组合起来形成一种综合技术。其中,每一项技术都是人们早已熟悉的技术,却构成了一种最新式的利用太阳能发电的技术。

6. 辐射组合

指以某一新技术为中心,与多种传统的技术相结合,形成技术辐射,从而产生技术创新的技法。

例如,爆炸技术本来是破坏性的技术,若民用,与其他已有技术组合,可产生新技术——爆炸成形、爆炸焊接等,这些技术已广泛应用于各行各业中。

组合法是现代化科技创新常用的重要方法。爱因斯坦曾说过:"组合作用似乎是创造性思维的本质特征。"有人预言,"组合"代表着技术发展的趋势。随着科学技术的迅猛发展,人们在创新时,已经从科学、技术、产品相互间的一般组合,演进到当今多学科交叉渗透、将各种相关技术进行有机融合的集成创新。互联网+就是互联网与各个传统产业的组合。

【例 2-54】 吉列产品的线型组合开发

1901年,美国金·吉列发明了世界上第一副安全剃须刀架和刀片,并创办了吉列公司专门生产和经营自己设计的专利产品。

第一、第二次世界大战中,军方将吉列公司产品发往战场,也就发往了世界各地。战后,吉列公司运用线型组合方法,不断更新和开发了各种刀架和刀片,诸如适应范围广阔的可调节刀架,涂有硅酮而防止须发碎屑黏附的超级刀片等。

1973年,其年销售额突破10亿美元大关。在周密的市场调查中,公司发现仅在美国就有6490万名妇女,为了保持美好形象需要定期剃除腿毛和腋毛。除了使用电动剃须刀和脱毛剂之外,至少有2300多万名妇女使用男性剃须刀架,年花费7500万美元。

于是,公司又运用线型组合方法,更新开发了女性专用剃毛刀架。刀头一如既往,双层刀片转为双刃刮毛,只是刀架选用了色彩鲜艳和多样的塑料,并且把握柄改为弧曲形,又压印了一朵雏菊,既吸引女性心理,又便于女性使用,投放市场后一举走红。

(二)信息交合法

信息交合法,又称"信息反应场法",是我国创新专家许国泰首创的。其提出来源于一个小故事:

1986年7月,中国创造学第一届学术讨论会邀请了日本专家村上幸雄与会。村上在演讲中,突然拿出一把曲别针说:"请大家想一想,尽量放开思路来想,曲别针有多少种用途?"与会代表七嘴八舌议论开了:"曲别针可用来别东西——别相片、别稿纸、别床单、别衣物。"有人想的要奇特一点:"纽扣掉了,可用曲别针拉长,连接东西","可将曲别针磨尖当钓鱼钩"。

归纳起来,大家说出了 20 多种用途。

在大家议论的时候,有代表问村上:"先生,那你能讲出多少种?"村上伸出 3 个指头。代表问:"30 种?"村上自豪地说:"不!300 种!"人们一下子愣住了,真的!村上先生拿出早已准备好的幻灯片,展示了曲别针的诸多用途。

在与会代表中的许国泰心中泛起浪潮:在硬件方面,或许我们暂时还赶不上你们,但在软件上——在思维能力即聪慧上,咱们倒可以一试高低!与会期间,他向村上先生说:"对曲别针的用途,我能说出 3000 种、3 万种!"人们更惊诧了:"这不是吹牛吗?"

许国泰登上讲台,在黑板上画出了图。然后,他指着图说,"村上先生讲的用途可用勾、挂、别、联 4 个字概括,要突破这种格局,就要借助一种新思维工具——信息标与信息反应场。"

将曲别针的总体信息分解成材质、重量、体积、长度、截面、颜色、弹性、硬度、直边、弧这 10 个要素,用直线连成信息标 X 轴。然后,再将与曲别针有关的人类实践(各种实践活动)进行要素分解,连成信息标 Y 轴。两轴垂直相交,构成"信息反应场"。

信息交合法通过若干类信息在一定方向上的扩展和交合,来激发创新思维,提出创新设想。信息是思维的原材料,大脑是信息的加工厂。通过不同信息的撞击、重组、叠加、综合、扩散、转换,可以诱发创新性设想。

要正确运用信息交合法,必须注意抓好以下环节:①搜集信息。②挑选信息。包括核对信息、整理信息、积累信息等内容。③运用信息。搜集、整理信息的目的都是为了运用信息。

运用信息,一要快,快才能抓住时机;二要交汇,即这个信息与那个信息进行交汇,这个领域的信息与那个领域的信息进行交汇,将信息和所要实现目标联系起来进行思考,以创造性地实现目标。信息交汇可以通过本体交汇、功能拓展、杂交、立体动态四种方式进行。总之,信息交汇法就像一个"魔方",通过各种信息的引入和各个层次的交换会引出许多系列的新信息组合,为创新对象提供了千万种的可能性。

信息交合法的实施,一般分为四步:定中心,设标线,注标点,相交合。

第一步,确定一个中心,即零坐标(原点);

第二步,给出若干标线(信息标),即串起来的信息序列;

第三步,在信息标上注明有关信息点;

第四步,若干信息标形成信息反应场,信息在信息反应场中交合,引出新信息。

1. 单信息标的情形

先列举有关产品的信息。然后将它们串起来形成一根信息标。为了形成信息反应场,从每一个信息处引出两条信息射线,这些信息射线两两相交时会得到许多交点,即设计的新设想。

【例 2-55】 提出家具的新设想

列举有关家具的信息:床、沙发、桌子、衣柜、镜子、电视、电灯、书架、录音机等。

然后,用一根标线将它们串起来,形成一根家具的信息标。

为了形成信息反应场,从床、沙发、录音机等每一个信息处引出两条信息射线,这些信息射线两两相交时会得到许多交点。

最后,分析这些交点,列出可能的组合信息:沙发床、沙发桌、桌柜、穿衣镜、电视镜、电视灯、书架灯、录音机架、床头桌、沙发柜、镜桌、电视柜,等等。

2. 双信息标的情形

在提新设想的过程中,涉及的信息类型较多,用一根信息标不足以反应时,可以增加信息标。两信息标相交可以形成一个坐标系,这时只需从每个信息处引一条信息射线出来即可进行交合了。

【例 2-56】 用双信息标交合引出家用产品新设想

用一根信息标串联已有家用产品信息:台灯、风扇、电视、书桌、钢笔等。

用另一根信息标串联与此不同类型的信息:驱蚊、提神、散热、催眠、灭蝇等。

将两信息标相交组成坐标系,再引出信息射线形成信息反应场。

分析信息射线的交点,列出可能的组合信息(可以在图上标出,如"×"表示不能组合出信息,"○"表示可能组合的信息,"△"表示已有该种组合信息):驱蚊台灯、提神钢笔、清凉书桌、灭蝇风扇、催眠风扇,等等。

3. 多信息标的情形

这时要以双信息标的实施方法为核心,通过多信息标的两两交合来产生新信息。

【例 2-57】 自行车系列产品开发

在开发新产品过程中,运用信息交合法开发自行车系列产品,其构思设想的过程如下。

以自行车为零坐标,取功能、能源、使用环境、使用人群、材料等 5 根信息标线。在每根信息标线上标出信息点,组成信息反应场,如图 2-11 所示。

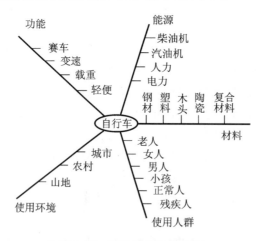

图 2-11 自行车信息反应场

(三)形态分析法

形态分析法又称"形态矩阵法""棋盘格法",是瑞士天文学家弗里茨·兹威基(Fritz Zwicky)提出的创新技法。

形态分析法以系统分析和综合为基础,将需要解决的问题分解成各个独立的要素,用集合理论对研究对象的相关形态要素进行分解排列和重新组合,得出所有可能的方案,最后通过评价进行选择。形态指构成事物的内外相关因素。不仅指事物的形状或表现,如事物的体积、外观形状、颜色、质地等,还包括其内部构造、组成机理等内在因素。

1. 基本原理

先将技术课题分解成为相互独立的基本要素,找出每个要素的可能方案(形态),然后加以组合得到各种解决技术课题的总构想方案。总构想方案的数量就是各要素方案的组合数。其特点是,只要将课题的全部要素及各要素的所有可能形态都列出来,那么经组合后的方案将是包罗万象的。另一特点是,它并非取决于发明者的直觉和想象,而是依靠发明者认真、细致、严密的分析。

应该说明的是,当问题比较复杂、要素及形态较多时,组合的数目便会激增,会使评价筛选的工作量增大。因此,要求使用者能抓住主要矛盾,选取基本要素,并具有敏锐准确的评价能力。

形态分析法可广泛应用于新技术、新产品的开发以及技术预测等许多领域,实施时既可以小组运用,也适于个人使用。

2. 实施步骤

(1) 明确问题。首先必须确切地说明所要解决的问题或所要实现的功能,这是有效运用形态分析法的前提。

(2) 要素分析。分析需要创新的对象,确定它有哪些基本要素,要求各基本要素相对独立并尽量全面考虑。

(3) 形态分析。寻找每个要素可能的解决方案(即形态)。要求尽量全面,既要列出当时技术条件下可实现的方案,也要列出有潜在可能的各种手段和方法。

(4) 方案综合和选择。根据上面的分析结果列出形态矩阵,一般为二维结构。"列"代表独立要素,"行"代表各因素的具体形态。组合后便得出各种方案设想,再做进一步分析判断取舍。

【例 2-58】 用形态分析法设计洗衣机

首先,分析完成洗净衣物所必备的基本因素。先确定洗衣机的总体功能,再进行功能分解,这些分功能就是洗衣机的基本因素。如果洗衣机的总功能是"洗净衣物",以此为目的去寻找其手段,便可得到"盛装衣物""洗涤去污""控制洗涤"等三项分功能。其中"洗涤去污"是最核心一项,从机、电、热等技术领域去寻找具有此功能的技术手段。经过因素与形态分析,可建立洗衣机形态分析表(见表2-3)。

表 2-3 洗衣机形态分析表

	组成要素—形态	1	2	3	4	状态个数
A	盛装衣物	铝桶	塑料桶	玻璃桶	—	3
B	洗涤去污	机械摩擦	电磁振荡	超声波	热胀分离	4
C	控制洗涤	人工手控	机械控制	电脑自控	—	3
	可能方案数:3×4×3=36					

在对这36种组合的分析中,方案A1-B1-C2属于普通的波轮式洗衣机。洗涤时间由机械定时器控制。缺点是衣物磨损严重,耗电量大,洗涤效率低,易发生故障。经过分析,

方案 A1-B2-C3、A1-B3-C2 和 A2-B4-C1 等都属于非机械摩擦式方案。下面对这三种方案做简要分析。

A1-B2-C3 构成电磁振荡式自动洗衣机，它没有波轮，也不用电动机，而是利用电磁振荡可以分离物料的原理来洗涤去污。据试验，此种洗衣机具有洗净度高，不易损坏衣物的优点。此外，如果把桶内水排干，还可直接甩干衣物，具有一机两用的特点。

A1-B3-C2 构成超声波洗衣机，也没有波轮和电动机。设计这种洗衣机的技术关键是要产生超声波。这种超声波能产生很强的水压，使衣物纤维振动，使洗涤剂乳化，从而使脏物与衣物分离，达到洗涤去污的作用。在结构上，这种洗衣机离不开气泵、风量调节、送风管道、空气分散器等基本部件。由技术分析和试验可知，超声波洗衣机也具有磨损轻、洗净度高、无噪音、节水、节电等优点。

A2-B4-C1 构成的洗衣机，利用热水使纤维膨胀，在桶内水流作用下造成脏物脱离的原理设计，是一种简易的小型手摇洗衣机。它主要由旋转桶、支架所组成，工作时要往桶内灌装热水和洗涤剂，用手旋转洗衣桶。这种热压式洗衣机虽然结构简单且价格低廉，但因技术相对落后，很快就被市场淘汰。

四、类比法

类比法是指人们在创造活动中，通过对一事物与另一事物对比而进行创新的技法。它将陌生的对象与熟悉的对象、将未知事物与已知事物进行比较，找出两个事物的类似之处，从中获得启发解决问题。

例如，狗鼻子一向以灵敏著称，它能嗅出 200 万种物质和不同浓度的气味，嗅觉比人灵敏 100 万倍。现在，人应用仿生学原理，以气味对紫外线的选择性吸收为信息，研制出"电子鼻"，其检测灵敏度可达狗鼻子的 1000 倍。

类比法的原理是类比推理。它是根据对某一对象的成分、结构、功能、性质等方面特性的认识，推导出问题的可能性的设想。对事物间相同点的联想是类比的基础，推断是类比的表现。

例如，有人观察到西方人和东方人的差异，想到一个发财的点子，即将喝咖啡的杯子做成带缺口的，高鼻子的西方人就能将杯子里的东西喝得一干二净。这样的杯子也就成了畅销品。

常用类比法有综摄法、移植法、仿生法、等价变换法等。

【例 2-59】 听诊器的发明

法国名医雷奈克很想发明一种能够诊断胸腔内健康状况的听诊设备。一天到公园散步，看到几个孩子正在玩他在孩提时代常玩的一种游戏——一个孩子附耳于一根长木条的一端，他可以听清楚另一个孩子在另一端用大头针刮出的清晰的信号。聪明的雷奈克一下子想到他的一个患者的病情……他立即招来一辆马拉篷车，直奔医院。他紧紧卷起一本笔记本，紧紧地贴近患者——长久困扰着他的诊断问题迎刃而解了！他将要创造的听诊器与这一现象类比，终于获得创意设计听诊器的方案，于是听诊器诞生了！

（一）综摄法

综摄法，通过类比、隐喻等方法调动人的潜意识功能，以达到创新的技法。它是一种开发人的潜在创造力的技法。

综摄法是美国麻省理工学院教授威廉·戈登（W. J. Gordon）发明的一种开发潜在创造力的方法。戈登发现，当人们看到一件外部事物时，往往会得到启发思考的暗示，即类比思考。而这种思考的方法和意识没有多大联系，反而是与日常生活中的各种事物紧密相关。事实证明，不少发明创造、不少文学作品都是由日常生活的事物启发而生。这种事物，从自然界的高山流水、飞禽走兽，到各种社会现象，甚至各种神话、传说、幻想、电视剧等，比比皆是，应用范围极其广泛。

【例 2-60】 静电喷漆工艺的发明

哈罗德·兰斯伯格使用空气喷枪在给甜饼罐喷漆时，油漆乱飞，浪费严重。如何才能使油漆不乱飞呢？他想起上中学时的静电吸附实验，于是想到如果采用一定的装置使漆带上静电，将待喷漆的金属物品与地线连通，这样就利用已知的静电吸附知识发明了静电喷漆工艺。

1. 基本原理

综摄法是以外部事物或已有的发明成果为媒介，并将它们分成若干要素，对其中的元素进行讨论研究，综合利用激发出来的灵感来发明新事物或解决问题的方法。它利用已知的东西为媒介，将毫无关联、不相同的知识要素结合起来，打开"未知世界的大门"，激发人们的创造热情，使潜在的创造力发挥出来，产生众多的创造性设想。

综摄法有两项基本原则：

（1）异中求同。

变陌生为熟悉，这是综摄法的准备阶段。新的发明大都是现在没有的东西，人们对它是不熟悉的，然而，人们熟悉现有的东西。在创造发明不熟悉的新东西的时候，可以借用熟悉的事物、方法、原理和已有的知识去分析研究，提出新的设想。

【例 2-61】 太平洋电话公司的广告

1986 年，《华尔街日报》频频出现一幅整版的广告。广告主是美国太平洋电话公司。整个广告画面由中国领导人邓小平的照片组成。广告文案大意是：邓小平是一位成功的改革家，他的主要法宝就是鼓励分权，实行多种经营。在农村，搞承包责任制，在城市则向企业下放自主权。他堪称中国分散化经营总公司的董事长。而太平洋电话公司是从美国电报电话公司独立出来的新公司，望各位新老主顾给予充分的信任和合作。原来，广告主是用隐喻的手法，将自家的经营方针与国际风云人物邓小平的改革壮举相提并论。用心可谓良苦，构思堪称独具匠心。

（2）同中求异。

变熟悉为陌生，这是综摄法的核心。对现有的各种发明创造，运用新的方法、原理、知识或从新的角度加以观察、分析和处理，启迪出新的创造性设想。

例如，热水瓶大家都很熟悉，将它改小为茶杯大小，就成了保暖杯。将电子表装在笔中，就发明出一种电子计时笔。

【例 2-62】 静电复印技术的发明

卡尔森大学毕业不久即遇到了美国经济大萧条时期。最后他在纽约的一家专利事务所找到了一份极其枯燥的誊写专利文献的工作。卡尔森在工作中常需要多份同样内容的信函、公文送交各个部门，让秘书抄写、打字，易出差错，份数一多又耽误了工作。这种不便与麻烦使他感到要创造一种新机器来改变这种被动局面。

从1936年开始，卡尔森注意到，人们需要文件复本时，往往利用照相技术完成，成本高、耗时长。他由此萌发了发明能快速复制文件的机器的念头。在朋友的工厂里，他接触到一种当光线增强时能够产生导电性质的物质，卡尔森敏锐地察觉到，这可以为自己所用，并将研究重点转向了静电技术领域。1938年，卡尔森发明了一种新的复印方法——静电复印术，为办公室带来了一场革命。

2. 应用技巧

为了加强发挥创造力的潜能，使人们有意识地活用异质同化、同质异化两大原则，戈登提出了四种极具实践性、具体性的模拟技巧：

（1）人格性的模拟。这是一种感情移入式的思考方法。假设自己变成该事物以后，考虑自己会有什么感觉，又会如何行动，然后再寻找解决问题的方案。

例如，挖土机可以模拟人的手臂的动作来进行设计。它的主臂如同人的上下臂，可以左右上下弯曲，挖土斗似人的手掌，可以插入土中，将土挖起。在机械设计中，采用这种"拟人化"的设计，可以从人体某一部分的动作中得到启发，常常收到意想不到的效果。现在，这种拟人类比方法，还被大量应用在科学管理中。

（2）直接性的模拟。指以作为模拟的事物为范本，直接将研究对象范本联系起来进行思考，提出处理问题的方案。

例如，运用仿生学设计飞机、潜艇等。

（3）想象性的模拟。指充分利用人类的想象能力，通过童话、小说、幻想、谚语等寻找灵感，以获取解决问题的方案。

（4）象征性的模拟。指将问题想象成物质性的、非人格化的，然后借此激荡脑力，开发创造潜力，以获取解决问题的方法。象征类比应用较多地用在建筑设计中。

例如，设计纪念碑、纪念馆需要赋予它们"宏伟""庄严""典雅"的象征格调。而设计咖啡馆、茶楼、音乐厅就需要赋予它们有"艺术""优雅"的象征格调。历史上许多建筑名垂千秋，就在于它们的格调迥异，具有各自的象征。

综摄法的宗旨是以已有的事物为媒介，将它们分成若干元素，并将某些元素构成一个新的设想，来解决问题。因此，它的最大用处在于利用其他产品取长补短，设计新产品，制定营销策略等。

3. 实施程序

（1）确定综摄法小组的成员。一般由5~7人组成，其中1人担任主持人。
（2）提出问题。由主持人宣读，而小组成员事先并不知晓。
（3）分析问题。专家对问题进行解释和陈述，小组成员了解问题的背景等信息。
（4）净化问题。小组成员围绕问题进行类比设想，尽可能多地提出解决的方法。
（5）灵活运用类比。将问题从我们熟悉的领域转到远离问题的领域。
（6）方案的确定与改进。专家对方案反复论证和改进，直到得到满意的结果。

【例2-63】 迷彩服的发明

1942年冬天，苏军正与德军鏖战，苏联领导人斯大林在会议上抛出了一个将军们意想不到的议题：伪装。一位年轻的将军出声了："我认识列宁格勒大学的昆虫学教授施万维奇，他曾是那所大学昆虫学系的主任，专门研究蝴蝶的保护色和伪装手段，或许他能完成这个任务。"

施万维奇设计出一套蝴蝶式防空迷彩伪装方案:参照蝴蝶翅膀花纹的色彩和构图,结合防护、变形和依照三种伪装方法,将活动的军事目标涂抹成与地形相似的巨大多色斑点,并且在遮障上印染了与背景相似的彩色图案。就这样,苏军披上了神奇的"隐身衣",有效地阻击了德军飞机的轰炸。

本例中的发明者想发明的是一种迷彩服,花丛中的蝴蝶让人眼花缭乱,可以使迷彩服具有和蝴蝶一样的特点——伪装,所以以假乱真是二者的相同点,这是异中求同的过程。迷彩服的发明就是这一过程的结果。

(二)移植法

他山之石,可以攻玉。移植法也称渗透法,是指将某个学科领域中的概念、原理、结构、方法、材料等移植、应用或渗透到其他技术领域中去,用以创造新事物的创新方法。它是现有成果在新情境下的延续、拓展和再创造。

随着各学科、各专业之间相互交叉、渗透现象的凸显,移植法正越来越成为技术创新的一种普遍实用的方法。

例如,萧尔为了解决"飞机上的耳机让人戴后感觉十分不舒服"的问题,将玫瑰花外围的花瓣,遇到外力可以缩进去的构造原理应用到耳机耳塞改造上,发明了适用于不同耳形的花瓣耳塞。

从思维的角度看,移植法可以说是一种侧向思维方法。包括原理移植、方法移植、功能移植、结构移植。

1. 原理移植

原理移植是将某种原理向新的领域类推或外延。不同领域的事物总有或多或少的相通之处,其原理的运用也可以相互借用。

例如,根据海豚对声波的吸收原理,创造出舰船上使用的声呐;设计师将香水喷雾器的工作原理移植到了汽车发动机化油器上。

【例2-64】 浓缩中华文化的瑰地——"锦绣中华"

中国改革开放初期,深圳是中外游人云集的地方。中国人到这里学习改革开放的经验,外国人到这里看一看中国。深圳旅游公司就将荷兰的"小人国"项目原理移植到了深圳,结合深圳当地的实际情况,融华夏的自然风光、人文景观于一体,集千种风物、万般锦绣于一园,建成了具有中国特色和现代意味的"锦绣中华"大型旅游项目。开业后游人如织,十分红火。

2. 方法移植

方法移植是将已有的技术、手段或解决问题的途径应用到其他新的领域。

例如,美国俄勒冈州立大学体育教授威廉·德尔曼发现用传统的带有一排排小方块凹凸铁板压出来的饼不但好吃,而且很有弹性。他便仿做饼的方法,将凹凸的小方块压制在橡胶鞋底上,穿上走路非常舒服。经过改造,它发展为著名的"耐克"运动鞋。

3. 功能移植

功能移植是将此事物的功能为其他事物所用。许多物品都有一种已为人知的主要功能,但还有其他许多功能可以开发利用。

例如,超导技术具有提高强磁场、大电流、无热耗的独特功能,可以移植到许多领域:

移植到交通领域可研制磁悬浮列车,移植到航海领域可制成超导轮船,移植到医疗领域可制成核磁共振扫描仪。

4. 结构移植

结构移植是将某种事物的结构形式或结构特征移入另一事物。

例如,广东省刘鸿燕同学移植了折扇的结构,发明了"任意角等分仪",从而解决了早已被数学家证明仅用圆规和直尺不能三等分已知角的世界难题。

【例 2-65】 竹蜻蜓与直升机

竹蜻蜓是我国古代发明的一种玩具。它是用竹片削成螺旋桨形状,插在一圆杆上,当手搓动圆杆快速旋转时,螺旋桨就可以飞上天。此玩具在明代时传入欧洲,法国人称之为"中国陀螺"。1878年,意大利人福拉尼尼造出了第一架直升机,飞行时间为20秒,高度为12米,其严重缺点是飞行时飞机会打转。1939年,美籍俄国人西科斯基制造出一架"VS-900直升机",这是世界上第一架实用型直升机,但这架直升机也就是由一大一小两个"竹蜻蜓"组合而成。

五、列举类技法

(一)缺点列举法

缺点列举法是美国通用电气公司在改进老产品产生新产品的创意过程中提出的创新技法。其通过围绕产品缺点而进行创新,即尽可能找出某产品的缺点,然后围绕缺点进行改进。

缺点列举法的操作程序:①确定对象,做好心理准备。事物都有缺点,用"显微镜"去观察。②尽量列举"对象"的缺点、不足,可用智力激励法,也可展开调查。③将所有缺点整理归类,找出有改进价值的缺点即突破口。④针对缺点进行分析、改进,创造理想完善的新事物。

【例 2-66】 用缺点列举法改进电冰箱

(1) 确定对象为电冰箱。

(2) 列举缺点并整理,有改进价值的缺点如下:①使用氟利昂,造成环境污染;②高血压患者给电冰箱除霜时,冰水易使人手毛细管及小动脉迅速收缩,使血压骤升,造成"寒冷加压"现象,危及人身安全;③使冷冻方便食品带有李斯特氏菌,引起人体血液中毒、孕妇流产等。

(3) 提出改进创新方案。①开发不用氟利昂的新型冰箱,如"磁冰箱",这种电冰箱没有压缩机,采用磁热效应制冷;②改进冰箱的性能,研制自动定时除霜、无霜冰箱;③研制一种能消灭李斯特氏菌及其他细菌的"冰箱灭菌器",作为冰箱附件。

列举缺点的主要途径:用户意见法、会议列举法、对比分析法。人们往往有惰性,对看惯了的东西就不愿再去思考,因此,应运用一定的技巧,打开人们的思路,使其能针对提出的问题认真和积极地思考,从而达到各抒己见,百花齐放的目的。

(二)希望点列举法

希望点列举法,是指根据人们的希望点提出各种新的设想,以使人们按照希望与愿望的方向进行创新的一种创造技法。

运用希望点列举法,首先要了解消费需求的宏观趋势与特点。有人将这种趋势与特点归纳为以下方面:追求舒适的生活;追求美的倾向;追求文化教养的趋势;讲究格调的倾向;希望实惠的心理;追求时尚流行的心理;重视健康的心理;追求知识的心理。

【例2-67】 可降解的塑料

塑料曾以结实耐用、易成型、成本低、耐腐蚀等优点成为人们喜爱的材料。然而,它一旦废弃,便成为不易腐烂的环境污染物。据统计,垃圾中的塑料占8%左右,在自然条件下,塑料分解至少需要100年时间。有效地控制和消除塑料这个"白色污染"源,是人类共同的"希望"。

科学家们经过多年的研究,终于发明出可降解的塑料。构成塑料的分子链长度是决定塑料强度的关键,分子链一旦断裂,塑料也就变得易碎和易化解了。当塑料中掺入约3%的添加剂(以淀粉为主)后,分子链的长度就会变短,废弃后由细菌进行生物化解,最后变成对环境无害的水和二氧化碳。塑料的分解速度取决于添加剂的数量。目前,可降解塑料的寿命可控制在2个月至6年的时间范围内。

2018年,英国科学家意外生成了一种能"吃掉"塑料的酶。新物质有助于塑料的回收和再利用,帮助解决目前全球面临的塑料污染问题。

缺点列举法的改进设想离不开物品的原型,是一种被动型的创造方法;希望点列举法根据列举者的意愿提出各种各样的设想,因而不受物品原型的限制,是一种主动型的创造方法。

(三)特性列举法

特性列举法由美国内布拉斯加大学的克劳福德(Robert Crawford)教授提出,他认为根据事物的特征或属性,应该将问题化整为零,只有将问题区分得越小,才越容易得出设想。

克劳福德的具体做法是:先将研究的对象分解成细小的组成部分,将各部分具有的功能、特征、属性与整体的关系、连接等尽量全部列举出来,并做详细记录。

例如,想要创新一台电风扇,若笼统地寻求创新整台电风扇的设想,恐怕不知从何下手;如果将电风扇分解成各种要素,如扇叶、立柱、网罩、电动机及速度、风量等,然后再分别逐个分析、研究改进办法,则是一种有效地促进创造性思考的方法。

特性列举法的操作程序如下:①确定研究对象;②从三方面进行特征列举,包括名词特性——整体、部分、材料、制造方法等,形容词特性——颜色、形状、性质、状态以及动词特性——功能、作用;③对三方面属性的各项目提出可能的创新设想,引出新方案。

【例2-68】 列举法在营销中的应用

缺点列举法:任何一个营销方案都不可能是十全十美的,总或多或少地有这样或那样的缺点。营销创新的缺点列举法是直接从消费者的角度审视研究对象的缺陷,将这些缺点一一列出,分析改进的可能,提出改进方案,取得突破,实施创新。此法可用于对原有营销方案的改进和完善,对老产品的改造效果非常明显。

特征列举法:将营销方案的特性或属性全部写出列成表。在各项目下试用可替代的各种属性加以置换,引出具有独创性的方案。进行这一步的关键是力求详尽地分析每一特性,提出问题,试图加以改进。最后提出方案并对方案进行评价讨论,完成所需的营销创新。

六、专利情报分析法

专利是人类发明创造的智慧结晶和知识宝库。专利文献反映了科学技术的发展历史和水平。凡经过审查的专利文献,其内容一般都具体可靠,所包含的技术范围也非常广泛,可供多方面利用。一般说来,专利文献还附有相当数量的图表,比较详细地说明其构思和成果,具有非常实用的参考价值,利用专利情报是进行创新的一种有效方法。

在科技迅猛发展的今天,发明创造可通过各种形式传播。创新离不开情报,其中专利情报与创新关系最大。通过分析已有的专利情报,可以启迪自己的智慧,可以发现新目标,捕捉新课题。

1. 防止侵权,避免重复,少走弯路

对于已经确立的创新目标或创新课题,首先进行专利文献检索,可以避开相关专利的技术壁垒,以避免侵权或花费过多的时间和高昂的代价,重复他人早已取得成功或经历失败的研究。

例如,美国一位在钢铁公司工作的化学家,曾耗资 5 万美元完成了一项技术改进,结果图书馆工作人员告诉他,馆内收藏了一份德国早年的专利说明书,只需 3 美元复印费,便可得到解决其全部问题的资料。

【例 2-69】 汉字激光照排技术

汉字激光照排系统的发明人王选教授,在发明第四代激光照排系统的过程中自始至终都在利用专利信息,从而能够在照排技术领域走到世界的前面,获得多项专利。

立项之前,他用了一年时间,检索和研究国外专利,通过专利技术信息检索,了解到照排技术主要有"手动式""光学机械式""阴极射线管式"。在研究过程中,通过专利信息随时跟踪检索,越过当时日本流行的光机式、欧美流行的阴极射线管式照排技术,直接研制出第四代激光照排系统。

研究成果出来后,通过专利新颖性检索确定专利保护的可能性,最终在 1985—1989 年连续申请 9 件与第四代激光照排系统相关的发明专利,如"85100285 高分辨率汉字字形发生器""89103388 高速产生倾斜字和任意角度旋转字的方法"。其中 8 件申请被授予专利权。

2. 通过专利情报,寻找创新目标或创新课题

情报分析法用于捕捉创新目标,通常采取寻找空白的办法。任何领域都存在空白,即存在有待人们去解决的问题。空白不断被人们发现和填补,又不断地出现。通过各种情报分析,总能发现有价值的空白点需要填补、突破和创新。

【例 2-70】 杰罗姆·莱姆森的发明灵感

美国杰罗姆·莱姆森(Jerome Lemelson)拥有令人惊愕的 558 件专利,从中获得了 15 亿美元的实施许可收益。这是任何一个发明人都望尘莫及的。使用杰罗姆·莱姆森专利技术的公司已达 750 家。这些公司当中有波音、通用电气、福特等一些老牌公司,还有 IBM、惠普和思科等高科技公司。

依据杰罗姆·莱姆森专利技术生产的产品也令人瞠目。其中包括一些日常消费品,如随身听、录像机、传真机以及便携式录像机的部件。还有诸如会哭的洋娃娃、工业机器人、半导体等。当然最重要的专利就是条形码扫描仪。他最具有代表性的发明是充分利用专利系统的结果,用专利设置捕捉公司的法网。他通常能预见到某个行业的发展方向,然后在该方向布局专利跑马圈地。

对于莱姆森来说,发明家并不是坐等灵感的到来,而是要通过艰苦的学习和工作。他从纽约大学获得了3个工程学士学位。他每天要阅读40余份专利文献和科技杂志,从中可以获得许多科技信息,从而激发起发明的灵感。

3. 对现有专利进行引申、联想,力争更优、更强

专利文献受法律保护,但并不意味着束缚人们的手脚。专利具有新颖性和创造性,但也常常不完备。创新者可以在现有专利的基础上引申思考,结合自己的创新实践,对其进一步提高和改善,从而做出更有特色和比较完备的创新成果;也可以参照现有专利的创新目标、途径、方法和效果,从中受到启迪,引发新的构思,联想更多的创新内容。

【例2-71】 华为:以专利为核心,注重反情报

华为的情报工作以搜集国际竞争对手和领先企业的专利技术和管理方法为主。华为对核心技术和专利研发进行重点投入,目的是在局部核心技术领域有重点突破。在专利技术情报搜集、分析和专利保护上,形成了一整套的方法论和情报体系。具体包括:

(1) 情报搜集与研发定位,华为运用定量、定性分析方法,结合国际竞争需要和企业需求及能力,将专利文献中的技术内容、人(专利申请人、发明人)、时间(专利申请时间、专利公告日)和地点(受理局、指定国、同族专利项)进行系统的调查和统计分析,为制定企业研发重点和战略提供决策支持。

(2) 情报整合和价值判断,根据专利申请量盘点技术发展史、技术发展趋势和目前所处阶段以及成熟度,以判断研发该技术的价值含量。

(3) 情报分析和决策支持,华为根据对全球专利的系统搜集和分析,预测未来新技术的发展方向和市场趋势,为公司发展策略的制定提供参考。

华为还设立了强大的知识产权部门,不但涵盖了国内知识产权界的精英,而且其从业人数的比例达到甚至超过了国际企业对法务人员要求的比例,足见企业对知识产权的重视。

4. 综合现有专利,进行集成创新

在利用专利进行创新的过程中,有时单凭一篇专利文献还不能解决问题,若将各种有关的专利技术进行综合集成,往往能产生更好的创新成果。

例如,从日本科学技术发展路径看,与美国相比,日本的基础研究相对薄弱,在原始创新上与美国有一定差距。无论是"技术立国"还是"专利立国"的日本都强调技术集成,以产品开发为导向,综合集成现有技术开发能获取商业价值的产品。

在技术发明史上,通过查找专利文献,寻求创新课题,超越现有专利技术水平,获得成功的例子很多。经常阅读专利文献,在对专利的分析思考中,可以找出创新成功的经验或失败的教训,通过进一步的审视和论证,从而把握正确的创新思考方向。如果通过检索,未发现任何相类似的专利文献资料,说明该领域是一个未开发的领域,从而可增强创新的信心。一般来说,通过专利检索和阅读有关专利说明书,都能基本确定自己进行创新的范围。有时是满足某种需要或解决某一问题的新原理、新方法,有时至少是某一现有专利的补充或改进。

总之,专利情报分析法不仅在捕捉创新构想方面大有作为,而且能够为寻找解决问题

的途径提供有利的导向。大量事实证明,创新离不开情报,在信息社会的今天更是如此。不掌握情报,不研究分析专利,就很难取得具有新颖性、创造性和实用性的创新成果。

思考题

1. 试用奥斯本核检表法提出有关杯子(或学习、工作)的创新设计。
2. 以小组为单位,试用头脑风暴法讨论如何改进你所在组织的公共服务管理问题(也可选择小组最感兴趣的主题)。
3. 应用5W1H法分析挖掘自己学习的潜力,并提出改进措施。
4. 请运用综摄法分析城市垃圾资源化过程中的障碍,并提出解决该问题的方案。
5. 请谈谈信息交合法的基本原理和实施步骤。
6. 以你自己设计的产品(方案)为原型,在简述其现状(如工作原理、基本结构和基本功能)后,尝试运用所学的创新技法,提出3种以上的创新方案。

第三节 创新思维实践

分析创新活动的过程,有助于发现其内在的规律性。由于其过程本身包含方法的意义,了解创新过程的构成,把握其规律,有助于提高创新活动的效率。

应用创造技法的直接结果是产生创造性设想。然而,产生的设想是否能变成具有社会效益和经济效益的成果,关键在于能否对设想进行适当处理。

一、创新过程理论

英国著名心理学家格拉汉姆·华莱士(Graham Wallas)在他的《思想的艺术》一书中通过对许多创造发明家的自述经验的研究,提出了创造性思维过程的四个阶段的四阶段模式:准备→酝酿→明朗→验证的著名理论。"四阶段模式"是影响最大、传播最广,而且较实用的创新思维过程理论。

1. 准备期

准备期是准备和提出问题的阶段。一切创新从发现问题、提出问题开始。问题的本质是现有状况与理想状况的差距。爱因斯坦认为:"形成问题通常比解决问题还要重要,因为解决问题不过牵涉到数学上的或实验上的技能而已,然而明确问题并非易事,需要有创新性的想象力。"他还认为对问题的感受性是人的重要资质,力求使问题概念化、形象化,具有可行性。准备期可分为三步:①对知识和经验进行积累和整理;②搜集必要的事实和资料;③了解自己提出问题的社会价值,能满足社会的某种需要及价值前景。

2. 酝酿期

酝酿期属于思维的发散阶段。在酝酿期要对搜集到的资料、信息进行加工处理,让各种设想在头脑中反复组合、交叉、撞击、渗透,按照新的方式进行加工。加工时应主动使用创造方法,不断选择,力求形成新的创意。创新思维的酝酿期,特别强调有意识的选择。

为使酝酿过程更加深刻和广泛,还应注意将思考的范围从熟悉的领域,扩大到表面上看起来没有什么联系的其他专业领域,特别是常被自己忽视的领域。这样既有利于冲破传统思维方式和"权威"的束缚,打破成见,独辟蹊径,又有利于获得多方面的信息,利用多学科知识"交叉"优势,在一个更高层次上把握创新活动的全局,寻找创新的突破口。

3. 明朗期

明朗期即顿悟或突破期,找到了解决办法。明朗期很短促、突然,呈猛烈爆发状态。久盼的创造性突破在瞬间实现,人们通常所说的"脱颖而出""豁然开朗""众里寻他千百度,蓦然回首,那人却在灯火阑珊处"等都是描述这种状态的。如果说"踏破铁鞋无觅处"描绘的是酝酿期的话,"得来全不费功夫"则是明朗期的形象刻画。在明朗期,灵感思维往往起决定作用。

4. 验证期

验证期是评价阶段,是完善和充分论证阶段。突然获得突破,飞跃出现在瞬间,结果难免稚嫩、粗糙甚至存在若干缺陷。验证期是将明朗期获得的结果加以整理、完善和论证,并且进一步得到充实。创新思维所取得的突破,如果不经过这个阶段,就不可能真正取得结果。论证一是理论上验证,二是在到实践中检验。

验证期的心理状态需耐心、周密、慎重,不能急于求成和急功近利。

【例 2-72】 将脑袋打开一毫米

美国有一个生产牙膏的公司,产品优良,包装精美,深受广大消费者的喜爱,每年营业额蒸蒸日上。记录显示,前十年每年的营业增长率为 10%～20%,令董事会雀跃万分。不过,业绩进入第十一年、第十二年及第十三年时停滞下来,每个月维持同样的数字。

董事会对此三年业绩表现感到不满,便召开全国经理级高层会议,以商讨对策。

会议中,有名年轻经理站起来,扬了扬手中的一张纸对董事会说:"我有个建议,若您要使用我的建议,必须另付我 5 万元!""好!"总裁接过那张纸后,阅毕,马上签了一张 5 万元支票给那年轻经理。

那张纸上只写了一句话:将现有的牙膏开口扩大 1 毫米。总裁马上下令更换新的包装。试想,每天早上,每个消费者多用 1 毫米的牙膏,每天牙膏的消费量将多出多少倍呢?这个决定,使该公司第十四年的营业额增加了 32%。

一个小小的改变,往往会引起意料不到的效果。教育也是如此,没有一成不变的做法,针对不同受众采取不同的教育方式,才能取得满意的教育效果。

二、创新思维训练

创新思维是一项系统工程,增强创新思维的意识,掌握创新思维的方法,进行创新思维的实践是其中必不可少的三个中心环节,是决定活动能否达到预期目的的前提、基础和关键。

按照创新思维训练的方法,必须突出四个方面的内容。

1. 多种思维方式的训练

初步掌握发散思维、逆向思维、直觉思维等思维方法。在训练中,不仅要初步了解和掌握这些方法,还要深刻领会这些科学的思维方法在认识事物的过程中起到的奇妙的作用,并能自觉将创新思维方法运用到平时的学习、生活和各种活动中去。

2. 基本创新思维的训练

在掌握创新思维方法的同时,必须掌握基本的技法,基本思维程序是:"观察→联想→

思考→筛选→设计。"深入细致地观察事物是创新思维的起点,通过观察,触发联想,提出问题,然后进入广泛深入地思考,设想出种种解决问题的办法。通过科学的筛选,选出较好的设想再进行周密的设计。

3. 系统综合能力的训练

创新思维并非游离于其他思维形式而存在,它包括了各种思维形式。创新思维是以感知、记忆、思考、联想、理解等能力为基础,以综合性、探索性和求新性为特征的高级心理活动。该训练就是要将学到的各种思维方法、技能融会贯通,系统把握,综合运用。全面而不是片面,辩证而不是教条,灵活而不是机械地观察问题、提出问题、分析问题和解决问题,培养创新性地掌握和运用所学知识的能力。

4. 联系实际,进行创新思维的实践

培养发散思维的流畅性。流畅性指发散思维的量,即在较短的时间内产生较多的联想。世界上客观事物总是相互联系的,具有各种不同联系的事物反映在头脑中,可以形成各种不同的联想。如有一道奥林匹克语言即兴题,要求说出尽量多的虚假的东西,同学的答案五花八门,有普通的如假发、假酒、假话,有创新性的如假肢、假新闻等。这样围绕某个事物横向或纵向的展开联想,可有效地提高思维的广度和深度,为创新性思维打好扎实基础。

创新思维的特征除了非常规性外,还必须具有积极主动和进取的心态,去敏锐观察,发挥想象,活跃灵感,标新立异,将全部的积极的心理品质都调动起来。

【例 2-73】 顺其自然

一位建筑师设计了位于中央绿地四周的办公楼群。竣工后园林管理局的人来问他,人行道应该修在哪里?"在大楼之间的空地上全种上草。"他回答。夏天过后,在大楼之间的草地上踩出了许多小道。这些踩出来的小道自然雅致,走的人多就宽,走的人少就窄。秋天,这位建筑师就让人们沿着这些踩出来的痕迹铺设人行道。这些道路的设计相当优美,同时完全满足了行人的需要。

三、创新思维误区

作为创新人才,还必须具备不盲目崇拜权威、不盲目崇拜书籍、不盲目从众的思想品质,具备经常更新思想观念的能力。

1. 克服思维定式

思维定式是思考同类或相似问题的惯性轨道,来自于心理定式。过去的思维影响当前的思维,形成了固定的思维模式。思维定式有从众定式、权威定式、经验定式等。

思维定式是一种按常规处理问题的思维方式。它可以省去许多摸索、试探的步骤,缩短思考时间,提高效率。在日常生活中,思维定式可以帮助我们解决每天碰到的90%以上的问题。但是思维定式是一把双刃剑,它有利于常规思考,却不利于创新思考,不利于创造。所以在学习工作中,要敢于怀疑,打破条条框框,努力寻求创新。

2. 思维过度发散,舍近求远

有一个很经典的例子,就是用高度表测量楼房高度的问题。诸如利用高度表做单摆,通过单摆在楼顶的摆动频率计算楼房高度;将高度表从楼顶自由垂直下落,通过高度表下

落所用时间计算楼房高度等 10 余种方法,就是没有使用高度表直接读出楼房高度的方法。虽然这是一个体现利用发散思维解决问题的例子,但是创新思维应当尽量避免这种思维方式。要牢记:创新的目的就是要以最简单、最直接的方法解决问题。舍近求远解决问题不利于创新思维。

3. 过度求新,忽视创新成本

在创新过程中,还应避免因过度求新,而忽视创新的代价与它的价值的关系。有些人在创新活动中一味求新,似乎不采用最新技术,不使用最新方法,就不能体现出创新水平。创新毕竟属于社会活动,与社会条件密切相关,太"超前"的创新技术,如果实现的成本太高,远超它能实现的价值,就不会在短时间内得到社会的认可和应用。

【例 2-74】 福特与斯隆的思维博弈

在变幻莫测、充满竞争的市场经济中,企业家的思维定式带来的经营后果有时是异常惨重的。1913 年,亨利·福特受屠宰流水作业的启发,设计了汽车装配流水线,大批量生产统一规格的黑色 T 型车。这一在福特脑中酝酿了整整 10 年的创新思维,诞生了管理史上著名的"福特制",开创了一个新的工业生产技术时代,也使福特成为一度占有世界汽车市场 68% 份额的"汽车大王"。

但是,福特在陶醉于所取得的巨大成就的同时,也在大脑中形成了"思维定式"。他竟然公开宣称,福特公司以后只生产黑色的 T 型车。当美国汽车市场渐趋饱和,早期购车人需要更新车辆,对汽车的档次、性能、外观有了更高要求时,福特的"思维定式"让他大吃苦头。通用汽车公司总裁斯隆看到福特产品单一、款式陈旧这一致命弱点设计制造出不同价格档次的汽车,并且首创了"分期付款、旧车折旧、年年换代、密封车身"的汽车生产四原则,一举击败福特,登上世界第一汽车制造企业的宝座。

思维创新是一种打破常规的、具有创见意义的思维。思维创新的本质旨在适应市场、开拓市场和引导市场的应变性思维。美国著名管理学家彼得·德鲁克说过:"市场经济是一种开拓进取型的经济,因而创新是一种最宝贵的企业家精神"。

思考题

1. 如何才能找到最适合自己的职业,应采取哪些步骤和方法?
2. 你对自己的创业想法很有自信,如何找到资金与你合作?

参 考 文 献

[1] 尹登海.创新能力考试指导[M].北京:机械工业出版社,2010.
[2] 中国 21 世纪议程管理中心,中国科学院研究生院.科学研究中的方法创新[M].北京:社会科学文献出版社,2011.
[3] 阮汝祥.技术创新方法基础[M].北京:高等教育出版社,2009.
[4] 梁良良.创新思维训练[M].北京:新世界出版社,2009.
[5] 姚凤云,朱光.创造学与创新管理[M].北京:清华大学出版社,2010.
[6] 姚列铭.创新思维观念与应用技法训练[M].上海:上海交通大学出版社,2011.
[7] 吕丽,流海平,顾永静.创新思维——原理·技法·实训[M].北京:北京理工大学出版社,2014.

[8] 王成军,沈豫新.应用创造学[M].北京:北京大学出版社,2010.
[9] 夏昌祥,罗玲玲.快乐的大学生发明家——大学生发明创新案例集锦[M].北京：知识产权出版社,2011.
[10] 刘晓明.论逻辑思维与直觉思维的互补关系——科学创造的本质阐释[J].浙江师范大学学报(社会科学版),1996(5).

第三章 发明问题解决理论——TRIZ

【学习要点及目标】

TRIZ是分享无数发明家的创造力和解决问题技巧的方法。"工欲善其事,必先利其器。"创新需要知识、需要想象力,更需要方法,TRIZ提供了一套完整的理论体系及解决问题的流程。

通过本章学习,了解TRIZ的起源与发展、TRIZ的理论体系、技术系统八大进化法则、40个发明原理,技术矛盾与矛盾矩阵,物理矛盾与分离原理,以及物-场分析等,为学习TRIZ理论奠定良好的基础。

第一节 TRIZ理论概述

【例3-1】 神奇的TRIZ

冷战时期,以美国为首的西方国家惊异于苏联在军事工业方面的创造能力,他们将创造这种奇迹的神秘武器称为"点金术"。这个"点金术"就是当今世界著名的发明问题解决理论(TRIZ),它是由苏联发明家、TRIZ之父根里奇·阿奇舒勒(Genrich S. Altshuller)在1946年创立的。

如今,TRIZ已在欧美和亚洲发达国家得到广泛的应用,它大大提高了创新的效率。据统计,应用TRIZ理论与方法,可提高60%~70%的新产品开发效率,可缩短50%的产品上市时间,可增加80%~100%的专利数量并提高专利质量。

创新发明,方法先行。TRIZ被认为是可以帮助人们挖掘和开发自己的创造潜能、全面系统地论述发明和实现技术创新的新理论,被欧美等国的专家认为是"超级发明术"。一些创造学专家认为:阿奇舒勒创建TRIZ,发明了"发明与创新"的方法,是20世纪最伟大的发明。

一、TRIZ的基本概念

TRIZ为俄文转换成拉丁字母后的缩写,俄文含义是发明问题解决理论。英文全称是Theory of the Solution of Inventive Problems(发明问题解决理论),在欧美国家也可缩写为TIPS,国内称为萃智。

(一)TRIZ的起源与发展

1946年,阿奇舒勒在苏联海军的专利部工作。在审查发明专利的过程中,他总在思考:人们进行发明创造、解决技术难题,是否有科学的方法可循。在阿奇舒勒看来,同样的发明原理和相应的解决问题方案会反复应用,只是应用的技术领域不同而已。如果将这些"普遍性的原理"识别出来并进行归纳总结,将能指导人们进行更有预见性的发明和创造活动。

阿奇舒勒发现,任何领域的产品改进、技术创新和生物系统一样,都遵循产生、生长、成熟、衰老、灭亡的规律。人们如果掌握了这些规律,就可以能动地进行产品设计并预测产品的发展趋势。在其后的数十年中,阿奇舒勒穷其毕生精力致力于 TRIZ 理论的研究和完善。他的团队通过研究 250 万件高水平专利,最终建立起一整套系统化的、实用的解决发明问题的理论和方法体系。

从 20 世纪 70 年代起,苏联成立了发明家组织,建立了世界上第一批发明学校。一些重要的科研机构和工程单位要求每 7 个工程技术人员中有 1 个 TRIZ 工程师。

苏联解体后,随着许多科学家移居欧美等西方国家,TRIZ 也相应地传播到世界各地并引起高度重视,同时也对产品开发和设计等各个领域产生了重要的影响。在很多跨国企业如美国波音、克莱斯勒、摩托罗拉、韩国三星等公司的新产品开发中,也得到了全面的应用,并取得了可观的经济效益。在美国,许多大学将 TRIZ 列入其必修课程,同时成立了许多 TRIZ 研究的咨询机构以提高各领域的创新能力。如麻省理工学院的一项试验表明,仅仅经过三天的 TRIZ 培训,学习 TRIZ 这一组的学生比学习其他方法的对照组的学生,创新能力提高了 1 倍。

现在,TRIZ 作为实用的创新方法,也得到我国不少企业和高校的青睐。目前,TRIZ 已逐渐由工程技术领域,向社会科学、管理科学等领域渗透。

(二)TRIZ 的核心思想

阿奇舒勒发现:发明创新有客观规律可以遵循,这种规律在不同领域中反复出现。

(1) 在解决发明问题的实践中,人们遇到的各种矛盾以及相应的解决方案总是重复出现,技术系统进化的模式在不同的工程及科学领域交替出现,他山之石,可以攻玉,这就是技术系统的进化法则。

(2) 用来彻底而不是折中解决技术矛盾的发明原理与方法,虽然数量并不多,但在不同的工业及科学领域交替出现,一般科技人员都可以学习并掌握,这就是发明原理。

(3) 创新经常应用行业以外的科学成果来拓宽思路、打破思维定式,这就是来自物理、化学、几何和不同领域的科学效应以及愈来愈为人们所重视的计算机辅助创新(CAI,Computer Aided Innovation)。

(三)TRIZ 的理论体系

TRIZ 经过 70 余年的发展,已经形成了较为完善的理论体系。这个体系包括 TRIZ 的基本理论和解题工具。就是以辩证法、系统论、认识论为理论指导,以自然科学、系统科学和思维科学为科学支撑,以技术系统进化法则为理论主干,以技术系统、矛盾、资源、最终理想解为基本概念,以解决工程技术问题和复杂发明问题所需的各种问题分析工具、问题求解工具和解题流程为操作工具。图 3-1 展示了 TRIZ 的基本理论体系框架、TRIZ 的内容和层次。

TRIZ 理论成功地揭示了创造发明的内在规律和原理,并基于技术发展的进化规律来研究整个技术发展过程。TRIZ 可快速确认和解决系统中存在的矛盾,大大加快发明创造进程,提升创新的能力。TRIZ 包含着系统、科学而又富有可操作性的创造性思维方法和发明问题的分析方法。TRIZ 理论包括以下九大经典理论体系。

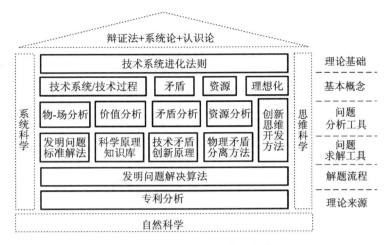

图 3-1　TRIZ 的理论体系框架

1. 技术系统八大进化法则

阿奇舒勒的技术系统进化论可以与自然科学中的达尔文生物进化论和斯宾塞的社会达尔文主义齐肩,被称为"三大进化论"。TRIZ 的技术系统八大进化法则分别是完备性法则、能量传递法则、动态性进化法则、提高理想度法则、子系统不均衡进化法则、向超系统进化法则、向微观级进化法则和协调性进化法则。

2. 最终理想解(IFR,Ideal Final Result)

为了避免试错法、头脑风暴法等传统创新方法思维过于发散、创新效率低下的缺陷,TRIZ 理论在解决问题之初,首先抛开各种客观限制条件,通过理想化来定义问题的最终理想解,以明确理想解所在的方向和位置,保证在解决问题过程中沿着此目标前进并获得最终理想解,从而避免了传统创新涉及方法中缺乏目标的弊端,提高了创新设计的效率。最终理想解有四个特点:保持了原系统的优点,消除了原系统的不足,没有使系统变得更复杂,没有引入新的缺陷。

3. 40 个发明原理

阿奇舒勒对大量的专利进行了研究、分析和总结,提炼出了 TRIZ 中最重要的、具有普遍规律的 40 个发明原理。这些原理分别是分割、抽取(分离)、局部质量、增加不对称性、组合、多用性、嵌套、重量补偿、预先反作用、预先作用、事先防范、等势、反向作用、曲面化、动态特性、不足或过度作用、多维化、机械振动、周期性作用、有效持续作用、快速作用、变害为利、反馈、借助中介物、自服务、复制、廉价替代品、机械系统替代、气压或液压结构、柔性壳体或薄膜、多孔材料、改变颜色、同质性、抛弃或再生、改变物理或化学参数、相变、热膨胀、强氧化作用、惰性环境、复合材料等。

4. 39 个工程参数及矛盾矩阵

阿奇舒勒在对大量发明专利的研究中发现,各种不同的专利发明无不是在解决技术矛盾,而这些不同的技术矛盾可用 39 项工程参数表达。在绝大多数情况下,技术矛盾总是表现为一项参数的改善同时引起另一项参数的恶化。由此,他总结出了解决冲突和矛盾的 40 个发明原理。之后,将这些冲突与冲突解决原理,组成一个由 39 个改善参数与 39 个恶化参数构成的矩阵,矩阵的横轴表示希望得到改善的参数,纵轴表示某技术特性改善引起恶化的参数,横纵轴各参数交叉处的数字表示用来解决系统矛盾时所使用发明原理的编号。从矩阵表中直接查找化解该矛盾的发明原理来解决问题,这样就将实际工程技术中的矛盾转化为一般的标准的技术矛盾。

5. 物理矛盾和四大分离原理

一般情况下,技术系统中出现的通常是技术矛盾。但是,当矛盾中欲改善的参数与被恶化的参数是同一个参数时,这就是说,当技术系统的某一个工程参数具有相反或不同的需求时,就出现了物理矛盾。例如,要求系统的某个参数既要出现又不要出现,或既要高又要低、既要大又要小、既要快又要慢,等等。相对于技术矛盾,物理矛盾是一种更尖锐的矛盾,通过分离原理解决。分离方法共有 11 种,归纳概括为四大分离原理,分别是空间分离、时间分离、基于条件的分离和整体与部分分离等。

6. 物-场模型

阿奇舒勒认为,每一个技术系统都可由功能不同的子系统所组成。因此,每个系统都有它的子系统,而每个子系统都可以再进一步地细分,直到分子、原子、质子与电子等微观层次。无论是大系统、子系统,还是微观层次,都具有功能,所有的功能都可分解为两种物质和一个场,即三要素(物质1,物质2和场)。在物-场模型的定义中,物质是指某种物体或过程,可以是整个系统,也可以是系统内的子系统或单个的物体,甚至可以是环境,取决于实际情况。场是指完成某种功能所需的手法或手段,通常是一些能量形式,如磁场、重力场、电能、热能、化学能、机械能、声能、光能,等等。物-场分析是 TRIZ 理论中的一种分析工具,用于建立与已存在的系统或新技术系统问题相联系的功能模型。

7. 发明问题的标准解法

TRIZ 通过对大量专利的分析研究发现,发明问题共分为标准问题和非标准问题两大类。前者可以用"标准解法"来解决,而后者需要运用 ARIZ 算法来加以解决。标准解法也是解决非标准问题的基础。阿奇舒勒于 1985 年创立了标准解法,共有 76 个,分成 5 级,各级中解法的先后顺序也反映了技术系统必然的进化过程和进化方向,标准解法可以将标准问题在一两步中快速进行解决,标准解法是阿奇舒勒后期进行 TRIZ 理论研究的最重要的课题,同时也是 TRIZ 高级理论的精华。

8. 发明问题解决算法(ARIZ,Algorithm For Inventive-problem Solving)

ARIZ 的主要思路是将非标准问题通过各种方法进行转化,转化为标准问题,然后应用标准解法来获得解决方案。

ARIZ 是基于技术系统进化法则的一套完整问题解决的程序,是针对非标准问题而提出的一套解决算法。ARIZ 包括九大步骤:分析问题,分析问题模型,陈述最终理想解和物理矛盾,运用物-场资源,应用知识库,转化或替代问题,分析解决物理矛盾的方法,利用解法概念,分析问题解决的过程。

9. 科学效应和现象知识库

最基础的科学效应和现象是人类创造发明的不竭源泉。阿基米德定律、伦琴射线、超导现象、电磁感应、法拉第效应等都早已经成为我们生产和生活中各种工具和产品所采用的技术和理论。科学原理,尤其是科学效应和现象的应用,对发明问题的解决具有超乎想象的、强有力的帮助。

TRIZ 理论体系如图 3-2 所示。

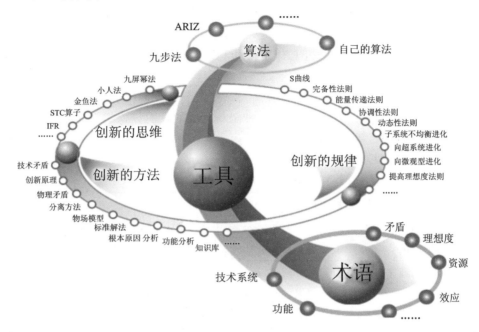

图 3-2　TRIZ 理论体系

与其他理论一样,TRIZ 理论也有其局限性,主要表现在:

(1) TRIZ 理论在某种意义上是一种新型的思维定式(个别人进行创新思维,多数人保持思维定式)。

(2) TRIZ 理论不能解决面向未知领域的创造发明,即科学假说的建立与证明。

例如,TRIZ 不可能创造牛顿的万有引力、爱因斯坦的相对论、门捷列夫的元素周期律、达尔文的自然选择、魏格纳的大陆漂移学说、沃森—克里克的 DNA 双螺旋学说等。

(3) TRIZ 理论对于由新概念创造新技术的过程无能为力。

例如,纳米科技、石墨烯代替硅、太空电梯代替火箭、太阳帆代替飞船。

(四) 发明创造的等级

以往很难区分出不同国家的发明专利在知识含量、技术水平、应用范围等方面的差异。而随着国际科技交流增加,可以依据发明专利的创新程度、应用范围及为社会带来的经济效益等情况,划分一定的等级加以区别。在 TRIZ 理论中,将发明划分为以下 5 个等级(见表 3-1)。

第 1 级:一般为通常的设计或对已有系统的简单改进。这类问题只是知识和经验的应用。

例如,增加隔热材料,以减少建筑物的热量损失;用大型拖车代替普通卡车,以实现运输成本的降低。

第 2 级:对现有系统进行少量的改进。这类问题主要应用本行业已有的理论、知识和经验即可解决。

例如,在气焊枪上增加一个防回火装置、可折叠自行车等。

第 3 级:对已有系统的根本性改进。这类问题需要运用本专业以外的已有方法和知识解决。

例如，汽车的自动换挡系统代替机械换挡系统、冰箱的单片机控温等。

第4级：应用全新的原理对现有系统基本功能的创新。这类问题主要是从科学的角度而不是从工程技术的角度出发，充分挖掘和利用科学知识、科学原理来实现新的发明创造。

例如，内燃机、集成电路、记忆合金等。

第5级：利用最新的科学原理，产生一种全新系统的发明。这类问题主要依据人们对自然规律或科学原理的新发现来解决。

例如，蒸汽机、激光、晶体管、电脑等。

表3-1 发明创造的等级划分及领域知识

级别	创新程度	比例/(%)	知识来源	参考解数	举 例
1	明确的结果	32	企业内的知识	10	隔热层减少热量损失
2	局部的改进	45	行业内的知识	100	波音737发动机机罩的不对称设计
3	根本的改进	18	跨行业的知识	1000	鼠标、圆珠笔、自行车变速、螺旋桨发动机
4	全新的概念	4	跨学科的知识	10000	内燃机、集成电路、涡轮喷气发动机
5	重大的发现	<1	新知识	1000000	飞机、电脑、激光、蒸汽机

表3-1表明，1、2、3级发明创造占了人类发明创造总量的95%，这些发明创造可以利用已有学科知识体系来解决。

4、5级发明只占人类发明总量的约5%，却利用了整个社会的、跨学科领域的新知识。因此，跨学科领域的知识获取是非常有意义的工作。当人们遇到技术难题时，不仅要在本行业寻找答案，更重要的是向行业外拓展，寻找其他行业和学科领域已有的、更为理想的解决方案，从而达到事半功倍的效果。人们进行发明创造，尤其是进行重大的发明时，就要充分挖掘和利用行业外的资源。

无论是发明创造本身，还是研究如何来进行发明创造，划分发明等级都具有重要的意义。发明的级别越高，完成该发明所需的知识和资源就越多，涉及的领域也越宽，需要投入更多、更大的研发力量。因此，应用TRIZ理论可以尝试解决2~4级的发明创造问题。

二、TRIZ创新思维方法

【例3-2】 固特异发明硫化橡胶

橡胶作为一种古老的材料很早就被东方先民用于制作黏合剂。19世纪初，英国和美国兴起了早期的橡胶工业。但橡胶有一个致命的缺点，就是温度稍高就会变软变黏，温度低就会变脆变硬。

1834年夏天，查尔斯·固特异(Charles Goodyear)决心对橡胶进行改进。直到有一天，当他用酸性蒸汽加工树胶的时候，发现树胶得到了很大的改善，他第一次获得了成功。此后，他又做了许多次尝试，最后终于发现了使橡胶完全硬化的第二个条件：加热。1839年1月，固特异的试验有了重大突破，他偶然将橡胶、氧化铅和硫黄在一起加热，"橡胶硫化技术"问世。1841年，固特异选配出获取橡胶的最佳方案。

固特异是非常幸运的，他一生解决了一个难题。而实际上大多数研究者在解决类似的难题时,往往毕其一生也可能没有任何结果。

以上就是发明创新中常用的试错法。在19世纪,电灯、电报、电话、收音机、电影、照相机等的发明都是由试错法带来的。然而,实际中常常会出现一些棘手的创造性难题,依靠试错法解决它们要耗费数十年的时间。这些难题并不都是那么复杂,但就算是简单的问题,试错法也常常束手无策,无计可施。试错法的效率如图3-3所示。

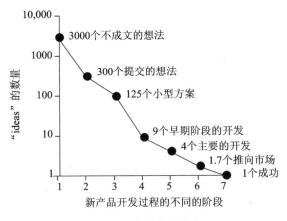

图3-3 试错法的效率

相对于传统的创新方法,TRIZ具有鲜明的特点和优势。TRIZ的创新思维在遵循客观规律的基础上,引导人们沿着一定的维度进行发散思维,在宏观到微观之间往复发散,可以在尺寸、成本、资源等多个维度进行发散思考。从结构、时间以及因果关系等多维度对问题进行全面、系统的分析,帮助我们在发散的同时能有效地进行快速的收敛,不至于成为"脱缰的野马"。

运用TRIZ可以给我们以下启示:创新将像从事技术工作一样成为可能;创新不再是专家的"灵光一现",创新可以持续不断地进行下去;对问题进行系统分析,高效发现问题本质,使准确定义问题和矛盾成为可能;对创新性问题或者矛盾解决提供更合理的方案和更好的创意;打破思维定式,激发创新思维,从更广的视角看待问题;基于技术系统进化规律,准确确定探索方向,预测未来发展趋势,开发新产品;打破知识领域界限,实现技术突破。

(一)九屏幕法

九屏幕法能够从系统层面上发散,有"超系统、系统、子系统"三个层面;从时间上发散,有三个系统层面的"过去、现在、将来"三种时态。该方法不仅研究问题的现状,而且考虑与之相关的过去、未来和子系统、超系统等多方面的状态。简单地说,九屏幕法就是以空间为纵轴,来考察"当前系统"及其"子系统"和"超系统";以时间为横轴,来考察上述三种状态的"过去"及其"现在"和"未来",这样就构成了系统九个屏幕模型(见图3-4)。

根据系统论的观点,系统由多个子系统组成,并通过子系统的相互作用实现一定的功能。系统之外的高层次系统称为超系统,系统之内的低层次系统称为子系统。正在发生当前问题的系统称为当前系统。

例如,当观察和研究一棵树的时候,当前系统就是树;树是森林的一部分,超系统就是森林;树由树叶、树根等组成。子系统就是树叶、树根、树干。

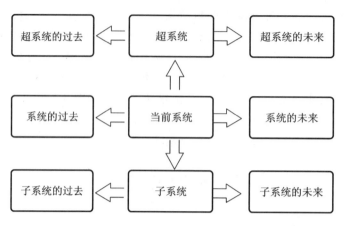

图 3-4　九屏幕法图解模型

当人们困惑于石油、煤等资源越来越少的时候,想想我们所处的超系统有很多可以利用的资源,太阳能、风能甚至潮汐也能发电;再想想我们拥有的子系统,垃圾可以发电、中水可以利用。运用多屏幕法思考,不仅能预测未来,还能寻找到更多的资源。汽车的九屏幕模型如图 3-5 所示。

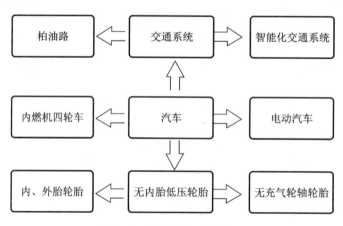

图 3-5　汽车的九屏幕模型

九屏幕法可以帮助我们多角度看待问题,突破原有思维局限,多个方面和层次去寻找可利用的资源,更好地解决问题。

(二)最终理想解法

最终理想解法(IFR)指系统在保持有用功能正常运作的同时,能够自行消除有害的、不足的、过度的作用。通常采用如下的公式,来衡量产品的理想化程度。最理想的技术系统作为物理实体它并不存在,但却能够实现所有必要的功能。

$$理想度 = \frac{所有有用功能}{所有有害功能 + 成本}$$

公式可解释为:技术系统进化的理想化水平与利益成正比,与有害功能及成本之和成反比,即利益大,有害功能及成本之和小,理想化水平高。

有用功能,如系统功能、效能、效益,等等;成本,如材料成本、加工成本、营销成本,等等;有害功能,如物质、系统矛盾,等等。

例如,与走路相比,自行车的理想度=(省一些时间)/(会脚酸+花一些钱);改用摩托车以后,摩托车的理想度=(省更多时间)/(脚不会酸+花较多钱),理想度可能会提高。

传统观念认为:需要实现某功能,因此需要制造某种装置。而 TRIZ 理论认为:需要实现某种功能,如何能够不引入某种装置而实现该功能,这就是理想化。理想化的应用包含理想系统、理想过程、理想资源、理想方法、理想机器和理想物质等。

理想化的描述如下。

理想机器:没有质量、没有体积,但能完成所需要的工作。

理想方法:不消耗能量及时间,但通过自身调节,能够获得所需的效应。

理想过程:只有过程的结果,而无过程本身,就获得了结果。

理想物质:没有物质,功能得以实现。

【例 3-3】 科学家的理想模型

爱因斯坦是 20 世纪卓越的理想实验大师。爱因斯坦的狭义相对论源于追光理想实验。爱因斯坦创建广义相对论的突破口为等效原理,亦源于理想实验。

卢瑟福的原子有核模型是科学史上最著名的理想模型之一。1907 年,卢瑟福为了验证导师的原子模型,建议研究观察镭发射出的高速 α 粒子穿过薄的金属箔片后的偏转情况,结果出人意料。卢瑟福以 α 粒子实验为事实根据,发挥思维的力量建立起类似太阳系结构的原子有核模型,开创了原子能时代。

产品处于进化之中,进化的过程就是产品由低级向高级演化的过程。数控机床是普通机床的高级阶段,加工中心又是数控机床的高级阶段;彩色电视机是黑白电视机的高级阶段,液晶高清晰度彩电又是彩电的高级阶段;彩屏、照相手机是"大哥大"手机的高级阶段,触摸屏手机又是键盘手机的高级阶段。在进化的某一阶段,不同产品进化的方向是不同的,如降低成本、增加功能、提高可靠性、减少污染等都是产品可能的进化方向。如果将所有产品作为一个整体,低成本、强功能、高可靠性、无污染等是产品的理想状态。产品处于理想状态的解称为理想解。因此,每种产品都向着它的理想解进化。

理想解确定的步骤是:①设计的最终目的是什么?②理想解是什么?③达到理想解的障碍是什么?④出现障碍的结果是什么?⑤不出现这种障碍的条件是什么?⑥创造这些条件存在的可用资源是什么?

【例 3-4】 改进割草机和理想草种(见图 3-6)

工程设计　　自动化　　药物施作　　园艺改良　　基因改造

图 3-6　割草机的理想化

改进现有割草机时,设计者可能会很快想到减少噪声、增加安全性、降低燃料消耗。但如果确定理想解,就会勾画出未来割草机及草坪维护工业的最佳蓝图。用户需要的究竟是什么?是非常漂亮且不需要维护的草坪。割草机本身不是用户需要的一部分。从割草机与草坪构成的系统看,其理想解为草坪上的草长到一定的高度就停止生长。目前国际上已有制造割草机的公司在试验这种理想草坪的"聪明草种"(smart grass seed)。

(三)资源分析法

解决问题实质上就是对资源的合理应用。设计中的可用资源对创新起着重要作用,问题的解越接近理想解,可用资源就越重要。任何系统,只要还没有达到理想解,就应该具有可用资源。

1. 资源定义

资源是一切可被人类开发和利用的物质、能量和信息的总称。农业经济阶段资源主要取决于劳力资源的占有和配置,开发自然资源的能力很低;工业经济阶段主要取决于自然资源的占有和配置,而大部分可认识资源都成为短缺资源;知识经济阶段主要取决于智力资源的占有和配置,人类认识资源的能力大大增强,自然资源的作用退居次要地位。

理想资源是指无穷无尽的资源,可随意使用,而且不必付费。如功能上带来有用作用的资源,或减少有害作用的资源。数量上足够用的资源,无限的资源;成本上免费的、廉价的资源,足够用、无限量的资源。

2. 资源分类

(1) 物质资源。系统及超系统的任何材料或物质。

例如,原材料、产品、组件、废料等,包括免费或廉价物质(水、空气、砂子等)。

(2) 能量资源。系统或超系统中任何可用的场。

例如,机械能(旋转、压力、压强等);热能(加热、冷却等);化学能(化学反应产生热、新物质等);电能和磁能。

(3) 时间资源。在系统的各种流程、操作过程中,利用一些时间提供有用作用。

例如,运行之前、之中、之后的时间;预处理;同时作用(并行工程);运输的过程中加工;事后处理;移除、再生、测量;操作之间的停顿、空闲的时间;清洁、改造、测量。

(4) 空间资源。系统及周围可用的闲置空间。

例如,内、外;上、下;正、反;组件之间;未用的空间。

(5) 功能资源。利用系统的已有组件产生新的功能。

例如,铅笔除了作为书写工具,还有其他多种功能,立起来当水平计,当轮盘等。

(6) 信息资源。系统中累积的任何知识、信息、技能,常用于检测和测量。信息资源是各种事物形态、内在规律、与其他事物联系等各种条件、关系的反映,对人们的工作、生活至关重要,成为国民经济和社会发展的重要战略资源。

【例3-5】 认识能源资源

世界能源委员会推介按能源的形态、特性或转换和利用(见表3-2)的层次进行分类。

(1) 按形成,可分为从自然界直接取得且不改变其基本形态的一次能源或初级能源,如煤炭、石油、天然气、太阳能、风能、水能、生物质能、地热能等;经过自然的或人工的加工转换成另一形态的二次能源,如电能、汽油、柴油、酒精、煤气、热水氢能等。

(2) 按能否再生,可分为能够不断得到补充供使用的可再生能源,如风能;须经漫长的地质年代才能形成而无法在短期内再生的不可再生能源,如煤、石油等。

(3) 按对环境影响程度,可分为清洁型能源,如风能;污染型能源,如煤炭。

(4) 按利用情况,可分为已经大规模生产和广泛使用的常规能源,如石油、天然气、水能和核裂变能等；推广使用的新能源，如太阳能、海洋能、地热能、生物质能等。新能源大部分是天然和可再生的。

（5）按来源分为四类：一是来自太阳的能量，包括太阳辐射能和间接来自太阳能的煤炭、生物能等；二是蕴藏于地球内部的地热能；三是各种核燃料，即原子核能；四是月亮、太阳等天体对地球的相互吸引所产生的能量，如潮汐能。

表3-2　能源按转换形式的分类

一次能源		二次能源
不可再生能源	可再生能源	
煤炭、石油、天然气、核能	太阳能、风能、水能、地热能、生物质能……	电能、汽油、柴油、酒精、煤气、焦炭、液化气……

3. 资源利用的原则

设计过程中所用到的资源不一定明显，需要认真挖掘才能成为有用资源。

（1）将所有的资源首先集中于最重要的操作或子系统。

（2）合理地、有效地利用资源，避免资源损失、浪费等。

（3）将资源集中到特定的空间和时间使用。

（4）利用其他过程中损失的或浪费的资源。

（5）与其他子系统分享有用资源，动态地调节这些子系统。

（6）根据子系统隐含的功能，利用其他资源。

（7）对其他资源进行变换，使其成为有用资源。

通常，可以按照下述原则寻找物质资源：系统内部→系统外部；直接资源→派生资源；静态资源→动态资源。

技术系统的资源利用顺序：执行机构的资源→环境的资源→超系统的资源→系统作用对象的资源。只有系统内部的所有资源都不能解决问题时，才考虑从外部引入新的资源。

思考题

1. 划分发明等级的意义是什么？请根据各级别发明的特点，举出发明实例。
2. 什么是九屏幕法？请用此方法完成一项新产品的创意。
3. 选择你身边的一种机械装置或日常用品做进一步的理想化处理，并给出你的解决方案。
4. 结合身边的一个工作或产品实例，分析可以利用的资源。

第二节　技术系统进化法则及应用

技术系统的进化法则是TRIZ理论的基础。技术系统是在不断发展变化的，任何产品的改进、技术的变革过程都有规律可循，进而形成了八大技术系统进化法则。运用这些法则，可以形成对技术发展轨迹的总体概念，得到其发展前景的正确判断，从而增强人们解决问题的能力，更好地预测技术系统未来的发展方向。

(一)技术系统

技术系统是 TRIZ 最重要的基础概念。TRIZ 的原理、法则、模型、矛盾、进化、理想度内容等都是围绕技术系统展开的。

实现某个功能的事物称为技术系统。一个技术系统可以包含一个或多个执行自身功能的子系统,子系统又可以分为更小的子系统,一直分解到由元件和操作构成。一个技术系统,由于研究的需要也可以视为更大环境下的子系统,系统的更高级系统称为超系统。

例如,导弹由弹体、弹头、制导、遥测、外弹道测量和发射等分系统组成的一个复杂系统,它又是战略轰炸机的组成部分,而战略轰炸机就是一个更大的复杂系统。导弹每一个分系统可划分为若干装置,如弹头分系统由引信装置、保险装置和热核装置等组成,每一个装置还可更细致地分为若干个电子和机械构件。

(二)S 曲线

一个技术系统的进化要经历婴儿期、成长期、成熟期、衰退期四个阶段(见表 3-3)。S 曲线完整地描述了一个技术系统从孕育、成长、成熟到衰退的变化规律的生命周期(见图 3-7)。

例如,就像伴随着人类历史发展的计算技术一样,先是算盘的发明、推广和广泛运用,达到珠算技术的成熟。但随着电脑的出现,技术有了革命性进展,珠算技术也就走向衰退。

表 3-3 S 曲线的各个阶段特征

序号	时期	特点
1	婴儿期	效率低,可靠性差,缺乏人力、物力的投入,系统发展缓慢
2	成长期	价值和潜力显现,大量的人力、物力、财力的投入,效率和性能得到提高,吸引更多的投资
3	成熟期	系统发展日趋完善,性能水平达到最佳,利润最大并呈下降趋势
4	衰退期	技术达到极限,很难有新突破,将被新的技术系统所替代。新的 S 曲线开始出现

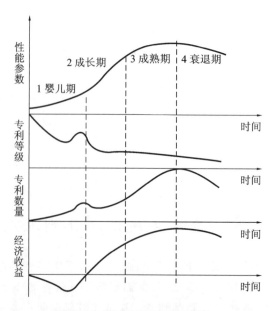

图 3-7 技术系统 S 曲线进化

1. 婴儿期

一个新的技术系统刚刚诞生。虽然它能提供一些前所未有的功能或技术性能的改进,但是系统本身还存在着效率低、可靠性差等一系列待解决的问题。同时,由于大多数人对系统的未来发展缺少信心,对其人力和物力投入不足,因此,在这一阶段系统的发展十分缓慢。

2. 成长期

在成长期,人们认识到新系统的价值和市场潜力,企业应加大产品的投入,为产品赢得尽可能多的技术、法律、客户支持,更快摆脱竞争对手,确定时机上的优势,使其尽快进入成熟期,以获得最大的经济效益。因此,系统中存在的各种问题被逐一解决,效率和性能都有很大程度的提高。由于技术系统的市场前景被看好,能吸引更多的投资。

3. 成熟期

技术系统发展到这一阶段,由于大量人力和财力的不断投入,使其变得日趋完善,性能水平达到最高。此时产品的边际收益已经下滑,只能依靠规模来得到收益,而市场一般会被少数企业所垄断,新企业只有另辟蹊径才能打入市场。处于成熟期的企业应进行关键替代技术的研究,以应对未来市场的竞争。

4. 衰退期

这一阶段,技术系统的各项技术已经发展到极限,很难得到进一步的突破。该技术系统可能不再有更大的需求或者即将被新开发出来的技术系统所取代。此时,新的技术系统将开始呈现在世人面前。

【例 3-6】 石英表发展的启示

瑞士一直以优良的制表业为豪。1968 年,瑞士占有世界手表市场份额的 65%。然而,仅仅在这之后的十年时间里市场份额下降到了 10% 以下。

瑞士手表为什么会被迅速打败?因为没有预计到机械手表已经处于 S 曲线的顶端位置,也就是处于衰退期的开始。而石英手表这项革命性的产品很自然地被瑞士人拒绝了,因为他们最擅长的是机械表。

对企业而言,清楚地了解自己的核心技术在整个行业的 S 曲线上的位置非常重要,这对于企业进行技术投资、技术引进、创新决策很关键。

技术系统发展也是有生命周期的,通过专利的数量、质量、产品的性能、利润等参数,TRIZ 能较为客观地确定企业核心技术在 S 曲线上的位置。而技术处于不同时期面临的问题和采取的策略都不同。尤其是,企业要在核心技术进入成熟期以前研发新的技术;在核心技术进入衰退期之前,新的颠覆性技术要起到更好的替代作用,这样才能够可持续发展。分析 S 曲线有助于了解技术系统的成熟度,合理地投入研发经费,做出正确的决策。

【例 3-7】 洗衣机洗涤方式的进化

1997 年,人们预测洗衣机产品达到洗涤的极限状态(化学作用原理)。2001 年,日本三洋公司开发出超声波作用原理洗涤的洗衣机,利用超声波的微气泡爆破原理,微气泡进入纤维内部,使得洗涤效果明显。近年来,洗衣机进入一个更高的进化状态,海尔公司开发出的无洗衣粉洗衣机,其洗涤原理 $2H_2O \rightarrow OH^- + H_3O^+$,碱性水可以用来洗涤,酸性水可以用来杀菌,因此洗涤效果更好。

（三）技术系统的进化法则的应用

1. 完备性法则

技术系统要实现某项功能的必要条件是,在整个技术系统中,一定要包含4个相互关联的基本子系统,即动力装置、传输装置、执行装置和控制装置。

例如,帆船运输系统可以利用风能在水上运输货物。普通帆船至少包括以下几个组成部件:船体、桅杆和固定在桅杆上的帆。帆船的工作原理是:风对帆施加压力;帆通过桅杆对船体施加作用力;由于作用力的结果,船体在水面上运动;帆船因此向前航行。

在这一系统中:动力装置——帆,它将风能转变为帆的应变势能;传输装置——桅杆;执行装置——船体;控制装置——水手,控制着帆和船的方向。帆船运输系统,通过这几个子系统之间的相互作用,实现了最终水上运输货物的功能(见图3-8)。

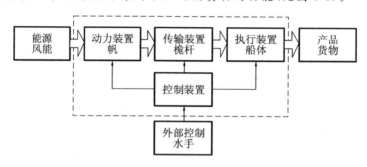

图3-8 风帆的技术系统

通过"完备性法则"分析,有助于在设计系统时,确定实现所需技术功能的方法,并达到节约资源的目的。

2. 能量传递法则

技术系统实现其基本功能的必要条件是能量能够从能量源流向技术系统的所有元件。如果技术系统的某个元件接收不到能量,它就不能产生效用,整个技术系统就不能执行其有用功能。另外,要使技术系统的某元件具有可控性,必须在该元件和控制装置之间,提供能量传递的通路。

在设计和改进系统时,首先就要确保能量可以流向系统的各个元件;然后通过缩短能量传递路径,以提高能量的传递效率。这样使得系统的各个元件都能为技术系统的正常工作提供最高的效率。

减少能量损失的途径有:缩短能量传递路径,减少传递过程中的能量损失;最好用一种能量(或场)贯穿系统的整个工作过程,减少能量形式的转换导致的能量损失;如果系统组件可以更换,则将不易控制的场更换为容易控制的场。

例如,收音机在金属屏蔽的汽车中就不能收听高质量的广播,就因为电台传递的能量源受阻。如果在汽车外加天线,问题即可得到解决。

3. 动态性进化法则

动态性进化法则提出以下方面的进化趋势:技术系统会向提高其柔性、可移动性和可控性的方向进化。

(1)提高柔性子法则。技术系统将会从刚性体,逐步进化到单铰链、多铰链、柔性体、液体/气体,最终进化到场的状态(见图3-9)。

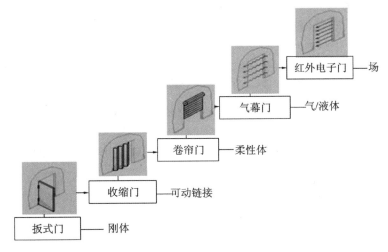

图 3-9 门的进化

（2）提高可移动性子法则。技术系统的进化，应该沿着技术系统整体可移动性增强的方向发展。

例如，清扫工具进化路径：扫帚→吸尘器→清扫机器人。

（3）提高可控性法则。技术系统的进化，应该沿着增加系统内各部件可控性的方向发展。

在自我控制系统中，自动控制系统和各种物理、化学效应的应用，提供了自我可控性。反馈装置，是技术系统实现自我可控性的一个必要条件。切削工具的进化，如图 3-10 所示。

例如，车床的进化路径：手动车床→机械半自动车床→数控车床→加工中心。

又如，照相机调焦技术的进化路径：手动调焦→按钮聚焦→自动调焦→光线聚焦。

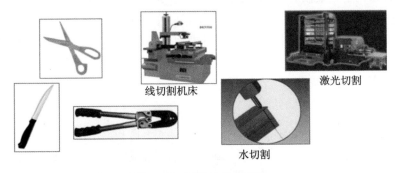

图 3-10 切削工具的进化

4. 提高理想度法则

技术系统的理想度反映一个技术系统对于一个理想系统的近似程度。实际上，最理想的产品或者技术系统（也称理想系统）中是不存在的。但是，理想化最终结果是产品设计的一个努力方向，是技术系统向最理想系统进化的过程。

局部理想化：通过不同的实现方法使其理想化。

例如，用太阳光来加热容器中的水，就成为太阳能热水器。但在这一原理下，人们采取了多种不同的关键技术，如加热面镀膜，光能可进不可出等，造就了市场上数十种不同的产品,并不断进化。

全局理想化:对同一功能,通过选择不同的原理使之理想化。

例如,太阳光能转变为电能有多种途径,奥林匹克比赛圣火用透镜聚焦方式,将光线聚焦到一个点上,光的高能量使物质燃烧,光能转化为化学能。随着现代科技发展,出现了光伏电池,将太阳光能转变为电能。

提高理想度法则是所有进化法则的基础,是技术系统进化的最基本法则。增加理想化水平有以下方法:

(1) 增加有用功能的个数。包括吸收其他系统或环境中的有用功能,或发明新的有用功能。

(2) 改善有用功能的质量。

(3) 减少有害功能的个数。包括消除或抵消有害功能。

(4) 将有害功能移到另一系统或部件中,使有害功能不起关键作用。

(5) 找到有害功能的合理应用。

(6) 减少有害参数的幅值。

(7) 将上述各种方法组合,增大理想度。

提高理想度路线,如图3-11所示。

图3-11 提高理想度路线

5. 子系统不均衡进化法则

任何技术系统各子系统的进化,都是不均衡的。而任何一部分的薄弱环节都将使整个系统性能的提高受到限制,如同木桶的装载量由其最短的一块木板所决定一样。

技术系统整体进化的速度,取决于该技术系统中不理想子系统的进化速度。这一法则可以帮助设计人员及时发现技术系统中不理想的子系统,并改进或以较先进的子系统替代这些不理想的子系统。系统均衡发展,有助于确定更好发挥系统功能的改进方向,从而少走弯路,节约时间和资源。

【例3-8】 自行车的进化(见图3-12)

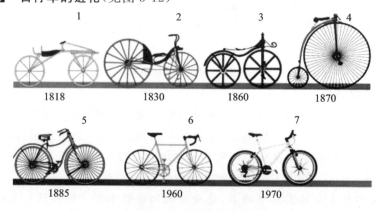

图3-12 自行车的进化

自行车是1817年法国人西夫拉克发明的,称为"木房子"的第一辆自行车由机架及木制的轮子组成,没有手把,骑车人的脚是驱动装置。该车不能转向,不舒适。

1861年,基于"木房子"的新一代自行车设计成功,该车是现在所说的"早期踏板车","木房子"的缺点依然存在。

1870年,被称为艾利尔(Ariel)的自行车设计成功,该车前轮安装在一个垂直的轴上,使转向成为可能,但依然不安全、不舒适、驱动困难。

1885年,詹姆斯·斯塔利在英格兰的考文垂制造出了全新的自行车,命名为"罗孚"(ROVER)。罗孚是第一辆成功的"安全自行车":前后轮大小相似,重心较低,可操控前叉转向,比它的前身艾利尔更舒适、更安全、更有效率。

20世纪,各种新材料用于自行车零件,并且有了折叠自行车、变速自行车。

6. 向超系统进化法则

技术系统在进化的过程中,可以和超系统的资源结合在一起,或者将原有技术系统中的某个子系统,分解到某个超系统中。这样,就能够使该子系统摆脱自身在进化过程中遇到的限制要求,让其更好地实现原来的功能。所以,向超系统进化有两种方式:一是使技术系统和超系统的资源组合;二是让系统的某子系统,被容纳到超系统中。向超系统进化的过程,可以发生在技术系统进化的任何阶段。技术系统向超系统进化法则是技术系统进化的一种方式。该法则与其他技术系统进化法则结合起来,适用于预测技术系统的整体进化。

例如,打印机的进化,与复印机进行联合形成既能打印又能复印的打印机,与扫描仪、传真机联合后形成办公多功能一体机,节约了资源、节省了空间、降低了成本,有效提升了系统的理想度。

【例3-9】 帆船的进化

帆船是利用风力前进的船,帆船通常为单体,也有抗风浪较强的双体船。帆船主要靠帆具借助风力航行,靠桨、橹和篙作为无风时推进和靠泊与启航的手段。帆船通常由船体、帆(主帆、前帆、球帆)、桅杆、横杆、稳向板、舵、缭绳、卸克、斜拉器、滑轮等组成。

帆船在进化中遵循着向超系统进化法则。①同质系统的结合,但参数相同。最初的帆船是由一个帆组成,为了增加船的动力,在原有帆的基础上,通过增加相同帆的数量来完成。②多参数系统的结合,但至少有一项参数不同。在多帆的基础上,进一步与多参数系统结合,在船上加装前帆和后帆,有利于船只前行及方向的操控,但与同质性系统有很大的区别,出现了参数差异化。③竞争性系统的结合。帆船的动力主要来自于风给予帆的动态,蒸汽机相对于帆来说,是其竞争系统。在此基础上,系统与竞争性系统集成,即出现了船上有帆,同时有蒸汽机,此时船的动力有了长足的提升。

7. 向微观级进化法则

技术系统及其子系统在进化发展过程中,向着减小它们尺寸的方向进化。技术系统的元件,倾向于达到原子和基本粒子的尺度。进化的终点,意味着技术系统的元件已经不再作为实体存在,而是通过场来实现其必要的功能。

例如,1988年16M DRAM问世,$1 cm^3$大小的硅片上集成有3500万个晶体管;1989年486微处理器推出,25 MHz,$1 \mu m$工艺;1997年,Intel 300 MHz奔腾Ⅱ采用$0.25 \mu m$工艺;2009年Intel酷睿i系列采用了32 nm工艺;2016年,英伟达的GPU芯片Tesla

P100 采用了 16 nm 工艺，芯片内置了 150 亿个晶体管。2017 年，IBM 宣布其与三星、Global Foundries 组成的联盟成功开发出业界第一个全新硅纳米片晶体管，将芯片制造带入了 5 nm 时代。

【例 3-10】 **键盘的进化**（见图 3-13）

传统键盘是刚性体，体积较大，携带不方便。在现实生活中，有用铰链连接的、被分成两到三部分的折叠式键盘，这种键盘最大尺寸缩小了很多，便携性也相应地得到了提高。这种可以折叠的铰链式键盘被装备在美国海军陆战队中，便于队员在行军中携带使用；后来出现了完全柔性的、能被卷起来的键盘。而液晶触摸屏，也可以作为输入设备代替传统的键盘。

以色列 VKB 公司设计出一款红外激光虚拟键盘，能将标准键盘投射到桌面等平面上，用户在这个平面上就可以像使用物理键盘一样实现输入。当用户在虚拟键盘上键入字母或数字时，还能听到类似 PDA 或手机发出的模拟按键音。该款红外激光虚拟键盘，属于进化路线中的场的阶段。

除此之外，还可以用声音场取代实体键盘完成输入。不仅操作的方便性大大提高，而且即使是肢体有残疾的人，也可以很方便地操作电脑。

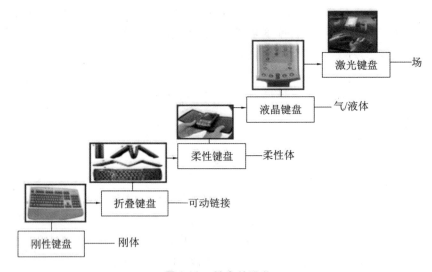

图 3-13 键盘的进化

8. 协调性进化法则

技术系统向着其子系统各参数协调、系数参数与超系统各参数相协调的方向发展进化。进化到高级阶段的技术系统的特征是，子系统为充分发挥其功能，各参数之间要有目的地相互协调或反协调，能够实现动态调整和配合。子系统各参数之间的协调，包括材料性质、几何结构和尺寸、质量上的相互协调。

例如，耳机与耳机插孔之间的协调，电话机手柄的弧度与人脸形状的协调，汽车车门与车身的协调，由早期只能摆、搭接的积木玩具，进化到可以自由插合、拼接的玩具，这些就属于结构形状、尺寸上的协调。

在实际中，还经常碰到合适的频率、各子系统工作节奏上的相互协调。

例如，在生产流水线上，各个操作设备必须协调，只有这样才能相互配合，完成整个的加工流程。还有，建筑工人在浇铸混凝土施工中，为了提高浇铸质量，总是一面浇灌混凝土，一面用振捣器对混凝土进行振荡，消除其内部可能产生的气泡和缝隙，以使其变得更密实，凝固后强度更高。

技术系统的八大进化法则是 TRIZ 中解决发明问题的重要指导原则，掌握好进化法则，可有效提高解决问题的效率。同时进化法则可以应用到其他很多方面，如产生市场需求，定性技术预测，产生新技术，专利布局，选择企业战略实施的时机。

思考题

1. 结合身边的实际，举出符合技术进化路线的 1~2 个实例。
2. 移动通信设备从"大哥大"到现在的智能手机，其间经历了哪些技术进化规律？你认为，它未来的发展趋势应该是什么样的？

第三节　40 个发明原理及应用

你可以等待 100 年获得顿悟，也可以利用这些原理花 15 分钟的时间解决问题。

——阿奇舒勒

发明原理是阿奇舒勒经过研究分析世界上不同工程领域数百万件专利，得出的用来解决实际问题的方法和规律，蕴含了人类发明创新所遵循的共性原理，是 TRIZ 中用于解决矛盾（问题）的基本方法。这些原理与其他一些传统方法的区别在于它们是建立在研究专利的基础之上产生的，因而更具实用性和有效性，比较容易学习和掌握，实际使用频率也最高。40 个发明原理及编号如表 3-4 所示。

表 3-4　40 个发明原理及编号

01. 分割	11. 事先防范	21. 快速作用	31. 多孔材料
02. 抽取（分离）	12. 等势	22. 变害为利	32. 改变颜色
03. 局部质量	13. 反向作用	23. 反馈	33. 同质性
04. 增加不对称性	14. 曲面化	24. 借助中介物	34. 抛弃或再生
05. 组合	15. 动态特性	25. 自服务	35. 改变物理或化学参数
06. 多用性	16. 不足或过度作用	26. 复制	36. 相变
07. 嵌套	17. 多维化	27. 廉价替代品	37. 热膨胀
08. 重量补偿	18. 机械振动	28. 机械系统替代	38. 强氧化作用
09. 预先反作用	19. 周期性作用	29. 气压或液压结构	39. 惰性环境
10. 预先作用	20. 有效持续作用	30. 柔性壳体或薄膜	40. 复合材料

下面介绍发明原理，不仅简要地介绍它们的基本内容，给出一些在工程技术领域的应用实例，同时也给出一些非工程领域（如管理或商业）的应用实例，以便全面地理解这些原理。发明原理之间不是并列的，是相互融合的，体现了系统进化法则。

发明原理 1——分割

（1）将一个物体分成相互间独立的部分。

例：为不同材料（塑料、纸、易拉罐等）回收设置不同的回收箱。

购物网站了解顾客购买偏好，以识别主力客户和潜在客户。

SWOT 分析法,将组织内外环境所形成的优势(strengths)、劣势(weaknesses)、机会(opportunities)、风险(threats)四个方面进行分析,以寻找制定适合组织实际情况的经营战略和策略。

(2) 将一个物体分成容易组装和拆卸的部分。

例:组合家具。

当部门规模增大或无法驾驭时,将其"分割"便于管理。

(3) 提高系统的可分性。

例:用可调节百叶窗代替幕布窗帘,改变百叶窗叶片的角度就可以调节外界射入的光线。

为提高焊点的强度,用粉末金属熔融焊代替箔焊。

多弹头洲际弹道导弹。

将书籍分为多个章节,以改善阅读材料的陈述方式及被读者理解和接受的方式。

发明原理 2——抽取(分离)

(1) 从物体中抽出产生负面影响的部分或属性。

例:避雷针、吸烟室。

企业上市前剥离不良资产。

(2) 从物体中抽出必要的部分和属性。

例:隐形眼镜。

在机场使用录制的鸟声驱散鸟群。

计算机键盘拥有不同的分区,各有不同的功能。

维修和售后服务外包出去。图 3-14 为人力资源服务外包图。

知识管理。将积累的经验或知识萃取出有用的部分并加以整理、整合成资料库,以提高未来面临相关或相似问题时的运用效率。

图 3-14 人力资源服务外包

发明原理 3——局部质量

(1) 将物体、环境或外部作用的均匀结构变为不均匀的。

例:让系统的温度、密度、压力由恒定值改为按一定的斜率增长。

弹性工作制，让员工选择适合自己的工作时间。

(2) 让物体的不同部分各具不同功能。

例：带橡皮的铅笔、带起钉器的榔头、剥线钳。

瑞士军刀折叠着多种常用工具，如小刀、剪子、起瓶器、螺丝刀等，不同部分具有不同功能（见图3-15）。

任用当地人才，使用当地资源，使企业能够将企业文化与当地文化紧密结合，有效运用资源。

(3) 让物体的各部分均处于各自的最佳状态。

例：挖掘机将硬度高、耐磨的好钢制成抓爪的部分，其他部分用一般的钢，这样可在降低成本的同时保证抓爪的质量。

在饭盒中设置间隔，在不同的间隔内放置不同的食物，避免串味。

向个人授权，使员工在各自的部门能拥有决策权，各司其职。

发明原理4——增加不对称性

(1) 将物体的对称外形改为不对称的。

例：引入几何特性防止元器件（电源线、USB接口、手机充电线接口）的不正确使用，如图3-16所示。

图3-15 瑞士军刀

图3-16 三相插头

(2) 增加不对称物体的不对称程度。

例：将圆形垫片改成椭圆形甚至特别的形状来提高密封程度。

差异化服务，使不同顾客能依各自需求调整或自行设计所需的产品或服务，企业所提供的产品或服务由对称变为非对称。

利用其他竞争者没有或拥有较其他竞争者更充分的信息提升本身的竞争优势。

信息不对称。

发明原理5——组合

(1) 在空间上，将相同物体或相关操作加以组合。

例：组合机床。

CT扫描仪是X射线显像与计算机的组合。

(2) 在时间上，将相同或相关的操作进行合并。

例：同时分析多项血液指标的医疗诊断仪器。

调温水龙头通过将冷、热水按不同比例混合，从而得到不同温度的水流。

将有相互联系的组织或系统组合以完成并行操作，或优势互补。

海尔管理模式是中国传统文化中的管理精髓(东方不亮西方亮、赛马不相马、先难后易)＋ 日本模式(团队意识、吃苦精神)＋ 美国模式(个性舒展、创新精神)。

组合包括原理组合、方案组合、功能组合、形状组合、材料组合、部件组合等(见图 3-17)。

发明原理 6——多用性

使一个物体具有多种功能(见图 3-18)。

图 3-17　手电筒钟

图 3-18　可以画出三种线条的荧光笔

例:集打印、复印、扫描、传真多种功能的一体机。

智能手机 app 是手机完善其功能,为用户提供更丰富的使用体验的主要手段。

一站式购物——超市同时提供保险、银行服务、燃料及报纸销售等业务。

精简机构,实现一个部门多项职能,一人多职。

满足客户多元化需求,提供多元化服务。

工业界的标准是多用性原理的一种常见应用。在某种标准之下生产的零件,在与该标准相协调的系统内具有多用性用途。

发明原理 7——嵌套

将一个物体嵌入另一个物体,然后将这两个物体再嵌入第三个物体,以此类推。

例:俄罗斯套娃、伸缩式钓鱼竿、拉杆天线、伸缩变焦镜头。

飞机起飞后,起落架收起在机身内部。

为节省空间,将推拉门推进墙内的空腔。

店中店,将不同较小型商店或柜台置于另一较大型商店内。

广告置于杂志内页,安插于节目间。

灵活调整组织结构,实现组织结构的扁平化,减少管理层次。

发明原理 8——重量补偿

(1) 通过与环境(利用空气动力、流体动力、浮力等)的相互作用,实现物体的重量补偿。

例:潜艇排水实现升浮。

不同行业结盟或与竞争者的上游供货商结盟,如国美、苏宁,以弥补本身的不足或相对弱势部分。

(2) 将某一物体与另一能提供上升力的物体组合,以补偿其重量。

例:用氢气球悬挂广告条幅。

液压千斤顶。

用外部因素促进自身发展,用激励法调动员工积极性和创造性。

投资组合包括保守投资和进取投资,以抵消市场压力,保护投资。

发明原理9——预先反作用

(1) 事先施加反作用,以抵消不利影响。

例:在浇筑混凝土之前,对钢筋预先加压应力。

预留缝隙的桥梁路面。

提前进行专利布局,避免专利侵权。

提前分析可预知的确定情况,对不利的及时控制,避免损失。

(2) 如果处于或将处于受力状态,预先施加影响。

例:iPod/iPhone可自动计算,记录听音乐的时间和音量,由程序判定自动降低音量,保护听力。

产品开发前,设计师先体验销售和客服工作。

发明原理10——预先作用

(1) 在应用之前,预先对物体(部分或全部)做必要的改变。

例:不干胶粘贴。

在外科手术之前,用密封容器对所有的医疗器具进行消毒。

新产品上市前分析师邀请消费者一起试用,以了解消费者对新产品的需求度、观感、接受程度。

(2) 做预先安排,使之能第一时间在最方便的地方投入使用。

例:高速公路的预收费系统ETC。

邮票上的孔齿(见图3-19)、药片上的沟槽(以便于切半)。

精简生产中的看板管理,企业为降低原材料或零部件的仓储成本根据需要进货。

产品研发、服务设计或上市前进行市场调查。

图3-19 邮票孔齿

发明原理11——事先防范

采用事先准备好的应急措施,补偿物体相对较低的可靠性。

例:汽车安全气囊、游泳救生圈。

超市商品贴的防窃磁条。

客服与维修中心接受顾客的抱怨,如图3-20所示。

用预先准备好的应急措施、预案来应对事先不确定的失误和风险。

在生产过程中,可建立调节性库存储备,以降低停产的风险。

图3-20　网上投诉平台

发明原理12——等势

改变物体的工作状况,以减少直接将物体提升或下降的需要。

例:工厂中与操作台同高的传送带、升降机。

三峡大坝水闸(见图3-21)、巴拿马运河等利用注水系统调整水位差,使船平稳过渡。

将公交车的车门底部与候车站地面相平,方便残疾人上下。

营销组织力争向新闻媒体传达均衡的公司形象及信息流,消除信息误传。

改变环境、方法、工作重点等,使所管理的系统更加和谐。

避免彼得原则所述的情况——员工倾向升任到他不能胜任的位置。

图3-21　三峡大坝五级船闸

发明原理13——反向作用

(1) 用相反的动作,代替所规定的动作。

例:奥斯特发现导线通电可以产生磁场;法拉第逆向思维,磁也会产生电。

电冰箱利用吸收箱内的热量达到降温。

按市场的实际,破除常规,进行逆向管理。

(2) 将物体上下颠倒或内外翻转。

例:制作酒心巧克力的工艺。

股市操作中的逆向思维,绝望时做多,而疯狂时做空。

用逆排序法制订工作计划。

(3) 让物体或环境,可动部分不动,不动部分可动。

例:在加工中心中将工具旋转改为工件旋转。

跑步机。

网上在线教学,学生自己选择章节和授课教师。

发明原理 14——曲面化

(1) 将物体的直线或平面部分用曲面或球面替代,改立方体结构为球形结构。

例:圆珠笔和钢笔的笔尖球形形状,书写均匀、流畅。

在建筑中采用拱形或圆屋顶来增加强度。

加大与相关单位和地域的联系,扩大管理面,避免单一化。

(2) 使用滚筒、球状、螺旋状结构。

例:千斤顶螺旋机构产生升举力。

螺丝钉与螺帽采用螺旋相接,增加了结合力和稳定性。

流动服务(送餐、图书等)。

(3) 改直线运动为螺旋运动,应用离心力。

例:甩干机高速旋转产生离心力,除去衣物的水分。

过山车采用急剧曲线运动产生的向心力,使其不会掉下来。

【例 3-11】 莫比乌斯圈的应用

1858 年,德国数学家莫比乌斯(Mobius,1790—1868)发现:将一个扭转 180°后再两头黏接起来的纸条,具有魔术般的性质。因为,普通纸带具有两个面(即双侧曲面),一个正面,一个反面,两个面可以涂成不同的颜色,而这样的纸带只有一个面(即单侧曲面),一只小虫可以爬遍整个曲面而不必跨过它的边缘,如图 3-22 所示。

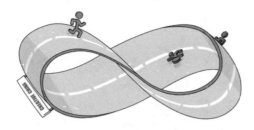

图 3-22 莫比乌斯圈

1979 年,美国著名轮胎公司百路驰创造性地将传送带制成莫比乌斯圈形状,这样一来,整条传送带环面各处均匀地承受磨损,避免了普通传送带单面受损的情况,使其寿命延长了整整一倍。

针式打印机靠打印针击打色带在纸上留下一个一个的墨点,为充分利用色带的全部表面,色带也常被设计成莫比乌斯圈。

在美国匹兹堡著名肯尼森林游乐园里,就有一部"加强版"的云霄飞车——它的轨道是一个莫比乌斯圈。乘客在轨道的两面上飞驰。

莫比乌斯圈循环往复的几何特征，蕴含着永恒、无限的意义，常被用于设计各类标志。Power Architecture 的商标就是一条莫比乌斯圈，甚至垃圾回收标志也是由莫比乌斯圈变化而来。

发明原理 15——动态特性

（1）调整物体或环境的性能，使其在工作的各个阶段达到最佳状态。

例：形状记忆合金。

飞机自动导航系统。

快速反应部队。

管理手段因情况而异，不断更新管理观念，随机应变。

（2）分割物体，使其各部分可以改变相对位置。

例：折叠椅、笔记本电脑。

（3）使静止的物体可以移动或具有柔性。

例：检查发动机的内孔窥视仪，医疗检查中用的柔性状结肠镜。

舞台上的灯能自动旋转改变照射位置，产生不同的灯光效果。

网购货物的快速配送。

发明原理 16——不足或过度作用

如果难以实现百分之百的功效，则应当取得略小或略大的期望效果将问题简单化。

例：表面贴装技术的锡膏印刷工艺，锡膏印刷机的刮刀涂布是全面积的锡膏，而印刷到电路板上的只是钢网开孔对应的焊盘，其他的被钢网阻挡。

用针管抽取液体时不能吸入准确的剂量，而是先多吸再将多余的液体排出，这样可以简化操作难度。

适当授权于他人，使人尽其才。

进入一个新市场，透过所有的媒介，如邮件、报纸、本地杂志、地方电台、本地电视或广告栏等做广告。

发明原理 17——多维化

（1）将一维变为二维或三维结构。

例：螺旋式楼梯减少占地面积。

印制电路板经常采用两面都焊接电子元器件的结构，比单面焊接节省面积。

建立具有多样性、多变性和多层次的管理模式。

（2）单层排列的物体，变为多层排列。

例：立体停车场、城市的立体交通、组织的层级化（见图 3-23）。

图 3-23 新型立交桥

(3) 将物体倾斜或侧向放置。

例：侧向自卸车。

遇到物体，从另一个角度思考解决之道。

(4) 利用照射到临近表面或物体背面的光线。

例：从垂直改变到水平的（横向）思考，反之亦然。

【例 3-12】 3D 晶体管

英特尔公司于 2011 年宣布美籍华人胡正明教授发明"年度最重要技术"——世界上第一个 3D 晶体管"Tri-Gate"。晶体管是现代电子学的基石，此项发明堪称晶体管历史上最伟大的里程碑式发明，甚至可以说是"重新发明了晶体管"。使用了半个多世纪的 2D 平面结构终于迈入 3D 立体时代。

3D Tri-Gate 晶体管架构能够有效提高单位面积内的晶体管数量，提供同等性能的同时，功耗降低一半。非常适合轻薄著称的移动设备，它将取代 CPU 领域现有的 2D 架构，手机和消费电子等移动领域都将应用这一技术。22nm 的 3D Tri-Gate 晶体管立体结构在单位面积承载更多的晶体管数量，助 Ivy Bridge 晶体管数量成功突破 10 亿。

发明原理 18——机械振动

(1) 使物体处于振动状态。

例：电动剃须刀、电动牙刷（见图 3-24）。

选矿使用筛选机通过振动筛去不需要的东西，留下矿石。

在高频炉中对液体金属进行电磁搅拌，使其混合均匀。

许多让人们惧怕的事（如波动、骚动、不平衡）都是创造力的来源。

正确处理波动因素，使目标系统不断处于改进状态。

(2) 提高物体振动频率。

例：振动刻刀。

用多种形式（新闻稿、企业内网、会议等）交流。

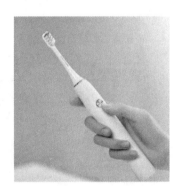

图 3-24 电动牙刷

(3) 利用共振现象。

例：用超声波共振来破碎胆结石或肾结石。

超声波测距仪、超声波探伤仪。

核磁共振成像。

广告促销应打动消费者的心（产生共鸣）。

(4) 用压电振动代替机械振动。

例：石英晶体振荡驱动高精度的钟表。

喷墨打印机由压电晶体振动控制喷墨。

聘请外部专家进行咨询。

发明原理 19——周期性作用

(1) 用周期性动作或脉冲，代替连续动作。

例：用脉冲式的声音代替连续警报声。

农业滴灌代替连续放水。

潮汐运输流量计划以缓和繁忙运输区的进出。

华为 CEO 轮岗。

（2）如果动作是周期性的，改变其运动频率。

例：变频空调，调频收音机。

在工厂里，使处于瓶颈地位的工序持续运行，达到最好的生产状态。

灵活利用周期性，调整状态。

用周期规律的行为代替连续行为。

不定期审计。

（3）利用脉冲间隙来执行另一个动作。

例：挖煤机钻头充上水并加上脉冲压力，以便更好更容易地挖煤。

实施每月或每周汇报而不是年度审查。

淡季时加强员工培训，以便旺季能应付自如。

【例 3-13】 如何清除飞机跑道上的积雪

问题描述：在下大雪的时候，机场往往用强力鼓风机来清除跑道上的积雪。但是，如果在积雪量很大的情况下，强力鼓风机往往也不能有效地清除积雪。

解决方法：可以用"周期性动作"原理来解决这个技术矛盾，如图 3-25 所示。

脉冲装置让空气流按照一定的脉冲频率排出。这种脉冲气流的除雪效率是相同功率、连续气流除雪效率的两倍。

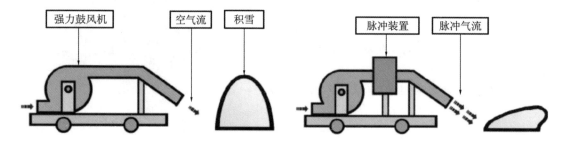

图 3-25　使用脉冲装置能更有效除雪

发明原理 20——有效持续作用

（1）消除空间或间歇性动作。

例：打印头在回程也执行打印动作，如点阵打印机、喷墨打印机。

油轮向中东运去水，运回石油。

使组织持续有效地工作，对组织持续改进，消除不足和无用工作。

（2）物体的各个部分同时满载工作，以提供持续可靠的性能。

例：汽车在路上停车时，飞轮（或液压系统）储存能量，使发动机运转平稳。

终身学习，活到老学到老。

发明原理 21——快速作用

将危险或有害的作业在高速下运行。

例：牙医使用高速电钻，避免烫伤口腔组织。

快速切割塑料，在材料内部的热量传播之前完成，避免变形。

高温瞬时灭菌设备。

照相用闪光灯。

提高当事人的快速反应能力,及时消除不利因素和突发事件。

解雇员工的最好方式——当机立断!不要将解雇过程拖得太长。

发明原理 22——变害为利

(1) 将有害的要素相结合进而消除有害的作用。

例:摩擦焊接。

潜水中用氦氧混合气体,以避免单独使用造成昏迷或中毒。

碱性液体通过管道时会在管道内壁留下沉积物,而酸性液体通过管道时会腐蚀管道内壁。让碱性液体和酸性液体轮流从管道通过,就会同时解决这两种问题。

(2) 利用有害的因素,得到有益的结果。

例:废热发电(见图 3-26),海潮发电。

让员工多参加职业培训,虽然成本不菲,但有利于提升企业竞争力。

(3) 增大有害性的幅度,直至有害性消失。

例:逆火灭火。

中医"以毒攻毒"疗法。

图 3-26 废热发电

发明原理 23——反馈

(1) 在系统中引入反馈。

例:盲道。

音乐喷泉,随着音乐节奏快慢、音的高低信息传递给水流控制系统,使喷泉随着音乐而变化。

应用反馈机制调整管理系统,鼓励下级和用户反映情况。

(2) 如果已引入反馈,改变其大小或作用。

例:宇宙飞船的反馈系统将船内船外的一切情况报告给地面接收装置。

管理评价方式,由考虑预算多少的差异,改为评价提高用户满意度(见图 3-27)。

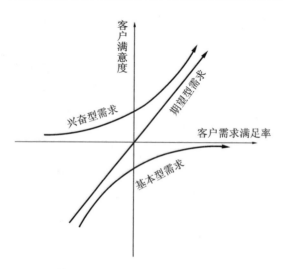

图 3-27 KANO 用户满意度模型

发明原理 24——借助中介物

(1) 使用中介物实现所需动作。

例：用拨子弹月琴，防止琴弦对手的伤害。

科幻电影中机甲战士的模拟驾驶装备。

非核心的工作（如清洁服务、运输）外包。

通过中介机构向委托人提供服务。

(2) 将一物体与另一容易去除物暂时结合在一起。

例：在化学反应中加入催化剂。

饭店上菜的托盘。

发明原理 25——自服务

(1) 物体通过执行辅助或维护功能，为自身服务。

例：红外感应水龙头（见图 3-28）、自动柜员机（ATM）、快餐店客户自助服务。

石英表利用穿戴者运动之动能自我充电。

通过附加功能实现内部循环。

(2) 利用废弃的能量与物质。

例：火箭在冲出大气的过程中，每一节燃料用完后，就会将壳体自动解体落回地面。

将麦秸或玉米秆等直接填埋做下一季庄稼的肥料。

雇用退休但有经验的人员。

图 3-28 红外感应水龙头

发明原理 26——复制

(1) 用简单而廉价复制品代替难以得到、复杂、昂贵、不方便、易损坏的物体。

例：风洞实验中的模型飞机（见图 3-29）、汽车、桥梁、自行车运动员。

虚拟现实系统（如飞行模拟器（见图 3-30）等）。

用能力相符的人填补空岗，将别的企业管理制度应用到本企业。

图 3-29 风洞实验

图 3-30 飞行模拟器

(2) 用光学拷贝（图像）代替物体或物体系统，可按一定比例放大或缩小。

例：利用影子测量高楼。

用卫星图像替代实地考察。

个人数据放在网站上，随时随地可调用。

(3) 如果已使用了可见光复制品，用红外线或紫外线复制品替代。

例：利用紫外光诱杀蚊蝇。

发明原理 27——廉价替代品

用廉价物体代替昂贵物体，实现相同的功能。

例：一次性物品（如纸杯、注射器等）。

数值仿真用于作业分析（虚拟战争游戏、虚拟商业发展、策略规划模型）。

大量雇用短期打工人员促销或收割。

用低廉的虚拟系统代替实物。

发明原理 28——机械系统替代

(1) 用光学系统、声学系统、电磁学系统或影响人类感觉的系统，代替机械系统。

例：声控灯，由声控开关系统替代机械开关，省时省电。

视频会议节省费用。

使组织形式由非生态式向生态式转化，增强自我适应能力。

(2) 使用与物体相互作用的电场、磁场、电磁场。

例：电磁场替代机械振动混合粉末，使粉末混合得更加均匀。

儿童磁铁手写板。

移动互联网。

(3) 用可变场代替恒定场，运动场代替静止场，结构化场代替非结构化场。

例：变频空调。

(4) 使用场和被场激活的颗粒。

例：通过交变的磁场加热含有铁磁材料的物质，当温度超过居里点后，材料变成顺磁性的，并且不再吸热，如磁悬浮列车（见图 3-31）。

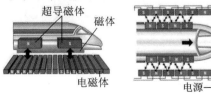
图 3-31 磁悬浮列车原理

思维导图——应用于记忆、学习、思考等的思维"地图",有利于人脑的扩散思维的展开。

发明原理29——气压或液压结构

将物体的固定部分用气体或流体替代。

例：气垫运动鞋(见图3-32),减少运动对足底的冲击。

将车辆减速时的能量储存在液压系统中,在加速时使用这些能量。

液压传动挖掘机。

组织弹性的(流动的)组织架构而非固定的阶层式架构。

使组织趋于灵活且富有弹性,在决策和处理问题时有可调余地。

图3-32　气垫运动鞋

发明原理30——柔性壳体或薄膜

(1)使用柔性壳体或薄膜替代传统的三维结构。

例：用在手机、电脑等智能产品的触摸屏、薄膜开关(轻触、防水)(见图3-33)。

图3-33　水立方

薄膜太阳能电池。

(2)使用柔性壳体或薄膜,将物体与环境隔离。

例：蔬菜大棚。

在蓄水池表面浮一层双极材料(上表面为亲水性,下表面为疏水性)的薄膜,减少水的蒸发。

以人为本,市场为导向,将软性要素整合为一体。

在技术合作中区分技术秘诀和一般知识。

发明原理31——多孔材料

(1)使物体变为多孔或加入多孔物体。

例:泡沫金属(失重条件下,在液态的金属中通过气体,气泡将不"上浮",也不"下沉",均匀地分布在液态金属中,凝固后就成为轻得像软木塞似的泡沫钢),用它做机翼,又轻又结实(见图3-34)。

图3-34 泡沫陶瓷过滤片

纤维、蜂窝煤。

(2) 若物体是多孔结构,在多孔结构中填入有用的物质。

例:用多孔的金属网吸走接缝处多余的焊料。

以植物纤维为原料制成的吸声板用以解决建筑物的隔声问题,从而消除噪音。

增强与外单位及用户的联系。

吸收有用信息,优化资源配置。

发明原理32——改变颜色

(1) 改变物体或环境的颜色。

例:灯会、焰火。

酒店或餐厅用绿色或其他自然色装饰,给人一种回归自然的感觉。

(2) 改变物体或环境的透明度或可视性。

例:感光玻璃,随光线改变其透明度。

透明绷带不必取掉便可观察伤情。

增加管理透明度,实施监控管理。

(3) 在难以观察的物体中使用着色剂或发光物质。

例:紫外光笔辨别伪钞,pH试纸。

在半导体的处理过程中,采用照相平版印刷术将透明材料改成实心遮光板。同样地,在丝绢网印花处理中,将遮盖材料从透明改成不透明。

表彰先进,激励他人。

【例3-14】 六顶思考帽

使用六种不同颜色的帽子代表六种不同的思维模式(见图3-35)。白色思考帽关注事实和数据。黄色思考帽从正面考虑问题,表达乐观的、满怀希望的、建设性的观点。黑色思考帽可以运用否定、怀疑、质疑的看法,合乎逻辑地进行批判,尽情发表负面的意见,找出逻辑上的错误。红色思考帽可以表达直觉、感受、预感等方面的看法。绿色思考帽具有创造性思考、头脑风暴、求异思维等功能。蓝色思考帽负责控制各种思考帽的使用顺序,它规划和管理整个思考过程,并负责做出结论。

图 3-35 六顶思考帽

发明原理 33——同质性

相互作用的物体采用同一材料或特性相近的材料。

例:用金刚石切割钻石。

利用品牌策略及品牌延伸,实施管理的扩大化。

波音公司的共同工作小组——导入顾客和供货商参与设计。

发明原理 34——抛弃或再生

(1) 采用溶解、蒸发等手段摒弃已完成功能的多余部分,或在工作过程中直接改变它们。

例:可溶性的药物胶囊。

火箭点火起飞后,某些部件上的泡沫保护结构完成其作用后在太空中蒸发。

项目结题,人员归队,等待下一次任务。

(2) 在工作过程中直接补充物体被消耗的部分。

例:自动铅笔。

抛弃和修改无用的或低效率的组织,修复被损伤的组织。

发明原理 35——改变物理或化学参数

(1) 改变物体的物理状态。

例:将氧气、氮气或石油气从气态转换成液态,以减小体积。

管理人员、结构等随外界和内部的变化而变化,以适应发展。

网上购物。

(2) 改变物体的浓度或密度。

例:液态洗手液替代固体肥皂,前者比后者浓度高,可以定量控制使用,减少浪费。

(3) 改变物体的柔性。

例:硫化橡胶改变了橡胶的柔性和耐用性。

增加产品各模块的兼容性,以适应不同市场。

(4) 改变物体的温度或体积等参数。

例:温度升高到居里点以上,将铁磁体改变成顺磁体。

烹饪食品(利用升温改变食品的色、香、味)。

激起员工对公司未来的信心,让员工充分介入战略计划或获得优先认股权等。

【例 3-15】 柔性制造系统(flexible manufacturing system, FMS)

随着人们对产品的功能与质量的要求的提高,产品更新换代的周期越来越短,产品的复杂程度也随之提高,传统的大批量生产方式受到了挑战。因为在大批量生产方式中,柔性和生产率是相互矛盾的。只有品种单一、批量大、设备专用、工艺稳定、效率高,才能形成规模经济效益;反之,多品种、小批量生产,设备的专用性低,在加工形式相似的情况下,频繁地调整工夹具,工艺稳定难度增大,生产效率势必受到影响。为了同时提高制造工业的柔性和生产效率,使之在保证产品质量的前提下,缩短产品生产周期,降低产品成本,最终使中小批量生产能与大批量生产抗衡,柔性自动化系统便应运而生。

自从 1954 年美国麻省理工学院第一台数字控制铣床诞生后,20 世纪 70 年代初柔性自动化进入了生产实用阶段。几十年来,从单台数控机床的应用逐渐发展到加工中心、柔性制造单元、柔性制造系统和计算机集成制造系统,使柔性自动化得到了迅速发展。

发明原理 36——相变

利用物质相变时产生的某种效应,如体积改变、吸热或放热。图 3-36 为热管散热器。

图 3-36 热管散热器

例:水凝固成冰时体积膨胀,可利用这一特性进行无声爆破。在两千多年前,汉尼拔·巴卡在进军罗马时,巨大的石头挡住了前进通道,他在晚上将水泼在石头上,整夜的寒冷使水冰冻,并且膨胀,石头分裂成很多小块,就容易搬走了。

电源的保险丝,当电路短路时产生高温,保险丝熔化实现自动断电,防止发生危险。

决策者利用系统由一个阶段向另一阶段过渡期的特点,调整战略。

了解项目不同阶段的需求——项目产生、发展、成熟及衰退。

发明原理 37——热膨胀

(1) 使用热膨胀或冷却收缩特性。

例:温度计利用热胀冷缩的原理测量温度。

装配钢双环时,可使内环冷却收缩,外环升温膨胀,再将两环装配,待恢复常温后,内外环紧紧装配在一起了。

利用经济或产品的热度扩大市场份额。

应用激励管理,激发热情。

(2) 组合使用不同热膨胀系数的材料。

例:热敏开关(两条黏在一起的金属片,由于两片金属的热膨胀系数不同,对温度的敏感程度也不一样,温度改变时会发生弯曲,从而实现开关的功能)。

发明原理 38——强氧化作用

(1) 用富氧空气替代普通空气。

例:为持久在水下呼吸,水下呼吸器中储存浓缩空气。水下呼吸器中通过使用氮氧混合气体来延长潜水时间。

为组织注入新鲜血液。

(2) 用纯氧替代空气。

例:用高压纯氧杀灭伤口细菌。

为创意团队提供休闲和愉悦的宽松环境。

(3) 将空气或氧气用电离放射线处理,产生离子化氧气。

例:在化学实验中使用离子化气体加速化学反应。

空气过滤器通过电离空气来捕获污染物(见图 3-37)。

(4) 用臭氧替代离子化氧气。

例:臭氧溶于水中去除船体上的有机污染物。

某些个体在任何组织之内都是变革的催化剂,敢于创新,不断播撒变革的种子。

图 3-37 负离子空气净化器

发明原理 39——惰性环境

(1) 用惰性环境替代通常的环境。

例:在硅材料的生产过程中,氩作为保护气体和载流气体。

用氩气等惰性气体填充灯泡,做成霓虹灯。

促使无序向有序转化,为对立双方引入第三方。

闹中取静。

(2) 在物体中添加惰性或中性添加剂。

例：添加泡沫吸收声振动，如高保真音响。

(3) 使用真空环境。

例：真空包装食品，延长储存期。

创造一种免于干扰的环境，以便团队成员能够畅所欲言。

发明原理 40——复合材料

用复合材料替代均质材料。

例：复合的环氧树脂/碳素纤维制成的高尔夫球杆更轻，强度更高，且比金属更具有柔韧性。

玻璃纤维制成的冲浪板，比木质板更轻，便于控制运动方向，也易于制成各种形状。

产品开发团队与不同的文化和地域结合，满足不同的国际市场需求。

用不同的创新思维来激发创意，如头脑风暴法、组合法等。

为了方便发明人有针对性地利用 40 个发明原理，德国 TRIZ 专家统计出 40 个发明原理的适用场合（见表 3-5）。

表 3-5　40 个发明原理的适用场合

适用场合	发明原理
使用频率最高	01.分割,02.抽取(分离),10.预先作用,13.反向作用,15.动态特性,18.机械振动,19.周期性作用,28.机械系统替代,32.改变颜色,35.改变物理或化学参数
应用于设计场合	01.分割,02.抽取(分离),03.局部质量,04.增加不对称性,05.组合,07.嵌套,08.重量补偿,13.反向作用,15.动态特性,17.多维化,24.借助中介物,26.复制,31.多孔材料
有利于大幅降低成本	01.分割,02.抽取(分离),03.局部质量,05.组合,10.预先作用,16.不足或过度作用,20.持续有效作用,25.自服务,26.复制,27.廉价替代品
提高系统效率	10.预先作用,14.曲面化,15.动态特性,17.多维化,18.机械振动,19.周期性作用,20.有效持续作用,28.机械系统替代,29.气压或液压结构,35.改变物理或化学参数,36.相变,37.热膨胀,40.复合材料
消除有害作用	02.抽取(分离),09.预先反作用,11.事先防范,21.快速作用,22.变害为利,32.改变颜色,33.同质性,34.抛弃或再生,38.强氧化作用,39.惰性环境
易于操作和控制	12.等势,13.反向作用,16.不足或过度作用,23.反馈,24.借助中介物,25.自服务,26.复制,27.廉价替代品
提高系统协调性	01.分割,03.局部质量,04.增加不对称性,05.组合,06.多用性,07.嵌套,08.重量补偿,30.柔性壳体或薄膜,31.多孔材料

学习并熟练掌握 40 个发明原理，对于解决科研、生产和生活中的各种问题，有着重要

的启示作用和巨大的促进作用。而发明原理要发挥最大效用,必须与通用工程参数组成的矛盾矩阵结合起来。

思考题

1. 请说明下列方法使用了什么发明原理。
（1）自动售货机（如销售报纸、饮料）。
（2）虚拟现实技术。
（3）冲浪滑板。
（4）收音机可伸缩的天线。
（5）因材施教。
（6）为防止迟到将闹钟调快几分钟。

2. 以某一日常生活用品为对象,用至少3种发明原理给出它可能的创新点,并给出详细的方案说明。

第四节　发明问题的矛盾及解决方法

传统解决技术矛盾的办法,多为"优化"和"折中",但是如果基本矛盾没有解决,能够对参数进行"优化"的程度是有限的。因为矛盾双方彼此相关,优化了一个参数,可能会恶化另一个参数,因此造成了无奈的"折中",而"折中"的结果往往是矛盾的双方都没有得到百分之百的满足。一般情况下,获得的是一种折中结果,并非是最优的解决方法。

例如,慢工出细活。想让任务做得细致,干活速度就得慢。改善的参数:产品的质量（加工精度）。恶化的参数:时间损失。反之,干活速度快,任务完成的就不细致。改善的参数:时间损失。恶化的参数:产品的质量（加工精度）。通常采用折中的办法,速度不快不慢,精度不高不低,回避、掩盖基本矛盾,未真正解决矛盾。

利用TRIZ理论,一般能够得到较为彻底的解决方案,让矛盾的双方实现"双赢"。

一、矛盾分析及解决思路

矛盾普遍存在于各种产品或技术系统中。阿奇舒勒认为,一个矛盾的出现是区别普通问题与发明问题的主要特征。在同一个系统中,存在互斥的要求或目标,且没有一个已知的途径来满足时,即出现了矛盾。技术系统进化过程就是不断解决系统存在的矛盾的过程。TRIZ理论将矛盾分为技术矛盾和物理矛盾。

当一个技术系统出现问题时,其表现形式是多种多样的。因此,解决问题的手段也是多种多样的,关键是要区分技术系统的问题属性和产生问题的根源。首先,要对一个实际问题进行分析,包括功能分析、理想解、可用资源及矛盾的确定。然后,将这个问题转化为一个问题模型,根据问题所表现出来的"参数属性""结构属性""资源属性",TRIZ的问题模型共有四种形式:技术矛盾、物理矛盾、物-场问题、知识使能问题(见表3-6)。

针对不同的问题模型,TRIZ应用不同的解决工具得到解决方案模型。如果存在技术矛盾或物理矛盾,选择发明原理或分离原理来解决。最后,将这些解决方案模型应用到具体的问题之中(见图3-38)。

表 3-6 TRIZ 理论的主要工具体系

问题属性	问题根源	问题模型	解决工具	解决模型
参数属性	技术系统中两个参数之间存在着相互制约	技术矛盾	矛盾矩阵	发明原理
参数属性	一个参数无法满足系统内相互排斥的需求	物理矛盾	分离原理	发明原理
结构属性	实现技术系统功能的某结构要素出现问题	物-场问题	标准解系统	标准解
资源属性	寻找实现技术系统功能的方法与科学原理	知识使能问题	知识库与效应库	方法与效应

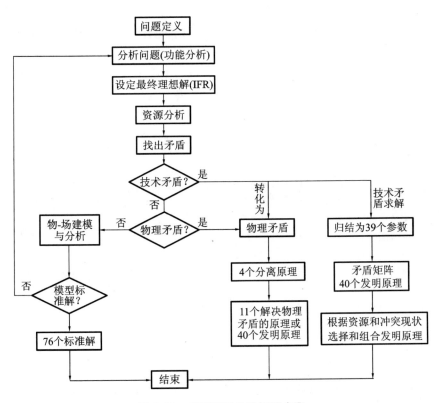

图 3-38 TRIZ 理论的解题步骤

二、技术矛盾与矛盾矩阵

(一)技术矛盾

为了改善技术系统的某个参数,导致该技术系统的另一个参数发生恶化。即在一个子系统中引入一种有用功能后,会导致另一子系统产生一种有害功能,或加强已存在的一种有害功能,一种有害功能会导致另一子系统有用功能的削弱。有用功能的加强或有害功能的削弱使另一子系统或系统变得复杂。当技术系统中两个参数之间存在着相互制约、此消彼长的情况时,就产生了技术矛盾。

例如，提高了汽车的速度，导致了汽车的安全性降低。又如亮度与节能、动力与耗油量、质量与成本。

技术矛盾是在一个系统中两个参数之间的矛盾。产生技术矛盾的这两个参数之间是矛盾对立统一的双方，相互制约，相互依存，具有紧密的相关性。在技术系统中，技术矛盾无处不在，无时不有。

我们将实际问题转化为技术矛盾之后，利用矛盾矩阵，可以得到推荐的发明原理。以这些发明原理作为启发，就容易找到针对实际问题的一些可行方案。解决技术矛盾通常要使用上一节介绍的40个发明原理。

(二)39个通用工程参数

阿奇舒勒分析了大量专利后，为了更好地解决实际问题总结出39个通用工程参数，专门用于描述技术系统所发生的问题的参数属性，有助于实现具体问题的一般性表达(见表3-7)。

阿奇舒勒发现，利用39个通用工程参数就可以描述工程中出现的绝大部分技术内容。因此在应用矛盾矩阵来解决实际问题的时候，先将组成技术矛盾的两个参数，分别用该39个通用工程参数中的两个来表示。这样做的目的是将实际工程设计中存在的矛盾，转化为标准的技术矛盾，即用39个通用工程参数表示的技术矛盾。对这39个参数进行配对组合，产生了1263对典型的技术矛盾。

表3-7 通用工程参数及其解释

编号	工程参数	含义	举例
1	运动物体的重量	重力场中运动物体，常表示为物体的质量	行驶中的动车重量、蝶泳比赛中运动员的重量
2	静止物体的重量	重力场中静止物体，常表示为物体的质量	维修中的汽车重量、智能手机的重量
3	运动物体的长度	运动物体的任意线性尺寸	活蛇的长度、飞行中的客机长度
4	静止物体的长度	静止物体的任意线性尺寸	轮胎周长、车身宽度、楼房高度、芯片纳米制造工艺
5	运动物体的面积	运动物体内部或外部所具有的表面或部分表面的面积	风力发电机叶片面积、客车最大迎风面积
6	静止物体的面积	静止物体内部或外部所具有的表面或部分表面的面积	太阳能电池板面积、航空发动机整流罩面积
7	运动物体的体积	运动物体所占有的空间体积	轨道空间站、射击运动飞行的靶标
8	静止物体的体积	静止物体所占有的空间体积	篮球的体积、保温杯的容积
9	速度	物体的位移或者过程与时间之比	"复兴号"的最高时速、专业自行车运动员的时速
10	力	改变物体状态的任何作用	弹簧的弹力、轮胎与地面的摩擦力
11	应力或压力	单位面积上的作用力，也包括张力	液体作用于容器壁上的力、书作用于桌面的压力

续表

编号	工程参数	含义	举例
12	形状	物体的轮廓或外观	手机的外形、杯的形状
13	稳定性	物体的组成和性质不随时间而变化的性质	磨损、拆卸都会降低飞机结构的稳定性
14	强度	物体抵抗外力破坏的能力	台风的强度、广告的力度、桥梁抗风的强度
15	运动物体作用时间	运动物体具备其性能或者完成规定动作的时间、服务时间以及耐久力	汽车低速行驶,增加了抵达目的地的时间
16	静止物体作用时间	静止物体具备其性能或者完成规定动作的时间、服务时间以及耐久力	在有坡度的公路上,车辆保持静止状态消耗的时间
17	温度	物体或系统所处的热状态,代表宏观系统热动力平衡的状态特征。还包括其他热学参数,如影响改变温度变化速度的热容量	人的体温、河水的温度、航空涡扇发动机涡轮前温度
18	光照度	照射到某一表面上的光通量与该表面面积的比值	教室的照明
19	运动物体的能耗	运动物体执行给定功能所需的能量	无人机巡航燃烧航空汽油,人造卫星运行使用太阳能
20	静止物体的能耗	静止物体执行给定功能所需的能量	水电站因为落差在重力作用下而拥有势能
21	功率	单位时间内完成的工作量或消耗的能量	人骑自行车的功率,航空发动机产生的功率
22	能量损失	做无用功消耗的能量	电器短路发烫,音响音量调高,完成有用功能消耗的能量增加
23	物质损失	部分或全部、永久或临时的材料、部件或子系统等物质的损失	刹车片的磨损、膝盖关节的损伤、水的蒸发
24	信息损失	部分或全部、永久或临时的数据损失	商业秘密泄露造成权利人经济损失,脸书泄露用户信息
25	时间损失	一项活动所延续的时间间隔	汽车行驶途中不断维修,交通堵塞影响出行
26	物质的量	材料、部件及子系统等的数量,它们可以被部分或全部、临时或永久改变	螺旋形笔芯,不需要改变签字笔本身的长度,就能提供多两倍的储墨量

续表

编号	工程参数	含义	举例
27	可靠性	系统在规定的方法及状态下完成规定功能的能力	民用飞机无故障运行时间,集成电路某些电性能参数出现如温漂、时漂等失效,降低了可靠性
28	测量精度	系统特征的实测值与实际值之间的偏差程度	减少误差将提高测量精度
29	制造精度	物体的实际性能与所需性能之间的偏差程度	超规模集成电路对应的精度极高的加工技术
30	作用于物体的有害因素	外部环境或系统的其他部分对物体的有害作用,使物体的功能退化	飞鸟被吸入航空发动机造成危害,雾霾引起人体呼吸道、心血管疾病
31	物体产生的有害因素	技术系统本身的有害因素将降低物体或系统的效率,或影响完成功能的质量	汽车使用时产生有害废气,高楼影响周边建筑采光效果
32	可制造性	物体或系统制造过程中简单、方便的程度	薄板玻璃加工过程中受力易碎,应改善可制造性
33	可操作性	要完成的操作应需要较少的操作者、较少的步骤以及使用尽可能简单的工具。一个操作的产出要尽可能多	装修布线,预留电口水口网口,产品设计预留检测接口,规划预留发展"接口"
34	可维修性	系统出现失误后,维修时间短、方便和简单	赛车维修要求换轮胎时间短、拆卸方便
35	适应性及通用性	物体或系统响应外部变化的能力,或适应外部变化的能力	通用性的产品设计缺乏个性和特色
36	系统的复杂性	系统中元件数目及多样性,如果用户也是系统中的元素,将增加系统的复杂性。掌握系统的难易程度是其复杂性的一种度量	载人航天工程系统的复杂性
37	检测的复杂度	一个系统复杂、成本高、不容易测量,或部件与部件之间关系复杂,都增加系统的测试复杂性	模块化设计可降低产品检测的复杂度
38	自动化程度	系统或物体在无人操作的情况下完成任务的能力	无人驾驶汽车、自动化立体车库
39	生产率	单位时间内所完成的功能或操作数,或者完成一个功能或操作所需时间以及单位时间的输出,或单位输出的成本等	汽车生产线上,焊接机器人代替人工,提高了生产率

通用工程参数中经常用到运动物体与静止物体这两个术语。运动物体指受到自身或外力的作用后，可以改变所处空间位置的物体。静止物体指受到自身或外力的作用后，不改变所处空间位置的物体。在这里，物体可以被理解为一个系统。判断一个物体是运动物体还是静止物体，要根据该物体当时所处的状态来决定。

为了应用便于理解，39个通用工程参数可分为以下三类（见表3-8）。

（1）通用物理及几何参数：重量、尺寸、面积、体积、速度、力、应力或压强、形状、温度、照度、功率。

（2）通用技术正向参数：稳定性、强度、可靠性、测量精度、制造精度、可制造性、可操作性、可维修性、适应性及通用性、系统的复杂性、检测的复杂度、自动化程度、生产率。

正向参数是指当这些参数变大时，系统或子系统的性能将变好。如子系统的可制造性指标越高，子系统的制造成本就越低。

（3）通用技术负向参数：运动/静止物体的作用时间、运动/静止物体的能耗、能量损失、物质损失、信息损失、时间损失、物质的量、作用于问题的有害因素、物体产生的有害因素。

负向参数是指当这些参数变大时，系统或子系统的性能将变差。如子系统为完成特定的功能时，所消耗的能量越大，说明这个子系统的设计越不合理。

表3-8 通用工程参数分类

几何参数	长度、面积、体积、形状
物理参数	重量、速度、力、应力/压强、温度、光照度
系统参数	作用于物体的有害因素、物体产生的有害因素
功率参数	物体的能量消耗、功率
技术参数	作用时间、稳定性、可靠性、强度、适用性及通用性、可制造性/可操作性/可维护性、制造精度、系统的复杂性、自动化程度、生产率
与测量有关的参数	检测的复杂度、测量精度
损失参数	能量损失、物质损失、信息损失、时间损失

（三）矛盾矩阵

阿奇舒勒将39个通用工程参数与40个发明原理有机地联系起来，创建了矛盾矩阵（见图3-39），作为解决技术矛盾的工具。矛盾矩阵中，纵轴上的参数代表被改进的参数，横轴上的参数表示被恶化的参数。39×39构成矩阵的方格共1521个，在其中1263个方格中，即一个纵轴的参数与一个横轴上的参数的交叉点上的数字号即为最相关的发明原理编号。矛盾矩阵建议优先采用这些发明原理，以帮助人们解决技术矛盾。如果在某个单元格内的数字超过一个，则各个数字之间用逗号隔开。

创新的过程就是消除这些矛盾，让相互矛盾的两个通用工程参数不再相互制约，能同时改善，从而推动产品向提高理想度方向发展。

改善参数 \ 恶化参数	1 动体重量	2 静体重量	3 动体长度	4 静体长度	5 动体面积	6 静体面积	7 动体体积	8 静体体积	9 速度	10 力	11 压力应力	12 形状
1 移动物体的重量 Weight of moving object	+		15,8, 29,34		29,17, 38,34		29,2, 40,28		2,8, 15,38	8,10, 18,37	10,36, 37,40	10,14, 35,40
2 静止物体的重量 Weight of stationary object		+		10,1, 29,35		35,30, 13,2		5,35, 14,2		8,10, 19,35	13,29, 10,18	13,10, 29,14
3 移动物体的长度 Length of moving object	8,15, 29,34		+		15,17, 4		7,17, 4,35		13,4,8	17,10, 4	1,8,35	1,8, 10,29
4 静止物体的长度 Length of stationary object		35,28, 40,29		+		17,7, 10,40		35,8, 2,14		28,10	1,14, 35	13,14, 15,7
5 移动物体的面积 Area of moving object	2,17, 29,4		14,15, 18,4		+		7,14, 17,4		29,30, 4,34	19,30, 35,2	10,15, 36,28	5,34, 29,4
6 静止物体的面积 Area of stationary object		30,2, 14,18		26,7, 9,39		+				1,18, 35,36	10,15, 36,37	+
7 移动物体的体积 Volume of moving object	2,26, 29,40		1,7,4, 35		1,7,4, 17		+		29,4, 38,34	15,35, 36,37	6,35, 36,37	1,15, 29,4
8 静止物体的体积 Volume of stationary object		35,10, 19,14	19,14		35,8, 2,14			+	2,18, 37	24,35	7,2,35	
9 速度 Speed	2,28, 13,38		13,14, 8		29,30, 34		7,29, 34		+	13,28, 15,19	6,18, 38,40	35,15, 18,34
10 力 Force (Intensity)	8,1, 37,18	18,13, 1,28	17,19, 9,36	28,10	19,10, 15	1,18, 36,37	15,9, 12,37	2,36, 18,37	13,28, 15,12	+	18,21, 11	10,35, 40,34
11 压力或应力 Stress or pressure	10,36, 37,40	13,29, 10,18	35,10, 36	35,1, 16	10,15, 36,28	10,15, 36,37	6,35, 10	35,24	6,35, 36	36,35, 21	+	35,4, 15,10
12 形状 Shape	8,10, 29,40	15,10, 26,3	29,34, 5,4	13,14, 10,7	5,34, 4,10		14,4, 15,22	7,2,35	35,15, 34,18	35,10, 37,40	34,15, 10,14	+
13 物体稳定性 Stability of the object's	21,35, 2,39	26,39, 1,40	13,15, 1,28	37	2,11, 13	39	28,10, 19,39	34,28, 35,40	33,15, 28,18	10,35, 21,16	2,35, 40	22,1, 18,4
14 强度 Strength	1,8, 40,15	40,26, 27,1	1,15, 8,35	15,14, 28,26	3,34, 40,29	9,40, 28	10,15, 14,7	9,14, 17,15	8,13, 26,14	10,18, 3,14	10,3, 18,40	10,30, 35,40
15 移动物作用时间 Duration of action of moving	19,5, 34,31		2,19,9		3,17, 19		10,2, 19,30		3,35,5	19,2, 16	19,3, 27	14,26, 28,25

图 3-39　矛盾矩阵

（四）技术矛盾解题方法

在 TRIZ 解决问题的过程中，首先将需要解决的问题或设计的产品表达成为 TRIZ 标准问题；然后利用 TRIZ 工具，如矛盾矩阵，找出该问题的通解，如发明原理、标准解等；最后再将通解转化为具体的解决方案。技术矛盾的解决过程，实际上是"从具体到一般，再从一般到具体"的应用矛盾矩阵解决矛盾的两个过程（见图 3-40）。

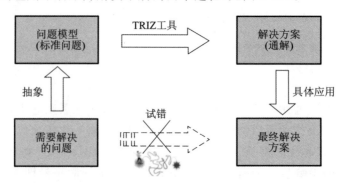

图 3-40　TRIZ 理论解决发明创造问题的一般方法

1. 第一个过程（从具体到一般）

用通俗语言描述需要解决的具体问题，找出可能存在的技术矛盾，最好能用动宾结构的词语来表示矛盾。将具体问题转化为利用 39 个通用工程参数描述的技术矛盾，即改善的一方与恶化的一方的表达——标准"问题模型"。

然后,针对这种类型的问题模型,进一步利用解题工具——矛盾矩阵,按照相矛盾的通用工程参数编号 i 和 j,在矛盾矩阵中找到相应的矩阵元素 M_{i-j},该矩阵元素值表示 40 个发明原理的序号,找到对应的发明原理。这就完成了从具体到一般的过程。

2. 第二个过程(从一般到具体)

根据已找到的发明原理,结合专业知识,转换成具体的实际问题的可行方案。一般情况下,解决某技术矛盾的发明原理不止一个,应该对每一个相应的原理做解决技术矛盾方案的尝试。

第二个过程是从一般到具体的过程。首先是将选定的发明原理与研究对象的矛盾内容发生联系,进行逻辑分析。这中间也需要非逻辑思维,如联想、想象、直觉、灵感等。这个过程有时会显得很困难,不能很快确立解决问题的方案。

如果没有取得较好的解决方案,就要考虑初始构思的技术矛盾是否真正表达了问题的本质,是否真正反映了针对问题创新改进的方向。应重新设定技术矛盾,并重复第一个过程工作。

(五)技术矛盾解题实例

【例 3-16】 高层建筑的技术矛盾分析

问题描述:很多城市为了在有限的地皮上充分利用空间,不得不大量建设高层楼房,但同时也会带来一系列问题。如高层楼房的抗震性下降,影响周边建筑的采光效果,等等。

问题分析:矛盾 1:楼房一旦建得很高,改善了静止物体的长度、面积、体积等,但会使高层楼房的抗震性能下降,即增加了楼层高度(改善参数)会造成抗震性能下降(恶化参数),所带来的技术矛盾是"4 静止物体的长度"与"27 可靠性"。

矛盾 2:楼层高面积大(改善参数),影响周边建筑的采光效果(恶化参数),所带来的技术矛盾是"6 静止物体的面积"与"31 物体产生的有害因素"。

矛盾 3:集中的楼房占地面积大(改善参数),会造成局部的交通堵塞,从而浪费出行的时间(恶化参数),所带来的技术矛盾是"6 静止物体的面积"与"25 时间损失"。

解决方案:找主要矛盾,即矛盾 1 高楼与可靠性的矛盾。查矛盾矩阵,$M_{4-27}=[15, 28, 29]$,得到发明原理依次是:

原理 15——动态特性;原理 28——机械系统替代;原理 29——气压或液压结构。

可选取发明原理"15 动态特性"。获得了发明原理,完成了从特殊到一般的过程。

根据振动理论,高楼晃动起来,要减小它的晃动幅度最好的办法就是增加阻尼。动态特性就是增加阻尼的一个很好的提示,以动制动。动态特性就是高层建筑有活动的物体惯性增加阻尼,以减小晃动的幅度。台北 101 大楼高度 448 米在 88~92 楼层挂置一个 680 吨的巨大钢球,利用摆动来减缓建筑物的晃动幅度。这样就完成了从一般到具体的应用。

【例 3-17】 飞机机翼的变革

问题描述:早期的飞机机翼都是平直的,会给飞机带来阻力,严重影响飞行速度。之后开发出梯形翼,大大增加了飞行速度。喷气式飞机的出现使飞行速度迅速提高,接近音速。机翼上出现"激波",使机翼表面的空气压力发生变化。但同时飞机阻力骤然剧增,比低速飞行时增大十几倍甚至几十倍,这就是"音障"。

为了突破"音障",德国人发现,将机翼做成像燕子翅膀一样向后掠的形式,可以延迟"激波"产生,缓和飞机接近音速时的不稳定现象。但是,向后掠的机翼比不向后掠的平直机翼,在同样的条件下产生的升力小,这对飞机的起飞、着陆和巡航都带来不利影响。能否设计一种适应各种飞行速度,具有快慢兼顾特点的机翼呢?这成为当时航空界面临的最大课题。

问题分析:使用技术矛盾来分析该问题。飞机要提高飞行速度,对应的通用工程参数"9 速度"为需要改善的参数;但飞行速度提高以后,飞行阻力会剧增,对应的通用工程参数"19 运动物体的能耗"为被恶化的参数。飞机的主要矛盾是速度提高与运动物体能耗增加之间的矛盾,查矛盾矩阵,$M_{9-19}=[8,15,35,38]$。综合考虑后,选择以下两个发明原理:

原理 15——动态特性;原理 35——改变物理或化学参数。

解决方案:改变飞机的飞行形态,即在不同的飞行状态下得到不同的气动外形,可以在很大程度上节约不必要的能耗。根据原理 35 改变物理或化学参数,结合原理 15 动态特性给出的启示,将飞机的机翼做成活动部件。起飞和降落过程中使用平直翼,在低速飞行中可得到较大的升力,从而缩短跑道的长度,借此节约了能量;而在高速飞行过程使用三角翼可以轻易地突破音障,减轻机翼的受力,提高飞机的高速飞行强度,也降低了能量的消耗。实际应用中,美国通用动力公司 1962 年设计的 F111 战斗轰炸机成为第一架应用变后掠翼设计思想的飞机(见图 3-41)。

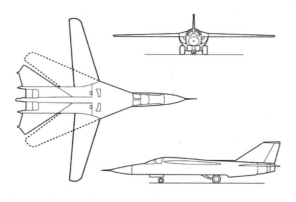

图 3-41 机翼的变革

矛盾矩阵表作为解决技术矛盾的工具,说明了在什么情况下使用哪些发明原理来解决具体问题,其结果是可以让矛盾的双方实现"双赢",同时提高解决技术矛盾的效率。

矛盾矩阵表的缺点是,在技术系统的"参数属性"不明显(找不到矛盾,但是有问题存在)的情况下,则不容易使用它。

【例 3-18】 薄玻璃的加工

问题描述:某企业需要大量生产各种形状的玻璃板。首先工人们将玻璃板切成长方形,然后根据客户要求,加工成一定的形状。然而在加工过程中,容易出现玻璃破碎现象,因为薄玻璃受力很容易断裂,而且玻璃的厚度是客户订单上要求的,不能更改。如何来解决这个难题呢?

问题分析：薄板玻璃在加工过程中受力的作用，由于薄板玻璃无法承受该力的作用而发生破碎，这是要改善的特性。对应的通用工程参数"32 可制造性"为改善的参数。

为了避免发生玻璃破碎的现象，工人们在加工过程中必须非常小心。因此，在薄板玻璃加工过程中，对薄板玻璃的加工操作，就要进行严格的控制，保证薄板受力不超过极限，这就是被恶化的特性。对应的通用工程参数"33 可操作性"为被恶化的参数。

薄板玻璃在加工过程中的主要矛盾是可制造性与可操作性之间的矛盾，查矛盾矩阵，$M_{32-33}=[2,5,13,16]$。得到发明原理依次是：

原理 2——抽取（分离）；原理 5——组合；原理 13——反向作用；原理 16——不足或过度作用。

解决方案：原理 5 组合是最有价值的发明原理。将多层薄板玻璃叠放在一起，从而形成一叠玻璃。而且事先在每层玻璃面上至少洒一层水或者涂一层油，以保证堆叠后的玻璃间可以形成相当强的黏附力。一叠玻璃的强度会远大于单层玻璃的强度，在加工中就可以承受较大的力的作用，从而改善了薄板玻璃的可制造性。当完成加工后，再分开每层玻璃，从而获得客户要求的产品。

【例 3-19】 TRIZ 在市场、营销和广告的应用

产品在市场中的高知名度是市场和营销管理的目标。高知名度需要持续的广告等活动，这需要大量的资金和人力等。

使用 TRIZ 的 39 个工程参数进行描述以转化为 TRIZ 的问题。

改进的参数：17 温度 （物体或系统所处的热状态）。恶化的参数：11 应力或压力（单位面积上的作用力）。

查矛盾矩阵，其推荐的创新原理解为原理 19——周期性作用，用周期性运动代替连续运动或改变其运动频率。

原理转化为具体解为：改变广告发布频次，以减小资金等压力。

三、物理矛盾与分离原理

（一）物理矛盾

在矛盾矩阵表中，相同序号的行和列的参数所构成的矛盾，不是技术矛盾，而是因不同需求所导致的对同一个参数的矛盾，被称为物理矛盾。

物理矛盾是指为了实现某种功能，一个子系统或元件应具有某种特性，但该特性出现的同时会产生与此相反的不利或有害的后果。

物理矛盾一般有两种表现：一是系统中有害性能降低的同时导致该系统中有用性能的降低，二是系统中有用性能增强的同时导致该系统中有害性能的增强。常见的物理矛盾，如表 3-9 所示。

物理矛盾是技术系统中一种常见的、更难以解决的矛盾。通常，物理矛盾会让人们感到左右为难，无所适从。

例如，道路应该有十字路口，以便车辆驶向目的地；道路又应该没有十字路口，以避免车辆相撞。

又如，自行车在使用的时候体积要足够大，以方便骑乘；在停放或携带其乘坐其他公

共交通工具的时候体积要小,以便不占用空间。

表 3-9 常见的物理矛盾

分　类	矛盾内容
几何	长与短、对称与非对称、平行与交叉、厚与薄、圆与非圆、锋利与钝、宽与窄、水平与垂直
材料及能量	多与少、密度大与小、导热率高与低、温度高与低、时间长与短、黏度高与低、功率大与小、摩擦系数大与小
功能	喷射与堵塞、推与拉、冷与热、快与慢、运动与静止、强与弱、软与硬、成本高与低

(二)分离原理

解决物理矛盾需要人们摒弃思维定式,去探索解决问题的有效方法。有必要对矛盾的需求所涉及的参数(空间、时间、形式、内容、结构和性质)进行分析,然后找到一个适当的方式,改变所选的参数,让矛盾从对立走向统一,从而使该矛盾得以解决。

例如,为了解决用电高峰期电能紧缺的矛盾,采用时间分离,用电低峰时降低电价,鼓励人们低峰时间用电。

【例 3-20】 神话故事:土地爷的哲学

有一次土地爷外出,临行前嘱咐他的儿子替他在土地庙"当值",并且一定要将前来祈祷者的话记下来。他走后,前前后后来了四个祈祷者——

一位船夫祈祷赶快刮风,以便乘风远航;

一位果农祈祷别刮风,避免把快成熟的果子给刮下来;

一个种地的农民祈祷赶紧下雨,以免耽误播种的季节;

一位商人祈祷千万别下雨,以便趁着好天气带着大量的货物赶路。

这下可难住了土地爷的儿子,他不知该怎么办才能满足这些人彼此不同的要求,只好把所有祈祷者的话都原封不动地记了下来。

很快,土地爷回来了,看了儿子的记录,哈哈一笑说,别愁眉苦脸了,照我的办法做就是了,肯定能满足他们各自的要求。土地爷提笔批了四句话:

刮风莫到果树园,刮风河边好行船;白天天晴好走路,夜晚下雨润良田。

如此一来,四个不同祈祷者都如愿以偿、皆大欢喜。

其实,土地爷的前两句话说的是风的"空间分离",后两句话说的是雨的"时间分离"。

物理矛盾指在技术系统中的某一个参数无法满足系统内相互排斥的、不同的需求,解决物理矛盾的工具是分离原理。使用分离原理有四种具体的分离方法:空间分离、时间分离、条件分离和整体与部分分离。在分离方法确认以后,可以使用符合这个分离方法的发明原理来得到具体问题的解决方案。

例如,沈阳飞机设计研究院一位设计人员通过查询 TRIZ 的矛盾矩阵和巧妙应用 TRIZ 中解决物理矛盾的时间分离原理和基于条件的分离原理,较好地解决了驾驶舱仪表既要"体积增大"又要"体积减小"的尖锐矛盾,对仪表板进行了设计改进,解决了使之既不能影响飞行员的视线,又要有足够大的空间安装仪表的问题。

1. 空间分离原理

将矛盾双方分离在不同的空间,以降低解决问题的难度。当系统矛盾双方在某一空间只出现一方时,空间分离是可能的。

例如,测量海底时,将声呐探测器与船体空间分离,用以防止干扰,提高测试精度。

又如,在快车道上方建立人行天桥,车流和人流各行其道,实现空间的分离。

【例 3-21】 自行车飞轮的演化

自行车为了骑行快,需要一个直径大的车轮,为了乘坐舒适,需要一个小的车轮,车轮既要大又要小形成了物理矛盾。骑车人既要快蹬脚踏,以提高速度,又要慢蹬以感觉舒适。自行车采用链轮与链条传动,是一个采用空间分离原理的典型例子。

在链轮与链条发明之前,自行车的脚踏是与前轮连接成一体的。这种早期的自行车存在的物理矛盾是:骑车人既要快蹬脚踏,通过提高车轮转速来提高自行车的速度,又希望慢蹬以感觉舒适。链条、链轮及飞轮的发明,成功地解决了这个物理矛盾。在空间上,将链轮与脚蹬子和飞轮与车轮两部分分离,再用链条连接链轮和飞轮。因为,链轮的直径大于飞轮的直径,即使链轮以较慢的速度旋转,仍将导致飞轮以较快的速度旋转。因此,骑车人可以较慢的速度蹬踏脚蹬子,自行车后轮仍将以较快的速度旋转。

2. 时间分离原理

将矛盾双方分离在不同的时间,以降低解决问题的难度。当系统矛盾双方在某一时间只出现一方时,时间分离是可能的。

例如,自行车在行驶时需要具有一定的空间,能承载骑车人,而在不行驶时,需要停放在某处,这时,它不被使用,占用空间过大,导致空间浪费。但两者在时间上是分开的,一个为行驶,一个为停放,满足时间分离原理(见图 3-42),故可减小自行车停放时占用空间,将自行车折叠,放出可用空间(见图 3-43)。

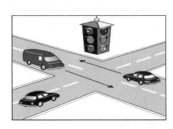

图 3-42 交叉路口时间分离　　　　图 3-43 自行车使用与存放

又如,航空母舰的舰载飞机在不工作时,每架飞机占用空间大,在航空母舰上有限的停放位置里,只能停放较少的飞机,所以飞机占用空间要小;而舰载飞机必须有足够大的机翼才能飞行,应该具有足够大的空间,这与上述要求矛盾。但两者在时间上是分开的,不飞行时,飞机占用小空间;飞行时,飞机又要有大空间。因此,可以改变机翼形状,采用折叠式,飞机停放时使机翼竖起,减少占用空间。

3. 条件分离原理

将矛盾双方在不同的条件下分离,以解决问题或降低解决问题的难度。当系统矛盾双方在某一条件下只出现一方时,条件分离是可能的。

例如,水射流既是硬物质,又是软物质,取决于水射流的速度。将水射流条件分离,给予不同的射流速度和压力，即可获得"软"的或"硬"的不同用途的射流，可以用来淋浴，也可以用来切割金属。

又如，电力可以随身携带，又不像电池会造成环境负担，这是台湾工研院研发的"发电药丸"。它将发电原料"氢"制成固态，放进水里，就可以充电。当不需要用"电"时，药丸可以揣在兜里，方便携带。一颗"电力丸"可以发出3瓦的电，相当于充满手机的电量，手提电脑也能轻松充电。

4. 整体与部分分离原理

将矛盾双方在不同的层次分离，以解决问题或降低解决问题的难度。当系统矛盾双方在系统层次只出现一方时，即子系统、系统或超系统在不同层次出现时，整体与部分分离是可能的。

例如，自行车链条应该是柔软的，以便准确地环绕在传动链轮上。它又该是刚性的，以便在链轮之间传递相当大的作用力。因此，系统的各个部分（链条上的每一个链接）是刚性的，但是系统在整体上（链条）是柔性的。

又如，人们希望手机在携带时可以小一点，这样可以方便一些；又希望在使用时可以大一些，用起来舒适。这样，翻盖手机既满足了方便携带，又满足了使用舒适。

将十字路口设计成两个丁字路口，延缓一个方向的行车速度，加大与另外一个方向的避让距离。

（三）物理矛盾解题实例

【例3-22】 喷墨打印机墨盒外挂

问题描述：传统的喷墨打印机（见图3-44）盒装墨水有限，墨水用完了就要换。墨盒很贵，希望墨盒大，多装墨水。但打印机内空间有限，墨盒又不可能很大。

解决方案：将喷墨打印机和墨盒在不同的空间分离，以降低解决问题的难度。当系统矛盾双方不同时出现，空间分离是可能的，即将墨盒从打印机分离出来——墨盒外挂（见图3-45）。

图3-44 喷墨打印机

图3-45 外挂墨盒的喷墨打印机

【例3-23】 公交问题解决方案

问题描述：公共交通问题是不少城市都存在的顽症。主要表现在：一是单路车因路线长而总是不按时到达，乘客等待时间长；二是多路车在一条线上拥堵占道；三是单路车为保证时间间隔短大量配车，除上下班高峰时段外，其他时段只有少数人乘坐；四是每个车站的候车人多,秩序乱,车一来,可以坐这路也可坐那路,跑来跑去;五是站牌太多,字太小,看起来很困难。

解决方案如下。

(1) 空间分离:设置专用公交线,就像路上的无轨"铁路"。

(2) 时间分离:高峰时段每3分钟发一次车,低谷时段每10分钟发一次车。

(3) 整体与部分分离:部分单位可在上下班时租用专线公交车作班车,以减轻交通压力。

(4) 条件分离:设立公交车停车港湾,减少公交车停车时造成的道路拥堵。

物理矛盾和技术矛盾是可以彼此转换的。通常来说,许多技术矛盾,经过分解和细化,最终都转化成为物理矛盾。

专家们对分离原理和40个发明原理进行研究的结果表明,二者之间存在着一定的对应关系,如表3-10所示。

表3-10　4个分离原理与40个发明原理的对应

分离条件	空间分离	时间分离	条件分离	整体与部分分离
发明原理	01.分割 02.抽取(分离) 03.局部质量 04.增加不对称性 07.嵌套 13.反向作用 17.多维化 24.借助中介物 26.复制 30.柔性壳体或薄膜	09.预先反作用 10.预先作用 11.事先防范 15.动态特性 16.不足或过度作用 18.机械振动 19.周期性动作 20.有效持续作用 21.快速作用 29.气压或液压结构 34.抛弃或再生 37.热膨胀	01.分割 05.组合 06.多用性 07.嵌套 08.重量补偿 13.反向作用 14.曲面化 22.变害为利 23.反馈 25.自服务 27.廉价替代品 33.同质性 35.改变物理或化学参数	12.等势 28.机械系统替代 31.多孔材料 32.改变颜色 35.改变物理或化学参数 36.相变 38.强氧化作用 39.惰性环境 40.复合材料

思考题

1.什么是技术矛盾?什么是物理矛盾?物理矛盾与技术矛盾有哪些特点?

2.简述矛盾矩阵的作用与使用方法。试找出解决"速度与强度"之间技术矛盾的发明原理。

3.简述技术矛盾的解题步骤。

4.分离原理与40个发明原理之间有何关系?

5.你在生活中碰到过难以解决的问题吗?如果有,请选择其中的一个实际问题,分析该问题是技术矛盾还是物理矛盾,并通过矛盾矩阵或分离原理解决,给出解决方案。

第五节 物-场模型

不同学科在解决问题时,首先需要建立一个问题模型,用以分析问题,揭示问题的本质,发现潜在的问题。TRIZ 理论中的物-场分析方法是一个针对问题建模分析的工具。

解决技术矛盾需要通过矛盾矩阵来找到相符的发明原理,再根据原理进行发明创造。然而只有迅速地确定技术矛盾类型,才能在矩阵中找到相对应的发明原理,这需要经验和判断力。但是在许多未知领域却无法确定技术矛盾,因此引入了物-场模型。

阿奇舒勒对大量的技术系统进行分析发现,一个技术系统如果要发挥其有用的功能,必须至少构成一种最小的系统模型,即标准模型。这个最小的系统模型,应当具备三个必要的元素:两个物质和一个场。只有三个基本元素以合适的方式组合,才能实现一种功能。

物-场分析模型是 TRIZ 理论中的一种重要的问题描述和分析工具,用以建立与已存在的系统或新技术系统问题相联系的功能模型。

一、物-场模型概述

产品是功能的一种实现,是功能的载体。可以说,顾客购买的不是产品,而是产品的功能。功能定义为两个物质(元素)与作用于它们中的场(能量)之间的交互作用,也即物质 S_2 通过能量 F 作用于物质 S_1 并改变 S_1,产生输出(功能)。

物-场分析方法建立在现有产品功能基础上,通过分析产品的功能,目的是揭示技术系统的功能机制,描述技术系统中不同元素之间发生的不足的、有害的、过度的和不需要的相互作用。

在解决问题的过程中,可以根据物-场模型,查找对应问题的标准解法和一般解法。功能有三条定律:

(1) 所有的功能都可以最终分解为三个基本元素(物质 S_1,物质 S_2,场 F)。
(2) 一个存在的功能必定由三个基本元素构成。
(3) 将三个相互作用的基本元素有机组合将形成一个功能。

在功能的三个基本元素中,S_1、S_2 是具体的,即"物"(一般用 S_1 表示被动作用体或原料,用 S_2 表示主动作用体或工具),有时还会用 S_3 表示被引入的物质。物质可以包括任何东西,是一种需要改变、加工、位移、发现、控制、实现等的"目标",它不仅包括各种材料,还包括技术系统(或其组成部分)、外部环境甚至活的有机体。物-场分析为了简化解决问题的进程,需要人们抛开(暂时忘掉)物体所有多余的特性,只区分出那些引起冲突的特性。

(一)物

物(S)是指各种复杂级别的物质的通用称谓,有可能是单一的元件(如螺栓、铅笔、风筝、杯子),也可能指复杂的系统(汽车、航空器、地球乃至宇宙),还可以是物的状态。

例如,典型的物理状态(如真空态、等离子态、气态、液态、固态)。大量的中间态和混合态(如烟雾、泡沫、粉末、凝胶、气溶胶、沸石)。这些状态的物有各自的特性,如热学、电学、磁学、光学以及其他特性(热绝缘、半导体、铁磁性、发光体,等等)。

物是一种与任何结构、功能、形状、材质等复杂性无关的物体,包括材料(基料、辅料……)、工具(流水线、设备、部件、组件、零件……)、人、环境(物-场模型所在的周围环境)。

(二)场

场(F)是指完成某个过程的作用或形式,如表 3-11 所示。

例如,机械场——汽车在公路行驶轮胎与路面摩擦;声场——医生听诊器、B超;热场——温度计变化;化学场——分解、化合;电场——电子仪器的工作;磁场——指南针。

表 3-11 主要场及应用举例

符号	名 称	举 例
G	重力场	重力
Me	机械场	压力、惯性、离心力、摩擦、拉伸、压缩、弹性、振动、冲击
P	气动场	空气静力学、空气动力学、表面张力、浮力、升力、真空、梯度
H	液压场	流体静力学、流体力学
A	声学场	声波、超声波、次声波
Th	热学场	传导、交换、对流、绝热、热膨胀、双金属片记忆效应
Ch	化学场	燃烧、氧化、还原、溶解、键合、置换、电解、吸热、放热
E	电场	感应电、电容、电磁、压电、电泳、整流、脉冲
M	磁场	静电、静磁、铁磁
O	光学场	光(红外线、可见光、紫外线)、反射、折射、偏振、干涉
R	放射场	X-射线、不可见电磁波
B	生物场	发酵、腐烂、降解、光合作用、分解、同化
N	粒子场	α-、β-、γ- 粒子束、中子、电子、同位素

物-场分析法使用一种用图形描述系统内零部件之间相互关系的符号语言,与文字语言相比,它可以更加清楚直观地描述零部件之间的相互关系。常用的物-场模型符号如图 3-46 所示。

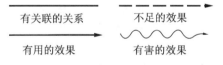

图 3-46 常用的物-场模型符号

二、物-场模型分类

理想的功能是场(F)通过物质(S_2)作用于物质(S_1)并改变 S_1。其中,物质(S_1 和 S_2)的定义取决于每个具体的应用。通常我们用 S_1 来表示被动作用体,即系统动作的接受者,用 S_2 来表示主动作用体,用 S_3 表示被引入的物质。

例如,锤子(S_2)、钉子(S_1)和作用力(F)构成完整的物-场模型,人将力(F)施加于锤子(S_2)作用到钉子(S_1)上,使钉子能够进入其他物质之中。

S_2 是实现必要作用的"工具",S_1 是一种需要改变、加工、位移、发现、控制、实现等的目标,F 则代表能量、力。

【例 3-24】 磁悬浮列车

自蒸汽机车发明后,人们越来越追求速度的提升。机车的轮子和钢轨之间有摩擦力,虽然人们不断进行材料和技术的革新,但一直存在的摩擦力却阻碍了机车速度的进一步提升。

机车和钢轨构成了一个系统,速度和能量的损失是发明中的问题,我们需要一个功能来解决问题,机车和钢轨是两个物,所以我们需要一个场来构成物-场模型。

引入磁场,使机车和钢轨之间产生排斥力,使机车和钢轨分离,导致摩擦力减到最小值——趋近于零。这样机车浮于钢轨之上,可以最大限度地使用能量提高速度。

机车是 S_1,钢轨是 S_2,磁场是 F。

物-场模型的分类,如表 3-12 所示。

表 3-12 物-场模型

模型分类	含 义	一 般 解 法
有效完整模型	功能的三个元素都存在,且都有效,是设计者追求的目标	
不完整模型	功能的三个元素不同时存在,需要增加场或物来实现有效完整功能	应针对所缺少的元素引入物质或引入场,形成有效完整的物-场模型,从而得以实现功能
非有效完整模型	功能的三个元素都存在,但不能有效实现设计者所追求的目标。为了实现预期目标,需对原有系统进行改进	(1) 用另一个场 F_2 代替原来的场 F_1。 (2) 增加另外一个场 F_2 来强化有用的效应。 (3) 增加物质 S_3 并加上另一个场 F_2 来强化有用的效应
有害完整模式	功能的三个元素都存在,但产生的是与设计者所追求目标相冲突的有害效应。在创新设计中,要消除系统有害的效应	(1) 增加另一物质 S_3 来阻止有害效应的产生,S_3 可以是现成物质,或是 S_1、S_2 的变异,或是通过分解环境而获得的物质。 (2) 增加另一个场 F_2 来平衡产生有害效应的场

【例 3-25】 鞋子和地面的物-场模型

人在路面行走时,鞋、地面以及鞋与地面的摩擦力组成一个系统:S_2——地面,S_1——鞋子,F_1——摩擦力(有用的),F_2——磨损(有害的)。

(1) 有用且充分的相互作用(见图 3-47):摩擦力使正常行走成为可能。

(2) 有用但不充分的相互作用(见图 3-48):穿着普通鞋子在冰上行走的人,因得不到冰面足够的摩擦力,所以容易滑倒。

(3) 有害的相互作用(见图 3-49):地面过于粗糙,会使鞋子磨损。

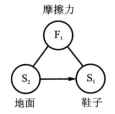
图3-47 有用且充分的相互作用

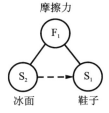
图3-48 有用但不充分的相互作用

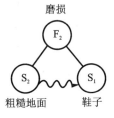
图3-49 有害的相互作用

三、物-场模型一般解法

物-场模型共有4种。第1种有效完整模型是设计者追求的目标,不需要改进。其他3种为非正常模型。针对这3种模型,TRIZ理论提出了物-场模型的6个一般解法。

(一)不完整模型

定义:实现功能的三个元素不全,可能缺场,也可能缺少物质(工具)(见表3-13)。

一般解法1:对不完整模型,应针对所缺少的元素引入物质 S_2 或场 F,使其形成有效完整的物-场模型,从而得以实现功能。不完整模型如表3-13所示。

表3-13 不完整模型

原始模型	解决方案	改进模型	举 例
S_2	补足缺少的元素,使系统模型变得完整	F, $S_2 \to S_1$	一个人(S_2)或停放在公路上的汽车(S_2)它们的作用永远不能体现出来,因为他们缺少目标(S_1)和能量(F)
F		F, $S_2 \to S_1$	一个大力士有再大的能量(F)也无济于事,因为他没有施放能量的目标(S_1)和环境(S_2)
$S_2 - S_1$		F, $S_2 \to S_1$	一把子弹(S_2)上膛的枪,它不能打击任何敌人(S_1),因为缺少枪栓的作用力(F)。液体(S_2)中含有空气泡(S_1),增加离心力(F)可以分离空气泡
$S_2 - S_1$		F, $S_2 \to S_1$	人(S_2)在水中,只有手脚打(划)水的作用力(F_2)而得不到浮力(F),生命就会有危险

(二)效应不足的完整模型

定义:模型的3个元素都存在,但是有用的场 F 效应不足。效应不足完整模型如表3-14所示。

一般解法2:用另一个场 F_2 代替原来的场 F_1。

一般解法3:增加另外一个场 F_2 来强化有用的效应。

一般解法4:增加物质 S_3 并加上另一个场 F_2 来强化有用的效应。

表 3-14 效应不足的完整模型

原始模型	解决方案	改进模型	案例
	改用新的场(F_2)或场和物质(F_2+S_3)来代替原有的场(F_1)或场和物质(F_1+S_1)		黏在墙上的壁纸(S_1)很难用刀子(S_2)刮(F_1)掉,改用蒸汽(S_3)后,利用热能(F_2)壁纸就很容易去除下来了
	增加一个新的场(F_2)来增强需要的效果		用黏合剂(S_1)黏合(F_1)两个零件(S_2)时,利用夹子的压紧力(F_2)帮助零件可靠的黏合
	增加新的场(F_2)和物质(S_3)来加强原有的效果		列车(S_2)"爬山"时需要用有两个火车头(S_1、S_3)同时拉(F_1)、推(F_2)一列车厢,以保证列车的正常行驶

(三)有害效应的完整模型

定义:3个元素齐全,但产生了有害的效应,需要消除这些有害效应。有害效应的完整模型如表 3-15 所示。

一般解法 5:增加另一个场 F_2 来平衡产生有害效应的场。

一般解法 6:增加另一物质 S_3 来阻止有害效应的产生,S_3 可以是现成物质,或是 S_1、S_2 的变异,或是通过分解环境而获得的物质。

表 3-15 有害效应的完整模型

原始模型	解决方法	改进模型	案例
	增加另一个场来平衡产生有害效果的场		要避免工具(S_2)在零件(S_1)加工时因力(F)过大使零件弯曲变形,需要增加一个相对的力(F_2)防止零件变形
	增加另一个物质阻止有害效果的产生		要增加办公室隐私性,透明窗玻璃改磨砂玻璃(S_3)。房子用的支撑木(S_2)将损害承重梁(S_1),在两者之间插入一块钢板(S_3)分散负载,保护承重梁

四、物-场模型构建步骤

一个完整的模型是两种物质和一种场的三元素的有机组合。创新问题被转化为这种模型,目的是为了阐明两种物质和场之间的相互关系。通常构建物-场模型有以下四个步骤。

第一步:确定问题,分析相关元素。首先确定问题需要完成的功能,确定产生问题的相关元素,以缩小问题分析的范围。

第二步:构建物-场模型。分析各元素之间的相互作用(或效应),表述相关元素间的作用,确定作用的程度,建立问题的物-场功能模型。

第三步:选择一般解法。根据物-场模型的类型,查找相应的一般解法。如果有多个,则逐个进行对照,寻找最佳解法。

第四步:形成解决方案。将一般解法与实际问题相对照,并考虑各种限制条件下的实现方式,在设计中加以应用,形成最终的解决方案。

在第三步和第四步中,要充分挖掘和利用其他知识性工具。这个循环过程不断地在第三步和第四步之间往复进行,直到建立一个完整的模型,实现具体解,使问题得到解决。

【例 3-26】 去除电解液残留

电镀纯铜时,少许电解液会留在铜表面的微孔中。若不清除,电解液干燥时会留下氧化的痕迹,影响产品的外观和价值。因此通常在储存之前,要先冲洗表面。但是因为微孔很小,即使用大量的水冲洗,还是会有一些电解液留在微孔中,有无改进的方法?

第一步:确定问题。物质——电解液(S_1),水(S_2);场——机械力(F),机械清洗过程。

第二步:构建物-场模型。在现有情况下,因为纯铜表面的变色不能满足期望的要求,是功能问题,即效应不足的非有效完整模型。

第三步:选择一般解法。模型的三个元素都存在,但是有用的场 F 效应不足。增加一个附加场 F_2 以增加效应(清洗)。

第四步:形成解决方案。

解法 1:增加新的场(F_2),以增强清洗的效果(见图 3-50)。

可以用声场——利用超音波;热力——热水;化学力——溶剂;磁力——磁化水。

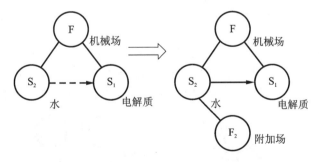

图 3-50 引入附加场的物-场模型

解法 2:增加新的场(F_2)和物质(S_3)来加强原有的效果,见图 3-51。

增加 F_2——压力,S_3——水蒸气。

高压蒸气(超过 100℃)可以深入微孔,强迫清出电解液。

在管理系统中,管理是通过实现一个个特定的管理目标来进行的。例如,为了降低管

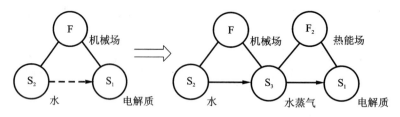

图 3-51 引入场和物质的物-场模型

理过程中信息传递的失真程度,也为了提高管理效率,企业通常尽可能采取扁平式的管理层级结构。

这些描述可以分解为三个元素:目标、为实现目标所进行的活动或使用的工具,以及目标的相关方。相关方可能是某个职能部门,也可能是某个责任人。目标相关方采取相应的措施或使用相应的工具以实现组织目标,这一逻辑关系与一种物质通过某种能量作用于被控物质的逻辑关系是类似的。依据对物-场的建模方法,这里的目标就是被控物质 S_1,目标的相关方就是物质 S_2,为实现目标所采取的活动即为场 F。

【例 3-27】 物-场分析在质量管理中的应用

问题描述:产品的高质量是企业的目标,但原料及外购等因素会给质量带来不确定性。采购部门进行原料和零配件采购时往往重成本,给成品质量带来隐患。在这个系统中,主要的特征要素有采购部门、质量部门、外购件质量、成品质量以及相关部门的工作。

根据分析,进行如下描述:

(1) 采购部门重成本的采购无法保证外购件的质量。

(2) 外购件进厂后质量部门忽视对某些外购件的检验,给成品的质量保证带来隐患。

物-场模型构建步骤如下。

第一步:确定问题。外购件质量水平——S_1;采购部门——S_2;采购部门采购活动——F。

第二步:构建物-场模型。在现有情况下,因为成品质量不能满足期望的要求,是功能问题,即效应不足的非有效完整模型。

第三步:选择一般解法。模型的三个元素都存在,但是有用的场 F(质量保证)效应不足。增加一个附加场 F_2 以增加效应(质量把关)。

第四步:形成解决方案。

由于采购部门的采购不足以保证质量,而质量部门在外购件采购质量上起着主导作用,对采购有否决权,所以应由质量部门对购件进行质量把关后,采购部门方可签订采购合同。质量改善前后见图 3-52(a) 和图 3-52(b)。其中,F_2 为质量把关,S_3 为质量部门。

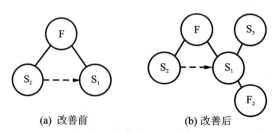

(a) 改善前　　　　(b) 改善后

图 3-52

通过物-场模型分析,能清楚地看出系统中主要元素之间的关系,有助于决策者分析问题所在,快速针对问题采取适当的措施。

思考题

1. 什么情况下使用物-场分析法?
2. 物-场模型的一般解法有哪些?举例说明其应用。
3. 一个火柴工厂引进了高性能的火柴生产设备,希望达到双倍的生产率。但他们发现一个操作环节拖慢了整个进程——火柴的包装。火柴包装要求方向一致、固定数量、火柴质量达标、快速完成。如何实现以上火柴包装的要求呢?

参 考 文 献

[1] 赵敏,史晓凌,段海波. TRIZ入门及实践[M]. 北京:科学出版社,2009.
[2] 刘训涛,曹贺,陈国晶. TRIZ理论及应用[M]. 北京:北京大学出版社,2011.
[3] 陈光. 创新思维与方法——TRIZ的理论与应用[M]. 北京:科学出版社,2011.
[4] 赵锋. TRIZ理论及应用教程[M]. 西安:西北工业大学出版社,2010.
[5] 王传友. 创新40法及技术矛盾与物理矛盾[M]. 西安:西北工业大学出版社,2010.
[6] 沈世德. TRIZ法简明教程[M]. 北京:机械工业出版社,2010.
[7] 阮汝祥. 技术创新方法基础[M]. 北京:高等教育出版社,2008.
[8] 创新方法研究会,中国21世纪议程管理中心. 创新方法教程(初级、中级、高级)[M]. 北京:高等教育出版社,2012.
[9] 江帆. TRIZ创新应用与创新工程教育研究[M]. 北京:北京理工大学出版社,2013.
[10] 张明勤. TRIZ入门100问——TRIZ创新工具导引[M]. 北京:机械工业出版社,2012.
[11] 张东生,张亚强. 基于TRIZ的管理创新方法[M]. 北京:机械工业出版社,2015.
[12] 李梅芳,赵永翔. TRIZ创新思维与方法:理论及应用[M]. 北京:机械工业出版社,2016.
[13] 赵锋. TRIZ进阶及实战——大道至简的发明方法[M]. 北京:机械工业出版社,2015.
[14] 沈孝芹,师彦斌,于复生,等. TRIZ工程题解及专利申请实战[M]. 北京:化学工业出版社,2016.
[15] 于复生,沈孝芹,师彦斌. TRIZ工程题解与专利撰写及创造性争辩[M]. 北京:知识产权出版社,2016.
[16] 檀润华. TRIZ及应用——技术创新过程与方法[M]. 北京:高等教育出版社,2010.

网 络 资 源

[1] 国际TRIZ协会中文网,www.matrizchina.cn.
[2] 国际TRIZ学会,www.itrizs.com.
[3] 现代TRIZ学院,www.modern-triz-academy.com.
[4] 亿维讯同创公司,www.iwint.com.cn.
[5] 国家技术创新方法与实施工具工程技术研究中心,www.triz.com.cn.

第四章 制度创新——专利制度

> 【学习要点及目标】
> 　　在知识经济时代，智力资源的创造、占有、利用，拥有自主知识产权的数量和质量已成为衡量个人、企业乃至国家竞争能力的重要指标，成为参与竞争的重要基础。专利是技术创新的催化剂，技术通过专利之花才能结果。专利文献是智能的宝库，发明的向导，了解国内外科技水平，可以避免时间、人力和财力的重复浪费。
> 　　通过本章学习，了解知识产权制度的历史与发展趋势，以及在社会经济发展中的作用。重点了解专利与专利制度、专利的申请与审批、专利申请文件的撰写、专利实施、专利战略与运营，以及专利文献检索与应用。

第一节 制度创新的典范——知识产权

　　科学技术与文学艺术是推动人类社会进步的两翼。它们既是智慧的结晶，也是财富的源泉。知识产权制度是人类的一大发明，是社会制度创新的典范。它以荣誉、社会地位和财富为杠杆，发掘每个人生命中最为可贵的创造本能，为生生不息的创造之火添加利益的薪柴，激励人们创造出更多更好的精神和物质产品，推动人类的进步。

　　知识产权与我们的日常生活息息相关。大到尖端科技产品，小到日常生活用品，以及音乐、艺术、影视和文学作品，都被深深地烙上知识产权的印迹。专利权使发明者的创新思想和劳动成果得到保护，催生出无穷无尽的新科技和新产品，让我们的生活更加便捷；版权让文学艺术创造者的付出得到回报，使人们的精神生活更加丰富多彩；商标使生产者的商誉不断提高，帮助消费者获得优质的产品和服务。知识产权制度点燃了人们源源不断的创造和创新激情，改变着人类的生产生活方式。

　　【例4-1】 知识产权企业支撑美国4000万个就业岗位
　　美国商务部发布的一份报告显示，美国电影公司、制药商和其他依靠版权、专利和商标保护的企业支撑着大约4000万个就业岗位，约相当于美国员工总数的28%。

　　美国商务部副部长瑞贝卡·布兰科（Rebecca Blank）表示："知识产权（IP）保护有助于促进发明和创造，而这将造就更强大的经济和更多的工作岗位。"她说："这份报告显示，我们近35%的GDP——超过5万亿美元来自IP密集型行业。美国几乎每个行业均直接或间接地生产或使用知识产权保护。"

　　布兰科表示，IP密集型行业大约直接雇佣着2700万人，并大约支撑相关行业的1300万个就业岗位。她说："很明显，知识产权的充分保护对于保持美国的竞争优势和推动我们的整体繁荣至关重要。"

　　美国商务部的报告称，IP密集型行业大约构成美国货物出口总额的61%，即7750亿美元。IP密集型行业的平均工资要比其他行业高出42%。布兰科表示："这些薪酬丰厚的工作帮助支撑了美国中产阶级的经济安全。"

一、制度创新

一个国家经济增长的影响因素很多,主要因素有:①投入,主要指劳动与资本的增加。早期的经济增长主要靠投入的增加,尤其是资本的增加,而现在更重要的是人力资本。②生产组织,包括社会分工和规模经济,通过分工与专业化生产来提高生产效率,通过扩大生产规模来降低生产成本,取得经济增长。③技术进步,其对经济增长的巨大作用,是现在经济增长理论特别关注的问题。④制度创新,因为一个好的制度能产生一套有效的激励机制,为经济增长提供良好的环境条件和动力。

(一)制度创新的重要性

制度是一定历史条件下形成的政治、经济、文化等方面的体系,是要求成员共同遵守的规范或行为准则。以罗纳德·科斯和道格拉斯·诺斯等为代表的新制度学派认为,制度是经济增长的根本原因与关键因素。经济增长的根本原因是制度创新,一种有效的激励机制和产权制度是促进经济增长的决定性因素。制度首先是一种约束机制,它维护一定的社会经济秩序和社会经济运行方式,包括生产、分配、交换、消费秩序以及交易的具体操作规则。制度不只是约束机制,同时也是激励机制。制度的激励作用体现为,较优的制度能够激发经济主体的潜能和创造力,较劣的制度则会压抑经济主体的积极性。因而从本质上说,制度是一定约束下的激励机制的组合,有效的制度应该是一种能提供充分激励的制度。经济增长强调技术进步和人力资本投资,但投向哪里、投入多少以及投入后效率如何则取决于制度中的激励结构。一个高效率的制度,可以激励资源更合理地配置,可以激励技术进步,激励企业的活力,激励劳动者的积极性,从而促进经济的增长。

制度还有一个重要的功能就是明确产权,降低交易成本。一种有效率的产权,不仅保证将各种资源用于社会最有用的活动,而且还有助于减少未来的不确定因素,节约交易成本。如果缺乏明晰的产权制度,社会的经济效率就会由于产权的模糊而降低。在我国改革开放之前,许多制度没有效率,其主要原因之一就是产权模糊,导致经济效率低下,影响经济增长。

制度创新是通过创设新的、更能有效激励人们行为的制度来实现社会的持续发展和变革的创新。所有创新活动都有赖于制度创新的积淀和激励的持续,通过制度创新得以固化,并以制度化的方式持续发挥作用,这是制度创新的积极意义所在。

在经济增长的诸多要素中,制度是最重要的因素。因为,社会分工与规模经济是微观企业的生产组织制度适应技术要求而变动的结果,而新的企业组织形式实质上是组织制度的创新。劳动与资本投入,要依靠有效制度的激发并通过制度使其得到合理配置,而技术进步则要依赖于制度的激励。

(二)美国专利制度创新

第二次世界大战以后,美国联邦政府对政府实验室和大学的研发活动进行了大量投资。同时,与政府投资产生的技术成果有关的知识产权管理制度安排也对政府实验室和大学的技术创新与技术扩散行为产生了重大影响。

问题的关键是:由政府支持的研发活动所形成的知识产权应该如何配置,才比较合理。直到20世纪80年代以前,美国存在两种不同的政策观点。一种观点认为,政府应当获得相关创新的知识产权,并由政府免费向公众开放,以保证公众投资所产生的技术创新成果能最大限度地实现扩散,服务于公众;另一种观点则认为,政府应允许研发活动的主体拥有知识产权或者持有独占性许可,以激励其创新积极性。实践证明,前一种类型的知识产权配置方式的效率很低。美国哈布里奇专利政策研究公司在1968年的调查显示,由私人企业加以利用从而使公众受益的发明专利中,属创新者持有的数量是政府持有的10.7倍。到20世纪70年代末,美国政府共有约3万项专利,获得授权使用的只有5%,实现商业化的更少。

基于以上原因,美国相关知识产权制度创新的思路是:必须将新技术以某种方式转移给公众并加以广泛应用,同时这种方式必须具有较高的效率。为此,美国政府采取了一系列政策创新和制度变革,其中最重要的一项措施就是1980年国会所通过的专利修正法案(简称拜-杜法案)。

【例4-2】 科技成果转化的"大宪章"——拜-杜法案(Bayh Dole Act)

拜-杜法案明确了一个重要原则:向私人企业进行技术转移是政府资助研发活动所追求的重要目标,而允许企业拥有相应的专利权或独占性许可有时是达到这一目标的必要方式。因此,该法案允许大学、非营利机构和小企业自动保留由政府资助的研发活动所产生的相关知识产权,同时要求它们必须申请专利并加快专利技术的商业化。法案还允许政府实验室向私人企业发放政府专利的独占性许可证。

拜-杜法案是美国国会在过去半个世纪中通过的最具鼓舞作用的法案,其核心是规定由政府经费支持获得的发明专利,原则上归发明者所在的研究机构所有,并且给发明人以奖励,这极大地促进了美国专利事业的发展并造就了当今美国的科技创新局面。这一法案将所有在政府财政支持和帮助下完成的发明和发现从实验室里解放了出来,使大学、政府实验室、企业、政府在技术创新和技术转移领域的合作关系得到了极大的发展。可以说拜-杜法案是美国专利制度的一场革命。

美国在20世纪80年代就将以专利战略为主的知识产权战略作为国家重要的发展战略,视为国家的基础性战略资源。美国为适应本国科技和经济发展的要求以及国际竞争的新形势,对专利制度进行了一系列制度创新,这些制度创新极大地强化了美国专利制度所提供的知识产权保护,并在体制、技术、地域等三个层面促进了美国专利制度的发展。对内,美国通过实施《拜-杜法案》《联邦技术转移法》《技术转让商业化法》《美国发明家保护法令》以及成立联邦上诉法院等一系列重大举措,快速恢复和增强了以自主知识产权为核心的国际竞争力;对外,美国从加强知识产权的国际协调入手,通过 TRIPs 协议和对外知识产权双边或多边谈判,以及通过制定和实施"301、337"条款,强化对国外侵犯知识产权行为的制裁,谋求使美国知识产权在世界范围内得到更为有力的保护。

这些变革使美国专利制度不断发展完善并保持了极高的灵活性和有效性。美国专利制度的发展对美国技术创新活动产生了巨大的促进作用,为美国创造了国际经济竞争中的新优势,并促进了国际专利制度的建立和发展。

二、知识产权制度的历史与发展趋势

(一)知识产权制度的历史

知识产权法律制度是鼓励和保护创新的制度。一项发明创造取得专利权的实质条件包括新颖性和创造性,作品要想获得版权就必须具备独创性,商标设计要想通过注册取得商标权必须具有显著性,构成商业秘密的一个必不可少的条件也是新颖性,这些都与"创"和"新"有关。特别是专利制度,实质上就是从产权角度对发明创造进行激励的制度。创新成果需要知识产权的保护,知识产权保护的完善反过来又大大激励和推动创新,使技术创新成为科技进步的关键。科学技术对经济发展的促进作用,也是通过知识产权法律制度保护而得以实现的。创新的过程就是不断完善、发展知识产权制度的过程。

从英国1624年实施垄断法到19世纪,专利法主要保护的对象是发明专利,这是一种技术发明。直到1803年法国率先保护外观设计,1843年英国保护实用新型,到19世纪下半叶,专利法才形成了发明专利、实用新型专利和外观设计专利三种基本类型,并在1883年签订的《保护工业产权巴黎公约》中确认。

迄今,知识产权保护已走过了500多年的历程。经过17—19世纪三个世纪的发展,基本形成了知识产权的专利、版权、商标三大支柱体系;20世纪80年代以来,随着科学技术的迅猛发展和经济全球化,国际知识产权制度的变革进入了快速发展时期,加强了对软件、域名、植物新品种、生物技术的保护。

关贸总协定曾先后进行了8轮会谈,不断修订、完善有关的协议。知识产权问题在第七轮谈判中被提出,直到1986年9月开始的第八轮谈判,才第一次将与贸易有关的知识产权问题正式纳入。经过七年多的反复讨论,1993年关贸总协定乌拉圭回合谈判达成了《与贸易有关的知识产权协定》(简称TRIPs),作为整个第八轮谈判,也就是乌拉圭回合一揽子协议中的一个重要组成部分,提交大会通过。

1995年1月1日成立的WTO(世界贸易组织)设置了三个理事会:"货物贸易理事会""服务贸易理事会""与贸易有关的知识产权理事会(简称为TRIPs理事会)"。知识产权与国际贸易已经结为一体,成为国际贸易中不可分割的一部分,并与货物贸易、服务贸易一起构成世界贸易组织的三大支柱。知识产权法律颁布年份、国家如表4-1所示。

表4-1 知识产权法律颁布年份、国家(组织)

颁布(实施)年份	法律名称	国家或组织	备注
1474	专利法	威尼斯公国	知识产权制度开端
1624	垄断法(专利法)	英国	现代专利制度之始
1709	安娜法令(著作权法)	英国	
1857	商标法	法国	
1883	巴黎公约(工业产权法)	法国等11国	国民待遇、优先权、独立保护三大原则
1886	伯尔尼公约(著作权法)	法国等10国	
1890	谢尔曼反不正当竞争法	美国	
1930	植物专利法	美国	
1970	专利合作协定(PCT)	美国等35国	继巴黎公约之后专利领域的最重要的国际条约
1979	统一商业秘密法(示范法)	美国	
1989	集成电路知识产权条约	WIPO	世界知识产权组织
1994	TRIPs(知识产权法)	WTO	世界贸易组织

TRIPs是所有WTO成员必须遵守和执行的协议之一。从整体上看，TRIPs可以说是当前世界范围内知识产权保护领域中涉及面广、保护水平高、保护力度大、制约力强的一个国际公约，因此受到各国和各个关税独立区的高度重视。

TRIPs对知识产权保护水平高，在多方面超过了现有的国际公约对知识产权的保护水平。TRIPs主要有以下特点：

（1）内容涉及面广，几乎涉及了知识产权的各个领域。

（2）保护水平高，超过了现有国际公约对知识产权的保护水平。

（3）将GATT和WTO中关于有形商品贸易的原则和规定延伸到对知识产权的保护领域。

（4）强化了知识产权执法程序和保护措施。

（5）强化了协议的执行措施和争端解决机制，将履行协议保护产权与贸易制裁紧密结合，将有形商品贸易的原则和规定延伸到对知识产权的保护领域。

（6）设置了"与贸易有关的知识产权理事会"作为常设机构，监督本协议的实施。

【例4-3】 中国人发明了青蒿素，却丢掉几十亿美元专利市场

屠呦呦团队发现了青蒿素，可谓中国医学的一次重大突破。虽然屠呦呦团队发明了青蒿素并不断研究改进，使之造福了全人类，但青蒿素在生产、销售过程中带来的经济效益却落入欧美公司囊中。正是由于知识产权保护的缺失，中国人发明了青蒿素，却丢掉了几十亿美元的专利市场。

此前中国科研人员青蒿素研究注重发表论文，而缺乏申请专利的意识。由于没有申请青蒿素基本技术专利，美国、瑞士等国家的研发机构和制药公司便开始根据中国论文披露的技术在青蒿素人工全合成、青蒿素复合物、提纯和制备工艺等方面进行研究，并申请了一大批改进和周边技术专利。据统计显示，每年全世界青蒿素及其衍生物的销售额便高达15亿美元。时至今日，中国制造的青蒿素类药物只是占到国际市场份额的1%。

知识、信息是经济长期增长的首要因素，对经济发展具有决定性的先导作用。知识经济时代是以知识（智力）资源的占有、配置、生产、分配、使用（消费）为最重要因素的经济时代。知识要想成为资源，其前提条件是必须首先承认知识是有价值的，而且应该在法律上给予承认和保护。如果知识的价值得不到承认和保护，就谈不上作为资源投入经济运作，知识经济更是无从谈起。被誉为世界"创意经济之父"的英国经济学家约翰·霍金斯指出：知识产权是创意经济的"货币"，知识产权保护就是创意经济的"中央银行"。

知识产权法律制度就是承认和保护知识价值的法律制度，其对于发展知识经济的重要意义不言自明。可以说，没有知识产权保护制度，就不可能有知识经济。专利权人通过开发、许可、转让权利，获得丰厚利润，发明创造才有积极性。而竞争者通过改进技术，进行技术创新，促进更高一个层次的竞争。

（二）知识产权制度发展趋势

未来全球竞争，实质是经济竞争，经济竞争是科学技术竞争，科学技术竞争归根到底就是知识产权的竞争。知识产权不仅被各国视为科技问题、经济问题，乃至于演化成为重大的政治问题、国际问题。

1. 知识产权保护提升为国家发展战略

随着世界范围内知识产权保护水平的不断提高，知识产权在世界经济和科技发展中

的作用日益凸现。许多国家,尤其是发达国家已将知识产权保护问题提升到国家发展战略的高度,将加强知识产权保护作为其在科技、经济领域保持国际竞争优势的重要战略措施。

国家知识产权战略,是指通过加快建设和不断提高知识产权的创造、管理、实施和保护能力,加快建设和不断完善现代知识产权制度,加快造就高素质知识产权人才队伍,以促进经济社会发展目标实现的一种总体规划。美国将知识产权作为产业基础性、战略性资源。

进入20世纪90年代,日本在高技术领域的竞争力开始落后于欧美,而在传统工业和劳动密集型产业方面,又面临着亚洲其他国家和地区的竞争压力。在这样的背景下,2002年日本开始确立"知识产权立国"的国策,明确了知识产权创造(基础)、保护(关键)、运用(根本)和人才培养(保证)四大支柱。

我国于2008年提出国家知识产权战略纲要,涵盖了知识产权的全部领域,包括专利、商标、版权与有关权利、集成电路布图设计、地理标记、生物新品种、商业秘密、传统知识、遗传资源、民间文艺,同时也涉及对知识产权的权利限制及禁止滥用知识产权等内容。纲要共分序言、指导思想和战略目标、战略重点、专项任务、战略措施五个部分。

2. 保护范围在不断扩大,权利内容不断深化

随着新技术、新知识的不断涌现,知识产权的新类别也相继出现。知识产权的保护范围已从传统的专利、商标、版权扩展到包括计算机软件、集成电路、商业秘密、商业方法、植物和动物品种等领域。

例如,技术类知识产权:发明、实用新型、外观设计、know-how、拓扑图(集成电路布图)……标识类知识产权:商标、服务标记、厂商名称、地理标志、域名……传播类知识产权:著作权、邻接权、计算机软件、民间艺术……其他类知识产权:反不正当竞争、生物多样性、植物新品种、特许权、商业方法……新型知识产权类型不断出现:动植物新品种、商业方法、数据库……

发达国家在高新技术方面占有绝对的优势,因此不断地扩展电子、通信、网络、生物、人工智能、云计算、大数据领域的保护范围。发展中国家越来越多地对遗传资源、传统知识和民间文学艺术作品提出保护。另一方面,知识产权的保护更加强化专有性,如驰名商标现在已经脱离了商品或服务而作为一个专有种类被列入保护范畴。

3. 标准与专利捆绑在一起构成技术壁垒

技术标准作为人类社会的一种特定活动,从过去主要解决产品零部件的通用和互换问题,到现在更多地已经成为一个行业必须遵守的规则,甚至成为一个国家实行贸易保护的重要壁垒。技术壁垒最为有效的表现形式就是标准壁垒和标准垄断。技术壁垒因其合理性和复杂性而更具有隐蔽性,不易遭到其他国家的报复,已成为各国普遍利用的知识产权保护武器之一。

标准的实质和核心就是技术体系中对应于技术的知识产权。事实表明,使知识产权和标准有机结合,使两者之间形成互相支持的关系,是企业谋取利益最大化的最有效的方式之一。跨国公司已经不满足于各项专利技术给他们带来的利益,而是寻求一种专有性、地域性的知识产权综合策略,以达到其垄断市场的目的。

4. 保护策略的多样化

随着知识产权保护水平的逐步提高,知识产权保护已由过去的被动防御转为主动进攻,出现了各式各样的知识产权运作策略。

(1) 跑马圈地。跨国企业先在出口目的国抢注专利,获得相应的知识产权保护,即占领地盘。在现阶段,甚至在今后相当长的时间内,他们并不立足实施这些专利,而是靠获取这些专利权来谋取更大的利益。如通过收集贸易目的国的经济信息,特别是侵犯知识产权的事实,采取政府和企业相结合的方式在出口目的国进行权利诉讼,获取高额的知识产权的利润。

(2) 研发技术,申请专利,制定标准。使专利成为基本专利,进而推动标准的广泛实施,向采用自己标准的企业收取专利许可费,成为技术和专利的专业生产基地。如美国高通公司所采用"技术专利化、专利标准化、标准垄断化"策略已成为知识经济条件下国际竞争的新游戏规则。

(3) 建立知识产权联盟。由于市场竞争的激烈和侵权现象的多样化与严重化,仅靠单个权利人的力量维权已难以奏效。因此,联合相关权利人组成行业知识产权保护协会、联盟,以团体的力量来维护自己的合法权益,已是一些发达国家的通行做法。

【例 4-4】 好孩子:凭知识产权走国际之路

全球最大的婴儿车供应商,产品销往 70 余个国家和地区,遍布欧洲、北美、中东等地,同时也是中国母婴用品市场最大的分销商和零售商。这些成绩的取得与好孩子儿童用品公司进行的创新研发和知识产权工作有着千丝万缕的联系。

提升好孩子知识产权创造、运用、保护和管理能力,建设创新型企业,成为全球婴幼儿用品行业创新、标准的领导者是好孩子的知识产权战略。2014 年,好孩子连续完成两项行业世界级的国际并购,将欧洲高端的儿童用品品牌 Cybex 和美国百年儿童用品品牌 Evenflo 纳入旗下,一举实现好孩子在海外市场从制造出口向品牌经营的转型,占据了美、欧、中三大主流市场本土化经营的制高点,并形成销、研、产一条龙的全新经营模式。

好孩子依托八大研发中心构成的全球研发体系,通过在美国波士顿设立研发中心、在德国设立品牌管理中心、在捷克设立大数据中心、在中国内地设立供应链管理中心及在中国香港设立融资中心完成全球化布局,不断在科技、标准、时尚、环保四大领域创新突破。如获世界吉尼斯纪录的全球折叠最小婴儿车"口袋车",被用户在脸书上数千万次转发,风靡全球;独创应用航天着陆技术的吸能儿童汽车安全座椅,发明了一种瞬间溃缩吸能装置,将汽车车座安全标准,从世界通用的 50 公里时速提升到 80 公里以上,极大地提高了儿童乘车安全系数;防止将孩子遗忘在汽车里的产品"勿忘我",以及防雾霾婴儿车,均为世界首创。迄今好孩子累计在国内外提交专利申请超过 8000 件,远超其竞争对手。

三、知识产权的定义

知识产权是人类直接利用其知识从事智力活动,在科学、技术、文化等领域创造的具有交换价值和使用价值的财富,是一种具有非物质性的财产——无形财产,是法律确认的产权。

知识产权的法律特征:知识产权是无形财产权,知识产权是知识财产权(非物质财产权),知识产权是法定财产权。知识产权不发生有形控制的占有,如课堂的感受、领悟、知晓。不发生有形损耗的使用,因此排斥仿制、假冒、剽窃。

(一)WIPO 的定义

WIPO(世界知识产权组织)1970 年生效的《成立世界知识产权组织公约》对"知识产权"的范围做了如下定义：

(1) 与文学、艺术及科学作品有关的权利(指著作权)。

(2) 与表演艺术家的表演活动、录音制品和广播有关的权利(指版权的邻接权)。

(3) 与人类在一切领域的创造性活动产生的发明有关的权利(指专利权)。

(4) 与科学发现有关的权利。

(5) 与工业品外观设计有关的权利。

(6) 与商品商标、服务商标、商号及其他商业标记有关的权利。

(7) 与防止不正当竞争有关的权利。

(8) 一切来自工业、科学及文学艺术领域的智力创作活动所产生的权利。

(二)WTO 的定义

TRIPs 之前的有关知识产权的国际公约,如《保护工业产权巴黎公约》,它仅限于工业产权领域;另外一个重要的国际公约是《伯尔尼公约》,它仅限于版权保护领域。TRIPs 既涉及工业产权领域,又涉及版权领域,甚至还涉及一些新的知识产权保护对象的领域。TRIPs 从七个方面做了比较详细的规定,几乎涉及了知识产权保护对象的所有领域：①版权和邻接权；②专利权；③工业品外观设计权；④商标权；⑤地理标志权；⑥集成电路布图设计；⑦未经披露的信息(即商业秘密)。

四、知识产权的分类

知识产权按消费方式分类,可以分为精神消费产品的著作权,物质消费产品的工业产权;按价值方式分类,可以分为创造性成果权利的专利、著作权,标记性标记权利的商标(价值符号、实质是质量和服务)。知识产权分类如图 4-1 所示。

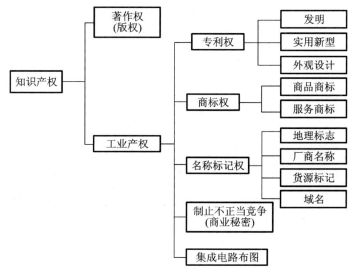

图 4-1　知识产权分类

(一)狭义的(传统的)知识产权

狭义的知识产权包括著作权(版权)和工业产权两大类。

1. 著作权(版权)

著作权又称版权,是指自然人、法人或者其他组织运用自己掌握的专业知识、技能和智慧,对文学、艺术和科学作品依法享有的财产权利和精神权利的总称。

广义的版权可以分为作品创作者权和作品传播者权两类。

作品创作者权即著作权,大陆法系国家称之为作者权。创作者权可分为精神权利(人身权)和经济权利(财产权)两种。

作品传播者权即邻接权,又称为与著作权有关的权利,包括表演者权、录制者权、广播者权、出版者权等。

2. 工业产权

工业产权可分为三类:创造性成果权(包括发明专利权、实用新型权、外观设计权);识别性标记权(包括商标权、服务标记权、商号权、货源标记权和原产地名称权);制止不正当竞争权。

(二)广义的知识产权

世界知识产权组织对知识产权的定义,实际上是对广义的知识产权定义。除了包括狭义的知识产权中的工业产权、版权以外,还包括科学发现权,对"边缘保护对象"的保护权,以及商业秘密权等。

五、知识产权的内容

(一)著作权(版权)

著作权在促进知识的积累与交流,丰富人们的精神生活,提高全民族的科学文化素质,推动经济发展和社会进步等多方面起到了重要的作用。可以说,著作权已经渗透到我们生活的每一个角落。著作权保护不仅仅能够促进文化事业的发展,同时版权产业也已经成为经济发展的动力,成为当今世界最有活力、最具发展潜力的朝阳产业。

著作权调整的范围很广,涉及调整创作者和使用者的关系,既要充分保护作者的合法权益,又必须给作者以限制,满足公众的需要。

1. 著作权的对象(作品)

指文学、艺术和科学领域内,具有独创性并能以某种有形形式复制的智力创作成果(见表4-2)。

表4-2 著作权的对象(作品)

类 型	定 义	举 例
文字作品	以文字形式表现的作品	小说、诗词、散文、论文、技术说明书。无独创性作品,如通知、启事、请柬、电话簿不受保护
口述作品	以口头语言形式表现的作品	即兴的演说、授课、辩论等
表演艺术作品	音乐、戏剧、曲艺、舞蹈和杂技等艺术作品	戏剧:话剧、歌剧、话剧、舞剧、地方戏等。曲艺:指相声、快书、大鼓、评书等以说唱为主要形式表演的作品

续表

类　　型	定　　义	举　　例
摄影作品	借助器械在感光材料等介质上记录客观事物形象的艺术作品	
美术作品	以线条、色彩或者其他方式构成的审美意义的平面或者立体的造型艺术作品	绘画、书法、雕塑等
影视作品	将事物形象、音响摄制在一定介质上,借助适当装置放映、播放的作品	
图形作品	形象地展示事物的形状、结构和原理等内容的图形和模型作品	工程设计图、产品设计图、地图、示意图等,施工的平面图、设计图、草图和模型
实用艺术作品	具有实用功能并有审美意义的平面或者立体的造型艺术作品	戏剧服装、玩具、家具、饰品等
民间文学艺术作品	民族或种族集体创作,经世代相传,不断发展而构成的作品	民间故事、民间诗歌等,民歌、民间器乐等,民间舞蹈及戏剧等,绘画、雕塑、工艺品、编织品等
计算机软件	由计算机执行的程序及其相关文档	系统软件、应用软件等

2. 著作权权利

著作权包括两类具体的权利:著作人身权(见表4-3)和著作财产权(见表4-4)。著作人身权又称为精神权利,著作财产权又称为经济权利。

(1) 著作人身权。

表4-3　著作人身权

人身权	定　　义
发表权	指决定作品是否公之于众的权利,即是否以复制发行、表演、播放、展览、改编、摄制、翻译等方式,使作品公之于众。 作品仅在与作品有特定关系的人之间传阅征求意见,不属于发表
署名权	指作者在作品上署名表示作者身份的权利。署名有利于确定作品的作者身份。 署名可采取多种方式:既可署作者的姓名,也可署作者的笔名,或者作者自愿不署名
修改权	指对作品的内容、文字等进行修改、增删和修饰、润色等,以提高和完善原作品的权利。修改权是作者享有的修改作品或授权他人修改作品的权利
保护作品完整权	指保护作品的不受歪曲、篡改的权利。因为作品体现作者的思想、意志,如果允许他人任意改动,改变作品的整体构思,改变作品的原意,势必对作者的名誉和声望造成影响。即使作者允许对作品进行修改,也须维护作品的完整性,不得对作品进行歪曲和篡改

(2) 著作财产权。

著作财产权是指著作权人的经济权益。这种经济权益通过著作权的许可使用和转让实现。

表 4-4 著作财产权

财产权	定 义
复制权	指以印刷、复印、拓印、录音、录像、翻录、翻拍等方式将作品制成一份或者多份的权利
表演权	指人或借助技术设备,以表情、声音、动作等表演方式再现作品的内容。表演包括两类:一是活表演,即直接向公众进行现场表演;二是机械表演,即借助技术设备向公众表演再现作品
广播权	指通过无线电波、有线广播电视系统传播作品的行为。播放权是法律保护著作权人享有的通过广播电台、电视台播放其作品的权利
展览权	指公开陈列展出美术作品、摄影作品的原件或复制件的权利。根据著作权法规定,美术、摄影作品原件所有权的转移,作品的著作权不转移。但美术作品原件的展览权由原件所有人享有
发行权	指为满足公众的消费需求,以出售或者赠予方式向公众提供作品的原件或者复制件的权利。作品复制件的种类有图书、报刊、音像制品、电子出版物和电影等
改编权	指在原作品的基础上,通过改变作品的表现形式,是为了使作品适应不同传播手段的要求,创作出具有独创性的新作品的权利。原作与改编作品的区别仅在于表现形式的差异,但二者的内容基本一致,同时原著的某些独创性特点同样会反映在改编作品中
翻译权	指将作品从一种语言文字转换成另一种语言文字的权利。根据著作权法的规定,将作品翻译成他种文字的作品须经著作权人许可,并要按双方签订的合同支付报酬
汇编权	指按特定要求,选择若干作品或若干作品的片段汇集成一部作品的编辑行为。汇编作品既可以是某位作者多部作品的汇编,也可以是多位作者各自作品的汇编
摄制权	将作品摄制成视听作品的权利。根据著作权法规定,所拍摄的电影、电视、录像作品的著作权,除署名权外,其他由制片人享有
出租权	指著作权人有偿许可他人临时使用电影作品和以类似摄制电影的方法创作的(视听)作品、计算机软件(程序)的权利
信息网络传播权	是指以有线或者无线方式向公众提供作品使公众可在其个人选定的时间和地点获得作品的权利
放映权	是指通过放映机、幻灯机等技术设备公开再现美术、摄影、电影和以类似摄制电影的方法创作的(视听)作品等的权利

【例 4-5】《生日快乐歌》终于可以免费唱了!

脍炙人口的《生日快乐歌》最早名叫《大家早安》,由希尔姐弟 1893 年写成,并配上简单的旋律。后来,希尔家族将这首歌收在《幼儿园的歌曲故事》一书中,并将版权让给萨米公司。

华纳音乐从萨米公司买下这本书的版权,并且向使用者收费。只要在舞台表演、电视剧、电影或是贺卡中使用《生日快乐歌》,都得付费给华纳音乐,即使在餐厅里唱《生日快乐歌》,技术上也必须付费给华纳音乐。一般估计,华纳音乐每年可以从《生日快乐歌》中收取约 200 万美元的使用费。

2015 年,这一维持了 80 年的"惯例"被两个美国制片人打破——他们打算拍一部关于《生日快乐歌》的纪录片,但华纳索要 1500 美元版权使用费,两人一气之下将华纳告上法庭。美国洛杉矶联邦法院裁定,萨米公司当年获得的是《生日快乐歌》的"钢琴编曲版权",并非"实际歌曲",华纳并未拥有歌词版权。《生日快乐歌》从此正式免费。

3. 邻接权

邻接权,又称为"作品传播者权",是指通过传播媒体将作品内容传播给公众的传播者,对其在传播作品过程中创造的智力劳动成果依法享有的权利。即与著作权相关的因为作品传播而产生的权利,包括表演者权、录制者权、广播者权、出版者权。

著作权的邻接权是伴随着人类社会科技发展,特别是作品传播技术的发展而逐步充实、发展起来的。每一种新的作品传播技术的产生,一般都会给著作权邻接权保护带来进步与发展。

根据传播与作品的关系,还有作品的一次传播媒体和二次传播媒体之分,相应地将邻接权划分为一次传播者邻接权和二次传播者邻接权。所谓一次传播者,就是直接传播作品者,如将作品复制于载体上(出版者)、通过多种方式直接演示作品的内容(表演者、朗诵者)。所谓二次传播者,就是在传播的基础上衍生的对作品传播者,如将已经固定的物质载体作品加以传播(广播组织),对于作品演示加以记录、固定于物质载体(录制者)再加以传播。

邻接权是在著作权保护制度的前提下形成的,是由著作权派生出来的从属权利,是著作权的延伸和重要补充,它与著作权相辅相成。作者享有的著作权是传播者享有的邻接权产生的前提,但没有邻接权的保护,著作权的保护显然不够完善。它们受保护的前提也不同。著作权是只要符合法定条件,一经产生就受保护;邻接权的取得须以著作权人的授权及对作品的再利用为前提。著作权与邻接权的区别如表 4-5 所示。

表 4-5 著作权与邻接权的区别

区别点	著 作 权	邻 接 权
产生原因	产生于作品创作	传播者在作品传播中投入了资金和创造性劳动,改变了原作的表现形式
权利主体	主要是创造者,一般为自然人	社会组织,一般为录制者、广播组织者、出版者(表演者除外)
权利客体	具有独创性的作品	传播者艺术加工后的作品,如唱片、电影
权利内容	精神权利、财产权利	主要是表演者权、录音录像制作者权、广播组织权、出版者权等财产权,不包括精神权利(除表演者外)
保护前提	一经产生就受保护	须以著作权人的授权及对作品的再利用为前提

4. 侵犯著作权的民事责任

有以下侵权行为的,应当根据情况,承担停止侵害、消除影响、公开赔礼道歉、赔偿损失等民事责任。

(1) 未经著作权人许可,发表其作品的。

(2) 未经合作作者许可,将与他人合作创作的作品当作自己单独创作的作品发表的。

(3) 没有参加创作,为谋取个人名利,在他人作品上署名的。

(4) 歪曲、篡改他人作品的。

(5) 未经著作权人许可,以表演、播放、展览、发行、摄制电影、电视、录像或者改编、翻译、注释、编辑等方式使用作品的,本法另有规定的除外。

(6) 使用他人作品,未按照规定支付报酬的。

(7) 未经表演者许可,从现场直播其表演的或者公开传送其现场表演,或者录制其表演的行为。

【例4-6】 音乐喷泉引发的著作权之争

音乐喷泉通过音乐结合水柱、水型、灯光等的喷射效果,变化多端,五彩纷呈。这种视觉表达应该获得著作权法保护,否则抄袭模仿成风,不利于行业发展。

2017年北京中科恒业公司、杭州西湖风景名胜区湖滨管理处二被告,因侵犯北京中科水景公司创作的《倾国倾城》《风居住的街道》音乐喷泉作品版权,赔偿经济损失及诉讼合理支出共计9万元。

对于音乐喷泉作品到底属于何种作品类型,能不能获得著作权法保护,引发广泛关注。音乐喷泉作品本身确实具有独创性,整个音乐喷泉作品进行舞美、灯光、水形、水柱跑动等方面编辑、构思并加以展现的过程,是一个艺术创作的过程,这种作品应受到著作权法的保护。喷射效果的实现是运行计算机软件的结果,此时,客体是计算机软件,会涉及计算机软件作品的著作权问题;音乐喷泉的喷射效果是伴随着音乐的播放,此时,客体是音乐,会涉及音乐作品的著作权问题;音乐喷泉的喷射效果本身不是现行著作权法中的作品,但如果通过摄像技术记录,此时客体是录像制品或以类似摄制电影方法创作的作品,音乐喷泉作品可以构成录像制品或以类似摄制电影方法创作的作品,属于邻接权保护的对象。

(二)专利权

中文"专利"源自《国语》"容公好专利",有"垄断"含义。英文"patent"一词源自"letters patent",含有"独占"与"公开"的意思。

以"公开"换取"独占"是专利制度的核心,代表了权利与义务的两面。"独占"是指法律授予技术发明人在一段时间内享有排他性的独占权利,即专利技术的使用是有限制的,他人必须征得专利权人的许可,方可使用。"公开"是指发明人将其技术公之于众,使社会公众可以通过正常渠道获得有关专利信息。

企业将研发的新技术申请专利保护,以期将来不被对手抄袭,保护自己的知识产权。因此,一个企业拥有专利数量的多少,在某些程度上反映了企业的创新能力及法律意识强弱。

1. 专利种类与比较

我国专利法保护三种专利,即发明专利、实用新型专利和外观设计专利(见表4-6)。

表 4-6　发明与实用新型、外观设计比较

专利类型 比较	发　明	实用新型	外观设计
保护的客体	产品、方法或其改进	产品的形状、构造或者其结合	产品的形状、图案或者其结合以及色彩与形状、图案的结合
审查制度	早期公布请求审查制	初步审查	初步审查
审批流程	较长	较短	较短
权利稳定性	较高	较低	较低
保护期限	20 年	10 年	10 年

发明分为产品发明专利和方法发明专利。产品发明专利是指以物质形式出现的发明。方法发明专利是指以程序或者过程形式出现的发明,如生产方法、试验方法等。

实用新型只限于有一定形状或者构造的产品,不能是一种方法,也不能是没有固定形状的产品,如药品、化学物质等。

发明和实用新型属于技术方案,具有新颖性、创造性和实用性;外观设计则是一设计方案,具有独创性、实用性和富于美感。

实用新型与外观设计的区别:外观设计专利是指产品的外形特征,它可以是产品的立体造型,也可以是产品的表面图案或者是两者的结合,但不能是脱离具体产品的图案和图形设计。

专利权只有在法定期限内才有效,逾此期限,发明创造也进入公有领域,成为人类的共同财产。

2. 职务发明及非职务发明

职务发明:执行本单位的任务或者主要利用本单位的物质技术条件所完成的发明创造。具体指:

(1) 在本职工作中做出的发明创造。

(2) 履行本单位交付的本职工作之外的任务所完成的发明创造。

(3) 退休、调离原单位后或者劳动、人事关系终止后 1 年内做出的,与其在原单位承担的本职工作或者原单位分配的任务有关的发明创造。

非职务发明:职务发明之外,发明人或设计人申请的专利。

申请专利的权利及专利权的归属:职务发明创造申请专利的权利属于该单位,申请被批准后该单位为专利权人;非职务发明创造申请专利的权利属于发明人及设计人,申请被批准后,该发明人或设计人为专利权人。

【例 4-7】"专利哥"李群星的变身

大学四年,申请专利 142 件,获得授权发明专利 15 件、实用新型专利 90 件。中国计量学院李群星交出了一份特殊的毕业"成绩单"。

缘于入学时的一次新老生交流会,通过学长的介绍,让他对申请专利产生了浓厚的兴

趣。李群星的第一个专利是一种同时将风力传送到各个方向的电风扇。为了完成这个发明，他通过查资料、写材料，花了整整一个月才完成。之后，李群星的发明创造之路便一发而不可收，如可触屏控制电容屏式手机的手套，可自行站立的扫把，一种用餐时的餐盘与加热垫的组合，或者刀刃可旋转的菜刀……

"我有空的时候喜欢瞎琢磨，有时候不经意间发现身边某些东西存在缺陷，或是看到一些新闻报道的事故，我就会想怎么可以避免同样的问题出现。"李群星说。有段时间，他看到新闻里有司机误踩油门引发事故，于是就想到利用电子感应原理做一个防误踩油门的汽车自动装置。

李群星还有一个创业梦，即如何将他的专利成果投入市场并推广。于是，他和几个志同道合的同学一起创办了"杭州追猎科技有限公司"，并与杭州某公司签订了共计150套价值8万元的销售合同，同时与某代理商签订了产品销售代理协议，将产品推向浙江省以外的其他地区市场。

阅读材料 有关专利的误解

误解1 专利能申请成功最重要

专利申请只是专利战略的前期工作，企业如果没有战略方面的考虑是很难成功的。一般来说，一些企业通常找专利代理人申请专利，而专利代理人的目的只是专利能否申请成功，而这个专利是否有价值容易被忽视。专利是否有价值，往往通过诉讼、许可体现。专利在申请时就要考虑潜在的侵权者是谁，要站在侵权者的角度撰写专利，让专利更具威慑力。

误解2 专利"可以有"，不是"必须有"

如果企业有核心专利，竞争对手不会轻易提起诉讼。即使诉讼，最后结果也可能是和解。据统计，美国的专利诉讼大约97%最终以和解告终。和解时如果双方都持有专利，企业之间就可以进行专利交叉许可，没有专利的话只能承担经济赔偿。

误解3 专利申请的审查周期越短越好

企业可以根据自身发展需求，结合专利审查周期的特点，提早谋划申请什么类型、何时申请以及采取什么措施来保证授权时间等。获得专利权的时间应该与经济、科技发展相适应，与企业发展需求相适应。

误解4 外观设计专利不如发明专利

专利的不同类型，在不同的产业，不同的产品都可以发挥独特的重要作用。在某些情况下，如消费类产品中，外观设计专利往往发挥着决定性的作用。

误解5 专利就是为了垄断

专利根本的目的是为了实施，当一专利权期满之后，任何人都能够实施该专利而无须付出任何代价。专利权仅具有排他作用，专利权人可以自己实施，也可以许可他人实施。

误解6 技术诀窍不用公开更安全

技术诀窍既不需要公开，又属于知识产权范畴，岂不更安全？其实"技术诀窍"不能对抗专利，如第三方独立开发了同样技术，不但不能禁止使用，且他人同样技术诀窍申请并获得专利权后，会反过来约束原拥有技术诀窍的企业。

（三）商标权

商标是商品信息的载体，也是所有知名度、美誉度和价值的载体。市场是海，企业是船,商标是帆。同样,商标也是参与市场竞争和塑造企业形象的工具。

商标是商战的利器,商家竞争体现到市场上就是商品或服务质量与信誉的竞争,其表现形式就是商标知名度的竞争。商标知名度越高,其商品或服务的竞争力就越强。而质量和信誉,是一个日积月累的过程,所有的后端生产研发,前端营销推广,终极服务对象都是提供的产品或服务。

商标还是一项重要的无形资产。商标是企业资本,能为企业创造和积累财富。企业的研发、营销、服务,最后都积累并转化成了无形资产,而这个无形资产就是商标。为塑造品牌的投入,都会被品牌名称也就是商标如实承载。而这个价值,可以通过质押、转让、入股,甚至证券化等多种方式从现金或等价物上得以体现。

【例 4-8】 商标投资无限增值

在 20 世纪 90 年代,在很多人对商标没有概念的时候,一个名叫章鹏飞的浙江人,却预见了商标的商机。他一次性投入 20 多万元,成功注册了 43 个类别的 198 个"现代"商标,之后又相继注册了"鹏飞""阿宝"等商标。

2002 年,北京现代汽车上市后,要注册"现代"这个商标时,却发现早已被人注册。最终不得不找章鹏飞谈判,以现代汽车在浙江省的总经销权给他才获得"现代"转让这个商标。这个省级总经销权当时的估值是 4000 万元,章鹏飞在杭州开的一个现代汽车的 4S 店,当年的销售额就是 4 个亿。

章鹏飞阐述了自己的品牌观:企业实力是品牌生存的根本,要创品牌就要先做好做强企业,品牌是企业生命力所在,品牌需要维护、创新。章鹏飞也坦言自己的 198 个商标中有很多是自己目前没有能力涉及的行业,但并不意味着自己没有这个目标,而当你有这个能力的时候再想注册这个商标可能就为时已晚了。从章鹏飞的品牌意识中我们不难看出,拥有前瞻性思维多么重要。

1. 商标的定义

商标是指商品的生产者、经营者或者服务的提供者为了标明自己、区别他人在自己的商品或者服务上使用的可视性标志,即由文字、图形、字母、数字、三维标志、颜色和声音,以及上述要素的组合所构成的标志。经商标局核准注册的商标为注册商标,注册商标有特定的标记。

例如,公众比较熟悉的饮料商标"可口可乐"、电器商标"美的""海尔",就是区别商品来源的标志;而"中国银行""麦当劳"就是区别服务提供者的标志。

注册商标应标明"注册商标"或注册标记"®"。R 是英文 Register(注册)的字头,是国际通用的注册标记,与我国的注(注册的简称)、"注册商标"是同一含义。TM 是英文 Trademark(商业标记即商标)的缩写字头,在国际上广泛使用,主要是告诉他人该图形或文字是作为商标使用的,警示其他生产厂商不得擅自使用。由于我国实行注册原则,只有申请并注册成功后才能取得商标专用权,才能得到法律保护。

2. 商标的特征

(1) 具有显著性,是区别于他人商品或服务的标志,从而便于消费者识别。商标是用于商品或服务上的标记,与商品或服务不能分离,并依附于商品或服务。

(2) 具有独占性,使用商标的目的是为了区别与他人的商品来源或服务项目,便于消费者识别。所以,注册商标所有人对其商标具有专用权、独占权,未经注册商标所有人许可，他人不得擅自使用。否则，即构成侵犯注册商标所有人的商标权，将承担相应的法律责任。

（3）具有价值性，商标代表着商标所有人生产或经营的质量信誉和企业信誉、形象，商标所有人通过商标的创意、设计、申请注册、广告宣传及使用，使商标具有了价值，也增加了商品的附加值。商标的价值可以通过评估确定。商标可以有偿转让，经商标所有权人同意，许可他人使用。

（4）具有竞争性，是参与市场竞争的工具。生产经营者的竞争就是商品或服务质量与信誉的竞争，其表现形式就是商标知名度的竞争，商标知名度越高，其商品或服务的竞争力就越强。

3. 商标的种类

（1）根据标识的构成可分为文字商标、图形商标、图形与文字组合商标。

例如，"全聚德""张小泉""IBM"是文字商标，"耐克""三菱""东方航空""大白兔"是图形商标，"海尔""中国银行""三星"是图形与文字组合商标。

（2）根据用途可分为商品商标和服务商标。

例如，"小米""本田""美的"等是商品商标，"腾讯""达美航空""圆通快递"等广告、旅游、金融、保险、交通、电信、建筑、娱乐、教育、医疗、美容等行业的是服务商标。

（3）根据拥有者、使用者的不同可分为集体商标、证明商标、地理标志。

集体商标是指以团体、协会或者其他组织名义注册，供该组织成员在商事活动中使用，以表明使用者在该组织中的成员资格的标志。

例如，"涪陵榨菜""库尔勒香梨""沙县小吃"标志。

证明商标是指由对某种商品或者服务具有监督能力的组织所控制，而由该组织以外的单位或者个人使用于其商品或者服务，用以证明该商品或者服务的原产地、原料、制造方法、质量或者其他特定品质的标志。

例如，"纯羊毛""绿色食品"标志。

地理标志是指产自特定地域，所具有的质量、声誉或其他特性本质上取决于该产地的自然因素和人文因素，经审核批准以地理名称进行命名的产品。地理标志不具个体独占性、不具时间性、不可转让、可使用县名。地理标志可作为集体商标或者证明商标受到保护。

例如，"香槟酒""景德镇瓷器""阳澄湖大闸蟹""哈密瓜""普洱茶""南丰蜜橘""宣纸"等。

（4）根据使用动机可分为联合商标、防御商标。

联合商标是在同一种商品或类似商品上注册的与主商标相近似的一系列商标，目的是保护正商标，防止他人使用或注册与正商标相近似的商标。

例如，"娃哈哈""哈哈娃""哈娃娃""娃娃哈"。

防御商标是同一商标所有人在非同种商品上注册同一个著名商标，以防止他人使用著名商标，造成不良影响的商标。既有防止消费者误认来源的作用，又有防止淡化其商标的作用。

例如，海尔企业在34种商品、8种服务类别上均注册"海尔"商标。

（5）根据使用方式可分为主商标、子商标。

例如，三星手机使用公司商号"SAMSUNG"作为主商标，使用"GALAXY"等作为子商标。

（6）根据载体可分为平面商标、立体商标、音响商标、气味商标等。

例如，"皇家礼炮"立体商标、"恒源祥"音响商标。

（7）根据管理可分为注册商标和未注册商标。

4. 不能作为商标使用的标志

（1）同中华人民共和国的国家名称、国旗、国徽、军旗、勋章相同或者近似的，以及同中央国家机关所在地特定地点的名称或者标志性建筑物的名称、图形相同的。

（2）同外国的国家名称、国旗、国徽、军旗相同或者近似的。

（3）同国际组织的名称、旗帜、徽记相同或者近似的。

（4）与表明实施控制、予以保证的官方标志、检验印记相同或者近似的，但经授权的除外。

例如，中国质量认证"CCC"、欧盟质量认证"CE"标志。

（5）同"红十字""红新月"的名称、标志相同或者近似的。

（6）有民族歧视性的。

例如，"黑人"牌鞋油。

（7）夸大宣传并带有欺骗性的。

例如，"神效王"灭蟑药。

（8）有害于社会主义道德风尚或者有其他不良影响的。

例如，"乡巴佬"白酒商标、"布什"尿不湿商标。

县级以上行政区划的地名或者公众知晓的外国地名，不得作为商标。但是，地名具有其他含义的，如"凤凰""红河"商标。已经注册的使用地名的商标继续有效。

5. 不得作为商标注册的标志

（1）仅有本商品的通用名称、图形、型号的。

例如，计算机不能用"计算机"或"电脑"申请注册其商标。

（2）仅仅直接表示商品的质量、主要原料、功能、用途、重量、数量及其他特点的。

例如，"华丽"牌（服装）、"健康"牌（药品）、"学习"牌（文具）、"运动"牌（体育用品）商标。"亮丽 HENNA"申请美发商标被驳回，因为 Henna 是草本植物原料的名称，亮丽暗示质量好。

（3）缺乏显著特征的。

6. 驰名商标

据联合国工业计划署统计，占世界品牌不到3%的驰名品牌，获得了世界50%的销售市场份额。驰名商标的多少成为一个国家竞争力的衡量标准。美国通过可口可乐、麦当劳、耐克、苹果、微软等驰名商标在全世界获取了高额利润。美国60%的GDP由驰名商标企业所贡献。

驰名商标是指经过长期使用，在市场上享有较高信誉并为公众熟知的商标。驰名商标具有较强的识别能力、商品或服务质量优良等特点。驰名商标不仅是一种含金量极高的荣誉，更是市场和法律对其知名度、美誉度远高于普通商标的肯定，是企业获得更大市场的利器,可持续性发展的原动力。

认定驰名商标应当考虑以下因素:①相关公众对该商标的知晓程度;②该商标使用的持续时间;③该商标的任何宣传工作的持续时间、程度和地理范围;④该商标作为驰名商标受保护的记录;⑤该商标驰名的其他因素。

在我国,认定驰名商标主动认定(行政认定),即通过商标局认定,在商标注册、使用与评审过程中产生争议时,国家工商行政管理总局商标局与商标评审委员会(现更名为"国家知识产权局")根据当事人的请求,依据具体事实认定其商标是否构成驰名商标;被动认定(司法认定),这在某种程度上反映了企业商标意识、品牌意识的增强,对于企业的知识产权维权具有积极意义。司法认定在地方中级人民法院完成,使驰名商标的认定更为便利,因而已成为许多企业的首选方式。

【例 4-9】 全球最具价值品牌

世界品牌实验室(World Brand Lab)发布 2017 年度"世界品牌 500 强"排行榜:2016 年的亚军谷歌自发布人工智能战略后,在科技的道路上越走越坚定,一举击败苹果重返宝座。苹果退居第二,亚马逊在新零售模式中稳步推进,继续保持季军的位置。

连续 14 年发布的"世界品牌 500 强"排行榜评判的依据是品牌的世界影响力。品牌影响力是指品牌开拓市场、占领市场并获得利润的能力。按照品牌影响力的三项关键指标,即市场占有率、品牌忠诚度和全球领导力,世界品牌实验室对全球 8000 个知名品牌进行了评分,最终推出世界最具影响力的 500 个品牌。

2017 年"世界品牌 500 强"排行榜入选国家共计 28 个。从品牌数量的国家分布看,美国占据 500 强中的 233 席,继续保持品牌大国风范;欧洲传统强国法国和英国分别有 40 个和 39 个品牌上榜,分列二、三位。日本、中国、德国、瑞士和意大利是品牌大国的第二阵营,分别有 38 个、37 个、26 个、21 个和 14 个品牌入选。由此可见,即使欧洲经济低迷,但欧美国家的超级品牌似乎依然坚挺。中国有 37 个品牌入选,表现亮眼的品牌有国家电网、腾讯、海尔、华为、青岛啤酒、五粮液、中国国航、中国太平。但相对于 13 亿人口大国和世界第二大经济体,中国品牌显然还处于"第三世界"。

(四)商业秘密

凡是对企业有利,能在竞争中获胜,经企业有意进行保密的"信息",并采取了保密措施的,都是商业秘密。世界不缺少美,缺少的是发现美的眼睛。企业不会没有商业秘密,缺少的是发现商业秘密的眼睛。企业必须在日常管理中注意商业秘密的积累,才有可能知悉、产生、管理、维护自己的商业秘密。在开放与竞争的市场中,保护商业秘密就是保护企业的"饭碗"。

1. 商业秘密的概念

商业秘密,是指不为公众所知悉、能为权利人带来经济利益,具有实用性并经权利人采取保密措施的技术信息和经营信息。

其中,不为公众所知悉,是指该信息是不能从公开渠道直接获取的;能为权利人带来经济利益,具有实用性,是指该信息能为权利人带来现实的或者潜在的经济利益或者竞争优势;权利人采取保密措施,包括订立保密协议,建立保密制度及采取其他合理的保密措施,这也是商业秘密的构成要件。

2. 商业秘密的分类

商业秘密可以分为技术信息和经营信息两大类。

技术信息主要包括技术设计、技术样品、质量控制、应用试验、工艺流程、工业配方、化学配方、制作工艺、制作方法、计算机程序等。作为技术信息的商业秘密，也被称作技术秘密、专有技术、非专利技术等，在国际贸易中往往被称为 know-how。

经营信息主要包括发展规划、竞争方案、管理诀窍、客户名单、货源、产销策略、财务状况、投融资计划、标书标底、谈判方案等。

阅读材料　容易被忽略的商业秘密

（1）工艺程序。有时几个不同的设备，尽管其本身属于公知范畴，但经特定组合，产生新工艺和先进的操作方法，也可能成为商业秘密。如一家企业在生产优质钢部件过程中，有一个连续浇铸的程序，该程序是在浇铸这道工序上工作多年的基础上摸索出的一种生产率更高的操作方法，并且这一方法还不为他人所知，该程序就是一项商业秘密。许多技术诀窍就属于这一类型的商业秘密。

（2）机器设备的改进。在公开的市场上购买的机器、设备不是商业秘密，但是经企业的技术人员对其进行技术改进，使其具有更多用途或更高效率，那么这个改进也是商业秘密。

（3）客户名单。客户名单是商业秘密中非常重要的组成部分，一般是指客户的名称、地址、联系方式以及交易的习惯、意向、内容等构成的区别于相关公知信息的特殊客户信息，包括汇集众多客户的客户名册，以及保持长期稳定交易关系的特定客户。这是因为客户名单不为公众所知悉，并不是客户自身具有秘密性，而是指经营者与客户的具体交易关系具有秘密性。这一信息被竞争者知晓后，势必对自己不利。

（4）记录了研发活动内容的文件，如蓝图、图样、实验结果、设计文件、技术标准、检验原则等，都是商业秘密。

（5）企业内部文件。与企业各种重要经营活动有关联的文件，如采购计划、供应商清单、销售计划、销售方法、会计财务报表、分配方案等都是企业的商业秘密。

（6）第三方商业秘密。按照法律和协议，企业对第三方的商业秘密负有保密责任，如在商业合作中了解到的其他企业的商业秘密。要像管理自己的商业秘密一样加以保护，否则，一旦泄露需要承担相应的法律责任。

【例4-10】　舌尖上的美味被复制

2016年5月，老干妈公司发现，本地另一家食品加工企业生产的一款产品与老干妈品牌同款产品相似度极高。这一事件立即引起了老干妈公司的警觉，认为此现象的出现很可能源于重大商业秘密泄露。

经过进一步调查，老干妈公司发现涉嫌窃取此类技术的企业从未涉足过该技术领域，也没有此类技术的研发能力。而且，老干妈公司从未向任何一家企业或个人转让过这类产品的制造技术。由此，警方和老干妈公司断定，有人非法披露并使用了老干妈公司的商业秘密。

辞职员工贾某在老干妈公司已工作十年以上，曾任质量部技术员、工程师等要职，任职期间与公司签订过保密协议和竞业限制协议。贵阳警方历经3个多月的缜密侦查，从贾某的电脑和硬盘里查获大量老干妈公司的内部商业信息，成功破获老干妈公司商业秘密泄露案件,抓获犯罪嫌疑人贾某。

思考题

1. 著作权规定的作品种类有哪些?
2. 著作权有哪些具体的人身权和财产权?
3. 商标有哪些种类? 驰名商标是如何认定的?
4. 商业秘密包含哪些内容?
5. 简述你在日常生活中了解的著作权、专利权、商标权、商业秘密各一个案例。
6. 如何理解知识产权制度中创造者、投资人与社会公众之间的关系?

第二节 专利与专利制度

专利制度是依据专利法而形成的保护发明创造人的利益,鼓励发明创造,促进发明创造成果推广应用,从而推动技术进步和经济发展的法律制度。20世纪初期,企业之间的竞争主要凭借资本、资源和劳动力。20世纪60年代以来,西方发达国家经济的增长大部分来自科学技术,有的国家达到60%,甚至80%。美国富豪排行榜中,过去工业时代的汽车大王、石油大王逐渐被芯片、软件的科技精英所取代。在当今社会,知识经济的发展动力在于科技创新活动,而科技创新活动离不开产权制度,包括知识产权的制度创新。在经济增长过程中,有两个因素最为重要,一个是技术创新因素,一个是制度创新因素。制度创新,实际上指的是法律制度的改革和发展。专利发展的历史,也就是科技进步、科技创新的历史。专利权人通过开发、许可、转让权利,获得丰厚利润,发明创造才有积极性;而竞争者通过改进技术,进行技术创新,获得保护,促进更高一个层次的竞争。专利制度对一个国家的科技进步和经济发展起着举足轻重的作用。

【例 4-11】 日常生活样样离不开专利

专利通俗易懂地说分三种:发明是史无前例的产品和方法,如鼠标;实用新型是开启产品的新用途,如无线、侧方按键功能;外观专利是对产品外观结构和形状、颜色等的保护,正如你看到的不同形状的鼠标。生活中,我们接触的所有物品,都是从无到有的专利。

专利让饮食更时尚。餐桌、餐具、饮料、厨具和菜单,如果没有发明筷子,是不是所有人都要学人家用手抓饭? 享受着花色不同的茶具,心情是否也能随意变化? 不愿意出去,网上、手机就能订餐,这些新的订餐方式,就是21世纪的产物。

专利让购物更安全。琳琅满目的商品,微信叫卖的商家,淘宝展示的信用,哪一个最让你信得过? 如果没有,那看看打上"专利"字样的产品是如何火爆的。大众所知道的那些电子产品,是和专利关系最密切的,简直是专利的战场。一次又一次全新的体验,就是一场又一场专利保卫战。我买的是其与众不同,而其不同就是专利的资本。

专利,正以润物无声的姿态,占领生活的每一处空间(学校、商场、饭店、车站、办公场所、公共场所)。它也许不那么神秘,就是一个个小物件,正是这一件件看似平常的物品,却点亮了人们的生活,成为人们生命中不可或缺的一部分。专利,开启的不仅仅是便利的生活,更是人类社会变革的标志。

一、专利制度的起源与发展

专利制度源于中世纪的西欧。为了刺激商品经济的发展,一些国家的王室便开始赐予商人和制造新产品的手工业者在一定时期内免税经营的权利或独家专门制造、贩卖某种商品的权利。这种具有独占性的权利,就是专利制度的萌芽。

1236年,英国亨利三世给波尔多市的一位市民授予了15年制作各种色布的垄断权,该项权利被认为是世界上最原始的专利。1324年至1377年间,在英国爱德华二世至三世统治期间,很多外国织布工人及矿工作为新技术的引进者被授予使用该技术的专有权,即垄断权,以鼓励他们在英国创业,这促使英国从畜牧业国家向工业化国家发展。

1474年,威尼斯制定了世界上第一部《专利法》,目的是为了吸引和鼓励发明创造。但是它并不是真正现代意义上的专利法,因为它的出发点是将工艺师们的技艺当作准技术秘密加以保护,只在当地同领域工艺师之间传授;而对外国工艺师们严格保密,只有接受这一出发点才可能获得专利并得到保护。从1475年到16世纪,在威尼斯许多重要的工业发明,如提水机、碾米机、排水机、运河开凿机等被授予10年的特许证。物理学家伽利略发明的以单匹马提升水的方法在1594年被授予专利。

15世纪到19世纪,以英国为代表的资本主义国家为适应引进技术,建立新工业的需要,在实行专利制度方面进行了有益的探索,为世界各国树立了典范,带动了世界范围内专利制度的迅速推广。在伊丽莎白女王统治时期,专利授权活动出现小的高潮,1561—1590年间,英王批准了有关刀、肥皂、纸张、硝石、皮革等物品制造方法的50项专利。

1624年是专利史上重要的一年,英国的《垄断法》(专利法)开始实施。《垄断法》被公认为现代专利法的鼻祖,它明确规定了专利法的一些基本范畴,如专利授予最先发明的人,专利权人在国内有权制造、使用其垄断发明的物品和方法,专利保护期为14年,专利不得引起价格上涨,不得有碍交易、违反法律或损害国家利益等。这些范畴对于今天的专利法仍有很大影响。其后,欧美其他国家纷纷效仿。

美国于1790年颁布了专利法,它是当时最系统、最全面的专利法。随后,大多数工业化国家都颁布了本国专利法,它们是:法国(1791年)、荷兰(1809年)、俄罗斯(1812年)、印度(1859年)、加拿大(1869年)、德国(1877年)、日本(1885年)。

19世纪80年代,为了实行专利制度,日本政府派高桥是清去欧美考察专利商标制度。高桥是清访问美国后,说了一段意义深刻的话:我们环顾四周,寻找世界上最强大的国家,我们找到了美国,并问自己,是什么使美国成为强大的国家,我们经过调查才发现,那就是专利,我们也要有专利。1885年,日本公布了《专卖特许条例》(专利法)。高桥是清被任命为日本的第一任专卖特许所长(即专利局长)。

德国19世纪的宰相俾斯麦,在众多小公国统一为德意志联邦国家的6年之后,当机立断,于1877年颁布了统一的专利法,使德国工业取得突飞猛进的发展,引起各国的瞩目。

阅读材料　名人与专利

美国第十六任总统林肯曾获得过美国专利,这在世界专利史上成为佳话。林肯更留下名言——"专利制度是给天才之火加上利润之油"(The patent system has added the fuel of interest to the fire of genius.)。第三任总统杰斐逊就任总统前曾是美国专利局第一任局长。美国宪法第一条第八款规定版权和专利权,也是出于第一任总统华盛顿和第三任总统杰斐逊竭力提倡的结果。

诺贝尔能够留下巨额财产作为设立诺贝尔奖的基金奖励为人类进步做出某种特殊贡献的人,是因为他于1867年成功研制硅藻土甘油炸药,使原来极不稳定的硝化甘油炸药易于运输和储存,1880年更研制出无烟炸药。诺贝尔一生中拥有351项专利权,并因此致富。

爱因斯坦是20世纪最伟大的科学家之一,但很多人不知道爱因斯坦和专利也有很深的渊源:1902年6月到1909年7月,爱因斯坦一直在瑞士专利局从事专利审查工作。这项工作,给了爱因斯坦一个相对稳定的生活。三年后,也就是1905年,爱因斯坦作为一个专利局的审查员,接连发表了3篇重要的论文,奠定了相对论的基础,后来1905年被称为"爱因斯坦奇迹年"。专利审查员们常说的一句话就是:"以从事着爱因斯坦曾经从事过的工作为荣!"其中典故就来自这里。

1883年,第一个有关工业产权(专利、商标等)保护的国际公约——《保护工业产权巴黎公约》缔结,规定了"国民待遇"原则和"国际优先权"原则,为一个国家的国民在其他国家取得专利权提供了便利。专利制度在一定程度上突破了地域性的限制,让外国与本国的发明创造享受同等的法律保护,这对尊重知识成果是一大进步,也是专利制度国际化的萌芽。此后,一系列多边保护专利或工业产权的国际或地区性条约先后签订,如1970年的《专利合作条约》、1971年的《国际专利分类斯特拉斯堡协定》以及1991年达成的《与贸易有关的知识产权协定》(TRIPs),专利制度的国际一体化进入了崭新的发展阶段。到目前为止,世界上已经有180多个国家和地区建立起了自己的专利制度。如此一来,专利法律制度成为一种世界性的法律制度。

美国经济学家曼斯菲尔德研究统计:如果没有专利保护,60%的药品发明不出来,65%不能被应用,38%化学发明不能研究出来,30%得不到应用。德国的调查得出:没有专利保护,21%发明搞不出来。发达国家60%发明、新技术来自中小企业、个体发明者,专利制度使他们能与大企业公平竞争。

专利制度是制度文明的典范。专利制度在于形成一种导向作用,鼓励、吸引人们尽自己的能力朝这个方向努力,形成一种全社会的合力,使整个社会增益,也使社会的每个成员和分子受益。从这个意义理解,专利制度类似于教育的投资。

【例4-12】 带刺铁丝网的发明

1867年,美国人约瑟夫·格利登因发明了有刺铁丝网而获得专利权。这项发明与约瑟夫在当牧羊童的经历有关。当时,约瑟夫常常一边放羊,一边看书。在他埋头读书时,牲口经常撞倒用木桩和铁丝围成的放牧栅栏,成群地跑到附近田里偷吃庄稼。牧场主对此事十分恼怒,威胁要将他辞掉。

约瑟夫经过观察发现,羊很少跨越长满尖刺的蔷薇围墙。于是,一个偷懒的想法浮上心头:何不用细铁丝做成带刺的网呢?他将细铁丝剪成5厘米长的小段,然后缠在铁丝栅栏上,并将细铁丝的末端剪成尖刺。这下想要偷吃庄稼的羊只好"望网兴叹",约瑟夫再也不必担心会被牧场主辞退了。因为他的这项发明很快就被富有商业头脑的牧场主看中,并开设了一家工厂专门生产这种新的放牧栅栏,以满足其他牧场的需要。产品上市以后,订单纷至沓来,生意很是红火。

约瑟夫做梦也没有想到,他的小发明竟然造就了这样宏大的景观,也没想到他最初用来限制羊的带刺铁丝网,不久就被用来限制人了:带刺铁丝网除了在监狱、集中营、战俘营中用来圈住人外,还在战场上得到了广泛应用。有人将这种铁丝网列为"改变世界面貌的七项专利之一",因为这项技术的创新,带来了制度的创新。有经济学家说,铁丝网催生了美国西部的早期产权制度(铁丝网帮助牧场确定了边界,并因此推动了经济和社会的发展),这才是铁丝网最大的贡献。铁丝网的发明也启示人们,新技术的创意和发明,与人们的生活方式以及制度的改变,都有直接的关联性。

二、专利的基本概念

(一)什么是专利

专利被称为生产力发展的加速器。专利一词,一般有三种含义,即专利权、申请专利的发明创造、专利文献。但专利的实质指专利权,就是由国家专利主管机关依据专利法授予申请人对其发明创造成果所享有的独占、使用、收益和处分的权利。

(二)专利制度的特征

1. 独占性

发明成果获得专利授权后,除法律另有规定外,任何单位或者个人要实施该专利都必须获得专利权人的许可,否则就构成侵权。

实践证明,正是专利权的独占性,使得发明人的辛勤劳动能够得到补偿,同时为进一步从事发明创造提供了物质条件,激发了更多的人从事发明创造。

例如,爱迪生如果没有专利保护其白炽灯的独占权,就无法为他的"电灯事业"募集到足够的资金,也无法胜过其他坐享其成的仿冒者。

2. 时间性

专利权有一定的期限,发明成果只在专利保护期限内受到法律保护。各国专利法对专利权的有效保护期限都有自己的规定,我国发明专利权的期限为20年,实用新型专利权的期限为10年,外观设计专利权的期限为15年,均自申请日起计算。

专利权超过法定期限或因故提前失效后,任何人可以自由使用。目前,全世界已公开和批准的专利申请中,已失效或保护期满的专利约3000万件,它们已成为全世界的公共财富,任何人都可以无偿使用。

3. 地域性

一项发明创造在哪个国家获得专利,就在哪个国家受到法律保护,要想在其他国家也获得保护,还需要向该国提出申请并获得授权。

1970年在华盛顿签订的《专利合作条约》(Patent Cooperation Treaty,PCT),是继《保护工业产权巴黎公约》之后专利领域最重要的国际条约,是国际专利制度发展史上的又一个里程碑。作为创新成果获得其他国家专利保护的主要途径,在申请人自愿选择的基础上,通过一次国际申请即可获得部分缔约国的专利权。这样的国际申请与分别向每个国家提出的保护申请具有同等效力。

【例4-13】 PCT排行榜折射企业竞争力

风驰电掣般行驶在冰天雪地的路面或是高速公路上的汽车,因为有了刹车防抱死系统（ABS），汽车的舒适性和安全性能得到了大幅提升。ABS系统的PCT国际专利申请就是德国罗伯特·博世集团公司提交的。一直保持良好的创新能力与排名前列的PCT国际专利申请量，成为博世集团在业界称雄的"秘诀"。2012年，博世集团提交的PCT国际专利申请为1775件，位列全球企业前5名，而且是前5名中唯一一家传统的机械制造企业。

作为衡量创新水平的重要指标，PCT国际专利申请量不但反映企业的创新能力，也代表着国家或地区在知识产权领域的话语权。2017年美国申请了56624件PCT专利，仍位居全球第一；紧随其后的是中国，以48882件专利申请数超越日本位列第二。从逐年增长的PCT国际专利申请数字的变化中可以看出，中国成为竞争力迅速提升的发展中国家。从具体企业PCT专利申请数量排名来看，来自中国的华为、中兴成为其中杰出的代表，华为和中兴通讯分别以4024件和2965件占据全球第一、第二位，领跑全球。

（三）专利制度的特点

（1）法律保护。专利制度是通过制定、实施有关法律来建立和实现的。保护发明创造者在一定时期的独占实施权，是为了让发明创造者收回投资和成本，并获得利润。

（2）科学审查。对于专利申请必须依法进行严格的、科学的审查，才有可能授权，这是保证专利质量的必要条件。

（3）公开通报。公布专利的技术内容，以避免重复研究开发，造成人力、物力、财力和智力浪费，有利于传播、交流科技信息，推动科学技术发展。

（4）国际交流。专利文献要跨越国界进行交流，专利技术可以成为无形商品通过许可贸易走向世界。

【例4-14】 小企业胜大鳄

1956年，美国人哈罗德·兰斯伯格发明了静电喷漆工艺，在许多国家申请了专利，并取得了专利权。由于应用这项技术可节省近一半的油漆，而且产品着漆均匀、光洁美观，各国企业纷纷仿造。兰斯伯格以专利法为武器，在美国和其他许多国家提出专利侵权诉讼，追究侵权者的法律责任。由于有法律保护，他均获胜诉，击败了福特汽车公司、通用汽车公司等大企业。他到日本时，侵权企业排长队来交赔偿费。400多家侵权企业支付了20多亿美元的赔偿金，1972—1976年他的公司跨入美国利润最高企业行列。

阅读材料 拥有专利的好处

1. 个人篇

对个人而言，拥有专利可以在升学、就业、晋升中增加筹码。

（1）一般高校都设有必修的课外创新实践学分，设有专利奖金，在校学生能获得基础创新学分，还更容易拿到各种奖学金，而且容易找到高薪的工作。

（2）创业者选择获得专利的项目创业容易获得投资。还可以享受优惠政策，申请创新基金。

（3）政府以及企业都有专利申请、奖励政策。如《安徽省专利发展专项资金管理办法》，已授权的中国发明专利，资助标准5000元/件；已授权的国外发明专利，资助标准2万元/件。获中国专利金奖和优秀奖的，给予重大奖励。

（4）拥有专利证书的技术人才可以用知识产权获得股权，成为企业的股东，每年都可以享受股权分红。

2.企业篇

(1)取得垄断权。申请专利可以阻止同样的发明创造获得专利。同时,如果其他企业使用了未经专利权人许可的技术,专利权人有权对其提起诉讼,要求停止侵权行为并要求赔偿损失等。

(2)赚取许可费。一项专利可"垄断"专利产品市场,获得经济效益。如果专利技术处于行业领先地位且有较大的市场份额,可以授权给其他企业使用其专利技术,从中收取合理的专利许可费用。

例如,美国施乐公司发明了图形用户界面,但未申请专利,其后微软公司及苹果公司利用图形用户界面作为其个人电脑操作系统的基础。初步估计,施乐公司损失了近10亿美元的许可费;而在另一方面,IBM公司通过转让专利,获得了17亿美元的收入。

(3)增加企业价值。专利提高了企业的品位,若该企业拥有若干有价值的专利,则企业的股价有可能提高。

例如,1997年微软公司以4.25亿美元收购一家不足6000名用户的小公司,收购价是按用户数计算的平均价格的40倍。微软公司愿意以该股价支付是因为该公司持有35件以互联网传送电视内容的重要专利。

(4)专利技术出资。作为专利权的无形资产可以直接用来投资。技术方案、外观设计等申请专利后可以给企业带来经济效益。专利可以作为资本进行注册资本出资或增资,还可以通过专利许可等方式获得实际资本累加。

(5)质押贷款。区别于传统的以不动产作为抵押物向金融机构申请贷款的方式,专利质押融资是一种新型的融资方式。企业或个人以专利权中的财产权经评估后作为质押物,向银行申请贷款。

(6)增加融资机会。一个企业或项目是否值得投资,如果企业针对其核心产品布局了专利,将对投资人产生相当大的吸引力。

(7)增强企业资质。各级政府对于高新技术企业的扶持力度越来越大,专利是有利的竞争因素。企业一旦获得认证,就能得到相应的税收优惠和科研基金支持。

三、专利的种类

(一)发明

指对产品、方法或者其改进所提出的新的技术方案。发明的特点首先是创新,要符合自然规律,要求是具体的技术方案。发明主要包括以下内容。

物品发明:指人工制造的各种制品或产品,如机器、设备、装置、产品的发明。

【例4-15】 **鼠标的诞生**

鼠标诞生于斯坦福大学,由道格拉斯·恩格尔巴特在1964年发明。工作原理是由底部的金属滚轮带动枢轴转动,由变阻器改变阻值来产生位移信号,并传至计算机。这被列为计算机自诞生以来最重大事件之一,恩格尔巴特被称为"鼠标之父"。鼠标1970年获得专利权,但他没能从这项专利获得收益。这主要因为他的鼠标专利于1987年到期,当时个人计算机革命还未发生。鼠标和它的发明人如图4-2所示。

方法发明:指将一个对象或某一物质改变为另一种对象或物质所利用的手段的发明,如化学方法、生物方法发明等,也可以是商业方法发明。

图 4-2　鼠标之父——道格拉斯·恩格尔巴特

商业方法专利种类包含通信、网络交易安全、金融与财务、企业资源管理、资金流管理、在线销售或服务以及所有与互联网络应用和电子商务相关的专利。1998 年，美国联邦巡回上诉法院对 State Street 一案的判定确认对商业方法软件予以专利保护。1996 年起，美国花旗银行先后向我国提出了 19 件与其金融产品相关的商业方法专利申请。2003 年其中的两项发明专利申请先后获得授权，引发了社会上的密切关注和广泛争议。近年来，商业方法类专利特别是电子商务、银行等领域的商业方法类申请量呈激增态势。

【例 4-16】　微信的发明

2014 年 2 月，脸书（Facebook）公司用 190 亿美元收购 WhatsApp，将"微信类"应用的热潮炒到了巅峰，而在微信的推动下，腾讯的市值从 500 亿美元，一度突破了 1500 亿美元。在这个背景下，赵建文的故事更显失意……

作为中国最早一批互联网 IT 人士，赵建文是"第九城市"前身——主旗新科技有限公司负责技术团队和项目研发的经理。如今在全球炙手可热的微信、WhatsApp、Line、KIK，都用到一种基于通信录的移动即时通信应用的根本性技术，这就是 2006 年 9 月赵建文申请的发明专利"一种基于或囊括手机电话本的即时通信方法和系统"。这件专利涉及 5 个前瞻性内容，包括：①注册过程通过短信验证码进行，或后端直接发送短信验证码到服务器端；②通过通信录进行好友（熟人）匹配/推荐；③展示好友状态（WhatsApp 已使用"状态"）；④基于 2.5G 以上的 IP 消息发送并有多媒体消息扩展性；⑤可以设置和分享个性的信息，包括昵称、签名和个人主页（类似朋友圈）。该专利 2012 年 4 月转让给腾讯公司。

物质发明：指以任何方法获得的两种或两种以上元素的合成物，如尼龙等。

用途发明：指对已知物品、方法或物质的新的利用。如一种木材杀菌剂，作为除草剂产生了意想不到的技术效果。

例如，超市被称为是零售商业的第二次革命，但很少有人知道超市是个发明专利。1917 年 10 月，美国专利局商标局批准了克拉伦斯·桑德斯的自助服务商店专利，这种自助商店占据一层楼，只设一个入口一个出口，店内所有商品均开架陈列，顾客进店取一篮子，出口是一个验货付款之处（见图 4-3）。

图 4-3　超市专利

（二）实用新型

指对产品的形状、构造或者其结合所提出的适于实用的新的技术方案。实用新型专利只保护具有一定形状的产品，没有固定形状的产品和方法以及以单纯平面图案为特征的设计不在此保护之列。实用新型专利及申请具有无须进行实质审查、审批周期短、收费低等特点。

【例 4-17】　开椰器的发明

2009 年，还在上大四的曾南春看到学校附近杂货店卖椰子的店主很辛苦地拿着砍刀去帮顾客打开椰子。他想到，海南是椰子之乡，然而人们在吃椰子时往往为开口而发愁，因为椰子壳太硬了。一般人是拿砍刀来砍掉椰子外皮，然后再开口。如果力度把握不准，则会椰汁四溅，一不小心还会伤到手。"如果利用工具，在椰子壳上钻一个小洞，不就能喝到椰子汁了吗？"他利用不锈钢角料制作了一款简易椰子开口器，赠送给隔壁卖椰子的女店主使用，对方对此赞不绝口。

曾南春研制的开椰器（见图 4-4）由一根带锯齿的空心不锈钢管构成，虽然简单但是结构巧妙，开椰子过程更加安全、快速、卫生，使普通居民在家中也可以轻易地打开椰子。

拥有专利，曾南春的团队完成了 200 万元的融资。"开椰器"只是他做椰子全产业链中的一个卖椰子的配套工具，整个产业链包括椰子种植、椰子加工厂、椰子的技术开发、后期加工和销售，主要产品有椰子油、椰子皂等高附加值的产品。

（三）外观设计

指对产品的形状、图案、色彩或者其结合做出的富有美感，并适于工业应用的新设计，即产品的样式。

图 4-4　开椰器

它包括以装饰性为主的产品,如挂毯、摆设等;功能与装饰性结合的产品,如家具、电器、鼠标(见图 4-5)等;以功能性为主的产品,如产品零部件、机械设备等。

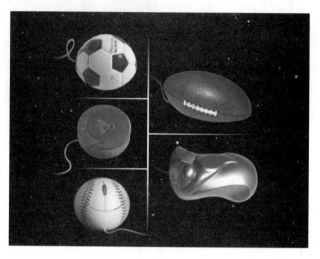

图 4-5　新型鼠标

四、授予专利权的条件

专利申请要获得授权需要满足形式条件和实质条件,形式条件主要为专利申请文件应当符合专利法及其实施细则规定的格式,并依照法定程序履行各种必要的手续;实质条件主要为授予专利权的发明和实用新型应当具备新颖性、创造性和实用性。

(一)新颖性

(1) 在申请提交到专利局以前,没有同样的发明创造在国内外出版物上公开发表过。这里的出版物,不仅包括书籍、报刊等纸件,也包括录音带、录像带及唱片等音、影件。

(2) 在国内没有公开使用过,或者以其他方式为公众所知。所谓公开使用过,是指以商品形式销售或用技术交流等方式进行传播、应用,乃至通过电视和广播为公众所知。

(3) 在该申请提交以前,没有同样的发明或实用新型由他人向专利局提出过申请,并且记载在以后公布的专利申请文件中。

【例 4-18】　如何理解抵触申请

北京某大学研制出一种"节能电磁铁"产品。1987 年 12 月 10 日,北京某大学向专利局提出专利申请。专利局经过审查发现:1987 年 10 月 1 日,河北某厂已有一件与北京某大学发明目的相同、产品结构基本相同的发明创造向专利局提出过申请,并且在申请日以后予以了公布,但是还没有授权。(在先申请,在后公布)

问:北京某大学的发明创造是否具有新颖性?如何理解抵触申请?

北京某大学专利申请(后申请)在申请日(12 月 10 日)之前,(河北某厂)就同样的发明已经先向专利局提出了专利申请(先申请,10 月 1 日)。即使先申请是在后申请的申请日以后公布的,也应认为后申请的发明失去了新颖性。

在抵触申请情形下,不能仅以申请日以前是否已经公开来判断新颖性。因此河北某厂的专利申请是北京某大学的抵触申请,此大学的专利不具新颖性。

授予专利权的外观设计,应当同申请日以前在国内外出版物上公开发表过或者国内公开使用过的外观设计不相同和不相近似,并不得与他人在先取得的合法权利相冲突。

判断新颖性,国际上有三种标准(见表4-7):

(1)世界新颖性,也称绝对新颖性,即提出专利申请的发明必须在申请日或优先权日之前在世界范围内未被公知公用,这就是说,未在出版物上公开发表、未公开使用,也未以其他方式为公众所知。英国、德国、法国、日本、中国等国均采用世界新颖性。

(2)本国新颖性,也称相对新颖性,即一项发明在申请日或优先权日之前在申请国范围内未被公知公用。希腊等国采用本国新颖性。

(3)混合新颖性是世界新颖性和本国新颖性的结合,介乎两者之间。即一项发明在申请日或优先权日之前在世界范围内未被公知,在申请国内未被公用,就被认为具备了新颖性。美国、澳大利亚等国采用混合新颖性。

表4-7 判断新颖性地域标准

标准 公开	书面	使用	其他	使用国家
绝对	世界	世界	世界	英、德、法、中、日、韩
相对	本国	本国	本国	希腊
混合	世界	本国	本国	美、澳

因此,在提交申请以前,申请人应当对其发明创造的新颖性进行检索,对明显没有新颖性的技术方案,就不必申请专利。

(二)创造性

指同申请提交日前的现有技术相比,对发明而言,要求具有突出的实质性特点和显著的进步;对实用新型而言,要求有实质性特点和进步。

"实质性特点"是指申请专利的发明或者实用新型在技术方案的构成上具有实质性的区别,不是在已有的技术基础上,通过逻辑分析、推理或者简单试验就能够自然而然得出的结果,而是必须经过创造性思维活动才能获得的结果。其中"突出"表明对发明专利和实用新型专利的实质性特点的要求在程度上有所不同。

"显著的进步"是指申请专利的发明或者实用新型技术方案具有良好的效果。其中"显著"表明对发明专利和实用新型专利的进步的要求在程度上有所不同。这里所说的效果具有广泛的含义,它不仅包括从技术角度来看的效果,也包括从社会意义来看的效果。例如,发明或者实用新型克服了现有技术中存在的缺点和不足、使某项已知技术有了新的用途、对提高生产力、简化制造工艺、缩短生产周期、节约原材料、降低能耗、减少环境污染有意义等,都可以认作是所要求的进步。

为了便于操作,在实践中创造了一些判断创造性的实用规则,也就是参考性判断基准。

1. 开拓性(又称首创性)发明

指全新的技术解决方案,在技术史上未曾有过先例。

例如,中国四大发明,以及蒸汽机、电灯、激光、飞机、手机、汉字激光照排等。

【例4-19】 影响世界的激光照排技术

1976年,王选教授领导的科研团队首创汉字激光照排核心技术"字形信息压缩及快速复原方法"(见图4-6),采用数字存储方式,直接研制国外尚无的第四代激光照排系统,发明了高分辨率字形的信息压缩、高速还原和输出方法等世界领先技术,成为汉字激光照排系统的技术核心。使世界最浩繁的汉字印刷业"告别铅与火,迎来光与电",被誉为"汉字印刷术的第二次发明",而王选本人被称为"当代毕昇"。由于中国当时尚未实行专利制度,为使知识产权得到保护,王选于1981年参考国外专利说明写成欧洲专利申请书(中英文),1982年递交了欧洲专利申请,1987年3月18日获准授权。

图4-6 王选正在查看活字激光照排系统的报纸胶片

2. 解决了人们一直渴望解决而长期未能解决的技术难题

指某一技术问题,人们长期渴望能有一个好的解决方案,它引起人们的高度重视和全力攻关。

例如,人们一直渴望解决的无痛而不损伤牲畜毛皮就能在牲畜身上印上永久性标记的技术问题,被一项冷冻"烙印"的方法发明成功地解决。

【例4-20】 蒂森克虏伯发明革命性的电梯

人口增长和城市化发展促使更多人来到城市,在交通和办公网络中快捷高效地运送乘客并非一件易事。德国蒂森克虏伯电梯公司创造性地发明了无缆电梯技术——MULTI系统,打破了缆绳电梯长达160年的"统治"。

它不仅是全球首款无牵引电梯系统,有多个车厢,还可以在多个方向移动,既能够水平运行也能够垂直运行的电梯有效减少等待时间,能够将井道的运输能力提升50%,有望对建筑运输方式产生颠覆性的影响(见图4-7)。

可以想象在未来如果这个电梯的运输系统足够庞大,在家坐上电梯,然后输入公司地址,人工智能算出最佳的运行线路,产生新出行方式也不是不可能的。

3. 克服了技术偏见

技术偏见是指在某段时间内、某个技术领域中,技术人员对某个技术问题普遍存在的、偏离客观事实的认识。它引导人们不去考虑其他方面的可能性,从而阻碍人们对该技术领域的研究和开发。

例如,电动机换向器与电刷间的界面,普遍认为其越光滑则接触越好,电流损耗也就

图 4-7 蒂森克虏伯的电梯横着走

小。后来一项发明将换向器表面制成有一定粗糙度的细纹,结果是其接触更好,电流损耗更小,其效果完全优于光滑表面的界面。

又如在饱和浓度之下,某催化剂浓度越高效果越好,但某极低浓度同样取得了很好的催化效果。

4. 能取得意料不到的技术效果

指发明与现有技术相比产生了"质"的变化,具有新的优越性能。

(1) 组合发明:将若干个已知要素组合为一个整体,若这种组合在完成各要素原有的功能外,还具有某种新的性能,如带橡皮擦的铅笔、望远照相机等。

例如,"深冷处理及化学镀镍-磷-稀土工艺",是将公知的深冷处理和化学镀相互组合。现有技术在深冷处理后需要对工件采用非常规温度回火处理,以消除应力,稳定组织和性能。本发明在深冷处理后,对工件不做回火或时效处理,而是在 $80℃±10℃$ 的镀液中进行化学镀,这不但省去了所说的回火或时效处理,还使该工件仍具有稳定的基体组织以及耐磨、耐蚀并与基体结合良好的镀层,这种组合发明的技术效果,预先是难以想到的。

(2) 选择发明:从现有技术公开的宽范围中,有目的地选出现有技术中未提到的窄范围或个体的发明。与公知的较大范围相比,所选择的窄范围或个体具有预料不到的技术效果。

选择发明是化学领域中常见的一种发明类型。其创造性判断主要依据发明的技术效果。如果选择发明的技术解决方案能够取得预料不到的技术效果,则具有突出的实质性特点和显著的进步,具备创造性,反之,则无创造性。

(3) 新用途发明:已知产品或方法用到新技术领域产生了出乎意料的技术效果。

例如,作为木材杀菌剂的五氯酚制剂用作除草剂而取得了意想不到的效果。

(4) 要素关系改变的发明:大小、形状、比例、尺寸等要素关系的改变,产生了突出技术效果。

例如,剪草机,其特征在于刀片斜角与公知的不同,其斜角可以保证刀片的自动研磨,而现有技术中所用刀片的角度没有自动研磨的效果。该发明通过改变要素关系,产生了预料不到的技术效果。

又如,爱迪生将白炽灯的灯丝直径由 1/32 寸(1 寸≈3.33 厘米)改为 1/64 寸,结果使光输出增加7倍,灯的寿命提高数百倍,因此具有创造性。

世界早期专利法不要求发明必须具备创造性,只要有差别,就具有新颖性,这意味着对任何有微小变化的技术都可以授予专利权,不利于鼓励人们去进行更高水平的技术创造,对技术和经济的发展不利。

【例4-21】 旷视科技突破人脸识别技术

作为一家人工智能企业,旷视科技专注于计算机视觉领域人脸识别技术的研究和商业化应用。围绕计算机视觉技术和业务需求,旷视已经申请了超过350件专利,集中70%为发明专利,并通过自研深度学习引擎建立了核心的技术壁垒。

旷视推出了全球首个开放的人脸识别云平台Face++;2013年起,旷视在人脸检测、人脸关键点定位和人脸识别评测上,接连拿下了这三项的世界第一。在最重要的互联网图片人脸识别LFW中,更是力压美国脸书公司人脸团队,在极难识别的互联网新闻图片上,获得了97.27%的准确率。旷视科技的刷脸支付被著名科技评论杂志《麻省理工科技评论》列为2017年全球十大突破性技术。

(三)实用性

指申请专利的发明创造,能够在工农业及其他行业的生产中批量制造或能够在产业上或生活中应用,并能产生积极的效果。不具备实用性的情况包括无再现性,违背自然规律,利用独特的自然条件完成的技术解决方案,无积极效果等。

实用性是授予发明、实用新型专利权的实质性条件之一,有以下参考性判断基准:

1. 再现性

指所属技术领域技术人员可以根据公开的技术内容,重复实施该技术方案,实施的结果应该是相同的。

例如,通过逐渐降低人或动物的体温,以测量人或动物对寒冷耐受程度的测量方法,不具备再现性。

2. 可实施性

指所属技术领域的技术人员可以将该技术方案在产业中加以利用和实现。缺乏技术手段,或者虽然提供了技术手段但是无法具体操作,或者虽有技术手段也可操作但是达不到所说的目的等,都属于缺乏可实施性,也就不具备实用性。

例如,一种永久动力叉车及铲车,它采用"逐级相互给力和循环补能恒动的逐力永动原理",实现了永恒运动作业。因为永动机违背自然规律,它无法在工业上制造或实施。

3. 有益性

指该技术方案的实施可以产生对社会有益的、积极的效果。污染环境、浪费能源、危害人体健康、违反国家法律和社会公德的技术方案,是不具有实用性的。

例如,脱帽动作对进入客厅的人来说是很容易完成的,脱帽机不具有实用性。

【例4-22】 "古怪"的发明

发明专利,除了阿司匹林、蒸汽机等划时代的发明,还有一些让人瞠目结舌、笑掉大牙的"古怪"发明。

小鸡戴眼镜(见图4-8)可不是因为小鸡得了近视眼,而是为了保护它的眼睛不被其他小鸡啄瞎。其发明者是个养鸡场场主。一天,他发现自己养鸡场有小鸡在抢食的时候,经常互啄对方的眼睛,有的就被啄瞎了。为了防止更多的瞎眼鸡出现,这个场主灵机一动,发明了小鸡眼镜。

此外还有"可以自动敬礼的帽子"(见图 4-9)"情人手套""胡须保护罩",等等。

 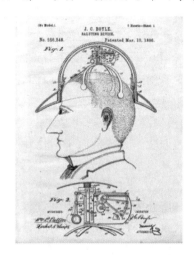

图 4-8　小鸡眼镜　　　　　　图 4-9　可以自动敬礼的帽子

五、不授予专利权的主题

(一)违反国家法律、社会公德,妨害公共利益的发明创造

专利权是国家依法授予专利权人实施其发明创造的独占权,体现了国家意志,因此违反国家法律、社会公德,妨害公共利益的发明创造,不能授予专利权。

例如,一种用以防止汽车被盗的装置采用释放催眠气体的方法,使盗车者在开车时失去控制,从而便于抓获偷盗者,但是这种装置也会给行人造成危害。

伦理道德观念的内涵随着时间的推移和社会的进步会发生变化,因此具体什么是违反社会公德的发明创造,在不同的时期或在不同的国家,其结论可能是不一样的。如在法国,赌具可授予专利。

(二)不适合采取专利保护的客体

1. 不属于专利法所说的"发明创造"范畴

(1) 科学发现。

发现仅仅是揭露自然界本来存在,但人们尚未认识的天然物质、自然现象及其变化过程、特性和规律等。单纯的发现不能取得专利,但如果将发现付诸应用,制造出一种产品,开发出一种方法,或者提供一种用途,则构成了一项发明,可以被授予专利权。

例如:卤化银在光照下有感光特性属于科学发现,而根据感光特性制造的感光胶片及胶片制造方法则属于发明。同样,巨磁电阻效应(1988 年发现、2007 年诺贝尔物理学奖)与微型硬盘的制造方法,前者属于发现,后者是发现的应用,可申请专利。

(2) 智力活动规则(包括疾病的诊断和治疗方法)。

智力活动的规则和方法仅仅指导人们对信息进行思维、识别、判断和记忆,并没有采用技术手段或者利用自然规律,也未解决技术问题和产生技术效果,因而不构成技术方案,不能被授予专利权。

(3) 疾病的诊断和治疗方法。

指以有生命的人体或者动物体为直接实施对象,进行识别、确定或消除病因或病灶的过程。

疾病的诊断和治疗方法不被授予专利权主要是出于人道主义的考虑和社会伦理的原因,医生在诊断和治疗过程中应当有选择各种方法和条件的自由。

2. 属于发明创造,但出于某种原因,不能授予专利权

(1) 动植物新品种。

生产动、植物品种的方法可以获得专利保护。这里所说的动植物品种的生产方法是指非生物学的方法。我国采取了对植物新品种的保护单独立法的做法。

专利权从来不是"天赋人权",它自始至终都是国家调节平衡利益的工具。出于对国家利益的考虑,也由于各国科技水平和生产力水平高低差异,各国专利法对不能授予专利权的技术领域所做的规定各异。如美国专利包括发明专利、新式样专利与植物专利。但随着科学技术水平的提高和生产力的发展,这种不能授予专利权的技术领域会逐步缩小。

【例 4-23】 微生物、动物授予专利

1972 年,美国通用电气公司将科学家查克拉巴蒂(Ananda M. Chakrabarty)进行的石油残留物降解的研究向美国专利商标局(USPTO)递交了微生物及其制备的专利申请。专利商标局在审议时,表示对产生新的细菌的方法授予专利,而对细菌本身拒不实行专利保护。因为当时的专利法对非植物的生物不能授予专利。由此,引发专利商标局、法院、申请人等长时间的法律论战。终于,在 1980 年 6 月 16 日,美国联邦最高法院以多数通过终审裁决,指令专利商标局授予查克拉巴蒂专利。查克拉巴蒂案标志着除植物之外的微生物本身也可以授予专利。

那么人工制出的动物呢?目前全球实验室每年进行试验需要老鼠 2500 万只,一只健康小鼠卖 3.6 美元,而一只患有糖尿病的小鼠卖 200 美元。20 世纪 80 年代哈佛大学两位科学家通过转基因技术培育出"哈佛鼠"(肿瘤鼠)。该老鼠易患乳腺癌,具有重大的科学和医学研究价值。专利意味着财富。而非常适合用于癌症研究的"哈佛鼠",其"钱"途自然不可限量。1988 年 4 月 12 日,世界上首个哺乳动物专利获批。

美国对微生物、动物授予专利的案例,印证了美国专利法奉行的理念:在阳光下,任何人工制造出来的东西,都可以申请专利(Anything under the sun that is made by man.)。

(2) 原子核变换方法获得的物质。

指用加速器、反应堆,以及其他核反应装置制造的各种放射性同位素。这些同位素不能被授予专利权。但是这些同位素的用途,以及使用的仪器、设备可以被授予专利权。

思考题

1. 专利有什么作用?
2. 专利有哪些种类?请举例说明。
3. 比较发明专利与实用新型专利的异同。
4. 什么是绝对新颖性和混合新颖性?

5. 什么是创造性?
6. 简述新颖性与创造性间的关系。
7. 实用性的含义是什么?

第三节 专利挖掘与专利申请

一、专利挖掘及其方法

(一)什么是专利挖掘

专利挖掘是指在技术研发或产品开发中,对所取得的技术成果从技术和法律层面进行剖析、整理、拆分和筛选,从创新成果中提炼出具有专利申请和保护价值的技术创新点和技术方案。

作为一项富有技巧的创造性活动,专利挖掘将技术创新以申请专利的形式确定下来,成为企业的无形资产,从而使科研过程中付出的创造性劳动得以回报。专利挖掘工作要建立在对技术创新把握的基础之上,是技术创新的后续工作,能够充分体现企业的创新能力。

通过专利挖掘,一是可以更加准确地抓住企业技术创新成果的主要发明点,提升专利申请的质量。二是对技术创新成果进行全面、充分、有效的保护,避免出现专利保护的漏洞。三是站在专利整体布局的高度,利用核心专利和外围专利相互结合进行组合,形成严密的专利网,特别是核心技术的全方位保护。四是尽早发现竞争对手有威胁的重要专利,便于企业规避专利风险。简言之,对于企业而言,做好专利挖掘,有利于实现法律权利和商业收益最大化、专利侵权风险最小化的目标。

(二)专利挖掘的方法

专利挖掘要聚焦于现有技术的差异点,与项目研发进度同步,同时要追求研发成果的价值最大化。

1. 从项目任务出发

该途径是从一个整体项目的任务出发,按以下次序进行:找出技术构成要素→分析各组成部分的技术要素→找出各技术要素的创新点→根据创新点总结技术方案(见图4-10)。

研发人员对技术背景和技术现状都非常了解。从项目任务进行专利挖掘,最好的方式是专利管理人员主动跟研发人员密切合作和深入沟通,并对他们进行培训,让研发人员具备专利基本知识和专利挖掘技巧,培养其对可申请专利的创新点的敏感性。

2. 从某一创新点出发

该途径是从某一个创新点出发,按以下次序进行:找出项目中的某一创新点→找出该创新点的关联因素→找出各关联因素的其他创新点→根据其他创新点总结技术方案(见图4-11)。

这种挖掘主要是按照专利制度的要求和专利申请的条件,围绕某些创新点进行研究,通过关联因素(如技术、材料、工艺、设备、产品等)寻找其他创新点。

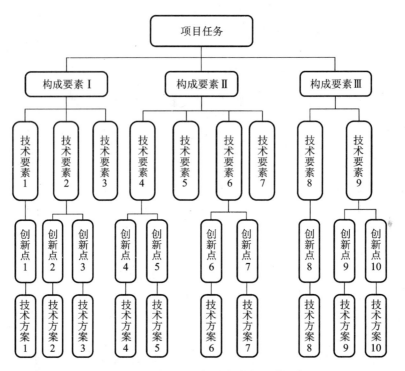

图 4-10 从项目任务出发的专利挖掘

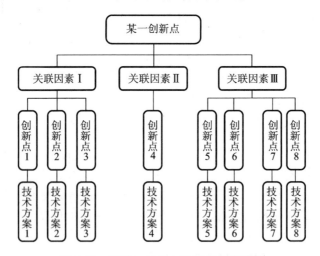

图 4-11 从某一创新点出发的专利挖掘

从某一创新点出发的专利挖掘,通常是对专利制度有充分了解的人员,也就是企业专利管理人员或专利代理人。这种挖掘也要求企业专利管理人员或专利代理人对技术内容具有一定的理解能力,能够和技术人员充分沟通。这样才能实现专利制度和技术方案的有效结合,充分挖掘各方面可申请专利的主题。

创新点的类型有开拓性创新、组合创新、选择创新、转用创新、已知产品的新用途创新、要素变更创新等。

例如,一项潜艇副翼的发明,现有技术中潜艇在潜入水中时是靠自重和水对它产生的浮力相平衡停留在任意点上,上升时靠操纵水平舱产生浮力,而飞机在航行中完全是靠主翼产生的浮力浮在空中,发明借鉴了飞机中的技术手段,将飞机的主翼用于潜艇,使潜艇在起副翼作用的可动板作用下产生升浮力或沉降力,从而极大地提升了潜艇的升降性能。

二、专利申请分析

做出发明创造,不能自然而然地取得专利权。发明创造要取得专利权,必须履行专利法所规定的专利申请手续,向国家知识产权局提交必要的申请文件,经过法定的审批程序,最后审定是否授予专利权。

2016年,我国国内发明专利拥有量首次突破100万件,是继美国和日本之后,世界上第三个国内发明专利拥有量超过百万件的国家。

(一)专利申请的可行性分析

研发人员在技术创新过程中有新方案时,不妨多问几个为什么:会不会有市场?针对这个新方案,有更多更好的方案吗?别人已经申请专利了吗?别人又是怎么做的?

别人怎么做的?这就涉及通过专利文献检索等多种途径了解现有技术状况。我为什么还要做?即与现有技术对比,我的技术方案有哪些特点?是怎么做的?即技术方案是什么?做法好在哪?就是对具体发明创造做进一步详细的说明。

在准备申请专利时,应考虑它是否属于专利法保护范围。还要确定发明创造是否具备新颖性、创造性和实用性,这是取得专利权的实质性条件。还应对有关的国内外专利文献以及已发表的非专利科技文献进行系统的专利性检索。如果所做出的发明创造不具备新颖性,或虽具备新颖性但缺乏创造性,就不应申请专利。

(二)专利申请的必要性分析

申请专利是为了对所做出的发明创造享有生产、经营方面的专有权,从而在经济上获益。因此,在决定申请专利前必须对与经济利益相关的几个因素进行分析。一是市场需求。对市场需求量大的产品或技术,预测实施以后有较大的经济效益或社会效益的,应尽早申请专利。二是仿制难易程度。对于市场需求量大又容易被他人仿制的产品或技术,应尽早申请专利,如与鼠标相关的美国专利约有1200件以上;而对难于仿制,可保密的发明创造特别是配方、工艺方法等,如"可口可乐"的配方、中草药配方,则采用"技术秘密"的方式来保护。

例如,20世纪80年代,江苏万燕公司提出应用现代数字压缩技术制作出VCD。VCD盘小、容量大,可存储音像。但万燕公司未申请专利,而且将技术方案告诉了日本公司,日立、松下等立即申请了专利。中国人再使用,日本人则提出侵权,国人这才恍然大悟。

申请专利虽然是保护发明创造的有效方式,但不一定是唯一有效的方式。要权衡多方面的利弊,选择最佳的保护方式。

(三)制定专利申请的策略

申请专利的具体策略,即要确定专利申请的种类、专利申请的时机和专利申请国。

(1)确定专利申请的种类。申请发明专利,所获得的保护期较长,但是创造性要求较高,并需要经过实质审查,审批时间较长,费用也高;申请实用新型专利,所获得的保护期较短,但所需费用较少,且不经实质审查,审批时间也较短。

(2)选择专利申请时机对申请人非常重要。包括中国在内的大多数国家的专利制度都是实行先申请的原则。因此,凡具备专利条件的发明创造,在确定了有可能和必要申请专利后,应该争取尽早申请。如果申请太迟,一旦竞争对手抢先申请,自己所做的相同主题的发明创造就会得不到应有的专利保护,这对后申请人和发明人来说是一个不可弥补的损失。

例如,我国曾成功研发抗疟疾新药青蒿素,但研究单位发表了论文而没有申请国外专利保护,结果被国外企业稍加改进抢先申请了新药专利,使我国每年因出口减少而蒙受损失。

(3) 专利的特点之一是具有地域性,即专利的有效保护范围仅限于授予专利权的国家之内。如果该发明创造在国内外都有广阔市场,经济效益好,使用面广,那么除在国内申请外,还应在国外申请专利,选择向市场前景好、技术水平高、有能力制造生产的国家提出专利申请。

【例 4-24】 井上大佑:用卡拉OK改变世界的夜晚

2004年10月1日,在美国哈佛大学举行的搞笑诺贝尔奖(IgNobel Prize)颁奖大会上,卡拉OK的发明者、日本人井上大佑因"发明卡拉OK,向人们提供了互相宽容谅解的新工具"而获得了其中的和平奖。

井上大佑出生于大阪的一个普通职员家庭,他上学时开始充当鼓手以赚取生活费。1971年,井上大佑请机械师按他的想法制成了"卡拉OK"(即日语"无人乐队")的原型机。最先做出的11台卡拉OK机很快摆上了酒吧柜台,演奏的曲目也陆续灌制进去。他用租赁卡拉OK机的盈利所得,又开发出第二、第三代卡拉OK机,以及一体化的机型……据日本卡拉OK协会统计,卡拉OK最辉煌的时候,1亿多日本国民里,卡拉OK的消费者超过6000万,该行业年销售额达160亿美元。

然而,由于卡拉OK机未申请专利,井上大佑与这笔财源失之交臂。据估计其损失超过1.5亿美元。虽然没得到巨额的财富,但井上得到了日本国民深深的尊重。1999年,井上被美国《时代》杂志评为"20世纪亚洲最具影响力的20人"之一。

现在的井上和卡拉OK产业还保持着联系:他经营着一家销售蟑螂药、蚂蚁药和灭鼠器的小公司,向卡拉OK包厢推销灭蟑药。在他看来,"卡拉OK机的故障80%是虫子引起的"。

三、专利申请文件

一项发明创造要想获得专利保护,就必须由申请人以书面形式向国家知识产权局提出申请。

(一)申请发明或实用新型专利应当提交的文件

发明专利申请应提交请求书、说明书摘要、权利要求书和说明书(必要时提交摘要附图和说明书附图)。

实用新型专利申请应提交请求书、说明书摘要、摘要附图、说明书、权利要求书和说明书附图。

1. 请求书

请求书是申请人向国家知识产权局表示授予专利权的愿望,也是申请人声明希望取得专利权的书面呈请文件。

2. 权利要求书

权利要求书应当以说明书为依据说明发明或实用新型的技术特征,清楚、简要地表述请求专利保护的范围。当发明创造被授予专利权后,权利要求书是确定发明或者实用新型专利保护范围的根据,也是判断他人是否侵权的根据。对权利要求书的撰写要求高,不但要求文字严谨,而且要有法律和技术方面的技巧。

数据显示,权利要求项数最多的是特尔莫科技有限公司的"固体碳质材料合成气生产方法及装置(CN200780021109.1)",该发明专利共有权利要求数801项;2014年美国授权专利中权利要求最多的为671项的风城创新公司(Windy City Innovations)申请的美国专利(US8694657)。

3. 说明书

说明书是用以具体说明发明或实用新型内容的技术性文件。申请人通过说明书将发明创造向公众公开,达到使所属技术领域的技术人员能够实现的程度。

发明或实用新型说明书应包括发明或实用新型的名称、所属技术领域、背景技术、发明目的、发明创造的内容、发明创造的优点及积极效果、附图说明、发明创造的实施方式。

4. 说明书摘要

发明或实用新型应当提交申请所公开内容概要的说明书摘要(限300字),有附图的还应提交说明书摘要附图。

说明书摘要是对发明或实用新型技术特征的简述,是说明书的缩影。它便于公众进行文献检索。摘要应当写明发明或实用新型所属的技术领域,说明要解决的技术问题、主要技术特征和用途。

说明书摘要只是一种技术信息,不得使用商业性宣传语,不具有法律效力。也不属于原始公开范围,不能用来解释专利权的保护范围。

专利申请文件的组成、基本要求和作用,如表4-8所示。

表4-8 专利申请文件的组成、基本要求和作用

组成			基本要求	作用
请求书			按专利局提供的格式填写	记载与申请相关的著录项目信息
权利要求书	按性质划分	产品权利要求	结构、连接关系等	应当记载发明或实用新型的技术特征,以说明书为依据,表述清楚、简明扼要	(1)以说明书为依据,说明要求专利保护的范围。(2)作为解释专利权保护范围的法律依据。(3)原始权利要求书作为修改申请文件的依据
		方法权利要求	工艺过程、操作条件、步骤或流程等		
	按形式划分	独立权利要求	前序部分		
			特征部分		
		从属权利要求	引用部分		
			限定部分		

续表

组 成			基本要求	作 用
说明书	正文	名称	清楚、完整、能够实现	(1) 充分公开申请的内容,使所属领域的技术人员能够实施。 (2) 作为审查修改的依据和侵权诉讼时解释权利要求的辅助手段。 (3) 作为专利文献检索的信息源,提供技术信息
		技术领域		
		背景技术		
		发明内容: 要解决的技术问题		
		发明内容: 技术方案		
		发明内容: 有益效果		
		附图说明		
		具体实施方式		
说明书附图			应包含要求保护的产品的形状、构造或其结合	用图形补充文字部分的描述,帮助本领域的普通技术人员理解技术特征和整体技术方案
说明书摘要			概述说明书的技术内容	(1) 技术情报,不具有法律效力。 (2) 不属于原始公开的内容,不能作为修改申请文件和解释权利要求的依据

(二)申请外观设计专利应提交的文件

由于外观设计是保护形状、图案、色彩或其结合,因此,申请外观设计专利,应当提交请求书以及该外观设计的图片或者照片等文件,同时应当写明使用该外观设计的产品及其所属的类别,必要时应有外观设计简要说明。

【例 4-25】 二维码的前世今生

1994 年,日本电装公司的腾弘原发明了二维码。公司尽管拥有二维码技术的专利权,但只针对企业用户量身定制的二维码收费。甚至在 2014 年,腾弘原在领取欧洲专利局的大奖时还语出惊人,认为"二维码最多还有十年寿命"。

2011 年,凌空网创始人徐蔚申请注册了"二维码扫一扫"专利,"采用条形码影像进行通信的方法、装置和移动终端"又相继获得了中国、美国、日本等国家的专利权。从发明二维码,日本人领跑了 18 年,却终因自己的短视,白白放弃了这只下金蛋的母鸡。

根据市场调查公司 comScore 统计,就在徐蔚最早申请专利的 2011 年,美国只有 20%、加拿大 16%、英国 12%左右的智能手机用户曾经扫过二维码。在西方普遍对二维码和移动支付感到陌生的时候,中国的移动支付应用出现了爆发式的普及。2017 年中国移动支付规模达到 12.7 万亿美元,是美国的 50 倍。

2017 年 9 月 5 日,中国发码行有限公司(徐蔚担任董事局主席)在上海总部举行了授权签约仪式。中国发码行有限公司授权美国发码行、中国台湾地区发码行使用二维码扫一扫技术专利,独家授权费用约 7 亿元人民币,且同时发码行公司享有美国、中国台湾地区被授权方 20%股权。

四、专利申请与审批

(一)专利技术交底书

专利技术交底书是发明人或申请人将自己即将申请专利的发明创造内容以书面形式提交给专利代理机构的参考文件。一份好的技术交底书有利于知识产权管理人员和代理人撰写出高质量的专利申请文件。

交底书的作用,一是启动评审程序,二是传递发明构思。技术交底书成为很多企业内部评审程序的启动依据。技术交底书一般由发明人撰写,以使专利代理人在尽量短的时间内准确掌握该发明创造的发明点和技术方案,这些内容都是专利申请文件所必不可少的。

(二)专利代理

专利代理是指在申请专利、专利许可证贸易或者解决专利纠纷的过程中,专利申请人委派专利代理人以委托人的名义,按照专利法的规定向专利局办理专利申请或其他专利事务所进行的民事法律行为。

专利申请是否要找专利代理人?回答是肯定的。实行专利制度的国家均有专利代理制度,都设有专利代理机构。国外专利申请百分之百通过专利代理完成。专利代理是专利申请人与专利局间的"桥梁"。专利代理人是经国家知识产权局考核认可、登记,专门从事专利代理业务的既懂专业技术、又懂专利法及有关规定的专门人才。

办理专利事务是一项复杂而又细致的工作,它涉及法律、经济、科技及文献等多方面的知识。在决定申请专利之前,要判断是否能够获得专利的保护,对申请内容的实施前景做出预测,以判断该技术有无申请的经济价值。此外,还要对申请的时机、种类进行分析选择。

撰写专利申请文件,没有受过专门训练和撰写实践,是很难写好的。要及时正确地完成法律规定的撰写手续和要求,就需要懂得有关发明的技术知识,掌握专利法的规定,熟悉专利业务。专利代理的专利申请一般一次合格率较高,申请文件撰写较好,可以缩短审查周期,有利于专利审查流程的管理。

在申请文件提交以后,可能还要答复审查员提出的审查意见和补正要求。如果有一个环节出了问题,就可能前功尽弃。专利代理人考虑周到细致,不仅可以避免不应有的损失,而且可以提高专利申请的质量,加快审批速度,办理各种手续及时。专利代理虽然要花费一笔代理费用,但委托人可以获取比代理费更为可观的利益,达到事半功倍的效果。

(三)专利申请

专利申请可以直接面交,或通过邮寄的方式向国家知识产权局递交专利申请,也可以通过设在地方的代办处递交专利申请。国家知识产权局于2004年3月12日建立了电子申请系统,申请人可通过国家知识产权局网站递交专利申请。

依据专利法,发明专利申请的审批程序包括受理、初审、公布、实审以及授权五个阶段。实用新型或者外观设计专利申请在审批中不进行早期公布和实质审查,只有受理、初审和授权三个阶段。专利申请、审批流程如图4-12所示。

发明专利申请、审批程序:申请文件准备(10~30天)→ 提交申请(3天内)→发明专

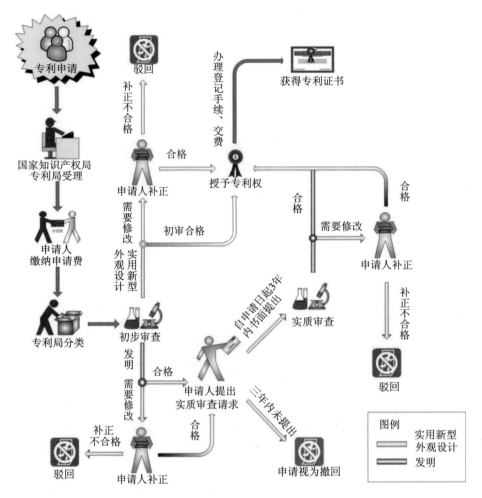

图 4-12 专利申请、审批流程

利初步审查→公布(自申请日起 18 个月期满)→发明专利实质审查→驳回或授权→缴纳费用→颁发专利证书。

实用新型、外观设计专利申请、审批程序：申请文件准备(10～30 天)→ 提交申请(3 天内)→ 实用新型、外观设计缴纳费用→ 专利初步审查→ 驳回或授权→ 缴纳费用→ 颁发专利证书。

阅读材料　利用 PCT 途径申请专利的好处

传统的通过巴黎公约向国外申请专利的途径，若要向多个国家申请，则要提交相应国家文种的专利申请文件。申请人应自优先权日起 12 个月内向多个巴黎公约成员国所在的专利局提交申请，并缴纳相应的费用。使用这种途径，申请人可能没有足够的时间去准备文件和筹集费用。

而根据 PCT 的规定，专利申请人可以通过 PCT 途径递交国际专利申请，可向多个国家申请专利。

PCT 包含国际阶段及国家阶段。国际阶段是国际申请审批程序的第一阶段，它包括国际申请的受理、形式审查、国际检索和国际公布等必经程序以及可选择的国际初步审查程序。国家阶段是国际申请审批程序的第二阶段，国家阶段在申请人希望获得专利权的国家的专利局(称作指定局或选定局)里进行。它包括办理进入国家阶段的手续和在各指定局或选定局里进行的审批程序。

国际申请进入国家阶段的主要手续是按各国规定递交国际申请文件的译本和缴纳规定的国家费用。国际申请进入国家阶段之后,由各国专利局按其专利法规规定对其进行审查,并决定是否授予专利权。

利用PCT途径申请专利有以下好处:

(1) 简化申请的手续。只需提交一份国际专利申请,就可以向多个国家申请专利,而不必向每个国家分别提交专利申请,为专利申请人向国外申请专利提供了方便。在我国,申请人可使用自己熟悉的语言(中文)撰写申请文件,并直接递交到中国国家知识产权局专利局。只需向受理局而不是向所有要求获得专利保护国家的专利局缴纳专利申请费用,简化了缴费手续。

(2) 推迟决策时间,调整申请策略。PCT申请国际阶段和国家阶段分开,使申请人有足够的时间和机会进行调整。专利申请人向国外提出普通专利申请时,必须在首次提交专利申请之日后的12个月内向每一个国家的专利局提交专利申请。而通过PCT,专利申请人可以在首次提交专利申请之后的30个月内办理国际专利申请进入每一个国家的手续,这样便延长了进入国家阶段的时间。利用这段时间,专利申请人可以对市场、对发明的商业前景以及其他因素进行调查,在花费较大资金进入国家阶段之前,决定是否继续申请外国专利。若经过调查,决定不向国外申请专利,则可以节省费用。

(3) 完善申请文件。国际阶段,PCT申请要经过国际检索机构检索,申请人会得到一份高质量的国际检索报告。该国际检索报告给出一篇或多篇现有技术文件,使得专利申请人既可以了解现有技术的状况,又可以初步判断发明是否具备授予专利的前景。如果国际申请经过了国际初步审查,专利申请人还可以得到一份国际初步审查单位做出的高标准的国际初步审查报告。如果该国际初步审查报告表明,该发明不具备新颖性、创造性和实用性,则专利申请人可以考虑不再进入国家阶段,以便节省费用。

如果要申请专利,申请人可根据国际检索报告和专利性书面意见,对申请文件进行修改,使专利权最优化、最大化。

当申请人希望以一项发明创造得到多个国家(一般在5个国家以上)保护时,适宜利用PCT途径。因为通过PCT途径仅需向中国知识产权局提出一份国际申请,免除了分别向每一个国家提出国家申请的麻烦;当申请人仅需向一个国家或者少数国家申请专利时,适宜采用巴黎公约的途径。

(四) 专利的审查制度

为了统一标准,保证质量,各国都规定了对专利申请的审查办法。我国专利法规定了发明、实用新型和外观设计的基本审查制度,即发明实行早期公布、请求审查制,实用新型和外观设计采用初步审查制。实用新型专利的一个辅助审查程序是,在涉及实用新型专利的侵权纠纷案件中,人民法院和管理专利工作的部门可以要求权利人出具由国家知识产权局出具的检索报告,从而在一定程度上弥补了实用新型专利审查制度的不足。

1963年,荷兰专利局首先采用早期公开、请求审查制,目前被包括我国在内的大部分国家采用。即专利局在对专利申请案进行形式审查之后,不立即进行实质审查,而是先将申请案公开(自申请日起18个月),申请人可以自申请日起3年时间内的任一时间请求实质审查,待申请人提出实质审查请求之后,在已公开的情况下,专利局才进行实质审查。申请人未在法定期限内提出实质审查请求,则被视为自动撤回申请。

早期公开、请求审查制的优点:一是加速了专利信息的交流,二是给申请人充分时间来考虑是否提出实质审查请求和什么时候提出实审请求,申请人中有一部分人将根据实际情况放弃实质审查请求,从申请人的角度避免了被驳回,节约了审查费用,从专利局的角度减轻了审批的工作量,使审查员能集中精力审查处理提出实审请求的专利申请案。

(五)专利授权

专利申请被批准时,被授予专利权。专利权指产品或方法专利的独占实施权,主要包括制造权、使用权、销售权、许诺销售权、进口权、许可实施权。

1. 制造权

指做出具有权利要求所记载的全部技术特征的产品,或依照专利方法直接获得的产品。

【例4-26】 电镀污水综合处理技术

电镀污水综合处理闭路循环技术与装置(专利号 ZL90225482.0、ZL90225483.9),用于电镀污水综合处理及单工种污水处理。根据测定的电镀污水在酸性条件下的氧化还原反应速度,生成氢氧化物后的残留量和氢氧化物颗粒在层流状态下的沉降速度,设计了闭路循环装置。该装置具有酸碱中和、六价铬处理和重金属离子处理三种功能。污水处理效果好,处理后的水不但符合国家标准 GB8978-88 的要求,能够回用,而且处理后水的重金属离子含量可达到生活饮用水标准,工程投资仅是国内其他处理方法的 20%~50%。项目已经在国内 90 余家电镀厂使用,曾被国家环保部门列为"100 项最佳环保实用技术",1997 年获布鲁塞尔"尤里卡"发明银奖。

只要他人未经许可而生产制造的产品与专利产品相同,无论使用什么设备装置或方法,无论制造数量多少,即构成侵权。对于制造类似的产品,如果其技术特征落入权利要求书中划定的保护范围,尽管产品看似不完全相同,也可能构成等同侵权。

【例4-27】 悬崖下的柯达与宝丽来

拥有自己的相机,随心所欲地拍摄,曾经是20世纪许多人的梦想。他们用宝丽来拍摄,等待数十秒,时间和青春被凝固在相纸上,留下那个年代毫无修饰的记忆。

1926年,宝丽来的创办者爱德温·兰德(Edwin H. Land)在哈佛大学念了一年便辍学从事"光偏振"现象的研究。他一生中共申请了500多件专利。1948年,宝丽来推出首架一次成像 Polaroid 95,1972年开发出具有革命性的 SX-70 相机。独家的产品加上独特的营销使宝丽来在市场竞争中势如破竹,令竞争对手羡慕不已。

柯达作为世界首家综合摄影公司,控制了胶卷的生产和冲印,它一方面利用廉价相机来销售更多胶卷,同时与宝丽来在即时成像市场决一雌雄。1976年,柯达向宝丽来宣战,推出了自己的即时成像相机。1980年,宝丽来公司控告柯达侵犯了它的12项快照摄影技术专利权。1990年,美国法院判定柯达侵犯宝丽来7项专利权,柯达不仅要赔偿宝丽来9.25亿美元,还要关闭工厂并召回产品。柯达的损失高达30亿美元。

当时的柯达,正是一个充满创意、活力四射的明星公司,但是美国法院还是通过使其承担巨大的败诉成本,宣示了专利制度的神圣不可侵犯。美国高科技产业正是在专利制度支持下获得了蓬勃发展。

由于在"数码革命"浪潮中慢半拍,宝丽来与柯达分别于 2006 年、2012 年申请破产保护。宝丽来的最大错误,也许是迫使柯达离开即时成像胶片市场,驱逐了一个能够有力助其做大市场的对手。

2. 使用权

指将具有权利要求所述技术特征的产品按照其技术功能付诸应用,或将依照专利方法直接获得的产品付诸应用。

【例 4-28】 瓦罐煨汤的较量

2000 年,江西的"民间瓦缸煨汤馆"在哈尔滨落户,短短几个月的时间内,引来众多食客前来品尝,在冰城掀起了一股喝汤热。

江西人爱喝汤。秦某的朋友发明了一套"煨汤加热装置"并获得实用新型专利。将这套加热装置设在大瓦缸内,将盛满各种滋补汤的小瓦罐分别放在大瓦缸内进行煨制,煨出来的汤美味无比。秦某看好这项专利技术,花 15 万元从朋友手中买下"煨汤加热装置"在哈尔滨的独家使用权。

秦某说,刚开张时,许多人都不明白这瓦缸煨汤是咋回事,我就给大家解释。再不明白,我就领着客人到后灶,让客人边品尝边看。可时间一长,一些客人来店里并不只为喝汤,而是为了学手艺。店里的菜谱总是被人偷偷撕掉,有的小瓦罐也不翼而飞。不久,"灶王瓦罐煨汤馆"也鸣锣开张了。

在哈尔滨地区享有专利使用权的秦某认为,那些使用这种瓦缸来煨汤的饭店侵犯了他的专利使用权,于是开始用法律手段维权。哈尔滨市中级人民法院判令"灶王瓦罐煨汤馆"立即停止使用这种瓦缸煨汤的加热装置。败下阵来的"灶王瓦罐煨汤馆"赔偿 15 万元后被迫离开了冰城。

3. 销售权

指专利权人有权销售其专利产品或者依照其专利方法直接获得的产品,可以许可他人销售,并有权制止他人未经许可为生产经营目的销售其专利产品或依照其专利方法直接获得的产品。

例如,聚源公司是一款家具的外观设计专利权人。张某销售、许诺销售侵犯其专利权的产品。张某抗辩称被诉侵权产品来源于佛山赛崴特家具公司。一审根据现有证据,认定被诉侵权产品由赛崴特家具公司制造,张某仅实施了销售、许诺销售行为,由于其不知道所售产品侵权,且提供了被诉侵权产品来源于赛崴特家具公司的证据,因而无须承担专利权人聚源公司经济损失的赔偿责任。

4. 许诺销售权

许诺销售指明确表示愿意销售具有权利要求所述技术特征的产品的行为,包括广告宣传,将产品陈列、展览、演示,让顾客免费试用等。

例如,2001 年广东省知识产权局要求 2 号参展商停止展出与一专利"一种带滑轮轨的窗帘圆轨道"(ZL0022799.8)相同的侵权产品。

5. 进口权

指将具有权利要求所述技术特征的产品从国外越过边境运进国内。即专利权人可以自己进口,许可他人进口或者禁止他人未经允许、为生产经营目的进口由该专利技术构成的产品,或进口包含该专利技术产品,或进口由专利方法直接生产的产品的权利。

例如,某专利权人的一种建筑涂料获得中国专利和韩国专利。他在韩国制造该涂料并已大量销售,但他在中国尚未从事生产与销售。在这种情况下,如果有人从韩国市场上购买了该涂料销售到中国,只要他事先未经专利权人的同意,就侵犯了专利权人的进口权、销售权。

6. 许可实施权

指专利权人(称许可方),通过签订合同的方式允许他人(称被许可方)在一定条件下使用其取得专利权的发明创造的全部或者部分技术的权利。一般而言,普通的财产权只能同时出租给一人使用。而对于专利权,由于其客体是无形的,权利人可同时向多人"出租"其专利。专利实施许可的种类有独占许可、排他许可、普通许可、分许可、交叉许可、专利池许可等。

例如,IBM连续20余年成为获美国专利最多的公司,一年的专利许可费收入达20亿美元。

(六)侵犯专利权的行为

发明和实用新型被授予专利权后,任何单位或者个人未经专利权人许可,都不得实施其专利,即不得为生产经营目的制造、使用、许诺销售、销售、进口其专利产品,或者使用其专利方法以及使用、许诺销售、销售、进口依照该专利方法直接获得的产品。

外观设计专利权被授予后,任何单位或者个人未经专利权人许可,都不得实施其专利,即不得为生产经营目的制造、销售、进口其外观设计专利产品。

1. 直接侵权行为

(1)未经专利权人许可实施其专利。

(2)假冒专利,在自己产品上打上专利权人的专利标记或专利号,影响了专利权人的信誉,损害了消费者的利益;或者使用虚构的专利号、申请号或其他专利标记,用于欺骗公众,非法获利。

(3)未经许可,在合同中使用他人的专利号,使人将合同涉及的技术误认为是他人的专利技术。

(4)伪造或者变造他人的专利证书、专利文件或者专利申请文件。

2. 间接侵权行为

(1)未经专利权人许可,以生产经营为目的的制造、出售专门用于专利产品的关键部件或者专门用于实施专利方法的设备或材料。

(2)未经专利权人授权或委托,擅自许可或者委托他人实施专利。

侵犯专利权的一方应停止侵权、没收违法所得、赔偿专利人损失、处以罚款。情节严重的,则构成犯罪,可依法追究刑事责任。

【例4-29】 正泰和施耐德专利侵权案达成全球和解

浙江正泰集团是我国低压电器行业的领军企业,法国施耐德则是全球最大的低压电器供应商之一。2006年8月,正泰集团将施耐德电气低压(天津)有限公司及其经销商宁波保税区斯达电气设备公司乐清分公司告上法庭,称对方销售的5款产品侵犯了正泰拥有的"高分断小型断路器"的产品专利,要求法院判令被告停止侵权行为,并赔偿3.3亿余元。

施耐德与正泰集团的交锋由来已久。20世纪90年代中期开始,施耐德多次向正泰发出并购方案,先后提出以80%、51%、50%的比例控股正泰,均遭拒绝。10多年间,施耐德针对正泰的专利侵权诉讼约有20起。

2009年4月,正泰集团和施耐德达成和解,以施耐德在尊重正泰专利的基础上,补偿正泰1.575亿元告终。

3. 侵权行为的构成条件

(1) 未经专利权人许可擅自实施其专利的行为(证据)。
(2) 为生产经营目的(营利)。
(3) 实施了制造、使用、许诺销售、销售和进口等行为(基础)。
(4) 落入专利保护范围(相同或近似性、等同原则)。
(5) 专利必须为有效专利(前提)。

【例4-30】"冷却塔用水冷式风机"侵权案

2008年6月,南京星飞冷却设备有限公司(下称南京星飞公司)以东莞某冷却设备厂、巴陵石化公司侵犯其名称为"冷却塔用水冷式风机"(专利号ZL98113099.2)的发明专利为由,将上述两公司起诉到长沙市中级人民法院,请求法院判令两被告立即停止专利侵权行为并赔偿原告50万元,承担本案诉讼费。

在此案的审理中,被告东莞某冷却设备厂认为:涉案产品是其自主研究开发的,并没有引用原告的技术,双方技术结构特点有明显的区别;其生产的产品具有的导流均水分配器,比原告的专利产品具有更优越的性能,因此,两者的必要技术特征不一致,其产品没有落入原告专利的保护范围,不存在侵权行为。

而另一被告巴陵石化公司则认为,其使用的水轮机产品是从东莞某冷却设备厂购买的,无论是购置形式还是产品来源都是合法的,因此,该产品不管是否侵权,依法该公司都不应承担责任。

经过审理,长沙市中院认为:经比对,被告东莞某冷却设备厂生产的涉案水轮机技术5处特征与原告涉案专利权利要求书中记载的技术方案的全部必要技术特征完全相同,被控侵权产品的技术特征完全落入了原告涉案专利的保护范围。

被告东莞某冷却设备厂答辩所称,其产品整个性能比原告的专利产品更优越。但这实际上就是在原告涉案专利的基础上增加了一个导流均水分配器,它相当于增加了一个新的技术特征,该产品的技术特征仍然覆盖了涉案专利的全部技术特征,根据专利法规定的"全面覆盖原则",其行为亦构成侵权。

长沙市中级人民法院做出判决:上述两被告因分别制造、销售或使用了原告涉案专利权的产品,应立即停止侵犯原告发明专利权的行为,被告东莞某冷却设备厂赔偿原告经济损失30万元,驳回原告的其他诉讼请求。

思考题

1. 申请实用新型专利要提交哪些文件?
2. 专利挖掘起什么作用?
3. 申请专利要准备哪些文件?它们各有什么作用?

4. 专利权包括哪些内容？

5. 专利侵权的构成条件是什么？

第四节　专利申请文件撰写

专利申请文件的撰写质量会直接影响到专利的审批，也同样会影响授权后专利的稳定性。在实审程序中，如果专利申请的技术内容没有充分公开，权利要求缺少解决技术问题的必要技术特征或得不到说明书的支持等，将影响到专利权的获得。

权利要求书和说明书是统一的整体，在整体构思上并无先后顺序之分。撰写时宜先写权利要求书，后写说明书。实际撰写中，权利要求书和说明书往往不是一次定稿，会根据后写的一部分内容修改在先完成的那一部分内容，使其不断完善。

【例4-31】　补人工心脏专利申请的短板

上海盛知华知识产权服务有限公司采用"一个良好的合作平台＋一批待转化的科技成果＋一笔不大的启动资金"专利运营模式，将一件有关人工心脏的专利许可给国内一家企业，交易金额达5.4亿元。这项技术虽属国际领先，但只有1件发明专利和3件实用新型专利，且法律状态和权利要求的情况都不甚理想，以至于没有企业愿意主动接洽。盛知华公司历经反复的专利检索分析后，终于发现该发明尚有一个重要的技术创新点还未提交过专利申请，于是立即补上短板，由此使得该项目获得了企业的青睐。

一、权利要求书撰写

在权利要求书、说明书中，权利要求书处于主导的地位，它限定了专利权的保护范围。判断新颖性和创造性是以权利要求所限定的技术方案为准，而不是以说明书记载的内容为准。另外，权利要求书的内容与说明书的内容不能相互脱节，两者之间应当有一种密切的关联。

（一）权利要求书的类型

权利要求书按性质可分为产品权利要求书和方法权利要求书，按形式可分为独立权利要求书和从属权利要求书。

1. 按性质划分

（1）产品权利要求书（物的权利要求：物品、物质、材料）。

例如，工具、装置、设备、仪器、部件、元件、线路、合金、涂料、水泥、玻璃、组合物、化合物。

产品权利要求书应当描述产品的结构特征，可以描述产品具体的部件，部件的不同形状，各部件的连接关系，相互之间的作用。一般应当尽量避免使用功能或效果特征来限定，只有当该产品难以用结构特征来进行描述，而用方法技术特征来描述该产品更为清楚时，可以使用功能、效果或制作方法来限定产品，尽量不要出现纯功能性的权利要求。

（2）方法权利要求书（活动的权利要求：有时空要素的活动，也就是有时间上的先后顺序，空间上的不同地点或移动）。

例如，制造方法、使用方法、通信方法、处理方法、安装方法以及将产品用于特定用途的方法。

方法权利要求书应当用工艺过程、操作条件、步骤或流程等来描述。有时方法权利要求也可以有产品结构特征。

例如,一种加工方法中用到了粉碎机,并表述了该粉碎机的特定的结构,但该粉碎机的结构对该方法权利要求的新颖性和创造性没有任何影响,表述的方法权利要求也可以出现结构特征,但结构特征不起主导作用。

2. 按形式划分

权利要求书按形式可分为独立权利要求书和从属权利要求书。

独立权利要求书应当从整体上反映发明或者实用新型的技术方案,记载解决技术问题的必要技术特征。

如果一项权利要求包含了另一项同类型的权利要求中的所有技术特征,且对该另一项权利要求的技术方案做了进一步限定,则该权利要求为从属权利要求书。从属权利要求书应当用附加的技术特征,对引用的权利要求做进一步限定。

附加技术特征发明或者实用新型为解决其技术问题所不可缺少的技术特征之外再附加的技术特征:与所解决的技术问题有关,可以是对引用权利要求中的技术特征做进一步限定的技术特征,也可以是增加的技术特征。

(二)权利要求书的基本要求

权利要求还应当以说明书为依据,清楚、简要地限定要求专利保护的范围。权利要求要以说明书为依据,是指每项权利要求应当得到说明书的支持,也就是说,每一项权利要求所要求保护的技术方案应当是所属技术领域的技术人员能够从说明书中公开的内容直接得到或者概括得出的技术方案。

1. 权利要求的保护范围应当清楚

权利要求中记载的各个技术特征以及各个技术特征之间的关系应当清楚,不能仅仅罗列所采用的元件、部件的名称,而缺少对它们之间的必要的关联和配合方式的描述。

例如,一种柱挂式广告板,其包括面板和紧固装置,其特征在于:该紧固装置包括凸块和束带……。(仅仅是元件的罗列,没有相互关系)

正面描述,避免采用否定句式而造成保护范围不当。

例如,一种电风扇摆头机构,……,其特征在于:不包括齿轮和摩擦轮。

又如,一种具有复式搭口的活塞环机构,包括:……。其特征在于:其截面部分不呈矩形,……。

2. 权利要求之间的引用关系应当清楚

避免多项权利要求引用多项从属权利及非择一的引用关系。

(1) 一种茶杯,其包括杯体,其特征在于:还包括杯盖。

(2) 根据权利要求(1)所述的茶杯,其特征在于:还包括设置在杯体上的把手。

(3) 根据权利要求(1)或(2)所述的茶杯,其特征在于:把手上还设有塑料套。

(4) 根据权利要求(1)或(2)或(3)所述的茶杯,其特征在于:杯体内还设有一个过滤部件。

3. 权利要求的用词要简明

除记载技术特征外,在权利要求中不应写入发明原理、目的、用途、效果等内容。

例如,一种家用保险箱,包括箱体、螺栓和钢条,箱体通过螺栓、钢条固定在建筑物墙体上。该保险箱由于采用了固定钢条,增加了其安全性(写入了效果)。

4. 独立权利要求的撰写要求

独立权利要求应当包括前序部分和特征部分,按照下列规定撰写。

前序部分:写明要求保护的发明或者实用新型技术方案的主题名称和发明或者实用新型主题与最接近的现有技术共有的必要技术特征。

特征部分:使用"其特征是……"或者类似的用语,写明发明或者实用新型区别于最接近的现有技术的技术特征。这些特征和前序部分写明的特征合在一起,限定发明或者实用新型要求保护的范围。

5. 从属权利要求的撰写要求

从属权利要求对独立权利要求的保护范围予以充实,"捍卫"保护范围,对发明构思进一步扩展,对独立权利要求起到防御作用,如果竞争对手请求无效时主权项被宣告无效,从属可以提升,缩小保护范围。从属权利要求限定了一些有商业应用价值的具体技术方案。

从属权利要求应当包括引用部分和限定部分,引用部分写明引用的权利要求的编号及其主题名称,限定部分写明发明或者实用新型附加的技术特征。

(三)权利要求书撰写的主要步骤

(1) 认真研究和理解申请人提供的发明,确定发明请求保护的技术主题和类型。

(2) 进行必要的检索,找出最接近的现有技术(对比文件)——此步骤依据申请人或者发明人所掌握的现有技术情况而定。

(3) 根据最接近对比文件,进一步确定本发明所要解决的技术问题,以及解决该技术问题的全部必要技术特征。

(4) 比较发明全部的必要技术特征和最接近的对比文件的技术特征,对独立权利要求进行划界。

(5) 分析其他附加技术特征,撰写从属权利要求。

在无效程序中,专利权人可以修改权利要求书,但是不得扩大原专利的保护范围,而且不得修改专利说明书和附图。授权后的说明书只能用于解释权利要求,而不能补入权利要求书,避免导致整个专利失效。

二、说明书撰写

说明书是对发明或者实用新型的结构、技术要点、使用方法做出清楚、完整的介绍,它应当包含技术领域、背景技术、发明内容、附图说明、具体实施方法等项目。

(一)发明名称

(1) 与请求书中的名称一致,应与权项保护范围相一致。

(2) 清楚、简明地反映发明或实用新型要求保护的技术方案的主题名称和类型。

(3) 采用本技术领域通用的技术名词,不要使用杜撰的非技术名词。

(4) 最好与国际分类表中的类、组相对应,以利于专利申请的分类。

(5) 不得使用人名、地名、商标、型号或者商品名称,也不得使用商业性宣传用语。

(6) 简单明确,一般不超过 25 个汉字。
(7) 有特定用途或应用领域的,应在名称中体现。
(8) 尽量避免写入发明或实用新型的区别技术特征。

(二)技术领域

指发明或实用新型直接所属或直接应用的技术领域,既不是所属或应用的广义技术领域,也不是其相邻技术领域,更不是发明或实用新型本身。

(1) 一般可按国际分类表确定其直接所属技术领域,尽可能确定在其最低的分类位置上。
(2) 应体现发明或实用新型的主题名称和类型。
(3) 不应包括发明或实用新型的区别技术特征。

(三)背景技术

背景技术的作用,一是体现现有技术的水平,有助于权利要求创造性的判断。若有可能,还可记载与发明相关的技术的简单发展过程。二是有助于修改权利要求,便于对权利要求的理解。

应对申请日前的现有技术进行描述和评价,即记载申请人所知,且对理解、检索、审查该申请有参考作用的背景技术。除开拓性发明外,至少要引证一篇与本申请最接近的现有技术,就其目的、技术措施(或构成)和效果三方面进行叙述,其中效果部分需要将其缺点客观描述,叙述时要有针对性。必要时可再引用几篇较接近的对比文件,它们可以是专利文件,也可以是非专利文件。

通常对背景技术的描述应包括三方面内容:
(1) 注明其出处,通常可采用给出对比文件或指出公知公用情况两种方式。
(2) 简要说明该现有技术的主要相关内容,如主要的结构和原理,或者所采用的技术手段和方法步骤。
(3) 客观地指出已有技术中的缺陷,在可能的情况下说明存在这些问题和缺点的原因,切忌采用诽谤性语言。

背景技术部分引证的文件应满足三个要求:
(1) 引证文件应当是公开出版物。
(2) 引证国外专利或非专利文件的,应用原文写明文件的出处及相关信息。
(3) 除引证申请日前的非专利文件、外国专利文件和中国专利文件外,还可引证申请人本人在申请日前或申请日当天向国家知识产权局提出申请、在申请日前尚未公开的专利申请文件。

(四)发明内容

1. 解决的技术问题

指发明或者实用新型要解决的现有技术中存在的一个或多个问题。通常针对最接近的现有技术中存在的问题结合本发明所取得的效果提出。具体要求如下:
(1) 体现发明或实用新型的主题名称以及发明的类型。
(2) 采用正面语句直接、清楚、客观地说明。
(3) 应具体体现出要解决的技术问题,但又不得包含技术方案的具体内容。

（4）不得采用广告式宣传用语。

2. 技术方案

这是说明书的核心部分,这部分的描述应使所属技术领域的技术人员能够理解,并能达到发明或实用新型的目的。具体要求如下：

（1）清楚完整地写明技术方案,应包括解决其技术问题的全部必要技术特征。

（2）用语应与独立权利要求的用语相对应或相同,以发明或实用新型必要技术特征的总和形式阐明其实质。

（3）必要时还可描述附加技术特征,为避免误解应另起一段描述。

（4）若有几项独立权利要求时,这一部分的描述应体现出它们之间属于一个总的发明构思。

发明内容的技术方案要详细说明所采用的总体技术方案和不同于现有技术的各个方面。产品发明要指出产品的组成或结构、各零件的位置、零件间的相互关系,各部分都起什么作用；方法发明要指出该方法由几个步骤构成,每个步骤要求什么条件,各步骤之间是什么关系,各起什么作用等。配方及参数最好用范围表示。

3. 有益效果

这部分应清楚、有根据地写明发明或实用新型与现有技术相比具有的有益效果。可以由提高生产率、质量、精度和效率,节省能耗、原材料、工序,简化加工、操作、控制、使用,有利于环保、降低劳动强度、缩短生产周期等方面反映出来。

依据可以是理论上的推导或结构特点的分析,也可以是具体的实验数据。当采用实验数据时,应给出必要的实验条件和方法。最好与现有技术比较来说明效果,指出区别和依据,具体要求如下：

（1）可以用对发明或实用新型结构特点或作用关系进行分析方式、理论说明方式或用实验数据证明的方式或者其结合来描述,不得断言其有益效果,最好通过与现有技术进行比较得出。

（2）对机械或电器等技术领域,可结合结构特征和作用方式进行说明。

（3）引用实验数据说明有益效果时,应给出必要的实验条件和方法。

（五）说明书附图

附图是为了更直观表述发明或实用新型的内容,可采取多种绘图方式,以充分体现发明点,如示意图、方块图、各向视图、局部剖视图、流程图等。对于说明书中有附图的发明专利申请以及所有的实用新型专利申请,在说明书中应集中给出图面说明。其具体要求为：

（1）应按照机械制图的国家标准对附图的图名、图示的内容做简要说明。

（2）附图不止一幅的,应当对所有的附图按照顺序编号并做出说明。

（3）图面说明不必包括对附图中具体零部件名称和细节的说明。

（六）实施方式

实施方式通常可结合附图对发明或实用新型的具体实施方式做进一步详细的说明。不应该理解为说明书内容的简单重复。其目的是使权利要求的每个技术特征具体化,从而使发明实施具体化,使发明或实用新型的可实施性得到充分支持。

在描述具体实施方式时,并不要求对已知技术特征做详细展开说明,但必须详细说明区别现有技术的必要技术特征和各附加技术特征,以及各技术特征之间的关系及其功能和作用。具体要求如下:

(1)至少具体描述一个具体的实施方式,描述的具体化程度应当达到使所属技术领域的技术人员按照所描述的内容能够重现发明或者实用新型,而不必再付出创造性劳动,如进行探索研究或者实验。

(2)在权利要求(尤其是独立权利要求)中出现概括性(或功能性)技术特征时,这部分应给出几个实施方式,而且这种概括对本领域普通技术人员来说应当是明显合理的。

(3)并不要求对已知技术特征做详细展开说明,但必须详细说明区别于现有技术的必要技术特征和各附加技术特征,以及各技术特征之间的关系及其功能和作用。

(4)实施方式和实施例的描述应当与申请中所要求保护的技术方案的类型相一致。例如,若要求保护的是产品,应当是体现实施该产品的一种或几种最佳产品;若要求保护的是方法,应当是说明实施该方法的一种或几种最好的实施方法。

阅读材料　专利说明书的"充分公开"

专利说明书"充分公开",也就是要求说明书应对发明做出清楚、完整的说明,以使所属技术领域的技术人员能够实现为准。

1. 清楚

主题要明确。即根据现有技术,清楚地写明发明所要解决的技术问题,为解决该技术问题所采用的技术方案,以及由其所获得的技术效果,以使普通技术人员能够准确地理解发明保护的内容。技术问题、技术方案和技术效果应当相互适应,不能出现相互矛盾或不相关联的情况。

描述要清楚。即技术问题、技术方案和技术效果的内容用词一致、准确,符合规范和习惯,文字要简练,不得含糊不清或模棱两可。

2. 完整

说明书要写出理解和再现发明所不可缺少的内容。一是理解发明所不可缺少的内容。如所属技术领域、背景技术情况及附图的图面说明等。二是确定发明具有新颖性、创造性和实用性所需的内容。如所要解决的技术问题、解决该技术问题所采取的技术方案和采用该技术方案后所获得的技术效果。三是再现发明所需的内容。如为解决技术问题所采用的技术方案的具体实施方式。

3. 能够实现

指所属技术领域的技术人员根据说明书所描述的内容,不需付出创造性劳动就能再现发明的技术方案,解决其技术问题并获得预期的技术效果。也就是,凡是所属技术领域的技术人员不能从现有技术中直接、唯一得出的有关内容或根据本领域技术人员的知识水平能够自然合理导出的内容,均应当在说明书中予以描述。

4. 支持权利要求书

权利要求书中的每个技术特征均应在说明书中进行描述,并且不得超出说明书记载的内容。说明书中记载的内容要与权利要求的内容相适应,没有矛盾。至少在说明书中的一个具体实施方式中包含了独立权利要求中的全部必要技术特征。

说明书不仅应具有相应于独立权利要求的技术方案,还应当有足够数量的"实施例"进行支持,特别是在独立权利要求使用了上位概念的情况下。

说明书所记载的内容应当能够支持权利要求,也就是说,根据说明书记载的内容能够直接得到和概括得出权利要求所要求保护的技术方案。

阅读材料 一种新型开椰器

权利要求书

1. 一种新型开椰器,包括把手主体1,其特征在于:所述把手主体1延伸有相互垂直的横端2和竖端3,所述横端2和竖端3内设有相互交错的通孔4,所述横端2固定连接有第一开口器5,所述竖端3固定连接有第二开口器6。

[一项实用新型应当只有一个独立权利要求。独立权利要求应从整体上反映实用新型的技术方案,记载解决的技术问题的必要技术特征。独立权利要求应包括前序部分和特征部分。前序部分,写明要求保护的实用新型技术方案的主题名称及与其最接近的现有技术共有的必要技术特征。特征部分使用"其特征在于"用语,写明实用新型区别于最接近的现有技术的技术特征,即实用新型为解决技术问题所不可缺少的技术特征。]

2. 根据权利要求1所述的新型开椰器,其特征在于:所述第一开口器5底端至少设有两叶以上的刀刃7,所述两叶以上的刀刃7上均设有锯齿牙8。

3. 根据权利要求1所述的新型开椰器,其特征在于:所述第二开口器底端设有空心钻头9。

4. 根据权利要求1所述的新型开椰器,其特征在于:所述第一开口器5和第二开口器6底端套接有帽盖10。

[从属权利要求(此例中权利要求2、3、4为从属权利要求)应当用附加的技术特征,对所引用的权利要求做进一步的限定。从属权利要求包括引用部分和限定部分。引用部分应写明所引用的权利要求编号及主题名称,该主题名称应与独立权利要求主题名称一致(此例中主题名称为"开椰器"),限定部分写明实用新型的附加技术特征。

权利要求书应当从正面简洁、明了地写明要求保护的实用新型的形状、构造特征。例如:机械产品应描述主要零部件及其整体结构关系;涉及电路的产品,应描述电路的连接关系;机电结合的产品还应写明电路与机械部分的结合关系。权利要求应尽量避免使用功能或者用途来限定实用新型;不得写入方法、用途及不属于实用新型专利保护的内容;应使用确定的技术用语,不得使用技术概念模糊的语句,如"等""大约""左右"……;不应使用"如说明书……所述"或"如图……所示"等用语;首页正文前不加标题。每一项权利要求应由一句话构成,只允许在该项权利要求的结尾使用句号。权利要求中的技术特征可以引用附图中相应的标记,其标记应置于括号内。]

说明书

技术领域

本实用新型涉及水果破壳装置,具体涉及一种新型开椰器。

[所属技术领域:应指出实用新型技术方案所属或直接应用的技术领域。]

背景技术

椰子是海南特产棕榈科、椰子属植物类有机果实,无污染,含丰富维生素B、C以及氨基酸和复合多糖物质,椰子水富含蛋白质、脂肪和多种维生素,促进细胞再生长,可以饮用,甘甜解暑。椰子具有坚硬的外壳,传统的破壳喝椰子汁的方法主要是用刀具将椰壳挖出一个洞,再插入吸管吸食,这样做有几个缺点:用力过大椰子容易炸开,椰子汁流失浪费;使用刀具容易伤到人,并对儿童造成安全隐患;刀具以及砍开的椰子受创面大,不卫生;开椰子的速度较慢。

现有的开椰器,如公告号CN201353111Y的实用新型专利提供壳式安全开椰器,由旋转壳、锯筒、固定壳、拉环、拉结带和尼龙搭扣构成。其中,旋转壳为球冠形的壳体,旋转壳的中部有一锯筒,锯筒的底端有锯齿。与传统的破壳喝椰子汁的方法相比,该结构虽然更方便和安全,但是其结构复杂,破壳相对费劲。

[背景技术:是指对实用新型的理解、检索、审查有用的技术,可以引证反映这些背景技术的文件。背景技术是对最接近的现有技术的说明,它是制作出实用技术新型技术方案的基础。此外,还要客观地指出背景技术中存在的问题和缺点,引证文献、资料的,应写明其出处。]

发明内容

本实用新型所要解决的问题是,针对上述技术的不足,设计出一种结构简单小巧、容易破壳、安全性好的新型开椰器。

本实用新型为解决其问题所采用的技术方案是:

一种新型开椰器,包括把手主体,所述把手主体延伸有相互垂直的横端和竖端,所述横端和竖端内设有相互交错的通孔,所述横端固定连接有第一开口器,所述竖端固定连接有第二开口器。

在本实用新型中,所述第一开口器底端至少设有两叶以上的刀刃,所述两叶以上的刀刃上均设有锯齿牙。

在本实用新型中,所述第二开口器底端设有空心钻头。

在本实用新型中,所述第一开口器和第二开口器底端套接有帽盖。

[技术方案:是要解决的技术问题所采取的技术措施的集合。技术措施通常是由技术特征来体现的。技术方案应当清楚、完整地说明实用新型的形状、构造特征,说明技术方案是如何解决技术问题的,必要时应说明技术方案所依据的科学原理。技术方案不能仅描述原理、动作及各零部件的名称、功能或用途。]

本实用新型的有益效果是:本实用新型涉及水果破壳装置,主要用于穿破椰子的椰衣和椰壳,方便吸食椰汁。本实用新型所提供的一种新型开椰器,能容易地穿破椰衣和椰壳,其结构简单小巧、安全性好。

使用时,如果是嫩椰子,则可以用第一开口器直接穿破椰衣和椰壳;如果是老椰子,则需要先使用第一开口器穿破椰衣,再使用第二开口器穿破椰壳。

附图说明

为了更清楚地说明本实用新型的实施例中的技术方案,下面将对实施例描述中所需要使用的附图做简单说明。显然,所描述的附图只是本实用新型的一部分实施例,而不是全部实施例,本领域的技术人员在不付出创造性劳动的前提下,还可以根据这些附图获得其他设计方案和附图。

图 4-13(a)是本实施例的立体结构示意图；

图 4-13(b)是图 4-13(a)的 A 处的放大示意图；

图 4-13(c)是本实施例的剖视图；

图 4-13(d)是本实施例的安装结构示意图。

具体实施方式

以下将结合实施例和附图对本实用新型的构思、具体结构及产生的技术效果进行清楚、完整的描述，以充分地理解本实用新型的目的、特征和效果。显然，所描述的实施例只是本实用新型的一部分实施例，而不是全部实施例，基于本实用新型的实施例，本领域的技术人员在不付出创造性劳动的前提下所获得的其他实施例，均属于本实用新型保护的范围。另外，文中所提到的所有连接关系，并非单指构件直接相接，而是指可根据具体实施情况，通过添加或减少连接辅件，来组成更优的连接结构。本实用新型中的各个技术特征，在不互相矛盾冲突的前提下可以交互组合。

参照图 4-13(a)至图 4-13(d)，如图所示，一种新型开椰器，包括把手主体 1，所述把手主体 1 延伸有相互垂直的横端 2 和竖端 3，所述横端 2 和竖端 3 内设有相互交错的通孔 4，所述横端 2 固定连接有第一开口器 5，所述竖端 3 固定连接有第二开口器 6。为了便于疏通排除壳渣，对应通孔 4 可以配有用于疏通排除壳渣的棍体 11。作为优选的实施方式，所述把手主体 1 上设有符合人体工程学的弧面手纹设计，进一步，所述把手主体 1 可以延伸为任意形状，只需在其两端都固定连接有第一开口器 5 和第二开口器 6 即可。同时，即使将第一开口器 5 和第二开口器 6 分别安装于不同的把手上，作为配套产品分步骤使用，也属于本申请权利要求所限定的范围内。

进一步，所述第一开口器 5 底端至少设有两叶以上的刀刃 7，所述两叶以上的刀刃 7 上均设有锯齿牙 8。作为优选的实施方式，所述第一开口器 5 为金属材质制成，第一开口器 5 底端设有四叶刀刃 7，刀刃 7 弧度为 45 度。

进一步，所述第二开口器底端设有空心钻头 9，作为优选的实施方式，所述空心钻头 9 为金属材质制成。

进一步，所述第一开口器 5 和第二开口器 6 底端套接有帽盖 10。

使用时，如果是嫩椰子，则可以用第一开口器 5 直接穿破椰衣和椰壳；如果是老椰子，则需要先使用第一开口器 5 穿破椰衣，再使用第二开口器 6 穿破椰壳。破除椰壳后，可以使用棍体 11 将第一开口器 5 或第二开口器 6 内的壳渣排除。

以上对本实用新型的较佳实施方式进行了具体说明，但本实用新型并不限于所述实施例，熟悉本领域的技术人员在不违背本实用新型精神的前提下还可做出种种的等同变形或替换，这些等同的变形或替换均包含在本申请权利要求所限定的范围内。

［具体实施方式：是实用新型优选的具体实施例。具体实施方式应当对照附图对实用新型的形状、构造进行说明，实施方式应与技术方案相一致，并且应当对权利要求的技术特征给予详细说明，以支持权利要求。附图中的标号应写在相应的零部件名称之后，使所属技术领域的技术人员能够理解和实现，必要时说明其动作过程或者操作步骤。如果有多个实施例，每个实施例都必须与本实用新型所要解决的技术问题及其有益效果相一致。］

说明书附图

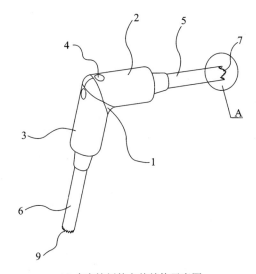
(a) 本实施例的立体结构示意图

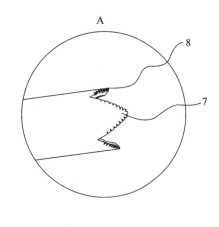
(b) 图4-13(a)的A处的放大示意图

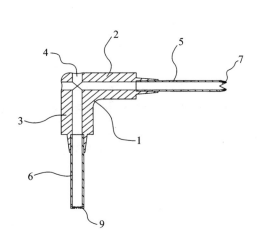
(c) 本实施例的剖视图

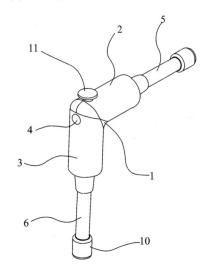
(d) 本实施例的安装结构示意图

图 4-13

1—把手主体；2—横端；3—竖端；4—通孔；5—第一开口器；
6—第二开口器；7—刀刃；8—锯齿牙；9—空心钻头；10—帽盖；11—棍体。

说明书摘要

本实用新型公开了一种新型开椰器，包括：把手主体，所述把手主体延伸有相互垂直的横端和竖端，所述横端和竖端内设有相互交错的通孔，所述横端固定连接有第一开口器，所述竖端固定连接有第二开口器。本实用新型涉及水果破壳装置，主要用于穿破椰子的椰衣和椰壳，方便吸食椰汁。本实用新型所提供的一种新型开椰器，能容易地穿破椰衣和椰壳，其结构简单小巧、安全性好。

思考题

1. 简述权利要求书的作用。
2. 撰写专利说明书应该注意哪些问题?
3. 结合自己的技术研发项目,完成一份专利技术交底书。

第五节 专利实施

专利实施是实现专利价值的重要途径。发明创造只有付诸应用才能发挥其真正的价值,也才能够真正激发创新活力。专利法不仅保护智力成果的专利权,同时促进这些智力成果的实施。

【例 4-32】 二十年求解"燃煤之急"

随着人们对空气污染关注的提升,昔日被称为"黑色黄金"的煤炭,似乎已经成了"污染罪魁",而燃煤污染物超低排放技术,依然是亟待突破的国际性难题。浙江大学与浙能集团等合作的"燃煤机组超低排放关键技术研发及应用"项目历经近二十年自主创新研发,终于摸索出一整套领先世界的清洁燃烧技术并成功付诸实践。因破解了燃"煤"之急,获得 2017 年度国家技术发明奖一等奖。

"只有不清洁的技术,没有不清洁的能源。"项目团队用实际行动对这句话进行了生动诠释。他们发明了整体协同优化与智能调控的多污染物高效协同脱除超低排放系统,攻克了高效率、高适应性、高可靠性和低成本等关键技术难题,从而实现了适应负荷和煤质变化的燃煤烟气多种污染物超低排放。燃煤烟气在短短的几十秒内,就能"跑完"这套超低排放系统,过程中二氧化硫、氮氧化物、颗粒物、汞、三氧化硫等多种污染物会被过滤掉,将煤炭这种一直以来被视为严重空气污染之源的"黑色"能源改造成环境友好型的"绿色"能源。

一、专利转让

专利转让是指专利权人将其专利的所有权转移至受让方,受让方支付约定价款。通过专利权转让合同取得专利权的当事人,即成为新的合法专利权人,原专利权人不再拥有该专利的支配权。简单理解,专利转让即为将专利由 a 所有转移成 b 所有,属于"一锤子买卖",专利权归他人。

例如,2014 年 11 月,郑州大学与浙江奥翔药业签订专利技术转让协议,其研发的"一类新药布罗佐喷钠"以 4500 万元的价格转让给浙江奥翔药业。高校将其研发成果转让给企业,由企业将研发成果转化成产品。

【例 4-33】 苹果等团购北电网络专利

加拿大北电网络(Nortel Networks),是业界知名的 IT 通信产品公司。在全球通信网络技术的发展过程中,北电网络拥有众多研发成果,特别是掌握了电信行业的核心专利。北电网络 2009 年 1 月申请破产,已出售无线网络业务总共才卖了 32 亿美元。专利是最后一批重要资产,涵盖无线通信及第四代通信系统、光线与数据网络、语音、Internet、社交网络、半导体等领域的技术,其中尤其以 LTE 技术标准专利受到重视。

2011年7月,苹果、微软、黑莓、易安信、爱立信、索尼6家公司组团花费45亿美元购买北电网络的6000件专利,每件专利平均价格为75万美元,比专家预测的多了2倍之多,震惊业界,也引发了随后的多个大额专利交易。对于行业中已被他人掌握的核心专利,要想继续使用,只能通过专利交易、专利转让等方式获得授权。

二、专利许可

专利许可是专利权人通过将其享有的对某项或多项专利使用权有条件地转移给非专利权人行使并获取报酬。专利权人通过专利许可,收回其研发投资并获取合理利润,以便有足够资金不断完善原有专利或者研发。同时,通过专利许可,使专利尽快转化为现实生产力。在现实中,相较于专利转让,更多的企业愿意利用专利许可来通过专利获取长期利益。

专利许可的原因可能有:专利权人不将所有技术要点写在专利说明书里,而将某些内容作为技术诀窍予以保密,以防止其他人仿制其专利;专利权人,如大学、科研院所,个体发明人不具备实施专利技术的能力;非自己的主营业务,取得专利权不想实施;某一行业新进入者,希望通过合作,培育市场;与其他公司进行交叉许可,换取自己所需专利;业务转型后不再生产相关产品;无法规避或规避成本极高等。

专利许可类似于专利权出租,专利使用权归他人,其"租赁"方式分多种。

1. 独占许可

专利权人许可某一个人或企业在约定的期限、地域内独占实施该专利进行经营获利。专利权人不得再许可他人实施专利,即使专利权人在约定的期限和地域范围内也不得实施专利。

独占许可可理解为整租。相当于房屋出租后,连房主也不能居住。专利权许可给被许可方使用后,只能被许可方一者独自使用,其他任何人包括专利权人自己也不能使用该专利记载的技术。

【例4-34】 大学获亿元独占许可费

山东理工大学的专利"无氯氟聚氨酯化学发泡剂"价值凸显,学校与补天新材料技术有限公司签订专利独占许可协议,授予企业20年专利独占许可使用权(美国、加拿大市场除外)。企业需总计支付5亿元人民币,首付4100万元。单项发明获得如此高额收益,是山东省知识产权运营史上的重大突破。

中南大学的"电化学脱嵌法从盐湖卤水提锂"技术涉及3件相关专利,以独占许可方式给上海某科技发展有限公司,许可使用费用超过1亿元。

2. 排他许可(独家许可)

专利权人许可某一个人或企业在约定的期限、地域内独占实施该专利进行经营获利,同时专利权人本人可以继续实施专利。即在约定的期限和地域范围内只有专利权人和被许可人可以实施专利,除专利权人本人外,能实施该专利的只有被许可人一家。专利权人不得再许可他人实施专利。

排他许可可理解为双方合租。除被许可方和专利权人以外的任何人,不可以使用该专利记载的技术。相当于房屋出租给一个房客,该房客与房东合租,且约定不能租给第三方。

3. 普通许可

专利权人许可某一个人或企业在约定的期限、地域内可以实施该专利进行经营获利，这种实施不是独占实施，也不是独家实施，而是许可多家实施或者虽然已许可的只有被许可人一家，将来还可以许可多家实施专利。

普通许可可理解为多人合租。相当于房主可以将房子租给多个房客，自己也可以与房客合租。专利权人自己可以使用该专利技术，同时可以将该专利技术许可给多方。

【例 4-35】 诺基亚盈利兴奋剂——专利

诺基亚作为手机行业曾经的霸主，虽然在苹果、三星、华为的强攻之下失去了往日的辉煌，不过这并不意味着它就此退出了历史舞台。作为科技界的强者，诺基亚现在专攻自己的强势领域——通信技术研发和专利诉讼。

2016年底，诺基亚起诉过苹果公司，状告苹果产品在显示器、芯片组、软件以及其他方面侵犯了诺基亚32项专利权。最终，经历了近5个月的法庭论证之后，苹果败诉，向诺基亚赔付了高达20亿美元的专利费用。

这些只是诺基亚专利盈利的冰山一角而已。现在包括智能手机制造商三星、LG、HTC等近40家公司都要向诺基亚缴纳专利授权费，近年诺基亚仅凭借其专利就赚得盆满钵满了。

专利许可也可按区域划分，分为省级市场许可、全国市场许可、全球市场许可。按区域划分的许可，主要为独占许可，对于市场前景好的也不排除普通许可，即专利权人可以许可他人在某一区域市场内独占实施、独家实施或普通实施。

4. 交叉许可

交易各方将各自拥有的专利、专有技术的使用权相互许可使用，互为技术供方和受方。在合同期限和地域内，合同双方对对方的许可权利享有使用权、产品生产和销售权。

交叉许可可理解为换房住。专利权双方将自己的专利许可给对方使用，一般情况是相互免费。相当于两个房主，a住b的房子，同时将自己的房子给b居住。

例如，华为以专利许可、交叉许可作为赢得市场竞争的手段，支撑着华为公司的欧洲战略稳步推进。华为与欧洲超过700家当地公司通过专利许可等方式开展技术合作。2014年以来，华为在欧洲签署技术合作项目总共200个，并参与了25个欧盟的先进技术研发项目。华为成为第一家在欧提交专利申请数量进入前5名的中国企业。2015年华为向苹果许可专利769件，苹果向华为许可专利98件，华为收益数亿美元。

5. 强制许可

国家知识产权局在法定的情形下，不经专利权人许可，授权他人实施发明或者实用新型专利的法律制度，取得实施强制许可的单位或者个人应当付给专利权人合理的使用费。强制许可主要涉及不实施的强制许可，为了国家利益或公共利益的强制许可。强制许可的意义在于对专利滥用者构成一种法律威慑。

强制许可可理解为政府征房。相当于政府看中某房，规定房主必须将房子租给他人使用。专利权被政府征用，以一定的价格支付专利许可费用。

例如，因为高昂的价格让大多数患者无法得到有效治疗，印度知识产权局2012年3月颁布了首个强制许可令，允许本土制药公司Natco Pharma仿制及销售德国制药商拜耳

(Bayer)公司抗癌药物"多吉美"(Nexavar)。这也是印度首开先河针对一种抗癌药物实施强制许可。

不同专利实施许可比较见表4-9。

表4-9 专利实施许可比较

许可种类	各方权利(一定地域、期限)		
	许可方(专利权人)	被许可方	第三方
独占许可	无实施权	有实施权	不能获得实施权
排他(独家)许可	保留实施权	有实施权	不能获得实施权
交叉许可	交易各方将各自拥有的专利使用权相互许可使用,互为技术供方和受方		
强制许可	为了国家或公共利益,专利权被政府征用,但实施单位或个人应当付给专利权人合理的使用费		

例如,湖北华烁科技公司将5项催化剂专利打包许可给河北一家化工企业,对方支付了5000万元人民币,该交易刷新了武汉技术交易最高金额的纪录。这还不是全部,目前该项目已与另外两家公司签订了专利许可合同,加上与河北公司的合作,该项目专利实施许可合同总金额已达到1.5亿元。

三、专利质押

专利质押是以专利权为质押标的物出质,经评估作价后向银行等融资机构获取资金,并按期偿还资金本息的一种融资行为。专利质押与专利转让、专利许可最大的区别在于,其专利权和专利使用权均保留在专利权人手中,即可以通过许可、转让、实施等方式获利,可以解决企业特别是中小企业融资难融资贵的问题。

例如,2014年4月,山东泉林纸业有限责任公司获得79亿元知识产权质押贷款,引起了业内关注。其中,山东泉林纸业有限责任公司以110件专利、34件注册商标等知识产权质押,获得79亿人民币贷款,是迄今为止国内融资金额最大的一笔知识产权质押贷款。

四、技术入股

以专利技术成果作为财产作价后,以出资入股的形式与其他形式的财产(如货币、实物、土地使用权等)相结合,按法定程序组建有限责任公司或股份有限公司的一种经营行为。对于投资方来说,如果仅拥有专利技术,而不能转化为实际生产力,专利可能最终变成"专"而不"利",即拥有专利权却无法转化,不能变成提高经济效益的工具。

【例4-36】 朱戈宇用专利创办微企

大多数人换修轮胎,都得将车开到4S店或修理站,但朱戈宇发明了移动轮胎更换系统。2007年,朱戈宇申请了1件发明专利、2件实用新型专利,并且均已授权。2008年10月,他与其他4名合伙人一起创办了企业爱轮之家超市,注册资金为6000万元,专门提供轮胎移动配送和换修服务。朱戈宇将3件专利作为无形资产,作价4200万元入股,占企业70%的股份。

这套移动轮胎超市,只要车主通过电话和网络的方式寻求帮助,换胎工就能找到与车辆完全匹配的轮胎,上门进行轮胎销售和更换。移动轮胎超市还能回收拆换下来的废旧轮胎,能对其检测处理后,用于轮胎翻新,生产胶粉、再生胶、改性沥青、橡胶跑道等。

思考题

1. 专利权人可以通过哪些方式利用专利权?
2. 专利实施许可有哪些类型?各有什么特点?
3. 专利实施的独占许可与独家许可的区别是什么?

第六节 专 利 战 略

战略,是一种从全局考虑谋划实现全局目标的长远规划。专利战略就是充分利用专利制度,有效保护自身合法权益,巧妙取得自身竞争优势并遏制竞争对手的一系列部署、策略和手段,目的是帮助企业开发新市场、占领市场、垄断市场,从而取得较高的市场回报。

专利战略的主要作用有:

(1) 避免专利侵权(防范踏入雷区);
(2) 积累谈判筹码(弹药足心不慌);
(3) 越过竞争对手(加速技术创新);
(4) 应对专利诉讼(做好备战工作);
(5) "不劳而获"——专利许可;
(6) 合理利用他人的创新(失效专利);
(7) 有可与他人交换的技术或谈判的筹码;
(8) 抢占技术高地,合法垄断市场,保持竞争优势。

【例 4-37】 京东方的专利布局

在 2018 年美国拉斯维加斯消费电子展上,搭载了京东方公司独有专利的全球首款 75 英寸(1 英寸≈2.54 厘米)8K 高清屏幕首次亮相,给观众带来了全新的震撼体验。参与美国市场竞争,专利是基础。高清显示技术作为技术密集型产业,一直被日本、韩国企业垄断。京东方不断加大技术研发力度,专利数量质量持续攀升。2017 年,京东方新增美国专利数量达 1413 件,同比增长 62%,在新增美国专利授权量排行榜上,由 2016 年的第 40 位跃升至第 21 位。2017 年,京东方提交国内外专利申请 8678 件,其中发明专利占比超 85%,目前拥有国内外专利数量超过 6 万件,海外专利布局覆盖美国、欧洲、日本、韩国等国家和地区。2017 年,京东方在 OLED 技术应用领域也展开了全面布局,其专利技术主要涉及柔性显示领域,涉及的 OLED 显示屏已经应用于智能穿戴、车载、AR/VR 等产品。

京东方在加大研发投入力度的同时,不断增加知识产权相关投入,形成以专利战略为龙头,以专利管理系统、能力提升平台、外部资源平台为支撑,以专利开发、专利风险管控和专利运营为核心业务的全面的企业专利管理体系。京东方的知识产权能力已从以前的防御为主,发展到目前的攻防兼备,从战略支撑逐步迈向战略引领。

作为企业发展的矛与盾,专利战略有各种行之有效的形式,按专利战略性质可分为进攻战略和防御战略,按专利战略过程可分为申请战略、实施战略、保护战略。

对于具有较强经济实力、技术上处于领先优势的企业,可采用进攻型专利战略。而对于经济实力较弱、技术上不具有竞争优势的企业,尤其是中小企业,通常采用防御型专利战略。

专利战略分类如表 4-10 所示。

表 4-10　专利战略分类

专利申请战略	基本专利战略
	外围专利战略
	抢先申请战略
	专利国际申请战略
专利实施战略	专利转让战略
	专利收买战略
	专利与标准结合战略
	专利联盟与专利池战略
专利防御战略	宣告无效战略
	文献公开战略
	交叉许可战略

一、专利进攻战略

具有较强经济实力、技术上处于领先优势的企业,利用与专利相关的法律、技术经济手段,积极主动地开发新技术、新产品,并及时申请专利取得法律保护,抢先占领市场,维护自己在市场竞争中所占据的优势地位和垄断地位,以获得最大的市场份额。

例如,作为世界首个发明 UBS 接口,在闪存盘及闪存应用领域拥有基础性发明专利的深圳朗科科技公司,成为中国实施进攻性专利战略的第一家公司,已成功建立了专利、品牌、研发三位一体的企业发展模式,更是成功将知识产权转变成了持续的专利收益,从而成功开创了专利盈利这一全新的商业模式。

【例 4-38】　高通的专利专卖店

在美国加州圣迭戈高通公司总部大楼走廊两侧,镶嵌着 3000 多个方形奖章,每一个都代表一项高通公司的核心专利。对于全世界众多的企业来说,这也是一堵难以跨越的技术高墙。经过 30 多年的发展,1985 年成立的美国高通公司从一家高科技小公司一举成为全球移动通信技术领先企业以及全球最大的无线芯片供应商和通信技术许可的授权方。

在通信领域竞争十分激烈的今天,高通在整个产业链层面,一方面围绕运营商,通过为其提供从芯片到网络解决方案,吸引运营商加入 CDMA 的阵营中;另一方面,又通过广泛的专利授权,不断扩大 CDMA 产业链。高通在核心领域推出高度集成的"全合一"移动处理器系列平台"骁龙",覆盖入门级智能手机乃至高端智能手机、平板电脑以及智能电视等全新的智能终端。

高通开辟了一种独特的商业模式——专利专卖店,即通过持续的巨额研发投入与战略收购来创造和部署最具市场潜力的新无线技术,利用专利保护创新,然后通过广泛的知识产权授权与许可和将新技术集成到芯片中,实现企业运营的良性循环。高通确定了自己最擅长和最赚钱的业务模式——将CDMA核心技术和设计先进的芯片授权给全世界,专利授权成为高通盈利的主要来源。高通1999—2017年的19个财年中,专利授权收入总计716亿美元。高通利用专利这一利器,不仅抵御了比其强大百倍的竞争对手,同时以技术标准、技术转让和技术捆绑芯片为自己打造了一个巨大的生态圈。

(一)基本专利战略

指准确地预测未来技术的发展方向,将核心技术或基础研究作为基本方向的专利战略。

例如,日本佳能公司拥有复印机专利2000多件,打印机专利5000多件,数码照相机专利1100多件,扫描仪专利200多件。

【例4-39】 德州仪器公司获得高额专利赔偿

美国德州仪器公司(TI)杰克·基尔比在1958年成功研制世界上第一块DRAM集成电路,奠定了计算机发展的基础。此后基尔比在日本申请了专利,但日本特许厅拖延30年才批准这项发明专利权。20世纪80年代中期,德州仪器公司濒临破产。后来其改变策略,开始将专利许可作为主要业务,以侵犯其基本专利为由,对日本、韩国等8家公司提出起诉,先后获得6亿美元专利使用费,使公司起死回生。

2000年,因为在发明和开发集成电路芯片上做出了重要贡献,77岁的基尔比获得诺贝尔物理学奖。

(二)外围专利战略

指为了保护核心技术或者阻碍竞争对手,而围绕基础专利申请的一系列改进型专利,加强自己与基本专利权人进行对抗的战略;或者在自己的基本专利受到冲击时,在基本专利周围编织专利网,采取层层围堵的办法加以对抗。

【例4-40】 虚拟现实技术专利布局

蚁视科技创始人覃政研发了复眼光学技术,成功设计出一款十分轻薄的虚拟现实眼镜,并在2012年申请了1件发明专利、2件实用新型专利,对该核心技术形成最初保护。看到虚拟现实技术良好前景,他一边继续研发,一边通过海外众筹资金进行专利布局。截止到2016年4月,已提交相关专利申请80余件,PCT国际专利申请5件,获得授权45件,这些专利围绕虚拟现实技术涉及的软硬件系统进行布局,外围专利实现对核心专利保护的扩展。

(三)专利转让战略

指在企业众多技术领域取得的专利权中,将对自己并不实施的专利技术,积极、主动地向其他企业转让的战略。

【例4-41】 录像机制式之争

20世纪70年代,日本索尼公司有技术和市场优势,率先推出Beta制式录像机,但不愿意转让其专利技术。一年以后,才推出VHS制式录像机的松下公司,果断、积极实施

VHS专利许可。VHS实际成为录像机标准,人人都想买市场上的主流产品,这使VHS产品迅速占领了市场。索尼赢了技术,却丢了市场。

(四)专利收买战略

指将竞争对手的专利全部收买,独占市场的战略。

例如,2012年3月25日脸书(Facebook)上市前夕,手握专利的雅虎(Yahoo)向脸书发出专利战书,宣称脸书的整套商业运作模式,侵犯了雅虎10件专利。作为专利"小户"的脸书没有专利可作为谈判筹码,于是在2012年4月3日火速向IBM收购750件专利,充实专利武器库,再对雅虎提出专利反起诉。最后,双方庭外和解。

【例4-42】 滴滴加速无人驾驶专利布局

无人驾驶领域的市场竞争日趋激烈,众多领军企业投入大量的时间和资金进行无人驾驶技术的研究与开发。2018年3月,滴滴出行成功收购法国(France Brevets)无人驾驶专利包,其中包含33个专利族,共超过160件专利及专利申请,涉及法国、美国、德国、英国专利等。本次专利收购将进一步扩充滴滴出行在无人驾驶技术领域的专利储备,为滴滴出行在智能交通行业成为全球优质的智能交通综合服务商奠定基础。

(五)专利与标准相结合战略

由于专利权具有地域性和排他性,一旦这种标准得到普及,会形成一定形式的垄断,尤其是在市场准入方面,排斥不符合该标准的产品。

例如,荷兰飞利浦公司早在1998年就成立了"系统标准特许部",负责技术标准管理工作和专利许可工作,形成了具有自己特色的"专利许可的特色套餐"。

【例4-43】 海尔防电墙专利技术成为国际标准

海尔公司2001年申请了涉及防电墙技术的4件专利,并于2002年推出了第一台带防电墙的电热水器。其"防电墙"技术不仅能够解决因热水器内部元件漏电而导致的正向漏电问题,还能够有效解决因环境漏电而导致的逆向漏电问题。

2006年11月,海尔"防电墙"技术成为国内企业参与制定的国家标准,并于2007年7月1日实施。2010年10月IEC(国际电工委员会)第74届大会通过审定,海尔的"防电墙"技术成为国际标准。海尔通过参与国家、国际标准的制定,逐步掌控行业的话语权。三流企业卖力气,二流企业卖产品,一流企业卖技术,超一流企业卖标准,海尔最好地诠释了什么是专利价值的最大化。

(六)专利联盟与专利池战略

专利联盟是企业之间基于共同的战略利益,以一组相关的专利技术为纽带达成的联盟,联盟内部的企业实现专利的交叉许可,或者相互优惠使用彼此的专利技术,对联盟外部共同联合实施许可。专利联盟的出现,标志着专利竞争的重要转变,即从单个专利为特征的战术竞争转向以专利组合为特征的战略竞争。从竞争的性质来看,专利联盟既可以是进攻性的,也可以是防御性的。专利联盟作为一种企业组织形式,通过一定的专利组合或者搭配,可以在很短时期内改变产业的竞争态势,为企业带来多重价值。

例如,日立、松下、三菱、时代华纳、东芝、JVC组成的6C联盟,索尼、飞利浦、先锋组成的3C联盟,拥有DVD的大部分专利,并通过交叉许可共有这些专利,2002年开始对中国生产企业收取高额专利许可费,因成本增加,不少企业纷纷倒闭。

【例 4-44】 AVS 专利联盟

2005年5月,包括 TCL、创维、华为、海信、海尔、长虹、中兴等国内12家企业发起成立 AVS(数字音视频编解码)专利联盟,旨在构建"技术→专利→标准→芯片→系统→产业"的完整产业链。

AVS 几乎涵盖所有音视频技术领域,有线电视、卫星电视、地面电视、手机电视、网络电视等都是 AVS 的用武之地。联盟的 AVS 许可费为每台设备1元,以目前5000万台电视芯片规模计算的话,AVS 一年可以征收约5000万元专利费,远低于 MPEG-2 和 H.264 等国外标准的收费。使用 MPEG-2 则要被征收约10亿的专利费。而与 H.264(由国际电联和国际标准化组织联合制定的新数字视频编码标准)相比,优势更为明显,H.264 不仅对制造商收费,还要对运营商征收参加费。如果采取 H.264 标准的话,一年将要支出500亿元的专利费。

专利池是指各专利权人之间通过协议的方式,将其各自拥有的在某一领域所必需的专利打包集合起来,形成的一个专利组合或称专利联盟。专利池通常由某一技术领域内多家掌握核心专利技术的企业通过协议结成,各成员拥有的核心专利是其进入专利池的入场券。

例如,专利池最早出现在美国。1856年,美国出现了第一个专利池——缝纫机联盟,该专利池几乎囊括了美国当时所有缝纫机专利。1908年,Armat 等4家公司达成协议组建专利池,将早期动画工业的所有专利集中管理,被许可人如电影放映商,要向专利池缴纳专利使用费。

专利池最重要的作用在于它能消除专利实施中的授权障碍,有利于专利技术的推广应用。专利池的另一显著作用是能显著降低专利许可中的交易成本。据统计,1993年以来,全球较为著名的专利池超过30个,如 DVD、MPEG-2、CDMA2000、WiMAX,以及我国的 AVS 等。

【例 4-45】 当好产业卫士的中彩联

为了应对日益激烈的国际市场竞争中被动挨打和严峻的知识产权挑战,2007年,TCL、长虹、康佳、创维、海信、海尔等国内彩电骨干企业投资组建了中彩联,其目的是建立行业知识产权保护体系,共同应对国内外专利纠纷,并通过组建和运营专利池推动彩电行业的健康发展。

中彩联重视专利池的运营工作,组织制定了多项行业标准,每项标准中都有中国彩电专利池的专利。彩电专利池已拥有相关专利2600多件。此外,为了应对企业"走出去"过程中国外巨头的专利阻击,中彩联用集体谈判的方式对国外竞争对手发起的诉讼进行协同处理。2007年以来,中国彩电企业出口到美国的彩电产品共节省专利费近30亿元;2013年,中国彩电企业获得外企补偿退款1.72亿元;2015年,HDMI 特许公司和杜比公司与中国彩电行业建立合作关系,中国彩电企业每年节省专利费过亿元。

二、专利防御战略

经济实力不强、技术上不具有竞争优势的企业利用对专利技术的二次开发、技术引进、专利对抗、专利诉讼等方式防御竞争者的专利攻势,打破竞争者的技术垄断,以改变自己在竞争中的被动劣势地位,捍卫和开拓自己的市场。

（一）宣告无效战略

指针对对方专利的漏洞、缺陷，运用撤销以及无效等程序，使对方所取得的专利不能成立或者无效的战略。

【例 4-46】 天方药业打赢专利"阻击战"

天方药业 2000 年开始投入近 500 万元研发促进增发的新药"非那雄胺"片剂，经过 4 年努力，2004 年终于获得生产批号。产品上市时，却遇到了美国默克公司的专利陷阱。

企业为了争取市场，不得不进行专利反击，以美国默克公司的专利丧失创造性、新颖性（申请专利前发表过论文）等为由，提出宣告默克公司专利无效的请求。2008 年 3 月 18 日，北京一中院做出一审判决，维持无效宣告请求审查决定，默克公司的该专利权全部无效。天方药业因为专利困扰迟迟未能生产的"非那雄胺"片剂从此可以放量生产。

（二）文献公开战略

指本企业没有必要取得专利权但若被其他企业抢先取得专利又不利于本企业时，采取抢先公开技术内容而阻止其他企业取得专利的一种战略。

【例 4-47】 IBM 的专利开放战略

IBM 的专利授权数量与申请数量每年都在上升。有趣的是，当许多跨国公司越来越加强专利保护的时候，IBM 却公开部分发明专利，共享资源，同时对于未获专利保护的技术发明，也能免费供他人使用，保持持续创新，并引领行业领域的主流。

2004 年，IBM 公司向软件开发商免费开放了 500 件软件专利，涉及存储管理、并行处理、成像处理、数据库管理、网络以及电子商务等多个领域。此举标志着 IBM 对知识产权的管理和使用方式正在发生重大变革。2005 年，IBM 又向卫生和教育产业软件标准设计者授权免费使用其全部专利。

（三）交叉许可战略

随着技术发展的复杂化、复合化，即使是大企业，也不可能独占技术，于是出现以相互的专利权交叉实施许可的战略，从而形成联合技术优势，同时也是为了防止侵权。交叉许可可以是同类技术交换，也可以是不同的技术相互交换来弥补自身的薄弱环节。

专利交叉许可可以消除专利壁垒，助力技术研发。科技的发展，使行业间甚至不同行业间的技术交叉现象越来越明显，企业开发新技术越来越难以避开前人的技术壁垒。一旦前人将技术以专利的方式保护起来，就会发生专利侵权行为。而专利交叉许可恰恰可以满足前人与后来开创者两者在技术上的需求，消除技术壁垒，促进行业技术的研发。

例如，全球五大 LED 巨头飞利浦、科锐、欧司朗、日亚化学、丰田合成签署全面性的全球专利交叉许可协议。上游目前所有的关键技术，几乎都被他们垄断。专利互授已成为其全球战略的一部分（见图 4-14）。

【例 4-48】 CREE 与晶电的 LED 芯片专利交叉许可

2015 年 8 月，美国 CREE 公司宣布与台湾晶元光电签署全球 LED 芯片专利交叉许可协议，旨在进一步推动 LED 照明和 LED 灯泡市场的增长，双方皆能从中获益。根据协议条款，双方将获得对方的氮化物 LED 芯片专利许可，并授予对方部分非氮化物 LED 芯片专利权。晶元光电为世界最大芯片供应厂商，与 CREE 达成交叉授权，即可省去潜在的侵权诉讼，又不需付出高昂的专利交易费用，同时维持客户关系，能够更迅速、顺利将

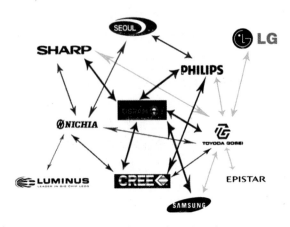

图 4-14 全球 LED 专利交叉许可

LED 芯片推上全球市场。CREE 的创新技术及广泛的专利组合让其 LED 元件及照明产品更具竞争力。

其他专利战略还有：专利与商标结合战略，即将专利的使用权和商标的使用权相互交换的战略；资本、技术和产品输出的专利权运用战略，即在资本、技术和产品输出前，先在输入国申请专利，保护资本、技术和产品的独占权的战略；专利回输战略，即对引进专利进行消化吸收、创新后，形成新的专利，再转让给原专利输出企业的战略。

思考题

1. 专利战略为什么关乎科技企业的存亡？
2. 专利战略有哪些内容？
3. 企业应如何制定自己的专利战略？

第七节 专利运营

经济学认为，生产要素只有通过运营才能实现价值最大化。专利权的财产属性决定了专利权可以通过市场运营来实现价值增值、效益增长。

专利运营是指以实现专利经济价值为直接目的、促进专利流通和利用的商业活动行为，提升和实现专利权价值的商业方法和经营策略。专利运营贯穿于专利权价值的形成(专利投资)、提升(专利整合)和实现(专利流转)等全过程中。

【例 4-49】 邱则有：演绎中国式专利传奇

邱则有手握破解建筑难题的"独门绝技"——现浇砼空心无梁楼盖技术。这一技术将受力性能最好的工字梁与用料最省的蜂巢结构运用到建筑结构中，不但大幅降低建筑综合造价、缩短工期，还可提高建筑净空高度、降低建筑自重，破解了大跨度无梁水平结构体系这一世界性难题。这门绝技在中国银行湖南省分行国际金融大厦成功应用，节约投资 610 万元，施工进度加快 50%。

1999 年，邱则有将自己的空心楼盖技术成果，包括新材料制造技术、新结构体系技术、施工技术领域的 21 项发明创造全部申请了专利。迄今他已提交专利申请 7000 多件，获得专利授权 2000 多件。为维护专利权，他打了 100 多场官司，胜诉超过 90%，被称为

"中国专利第一人"。

2005年12月,在邱则有提议下,"中国空心楼盖专利联盟"和"中国空心楼盖产业知识产权联盟"成立,旨在保护市场、协调关系、共享资源。专利联盟储备了本行业内的3000多相关专利,产业联盟的成员和准成员达到81家,遍及全国各地。

一、专利运营的历史

专利运营诞生于美国。1827年,迈克尔·威瑟斯利用其"有翅膀的轮轴"的专利逼迫磨坊主购置其专利,成为最早的专利运营的雏形。后来,专利律师事务所在报纸刊物上向大众发布专利信息,以促进享有专利权的实物买卖。

1908年,爱迪生获得发明电影放映机专利权。1909年,在爱迪生的主导下,美国7家电影制片公司(维他格拉夫、比沃格拉夫、卡勒姆等)和2家法国电影制片公司(百代、梅里爱)联合组成了电影专利公司。他们从电影技术发明者那里取得了16项专利权,还从唯一能生产胶片的柯达公司取得了胶片的专买权。借此以法律为武器,对电影经济实行全面控制。

早期由于专利数量较少,运营大环境尚未构成,专利运营方式是以专利权运用为主的专利许可,专利运营主体也是专利权人。后来,随着信息交流日益频繁、买卖活动日益活跃,运营主体由买卖单方借助无形市场与专门的专利运营平台、自主寻觅运营中介机构,逐渐发展为由专业的专利买卖机构开始运营。

【例4-50】 企业家爱迪生

爱迪生是著名发明家,一生获得过1093项专利权。

电灯是他的第一件有价值的专利。但是如何将其推向社会,他遇到许多问题。例如,电从哪里来?不能让用户自备发电机吧!因此爱迪生创建了发电所,为用户供电。他还负责为愿用电灯的用户埋电线杆,接地线,装电灯。开始只有200余户人家试用,爱迪生也不嫌少,热情服务到家。电灯装好后,第二天电线被人割断了。原来,有的人怕招雷电。爱迪生又请来各报馆记者,介绍电灯的安全性、优越性,打消了人们使用电灯的顾虑。

爱迪生还给予愿意使用电灯的人免费使用3个月的优惠,但还是没招来多少用户。因为当时电灯为串联式,一户电灯发生故障,其余用户就都不亮了。于是爱迪生又将串联改为并联。后来又解决了稳压器、开关、接线盒、绝缘带、保险丝等一系列配件问题,使电灯既方便,又安全,最后终于被用户接受。短短几年间,在纽约,电灯完全取代了煤气灯,在美国其他城市也得到了推广。

进入20世纪中期,国外专利运营逐渐开展,专利买卖逐步从实物买卖演化为如今的专利权和专利信息服务复合运营形式。与此同时,专利运营的主体也越来越多,政府部门、高校和科研院所、中介机构、投资机构等纷纷参加其中,推进了专利运营的迅速开展。

在这一进程中,专利运营的形式也日益丰富与多样,从最简单的专利许可,逐渐发展为专利拍卖、专利出售、专利质押、专利诉讼、专利池、专利联盟以及专利的资本化、证券化等多种方式。专利运营也逐步成为一个新兴产业,专业化、规模化的专利运营公司日渐成熟,出现了一些影响力较大的专利运营中介机构。这些中介机构传达专利信息,为专利出售方寻觅买主,为希望购置者寻觅适宜的专利,还为创造人或专利权人寻觅启动资金。

值得注意的是,近年来受高额专利许可费、巨额侵权赔偿费等要素的影响,在发达国家尤其是美国,非专利施行主体(NPE)数量急速增长,成为全球专利运营的新兴力量。

二、专利运营模式

专利运营的本质,是以专利权为运营对象,以市场化运作为手段,将专利的创造、布局、运筹、经营嵌入企业的产业链、价值链和创新链的运作过程中,促进优化企业创新资源的整合和资源配置结构的优化,从而实现专利市场经济价值最大化的行为。简而言之,就是将专利转化为经济价值。

专利运营所涉及的方式包括专利的布局、组合、托管、转让、许可、融资、作价入股、构建专利池、形成技术标准、专利诉讼等。

专利运营的模式主要有:①研发实体(企业模式),如IBM公司的集中管理运营模式、东芝公司的分散管理运营模式。②专利池模式,由多个提供必要专利的专利权人集合起来相互或向第三方授权许可。③NPE模式,主要以收购、委托研发等方式获取专利并通过专利诉讼、许可等方式获利。如进攻型NPE美国高智公司,防御型NPE RPX公司。④政府主导模式,由政府出资建立专利基金,帮助企业管理专利、提升专利经济价值、应对跨国专利诉讼。⑤服务平台模式,提供专利交易、成果转化的非政府性知识产权运营机构。

(一)私营性运营公司模式

该模式聚焦于商业价值链的发明投资这个细分市场,通过专利授权、创建新公司、建立合资企业以及发展合作伙伴等多种方式来促进发明成果的商业化。

【例4-51】 美国高智公司专利运营模式

私营专利运营公司模式最为成功典范是美国高智公司,该公司由微软公司两位前高管内森·米尔沃德、爱德华·荣格于2000年创办,是全球最大的知识产权投资运营公司。目前,该公司拥有着超过50亿美元的投资基金,管理着超过4万个知识产权投资运营项目,在专家构成上技术专家、法律专家以及经济专家各占1/3,每年的许可收益在10亿美元左右。

高智公司的商业运作模式主要可划分为四个步骤:①构建专家库。通过世界顶尖的技术、法律、经济专家团队建设,一方面,找寻有市场前景的专利投资机会,另一方面,在高智研究实验室对世界急需解决的问题从事技术研发。②购买专利。通过设立的三支基金,即发明科学基金、发明投资基金、发明开发基金,从个人发明人、各类单位发明人手中购买专利。③专利包装。对自创或者购买的专利,根据专利本身的技术属性以及市场预期,将专利进行重新包装组合,建立专利池。④专利授权。将专利以及组合推向公司建立的专利交易平台,缩小专利权人与专利买家之间的信息鸿沟,以达到促成专利交易,赚取高额服务佣金的目的。总体来说,高智公司的商业模式实质就是以专利制度为基础和依据,建立专利发明的资本市场,将专利当作一种产业来运营获利。

高智公司的组织架构包括专利购置部门、创新部门、投资者关系部门、商业化部门、研究部门和知识产权运营部门,研究部门和知识产权运营部门分别为上述四个部门提供业务支持。从团队组成来看,高智公司可谓是一支由企业管理和金融专家、科技和法律界精英组成的"梦之队"。法律团队方面,高智公司团队里有超过100位的专业律师,其中许多是负责专利诉讼的律师。从某种意义上来说,这样的人员组织结构本身就具有很强的专门从事专利组合、授权和诉讼的能力。

(二)公益性运营公司模式

公益性运营公司模式是一种由政府、协会和企业共同参与的专利运营模式。政府支持是公益性公司运营模式的最大特色。运行公益性运营公司模式比较成熟的是德国。

【例 4-52】 "1+2+20+N"专利运营正式起步

2015年,国家知识产权局同财政部以市场化方式开展知识产权运营服务试点,确立了在北京建设全国知识产权运营公共服务平台,在西安、珠海建设两大特色试点平台,并通过股权投资重点扶持20家知识产权运营机构,示范带动全国知识产权运营服务机构快速发展,初步形成了"1+2+20+N"的知识产权运营服务体系。围绕《中国制造2025》十大发展领域设立了知识产权运营基金,进一步推动形成"平台+机构+产业+资本"四位一体的知识产权运营发展新模式。

(三)技术转让办公室模式

对于发达国家的研究机构和高等院校,采取在其内部设立技术转让办公室的模式推进专利运营工作,负责科研技术转移及知识产权经营。

例如,美国斯坦福大学、威斯康星大学、麻省理工学院等高校以专利运营为主体的技术转移。

【例 4-53】 斯坦福大学的 OTL 模式

斯坦福大学首创了在大学内部设立"技术许可办公室"(Office of Technology Licensing,OTL)的专利管理模式,OTL 模式下的技术转移,创造出各方共赢的结果,表现为:

第一,OTL 卓有成效的专利许可工作,使斯坦福大学成为全球大学技术转移的领先者,提升了学校的声望。

第二,对作为发明人的大学教师,一方面,通过 OTL 的专利许可,大学教师与企业之间建立起联系;另一方面,大学教师通常会将分得的专利许可收入又重新投入到自己所从事的基础研究中去。

第三,对于斯坦福大学身处的硅谷和生物技术湾而言,OTL 许可的技术是高技术产业成长和壮大的源泉。1981年,OTL 将斯坦福大学和加州大学伯克利分校联合发明的"基因切割"这一重大生物技术,申请了发明专利,并以非独占性许可方式将该技术许可给了众多企业,从而开启了全球生物技术产业。据估算,1988—1996年硅谷总收入中,至少有一半是由斯坦福大学师生创业企业创造的。

第四,OTL 把联邦政府资助下的斯坦福大学研究成果,通过专利保护和许可方式,成功转移至企业界,增强了美国企业的竞争力。

三、专利运营模式成功因素

(一)规模化的专利运营资金是前提

专利运营是一项系统工程,从专利技术评估,到专利投资,再到专利交易平台的搭建,都离不开规模化的资金流引入。因此,要发展专利运营事业,首先必须为专利运营主体打通规模化专利运营资金获取和投入的通道。

【例 4-54】 以色列英飞尼迪集团运营模式

以色列英飞尼迪(Infinity)集团主要运营模式是"技术＋资本"的创业投资基金。一方面，英飞尼迪集团着眼为以色列企业寻找匹配的中国本土企业，实现海外技术优势和本土产业优势的结合；另一方面，投资中国本土的高科技初创企业，由其先进科学家团队评估专利技术产业化的市场前景和风险，利用集团自建的技术孵化器为中国本土企业提供技术支持、财务管理等增值服务，帮助中国本土企业实现创新技术的产业化。

以色列一家专业做半导体封装测试的小企业 Shellcase 技术已达到了全球领先水平，但其在以色列建成半导体设备工厂后并没有找到市场。与此同时，苏州专业从事影像传感芯片(CCD 和 CMOS)生产的晶方半导体公司，缺乏相关核心技术。据此，英飞尼迪以 1400 万美元购买 Shellcase 的专利技术，随后与 Shellcase 联合向晶方半导体公司投资 2500 万美元，建设了一条生产线。Shellcase 也由此获得 2000 万美元贷款，走出困境。晶方半导体公司则逐渐成长为全球第二家能大规模提供晶圆级芯片尺寸封装量产技术的高科技公司。2007 年，英飞尼迪投资于晶方半导体的股份中有一部分以 3800 万美元出售给纳斯达克上市公司 OMNI，投资于 Shellcase 的部分以 3300 万美元价格卖给另一家纳斯达克上市公司，实现了成功退出。

(二)精英化的专利运营人才是支撑

专利运营的对象是具有市场前景的专利技术，获取专利技术的途径无论是自创还是购买，都需要对技术本身的市场价值做出合理准确的评估和判断，而对专利技术进行市场价值评估靠的就是精英化的专利运营人才。此外，专利运营公司要赚取高额的服务佣金，还需要对具有市场前景的专利技术进行重新组合、包装和推介，而这些活动无不依靠精英化的专利运营人才。

【例 4-55】 上海盛知华知识产权服务有限公司的管理团队

上海盛知华知识产权服务有限公司(以下简称"上海盛知华有限公司")由具有国际、国内实战经验丰富的知识产权与技术转移专家组成，为上海盛知华有限公司的专利运营注入了强劲动力。其 CEO 纵刚有在美国排名第一的得克萨斯大学 MD Anderson 癌症中心的 10 多年知识产权和技术转移管理和癌症研究经历，以及在中科院上海生命科学研究院 8 年多的技术转移教学和管理经历。他在知识产权管理与技术产业化、商业咨询、创立新公司，以及生命科学研究等方面拥有 20 余年的工作经验。2010 年，经由上海盛知华有限公司运作，中科院上海生命科学研究院以 6000 万美元外加销售额提成的方式将一项有关蛋白抗肿瘤药物的专利授权给世界著名跨国医药企业法国赛诺菲-安万特公司。

(三)规范化的专利运营制度是保障

专利运营公司采取公司化模式进行运作，其主要目的在于营利。如果缺乏有效制度的规制，一些专利运营公司会操控手中的专利，滥用专利权利，进行恶意诉讼，成为所谓的"专利流氓"(patent troll)，放任专利权滥用行为无疑会背离专利制度促进技术创新的初衷。因此，发达国家在鼓励专利运营的过程中，同时会将相应的专利权滥用行为纳入《反垄断法》中，以规范专利运营公司的运行。

【例 4-56】 华为公司的专利运营

作为通信领域领头羊的华为公司，通过全球 16 个研究院(所)、36 个联合创新中心，在全球范围内开展创新合作。雄厚的专利家底为华为公司开展专利许可、专利诉讼、专利标准化等运营方式提供了实力支撑。2015年,华为公司与苹果公司签订相互专利许可的协议,华为以每年向苹果公司收取数亿美元的专利费而上演国产手机企业的逆袭。同年,华为公司主动出击,在中国和美国同时提起对三星的专利诉讼。

2016年9月,美国InterDigital公司宣布,与华为公司签署了全球性的专利许可协议。InterDigital是无线电话通信先驱,拥有超过2万件与无线通信基本技术有关的专利和专利组合,广泛涉及CDMA、TDD、GSM、FDD、WCDMA等2/3/4代无线通信技术专利。而华为凭借在全球智能手机市场强劲的销量,在专利规模和技术积累上实力相当,双方最终从"对战"走向"共处"。截至2017年底,华为累计获得专利授权74307件,申请中国专利64091件,申请外国专利48758件,其中90%以上为发明专利。与此同时,华为加入全球300多个标准组织。2017年华为研发费用支出896.9亿元,占全年收入的14.9%。

思考题

1. 专利运营有什么作用?
2. 专利运营有哪些典型的运营模式?

第八节 专利信息检索与应用

现代专利制度的基本理念是以技术的公开换取保护,而以出版专利文献的形式来实现发明创造向社会的公开和传播是专利制度走向成熟最显著的特征。专利制度在保护工业产权和传播发明创造的同时,建立起一个巨大的专利文献知识宝库。专利文献是集技术信息、法律信息、经济信息于一体的信息载体,它蕴藏着巨大的战略信息资源。而能否有效检索和利用专利文献,需要一定的专利及其文献检索知识。

一、什么是专利文献

专利文献是指实行专利制度的国家及国际专利组织在审批专利过程中产生的官方文件及其出版物的总称。1852年,英国建立了专利局,并颁布《专利法修正法令》:发明人必须充分陈述其发明内容并予以公布,专利在申请后无论是否授权都要公开。作为公开出版物的专利文献有原始文献类(各类型的发明、实用新型、外观设计专利说明书、权利要求书),检索工具类(专利公报,涉及发明、实用新型及外观设计的分类索引),信息通报类(专题述评、动态综述、年鉴等)。每年各国出版的专利文献超过150万件,全世界累计可查阅的专利文献超过6300万件。

专利说明书中包含世界上90%~95%(大多具有商业价值)的研究成果,而且其中80%未在其他期刊中刊登。

专利公报是各工业产权局报道最新发明创造专利申请的公开、公告和专利授权情况以及其业务活动和专利著录事项变更等信息的定期连续出版物。

在各式专业期刊、杂志、百科全书等有关技术发展的资料中,唯一能够全盘公开技术核心的仅有专利文献。

专利文献包含了技术信息、法律信息、经济信息、著录信息和战略信息。

1. 技术信息

指在专利说明书、权利要求书、附图和摘要等专利文献中披露与该发明创造技术内容有关的信息,以及通过专利文献所附的检索报告或相关文献间接提供的与发明创造相关的技术信息。

2. 法律信息

指在权利要求书、专利公报及专利登记簿等专利文献中记载的与权利保护范围和权利有效性有关的信息。其中,权利要求书用于说明发明创造的技术特征,清楚、简要地表述请求保护的范围,是专利的核心法律信息,也是对专利实施法律保护的依据。其他法律信息包括:与专利的审查、复审、异议和无效等审批确权程序有关的信息;与专利权的授予、转让、许可、继承、变更、放弃、终止和恢复等法律状态有关的信息等。

3. 经济信息

指在专利文献中存在着一些与国家、行业或企业经济活动密切相关的信息,这些信息反映出专利申请人或专利权人的经济利益趋向和市场占有欲。如有关专利的申请国别范围(同族专利)和国际专利申请的指定国范围的信息,专利许可、专利权转让或受让等与技术贸易有关的信息等,与专利权质押、评估等经营活动有关的信息,这些信息都可以看作经济信息。竞争对手可以通过对专利经济信息的监视,获悉对方经济实力及研发能力,掌握对手的经营发展策略,以及可能的潜在市场等。

4. 著录信息

指与专利文献中的著录项目有关的信息,如专利文献著录项目中的申请人、专利权人和发明人或设计人信息;专利的申请号、文献号和国别信息;专利的申请日、公开日/授权日信息;专利的优先权项和专利分类号信息;专利的发明名称和摘要等信息。著录项目源自图书情报学,用于概要性地表现文献的基本特征。专利文献著录项目既反映专利的技术信息,又传达专利的法律信息和经济信息。

5. 战略信息

指经过对上述四种信息进行检索、统计、分析、整合而产生的具有战略性特征的技术信息/经济信息。如通过对专利文献的基础信息进行统计、分析和研究所给出的技术评估与预测报告和"专利图"等。

阅读材料 使用专利文献的好处

专利文献是智能的宝库,发明的向导。其使用价值有:

(1) 专利文献是科研人员拟定科研课题、制定科研规划、掌握国内外科技水平、攻克技术难关的主要参考资料,也是新产品试制、技术更新换代的依据。使用专利文献可以避免时间、人力和财物的重复浪费。

(2) 专利文献是进出口贸易必不可少的情报资料。进行技术贸易时,首先要通过查阅专利来比较、分析、研究各国、各公司的技术水平、市场范围和竞争能力,评价外商所持项目的虚实、法律状况和经济价值等,这样可以争取主动,避免盲目引进,也可以避免在出口贸易中侵犯他人专利权、损害国家声誉,造成不必要的经济损失。

(3) 传授技术和开展技术转让时,专利文献更具有极大的使用价值。通过查阅专利公报等,可以找到是否有许可证转让者及受让人,以便开展许可证贸易,使买方能取得技术优势,可以迅速组织生产。

(4) 在申请专利前,通过查阅专利文献,以判断自己的发明是否具有新颖性和创造性等。

(5) 专利文献是专利审查工作必备的资料。实行专利制度的国家,为审查、确定新的技术发明申请案是否符合专利条件,必须查阅专利文献。

二、专利文献的特点

专利文献是科技文献之一,在内容和形式上都与其他科技文献资料有所不同。归纳起来,主要有以下几个显著特点。

1. 专利文献是集技术、法律、经济信息于一体的数量巨大、内容广博的战略性信息资源

专利文献涵盖了绝大多数技术领域,从小到大,从简到繁,记载了从人类生活日用品到航天、生物等高科技各方面的发明创造,从扳手到飞机、雷达、海洋波浪发电装置、智能手机、人工智能,等等。历史上一些重大发明,如瓦特的蒸汽机、贝尔的电话、爱迪生的留声机、莱特兄弟的飞机、基尔比的集成电路、鼠标、手机等,在专利说明书中几乎都有记载。

2. 专利文献传播最新技术信息

目前世界上绝大多数国家都实行先申请制。申请人在一项发明创造完成之后总是以最快速度提交专利申请,以防竞争对手抢占先机。据统计,2/3 的发明创造在完成后的一年之内提出专利申请,近 1/3 的发明创造在第二年提出申请,不足 5% 的发明创造超过两年提出申请,这大大加快了技术信息的传递。

例如,电视机见之于专利文献是 1923 年,而在其他文献上第一次公布是 1928 年,相隔 5 年;喷气式发动机在专利文献上公布是 1936 年,在其他文献上第一次公布是 1946 年,相隔 10 年。可见专利文献的报道速度比一般科技文献要快得多,它反映了当时最新的科学技术发明。只要及时查阅,就可以迅速获得最新的技术情报。

3. 专利文献对发明创造的揭示完整而详尽

各国专利法一般都要求专利说明书的撰写必须详尽,专利说明书可公开的发明内容务必完整、清楚,以同技术领域的技术人员能实施为标准。专利文献不仅记录发明创造内容,展示发明创造实施效果,同时还揭示每件专利保护的技术范围,记载专利权人、发明人、专利生效时间等信息。

【例 4-57】 专利文献对产品研发的启示

北京低压电器厂在开发漏电保护开关产品初期,由于忽视了专利文献的调研,花了整整一年的时间仍未找到理想的技术方案。后来它利用 7 天时间,查阅了大量有关专利文献,从中筛选出 6~7 篇参考价值较高的专利文献。在专利文献启发下,仅用 3 天时间就制定出可行技术方案,又在此基础上进行了创新,并申请了专利。

4. 专利文献的格式统一规范,高度标准化,并且具有统一的分类体系,便于检索、阅读和实现信息化

世界各国对专利文献的分类,虽然有各自的分类方法,但概括起来无非是按"应用"分类和按"功能"分类,或二者兼之。专利文献是一部应用技术发展史,如果想了解某个技术领域的全部技术资料,可以顺着年代追溯检索,查阅有关的专利说明书,系统了解它的由来和发展。

5. 专利文献的不足

专利文献重复性大,并非所有专利文献所记载的发明创造都具备新颖性、创造性和实用性。专利文献文辞冗长,文字晦涩。核心技术作为商业秘密保留,因此往往不出现在专利文献中。

此外,由于专利申请的单一性原则,一项产品的全部设计和生产技术,往往不只包括在一项专利中。在查阅专利文献时,只有通过一系列核心和外围专利才能完整地了解某一产品的技术全貌。如英国皮尔金顿公司对浮法玻璃的生产技术申请了100多件专利。因此,在对某个课题进行专利调研、查新时,要注意这个问题。

三、专利文献的作用

(一)传播发明创造,促进技术进步

从专利制度角度,专利文献与其他文献相比在传播发明创造方面作用突出。互联网使专利文献信息传播更方便:世界主要国家都在互联网上公告专利文献,使得公众可以在第一时间获得最新发明创造信息。发明创造通过专利文献得以传播,人们由此可以获得最新技术信息,利用新技术,进而起到促进技术进步的作用。

(二)提供技术参考,启迪创新思路

从研发人员角度,创新要借鉴前人的智慧,站在巨人的肩膀上进行再创造。专利文献正可起到这方面的借鉴作用。专利文献中含有每一件申请专利的发明创造的具体技术解决方案(说明书)。研究本领域专利文献中记载的发明创造,对于创新具有非常重要的作用:不仅可避免重复研究,缩短研发时间,节省研发经费,同时还可启迪研发人员的创新思路,提高创新的起点,实现创新目标。世界知识产权组织统计,善用专利文献可缩短60%研发时间,节省40%的研发经费。

例如,日本佳能公司主张与其撰写研究技术报告,不如撰写专利发明申请书;与其阅读学术文献,不如研读专利公报。

(三)警示竞争对手,保护知识产权

从专利权人角度,申请专利的目的是寻求对其发明创造的保护,并通过实施其受专利保护的发明成果获得最大化商业利益。但专利权人最担心的是竞争对手侵犯其专利权。所以专利权人寄希望于通过专利文献信息公布,向竞争对手传达一种警示信息。专利文献同时也向竞争对手展示了专利保护范围,甚至许多专利权人在其专利产品上注明专利标记,从而达到保护专利的目的。

例如,当某企业一个无线电通信领域研究项目开发成功即将产业化之际,才发现外国已在我国申请了80多件相关专利。由于事先不察而陷入了专利"陷阱",投产时还得花费1亿美元购买国外专利的使用权。

(四)借鉴权利信息,避免侵权纠纷

从竞争对手角度,任何竞争对手都要尊重他人的知识产权,杜绝恶意侵权行为,避免无意侵权过失,以形成良好的市场竞争氛围。专利文献中含有每一件专利的保护范围信息(权利要求书)、专利地域效力信息(申请的国家、地区)、专利时间效力信息(申请日期、

公布日期),检索专利的法律信息,就可以实现自我约束,避免纠纷发生。专利文献可以在这方面起到借鉴的作用。

【例 4-58】 瑞士钟表业的惨痛教训

1975 年,世界钟表市场经历了一次大转折,传统的机械钟表受到冲击,电子表在很大程度上代替机械表,为此钟表帝国瑞士半数工厂倒闭,年出口减少 3 亿美元,几乎让瑞士钟表业遭遇灭顶之灾。许多企业由于没有预见到这一变化,未及时调整企业产业结构,蒙受了很大的经济损失。

实际上,专利文献早在 20 世纪 70 年代初就预示了钟表市场的这场突变。1970 年联邦德国哈密尔顿钟表公司申请了第一件电子手表专利,1971 年出现了与电子表有关的液晶显示产品。可是瑞士钟表业忽视了这一发明,美国的一位玩具商也仅为制造玩具购买了这件专利。而日本人十分敏锐地抓住这个机遇,一跃成为全球第一的电子表大国。

重温这段历史,专利文献早已对这次重大变革做了详细告示,日本电子表工业一直跟进这一信息,并能及时"下手"。如果企业能随时跟踪专利文献,从中捕捉与自己相关的专利信息,完全可以避免因错误估计消费形势而造成的决策失误,以及由此造成的经济损失。

四、专利分类法

对于海量专利文献的组织、管理和检索,必须有一套有效的分类和检索工具。专利分类表是使各国专利文献获得统一分类的工具。而国际专利分类法(International Patent Classification, IPC)是目前国际唯一通用的专利文献分类和检索工具。1967 年,世界知识产权组织将欧洲专利分类法作为国际专利分类法。1968 年 9 月,第一版 IPC 生效。IPC 为适应新技术的发展要求,每 5 年修订一次。2006 年 1 月 1 日开始使用第 8 版 IPC 分类表。

(一)分类原则

功能分类和应用分类相结合,以功能分类为主。

1. 功能性分类(一般类)

发明的技术主题按固有性质分类,只考虑结构、功能,与具体用途无关,如:

B01D　　分离,过滤

F16K　　阀门,旋塞;开关

B65D　　瓶

2. 应用性分类(专门类)

按使用的特定技术领域、范围分类,如:

咖啡过滤器 A47J31/06

气球充气用的阀门 A63B41/00

花瓶 A47G 7/06

胡椒瓶 A47G 19/24

药瓶 A61J

墨水瓶 B43L 25/00

(二)分类表的编排和等级结构

1. 部

国际专利分类表将不同的技术领域概括分成8个部,每一个部定为一个分册,用英文大写字母 A—H 表示。分类体系是由高至低依次排列的等级式结构,将与发明创造有关的全部技术领域按不同的技术范围设置成部、大类、小类、大组或小组,由大到小地递降次顺序排列。

8个部所涉及的技术范围是:

A 部:生活需要

B 部:作业;运输

C 部:化学;冶金

D 部:纺织;造纸

E 部:固定建筑物

F 部:机械工程;照明;加热;爆破

G 部:物理

H 部:电学

2. 大类

每一个部按不同的技术领域分成若干个大类,每一大类的类名对它所包含的各个小类的技术主题做一个全面的说明,表明该大类所包括的主题内容。每一个大类的类号由部的类号和其后加上的两位数字组成。

例如:B64　飞行器;航空;宇宙航行
　　　B82　超微技术

3. 小类

每一个大类包括一个或多个小类。小类是指在国际专利分类表中每一个大类的细分,小类类名是对它所包含的各个大组的技术主题的全面说明。

每一个大类包括一个或多个小类。每一个小类类号由大类类号加上一个英文大写字母组成。原则上通过各小类的类名,并结合小类的参见或附注定义该小类所包括的技术主题范围。

例如:B64C　飞机;直升机
　　　G10C　钢琴

4. 组

每一个小类细分成若干个大组或小组(大组和小组统称为组)。

(1) 大组:大组的类号由小类类号加上一个一位到三位的数、斜线"/"及数字"00"组成,大组的类名明确表示分类、检索发明的技术主题范围。

例如:B64C3/00　机翼
　　　B64C30/00　超音速飞机
　　　G10F1/00　自动乐器

(2) 小组:小组是大组的细分,每一个小组的类号由小类类号加上一个一位至三位的数,后面跟着斜线"/"符号,再加上一个除"00"以外的至少有两位的数组成。小组的类名明确表示可检索属于该大组范围之内的一个技术主题范围,小组的类名前加一个或几个圆点表示该小组的等级位置。

小组间的等级结构是由圆点数来确定的,根据此等级原则,小组的技术主题范围是由它与它前面级别比它高的组共同确定的。

例如:B64C3/10．机翼外形

　　　B64C3/20．整体结构或多层结构

　　　B64C3/58．装有导流栅或扰流片的

【例4-59】 以分类号 B64C25/30 为例,说明小组的等级分类结构

部	B　作业;运输
大类(两位数标记)	B64　飞行器;航空;宇宙航行
小类(大写字母标记)	B64C　飞机;直升机
大组(1～3位数加/00标记)	B64C25/00　起落装置
小组	

　　　　　　　　　　B64C 25/02．起落架

　　　　　　　　　　　　25/08．．非固定的

　　　　　　　　　　　　25/10．．．可快放的,可折叠的或其他的

　　　　　　　　　　　　25/18．．．操作机构

　　　　　　　　　　　　25/26．．．操纵或锁定系统

　　　　　　　　　　　　25/30．．．．．．应急动作的

将大组/00 中的 00 改为其他数字。小组内的等级是依次降低的,但从分类号上看不出来,只能根据小类前的圆点数目加以判断。分类号 B64C25/30 的内容是指飞机或直升机上的起落装置,是一种非固定式可收放的折叠起落架的操作机构应急动作的操纵或锁定系统。

(三)国际外观设计分类

国际外观设计分类是 1968 年通过的《建立工业品外观设计国际分类洛迦诺协定》。国际外观设计分类表不断修订,每 5 年出一个新版。2017 年 3 月 1 日,国家知识产权局正式使用第 11 版《国际外观设计分类表》对外观设计专利申请进行分类,对已分类的案件不再追溯。分类表为两级分类,新版的外观设计分类表及大类和小类表中包括 32 个大类和 219 个小类。依字母编序的外观设计产品项列表包含 7024 个条目。

国际外观设计分类表由三部分组成:①大类和小类表;②使用工业品外观设计的产品按字母顺序排列的产品序列号;③说明。

例:12-11-C0898

大类　12　运输或提升工具

小类　12-11　自行车和摩托车

产品字母　C　自行车

产品系列号　C0898　自行车(带马达助力的)

五、专利信息检索与分析

专利信息检索是根据某一专利信息线索特征,从各种专利信息资源中挑选符合特定要求的专利文献或信息。

(一)专利信息检索种类

专利信息检索种类主要有专利技术信息检索、专利性检索、同族专利检索、法律状态检索。主要专利信息特征有主题词、IPC号、申请号、文献号、专利相关人等。

1. 专利技术信息检索(也称专利技术主题查全检索、专利参考文献检索)

专利技术信息检索有以下作用:①了解技术现状,确定科研目标;②避免重复研究,提高创新起点;③跟踪技术动态,修正研究方向;④利用现有技术,进行有效仿制;⑤激发创新灵感,及时申请专利;⑥寻找合作伙伴,物色研发精英;⑦监视竞争对手,制定应对策略;⑧保护自主产权,避免侵权纠纷;⑨合理引进技术,防止出口侵权;⑩运用分析数据,制定企业战略。

(1) 启迪研发思路。

确定开发项目的高起点,避免重复研究,为技术研发提供方向。企业在新产品开发或科研立项之前,通过对专利文献的检索,可以了解现有技术状况和发展趋势,确定攻关重点,选准研发项目,避免重复研究和低水平开发,节约经费,少走弯路,对具有市场价值的新产品、新工艺进行创新,形成自主知识产权。

例如,江苏小天鹅公司利用专利信息,分析洗衣机技术的发展趋势,查阅了国外有关洗衣机的专利文献近3000件,在此基础上开发了代表当时国际先进水平的洗衣机,还就其外形设计、静音立体水流、洗涤漂洗无级变速等方面获得12件专利。

(2) 寻找技术的合作者。

通过专利文献信息还可以寻找技术合作者,从而以强有力的研究开发优势取得技术研发成果。

例如,克罗地亚Pliva公司研制开发了"阿奇霉素",并在20世纪80年代初取得了全球专利保护,但该公司缺少资本打入国际市场。美国辉瑞公司从专利文献中发现了这件专利,意识到巨大的市场潜力,及时与Pliva公司合作,最终获得了双赢。

(3) 申请专利。

专利申请之前进行专利信息检索,确定所申请的产品技术是否具有专利性和保护范围的准确度,可减少申请的风险,提高申请质量和获权的可能性,有效保护企业发明创造。

【例 4-60】 专利新颖性检索

某企业设计一款"暴走鞋"(跟部嵌有轮的鞋),准备申请中国专利。通过专利新颖性检索,找到31件跟部嵌有轮的鞋的中国专利,其中最早提出专利申请的是美国海丽思体育用品有限公司,其申请的中国专利与该企业的设计基本相同。

该企业打算通过修改设计避开海丽思公司的专利。通过同族专利检索,找到海丽思公司的18项专利申请的23件同族专利,发现很难避开其专利保护范围。该企业不仅了解到自己的设计无法申请专利,同时还学到外国同行如何保护自己的发明创造的方法。

(4) 企业竞争。

通过专利信息的检索分析,可以随时掌握竞争对手在产品、技术方面的研发现状,有利于知己知彼、正确应对。

(5) 技术引进。

在引进技术前通过对相同技术主题的检索,充分了解该技术现状,进行综合评价,确定是否需要引进,引进哪种技术,引进谁的技术,被引进技术的专利权的可靠程度,从而达到掌握谈判主动权和节约经费的目的。同样在产品出口时,要避免侵犯他人权利。

【例 4-61】 专利检索在技术引进中的作用

20 世纪 80 年代,上海耀华玻璃厂与英国皮尔金顿公司谈判引进浮法玻璃生产工艺技术项目时,对方索价入门费 1250 万英镑,理由之一是该项目有一大批专利。经我方系统检索,该项技术申请 137 件,其中 51 件已失效,占 37.2%。根据我方情报,入门费最后降至 52.5 万英镑。

(6) 产品出口。

在产品出口前通过对该产品主题的检索,了解是否存在与出口产品相同的专利及其是否是产品出口目的地国的有效专利,依次做出准确判断,决定是否出口及出口到哪些国家或地区,避免侵权纠纷。

(7) 专利诉讼。

在被告专利侵权时积极应诉,检索该专利申请日之前公布的可破坏其专利性的专利文献,并作为证据通过诉讼程序使该专利无效,保护企业合法权益。

(8) 制定企业战略。

通过专利信息的检索分析,随时把握技术研发现状、发展趋势和市场开拓方向,做出准确的自我定位,为企业制定专利战略提供决策依据。

2. 专利性检索(也称专利技术主题查准检索、专利对比文件检索)

专利新颖性或创造性检索是指为确定申请专利的发明创造是否具有新颖性或创造性,从发明创造的技术方案对包括专利文献在内的全世界范围内的各种公开出版物进行的检索,其目的是找出可进行新颖性或创造性对比的文件。

专利新颖性或创造性检索的信息特征主要有:主题词和 IPC 号,有时辅以发明人名称。

专利新颖性或创造性检索到的文献称对比文件。

应用范围:准备申请专利前,被诉侵犯他人专利权,新产品上市或出口前。

3. 同族专利检索(也称专利地域性检索)

同族专利检索是指以某一专利或专利申请为线索,查找与其同属于一个专利族的所有成员的过程。

同族专利检索的信息特征主要有:申请号(包括优先申请号)和文献号。

同族专利检索得到的信息为同属于一个专利族的所有成员的文献号。

应用范围:文种转换,地域效力,相同发明创造在不同国家地区审查情况比较。

4. 专利法律状态检索(也称专利有效性检索)

专利法律状态检索是指对一项专利或专利申请当前所处的状态所进行的检索,其主要目的是了解该项专利是否有效。

专利法律状态检索的信息特征主要有:申请号或文献号。

专利法律状态检索得到的信息为特定专利或专利申请当前所处的状态。

应用范围:技术贸易,产品出口,侵权诉讼,了解审查过程。

【例 4-62】 1600 万美元买回大堆无效专利

国内某汽车公司与美国某汽车巨头合作。谈判时,对方列出用于产品的 97 件专利,要求我方支付高达1600万美元的专利使用费。我方企业领导未经深思便一口答应。合同签订后才发现,97件专利中过期专利23件,刚申请未经审查13件,无效专利29件,真正有效的专利仅32件。但悔之晚矣,企业巨额财富的流失已无可挽回。

5. 专利引文检索

专利引文检索是指查找特定专利所引用或被引用的信息的过程。其目的是找出专利文献中刊出的申请人在完成发明创造过程中曾经引用过的参考文献,或专利审查机构在审查过程中由审查员引用过并被记录在专利文献中的审查对比文件,以及被其他专利作为参考文献,或审查对比文件所引用并记录在其他专利文献中的相关信息。

专利引文检索的信息特征主要有:文献号。

应用范围:扩大专利技术信息检索范围,判断专利商业价值及技术质量,追踪技术发展方向,分析核心专利,对比审查结果。

6. 专利相关人检索(也称申请人/专利权人/发明人等检索)

专利相关人检索的信息特征主要有:申请人或专利权人或发明人的名称/名字。

专利相关人检索得到的信息为相关申请人或专利权人或发明人的专利文献。

应用范围:竞争对手分析,寻求合作伙伴,挖掘技术创新人才。

(二)专利信息检索基本策略

影响专利信息检索效果的因素主要有专利信息检索的系统因素,如专利信息数据库、专利信息检索软件,还有主观因素,如专利信息检索的目的、检索种类、检索策略、检索技术及检索经验等。

1. 确定检索目的

了解技术和权利现状,确定对手与伙伴,分析发展趋势,准确给自身定位。

2. 分析检索线索

号码——申请号、文献号;公司/人名——申请人、发明人;品名——商品名称、缩略名、代称;技术词汇——中文、外文、上位概念、下位概念、同义词、化学分子式;分类号——IPC号;图——图片、照片;实物——样品。

(1) 单检索入口。

申请(专利)号、公开(公告)号、申请日、公开(公告)日、申请(专利权)人、发明(设计)人、名称、摘要、(IPC)主分类。

(2) 高级检索入口。

申请日、公开(公告)日、颁证日、申请(专利)号、公开(公告)号、优先权、申请(专利权)人、发明(设计)人、代理人、代理机构、地址、名称、摘要、分类号、主分类号。

(3) 布尔算符。

AND(与),如光催化 AND 空气;OR(或),如空气 OR 气体;NOT(非),如复合材料 NOT 纤维。

3. 确定检索种类

(1) 为科研开题收集技术信息时,应选择专利技术信息检索。

(2) 为解决技术攻关中的难题而查找参考资料时,应选择专利技术信息追溯检索。

(3) 为开发新产品、新技术而查找参考技术信息或专利项目时,可选择专利技术信息的追溯检索或名称检索。

（4）开发出新产品、准备投放市场时，为避免新产品侵犯别人的专利权，应选择防止侵权检索。

（5）有了发明构思或获得新的发明创造时，为保护自身的利益应该申请专利，此时，为保证能够获得专利权，应选择新颖性检索。

（6）进行技术贸易、引进国外专利技术时，应进行专利有效性检索或技术引进检索。

（7）产品出口时，应选择防止侵权检索和专利地域效力检索。

（8）被告侵权时，为保护自己的利益"反诉"专利权无效时，应选择被动侵权检索。

4. 选定检索系统（大众化专利检索系统）

对于普通用户，互联网专利数据库的突出优点在于数据量大，更新及时，使用方便，很多数据库能够直接浏览全文，并且免费向公众提供打印或下载服务，具有很强的吸引力，如美国专利商标局网站可检索1976年以来的全文本，以及1790年以来授权专利的映像文件。

但是免费专利数据库存在以下不足：收录范围单一，免费专利数据库网站一般仅收录本国的专利文献；检索系统的检索功能单一，不能提供类似商业性联机检索系统的灵活组配和专业化检索功能；数据库没有进行深度加工标引，不能有效进行专业化检索。

5. 确定检索要素及其表达形式

首先确定检索技术主题所属技术领域的检索要素，然后确定检索技术主题的具体技术范围的检索要素。检索要素指被检索技术主题中能够代表具体检索的技术领域及检索的技术范围的可检索的成分。

（1）专利技术主题检索——追溯检索。

目的：为了解某一技术的发展现状或查找某一技术解决方案，为行业分析、企业决策等收集某技术主题的专利文献。

结果：尽可能多的文献（全重于准）。

检索范围：中国专利、外国专利。

步骤：

① 利用主题词进行初步检索，找到几篇文献；

② 找出 IPC 分类号，进行分类号检索；

③ 找出同义词、近义词，进行同义主题词检索；

④ 组成完整检索式，并不断动态调整，进行最终检索。

（2）专利性检索——新颖性检索。

目的：为判断申请专利的发明创造是否具有新颖性查找对比文献。

结果：多篇文献（准重于全）。

检索范围：中国专利、外国专利、科技文献。

步骤：

① 阅读并理解申请文本及有关文件（初步检索）；

② 核对申请的 IPC 分类号；

③ 确定检索的技术领域；

④ 分析权利要求，确定基本检索要素；

⑤ 表达基本检索要素(分类号/关键词);
⑥ 由基本检索要素构造检索式;
⑦ 动态调整基本检索要素/检索式,适时中止检索。

阅读材料　人工智能领域的专利信息检索

实践中,人工智能领域的专利信息检索,一直存在着查全率低下的问题,即便基于同样的检索目的进行检索,不同的检索人员所获得的数据也会有明显的差异。掌握好人工智能领域里专利检索的技能,对于企业的专利申请、预防侵权、侵权抗辩及战略分析能起到事半功倍的效果。

首先,检索者必须对人工智能的定义做出清晰的范围界定。也就是说,哪些方面属于人工智能领域,哪些不属于人工智能领域,否则,可能会造成检索结果不全面或者噪声过多,导致分析结论谬之千里。

其次,检索者应学习、调研掌握人工智能广泛的技术领域,在检索时要考虑不同技术领域的应用和实现。人工智能目前涉及的领域非常广泛,从机器视觉到智能控制,从专家系统到语言和图像理解,可谓无孔不入、无所不包。而且,随着技术的快速发展,呈现出向更广泛的领域迁移的趋势。如果检索人员对不同技术领域的相关差异没有清晰的认识,则很容易造成漏检,导致检索不全面。

最后,与传统的技术领域相比,人工智能领域的专利文献在术语的表达上非常多样化,在进行关键词的表达时,除了从形式上、角度上和意义上对关键词进行全面完整的表达外,还需要熟悉人工智能领域本身的算法、应用等,从而进行准确的定位专利,提高查全率。

6. 专利技术信息检索的步骤

以上海知识产权(专利信息)公共服务平台 http://www.shanghaiip.cn 为例(见图4-15)。

该系统收录了中国、美国、日本等78个国家和专利组织的6000多万条专利文献数据。面对社会公众提供了一个界面友好、功能强大、操作简单的检索工具,面对专业人员提供了深度挖掘、构建检索式、在线分析、加工衍生数据库等功能服务。

检索功能除现有专利检索系统中普遍应用的关键字检索、逻辑检索、二次检索外,还包括了新开发的概念检索(同义词检索)、自动编制关键词检索、中英文双语检索、企业名称(申请人)关联检索、科技文献关联检索、IPC(国际分类表)提示检索,检索结果实时生成企业专题数据库和企业个性化数据库等功能。

检索步骤:
(1) 分析检索主题,确定检索主题的名称,利用要素名称进行初步检索,找到若干篇文献;
(2) 选择中外文主题词或关键词,找出同一主题的不同用语;
(3) 选择IPC分类号,确定检索的入口;
(4) 选择检索系统,进行初步检索;
(5) 记录检索结果,包括文献号、文件种类代码、国别代码、发明名称;
(6) 根据文献号找到专利说明书,阅读、筛选;
(7) 根据需要可进行扩大检索。

图 4-15 专利文献检索表格

【例 4-63】 检索"LED 路灯"相关专题的中国专利文献

某企业欲借助专利信息进行产品开发,主要希望了解 LED 路灯的专利情况。检索步骤如下:

(1) 确定主题词:LED、路灯。

(2) 利用主题词通过文摘进行初步检索,检索式:AB=LED AND AB=路灯。

(3) 通过阅读初步得到的几篇文献,确定关键词及其同义词:LED、发光二极体、发光二极管、固态发光元件;路灯、街灯、街道灯。

(4) 确定国际专利分类位置。

IPC 分类:

F21:照明,主分类号 IC1=F21。

(5) 为了提高查全率,编制完整的检索提问式并检索。

检索式:((AB=LED OR AB=发光二极体 OR AB=发光二极管 OR AB=发光二极管 OR AB=固态发光元件)AND(AB=路灯 OR AB=街灯 OR AB=街道灯)) AND IC1=F21 *

(三)专利信息分析

专利信息分析是指针对专利情报中的著录项、技术信息和权利信息进行组合统计分析,整理出直观易懂的结果,并以图表的形式展现的方法。通过专利分析可以对行业领域内的各种发展趋势、竞争态势有一个综合的了解,为战略决策的制定提供依据。

专利信息分析的层次依次为:

(1) 专利信息的检索:一般用于查新、侵权和了解一般技术方案等。

(2) 专利信息的课题分析:一般用于课题分析,对技术的发展和法律状态进行分析、判断。

(3) 专利信息的战略性分析:一般围绕竞争战略目标进行信息收集、加工、分析并提出建议,制定竞争战略,提供决策参考。

例如,北京市海淀区电子信息产业专利预警分析,通过对相关专利及其他信息进行面(整个行业专利竞争态势)、线(竞争对手技术发展及专利保护方向)、点(我方与竞争对手市场及产品策略交叉所遭遇的风险专利)不同层面的分析,从宏观和微观上全面揭示企业面临的知识产权风险,结合企业的产品特点和市场发展战略,提出规避风险、应对纠纷的对策建议。

1. 专利信息分析的作用

提供发明创造的轨迹,揭示技术发展的趋势,展现竞争态势,为发展战略的制定实施提供参考。

2. 专利信息分析的目的

了解行业和技术发展趋势,研究核心技术和关键技术点,掌握竞争公司和发明人,把握技术演变和技术预测,了解国内外技术动态,发现和开发空白技术,进行技术合作和技术转让,进行侵权和纠纷的权利分析,制定企业的专利战略。

智慧芽公司作为全球领先的专利查询、分析与管理一站式平台,致力于让全球更多组织、机构了解并更高效地使用专利。智慧芽的行业分析师团队,借助自身1.2亿专利数据和分析,以及深入科创企业研发部门/科研机构等客户的实地走访,分别从人工智能、区块链、传感器、3D打印和工业机器人四大行业出发,选取了国内外知名公司作为案例,同时结合一些数据,对智能制造行业进行分析,撰写了《智能制造行业白皮书》,数据分析及应用实例为相关行业从业人员提供创新思路与启发。

3. 专利信息分析的方法

(1) 专利信息的定量分析。

通过专利文献的外表特征进行统计分析,也就是通过专利文献固有的著录项目来识别相关信息,然后对有关指标进行统计,最后用不同方法对有关数据的变化进行解释,以取得动态发展趋势方面的情报。

分析可按国别、专利权人、专利分类、年度、发明人等不同角度进行。通常包括历年专利动向图、技术生命周期图、各国专利占有比例图、公司专利平均年龄图、专利排行榜表、专利引用族谱表、IPC(国际专利分类)分析图等。

专利信息的定量分析常用的分析方法有:时间趋势统计法、数量频次统计法、专利技术生命周期分析等。

(2) 专利信息的定性分析。

也称技术分析,是以专利的技术内容或专利的"质"来识别专利,并按技术特征来归并有关专利使其有序化。通常包括专利技术分布鸟瞰表、专利技术领域累计图、专利技术/功效矩阵表、主要公司技术分布表等。这和统计分析仅依靠专利文献外表特征是有很大区别的。在定性分析中,技术人员一般会对这些专利文献进行解读,得到每一份文献的技术目的,采用的技术手段和达到的技术功效。通常包括专利技术分布鸟瞰表、专利技术领域累计图、专利技术/功效矩阵表、主要公司技术分布表等。

定性分析具有很强的技术性、专业性,通常需要专利工作者与专业技术人员密切配合来完成。

定性分析中常用的分析方法有:矩阵分析、技术发展过程分析、关联关系分析、聚类分析、专利族分析、权利分析。

专利信息的定量分析与定性分析,一个是通过量的变化,一个是通过内在质的变化来反映技术的发展状况与发展趋势。

4. 专利信息分析的主要内容

(1) 行业技术发展及衍变趋势的分析。

企业涉足某种产品、技术的市场竞争,必须了解其技术发展变化趋势、影响这些变化趋势的技术因素,这些不同因素在不同地域的差别,以及这种差别源于哪些发明家。因此,进行产品、技术的发展及其演变趋势的分析能够帮助企业了解竞争的技术环境,增强技术创新的目的性。

(2) 行业竞争的地域性分析。

① 相关地域的技术发展趋势分析:了解一个特定时期目标地域的技术演变过程和变化周期。

② 相关地域的技术构成分析:将目标地域技术的周期性变化细分,了解形成这种变化的主要技术因素,以便从中找出阶段性关键技术。

③ 相关地域的竞争者构成分析:了解这些关键技术掌控在哪些申请人手中,并比较目标地域内申请人之间的技术差异。

④ 相关地域的发明人构成分析:了解活跃在目标地域的发明人的构成和活跃程度。

⑤ 行业竞争的地域性分析:最后,在上述分析的基础上,进行地域竞争状况的总体描述。

(3) 行业竞争者的分析。

行业竞争取决于行业的供方、买方、竞争者、新进入者和替代产品,不同的企业提供的产品技术不同,决定其在行业中扮演的角色不同,为自身经济利益保护的专利类别也各不相同。因此,进行目标技术领域的申请人分析,了解行业竞争体系及其状况,有利于企业分析竞争环境,制定竞争策略和与之相关的专利战略。

① 行业竞争结构分析:通过其申报技术类型的区别,甄别行业的供方、买方、竞争者、新进入者。

② 行业竞争者技术特长分析:比较行业竞争者之间各自的技术构成差异。

③ 行业竞争者申报地域分布分析:了解行业竞争者各自关注的竞争地域。

④ 行业竞争者技术来源分析:了解为行业竞争者提供技术的发明人。

⑤ 行业竞争的分析:综合上述行业竞争分析,对行业竞争结构进行总体描述。

(4) 行业发明人分析。

发明人是技术的来源,了解发明人对于企业技术创新特别是技术合作具有重大意义。围绕某一核心技术,往往会衍生很多相关技术,表面上这些技术与核心技术之间未必有直接联系,但却会对核心技术的效能产生很大的支撑作用,而通过发明人,这些不同类型的技术往往会产生某种关联。

① 发明人趋势分析:了解各个时期发明人活动状况。

② 发明人技术构成分析:了解发明人进行发明活动的主要技术领域。

③ 发明人地域分布分析：了解发明人主要活跃于哪些国家和地区。

④ 发明人的申请人构成分析：了解发明人与申请人之间的合作情况。

(5) 企业自身技术能力比较分析。

在企业进行竞争战略决策和专利战略制定的过程中，需要对自身的竞争能力、技术创新能力做一个客观的评价，在行业竞争环境中，与其他行业竞争者进行比较。在比较项目选择方面应该进行细分，通过差别分析优势劣势的具体所在。

专利信息分析报告的构成：① 课题界定；② 专利信息检索说明；③ 技术发展趋势分析；④ 地域技术特征分析；⑤ 竞争者分析；⑥ 综述和建议。

5. 专利信息分析流程

专利信息分析流程通常分为三个阶段：准备期、分析期和应用期。

(1) 准备期。

准备期的主要工作包括建立专利信息分析队伍、确定分析目标、研究背景资料、选定分析工具以及选择专利信息源等。对整个专利信息分析过程而言，准备期是保证专利信息分析达到目标的基础。

(2) 分析期。

通常将分析期分为数据采集和数据分析两个阶段。相对于整个专利信息分析工作而言，分析期是专利信息分析工作的主体。

一是数据采集阶段。主要完成针对分析目标的原始数据的采集，即确定分析目标群，其过程包括确定专业领域、拟定专利检索方案、进行专利检索、确定分析样本数据库等。

二是数据分析阶段。主要任务在于对分析样本数据库进行技术处理和分析解读，其过程包括数据清洗、按专利指标聚集数据、生成工作图表和深度分析目标群、分析与解读专利情报及撰写分析报告等。

(3) 应用期。

专利信息分析的最终目的在于将专利情报应用于实际工作中。应用期的主要工作包括对分析报告进行评估、制定相应的专利战略以及专利战略的实施等。应用期的主要工作通常由专利信息分析报告的委托方组织实施。

思考题

1. 专利文献有哪些特点？

2. 国际专利分类表的编排和等级结构是怎么样的？

3. 检索专利技术信息

(1) 浏览国际专利分类表，查看太阳能热水器专利分类部类，确定一个三级 IPC 分类号，说明该分类号的含义，记录该分类号下各有多少件发明、实用新型，并各记录一件专利的题名及专利号。

(2) 检索中国台湾地区一家公司申请的电动自行车驱动控制装置的专利信息。要求写出检索工具、构造式、检索步骤及检索结果(专利名称、专利权人、专利号和申请日等)。

(3)利用中国专利网站检索波音公司2000年以后申请的飞行器方面的专利,记录一件专利的名称、类型及法律状态。

4.如何检索和使用失效专利?

5.专利信息分析包括哪些内容?

参 考 文 献

[1] [美]罗德尼·卡黎索.改变人类生活的418项发明与发现[M].天津:百花文艺出版社,2005.

[2] 薛维珂.影响美国的100个专利[M].北京:北京大学出版社,2007.

[3] 胡佐超.影响世界的发明专利[M].北京:清华大学出版社,2010.

[4] 刘二中.技术发明史[M].合肥:中国科学技术大学出版社,2006.

[5] 李建军.创造发明学导引[M].2版.北京:中国人民大学出版社,2009.

[6] 王胜利,刘义.图解专利法——专利知识12讲[M].北京:知识产权出版社,2010.

[7] 陈黄祥,徐勇军.大学生发明创造与专利申请[M].北京:化学工业出版社,2008.

[8] 廖和信.专利,就是科技竞争力[M].北京:水利水电出版社,2008.

[9] 董素音,蔡莉静.大学生竞争情报意识与技能培养[M].北京:海洋出版社,2011.

[10] 孟俊娥.专利检索策略及应用[M].北京:知识产权出版社,2010.

[11] 毛金生,冯小兵,陈燕.专利分析和预警操作实务[M].北京:清华大学出版社,2009.

[12] 宋剑祥,黄劲峰.大学生专利文献信息检索与利用[M].北京:机械工业出版社,2011.

[13] [美]哈罗德·埃文斯,盖尔·巴克兰,戴维·列菲.他们创造了美国[M].北京:中信出版社,2014.

[14] 陈飚,王晋刚.专利之剑:"中国创造"走向世界战略新工具[M].北京:经济日报出版社,2012.

[15] 董新蕊.专利三十六计[M].北京:知识产权出版社,2015.

[16] 王晋刚.专利疯 创新狂——美国专利大运营[M].北京:知识产权出版社,2017.

[17] 周胜生,高可,饶刚,等.专利运营之道[M].北京:知识产权出版社,2016.

[18] 周延鹏.知识产权:全球营销获利圣经[M].北京:知识产权出版社,2015.

[19] 王加莹.专利布局和标准运营:全球化环境下企业的创新突围之道[M].北京:知识产权出版社,2014.

[20] 朱健.2小时玩转专利[M].北京:清华大学出版社,2016.

[21] 杜跃平,王舒平,段利民.中国专利运营公司典型模式调查研究[J].科技进步与对策,2015(1).

[22] 李黎明,刘海波.知识产权运营关键要素分析[J].科技进步与对策,2014(10).

网　络　资　源

[1] 国家知识产权局,www.sipo.gov.cn.
[2] 中国知识产权网,www.cnipr.com.
[3] 国家知识产权战略网,www.nipso.cn.
[4] 中国专利信息中心,www.cnpat.com.cn.
[5] 人民网知识产权频道,ip.people.com.cn.
[6] 中国知识产权远程教育,www.ciptc.org.cn.
[7] 上海知识产权公共服务平台,www.shanghaiip.cn.
[8] 广东知识产权公共信息综合服务平台,www.gpic.gd.cn.
[9] 思博知识产权网,www.mysipo.com.
[10] 专利之家-设计发明与创业商机,www.patent-cn.com.
[11] 世界知识产权组织,www.wipo.org/portal/en/index.htm.
[12] 美国专利商标局,www.uspto.gov.

第五章 技术创新与管理创新

【学习要点及目标】
　　技术与管理如鸟之两翼,车之两轮,缺一不可。企业掌握了核心技术,并不等于具备了核心竞争力,要通过管理创新对企业一系列知识与技能的整合、协调,才能逐步累积发展实力。
　　通过本章学习,了解技术创新与管理创新的重要作用,它们的特征、分类,管理创新及其与技术创新的关系。如果说技术创新是企业在竞争中赢得和保持某种竞争优势的根本动力,那么管理创新则是技术创新的重要保证和条件。

第一节　技术创新

　　技术创新在延伸拓展人类体力、感官、智力发挥了重要作用。技术创新是影响企业竞争能力的核心要素,可以带动新产业形成和发展,促进传统产业升级,加速经济和社会发展。科学技术要成为推动经济增长的主要力量,必须从知识形态转化为物质形态,从潜在的生产力转化为现实的生产力,而这一转化,正是在技术创新这一环节中实现的。技术创新实现了经济与技术的结合,是技术进步的核心。

一、什么是技术创新

(一)技术创新的定义

　　美国从 20 世纪 60 年代开始技术变革和技术创新的研究。早期对技术创新的理解仅限于与产品直接相关的技术活动,后期强调技术创新是将新的产品、过程或服务引入市场,即技术创新必须实现商业化应用。美国学者认为,技术创新是一个复杂的活动过程,从新思想和新概念开始,通过不断解决各种问题,最终使一个有经济价值和社会价值的新项目得到成功应用。技术创新就是指新产品、新过程、新系统和新服务的首次商业性转化。

　　我国于 20 世纪 80 年代开始技术创新方面的研究。我国学者认为,技术创新是企业家抓住市场的潜在盈利机会,以获取商业利益为目标,重新组织生产条件和要素,建立效能更强、效率更高和费用更低的生产经营系统,以占据市场并实现市场价值为目标,采用新的生产方式和管理模式,推出新产品、新工艺、开辟新市场,它是包括成果的推广、扩散和应用,以及科技、组织、商业和金融等一系列活动的综合过程。

　　进入 21 世纪,随着科技、经济的一体化,业界深化了技术创新的认识,强调以需求为导向、以人为本的创新模式,认为技术创新是技术进步与应用创新双螺旋共同作用催生的产物。

【例 5-1】 宝洁的涅槃重生之路

随着互联网对各行各业的渗透和影响,宝洁公司所坚持的"自建、自研、自有"内部创新模式,在其经营规模不断拓展后,不仅无法使其品牌保持原有的发展速度,反而出现了协调不力等问题,宝洁旗下 300 余个品牌产品均呈现出创新乏善可陈的窘境。

宝洁新任 CEO 雷富礼上任后开始大刀阔斧地改革宝洁的核心——创新领域,提出了"开放式创新",在互联网连接下让世界上最杰出的人才为己服务。坐拥 9000 余名研发人员的宝洁已不再满足于其全球 28 个研发中心机构来支撑每年 5%~7% 的增长目标,而是将研发(Research & Develop)扩展为联发(Connect & Develop),引入外脑和众包模式,联合外部研究机构、客户、供应商和消费者,甚至竞争对手来共同开发市场新产品。通过采取整合内外资源的方式来共同开发市场新产品,再次启动宝洁的创新引擎,获得了持续增长。

宝洁负责薯片的团队曾有一个创意,通过在"品客"薯片上打上食用颜料的图案和文字来吸引消费者的眼球。然而从技术上来说,这让宝洁的研发人员感到为难。于是,他们利用它的全球网络,找到了一个由意大利某大学教授经营的面包作坊,该教授曾经发明了在蛋糕或曲奇上打印可食用图像的喷墨打印方法。宝洁随即采用了这个方法,并为北美"品客"薯片销售带来了两位数的增长。

(二)技术创新的特征

技术创新强调市场实现程度和获得商业利益是检验创新成功与否的最终标准,强调从新技术的研发到首次商业化应用是一个系统工程,强调企业是技术创新的主体。

1. 技术创新具有高风险性

技术创新活动涉及许多相关环节和众多影响因素,这意味着技术创新具有较大的风险性。许多企业的产品开发成功率往往都较小,即使在西方发达国家如美国,企业产品开发成功率也只有 20%~30%。

技术创新之所以是一项高风险的活动,是因为技术创新需要相应的投入,而且这种投入有时不只局限于技术的研发阶段,还可能延伸到生产经营阶段和市场营销阶段,如投资生产设备,培训生产工人,开辟营销网络等。这些投入能否顺利实现价值补偿,则受到许多不确定因素的影响,既有来自技术本身的不确定性,也有来自市场、社会、政治等的不确定性,这就可能使技术创新的投入难以得到回报。

【例 5-2】 白烧 100 亿美元,英特尔退出智能手机芯片市场

曾经错过移动互联网时代的英特尔,一直在寻求新的突破。早在 2010 年英特尔通过收购英飞凌无线事业部涉足移动芯片业务。而手机处理器的主流架构是高通公司所使用的 ARM(进阶精简指令集机器)。英特尔对 X86 架构无论从功耗上还是性能上均无优势,错失了抢夺市场的最佳时机。当智能手机开始普及时,英特尔又舍不得这块蛋糕,为移动处理器投入了超过 100 亿美元,希望通过巨额的补贴吸引别的手机公司。但该项业务不仅烧钱严重,而且毫无进展,并没有帮助其在智能手机和平板电脑处理器市场扭转败局。2016 年,英特尔正式宣布退出智能手机芯片市场。

2. 技术创新具有创造性

技术创新具有创造性首先表现在所应用的技术是前所未有的新技术,或者是对现有技术的改进,应用效果有明显的提高。其次表现在技术创新过程中,技术创新过程是企业家对生产要素的新组合的过程。在这个过程中,企业家创造性地将新技术应用于生产经营的实践活动中,实现了技术形态的转化。

只有具有创造性或先进性的技术创新,才能使创新者占领竞争的制高点,赢得竞争。否则就难以生产出满足变化的市场需求的商品,影响企业的竞争力。在技术创新过程中,除了要强调技术创新的创造性外,还必须考虑其适应性和可行性。

【例 5-3】 科大讯飞的人工智能翻译官

人类的输入信息 80% 来自于眼睛,而 90% 的信息输出通过语音。这意味着,人类最自然便捷的方式就是用语音来表达,而这也让"智能语音"有了赋能其他行业的基础,实现人类最自然的信息输出。科大讯飞的语音合成技术在国际语音合成比赛 Blizzard Challenge 上取得 12 连冠的成绩。语言互译神器,中文进,英文出,瞬间同传!在衣食住行等日常生活领域,晓译翻译机已经达到了大学英语六级水平,不论是学习、工作、出国旅行,它都能做便携翻译官,让每个人都拥有自己的人工智能助手。

科大讯飞核心技术的集大成者——讯飞听见智能会议系统集语音转写识别技术、篇章级处理方案、自然语言处理技术、阵列解混响技术、口语化风格处理技术、声纹识别等技术于一体,适用于办公会议、大型发布会、课程培训、电视节目直播等各种对语音转文字时效性和准确率要求较高的场景,在标准普通话的情况下,转写准确率可达 95% 以上。科大讯飞已经成为人工智能领军企业。

3. 技术创新具有并行化特征

技术创新的并行化不仅体现在企业内部对技术创新元素做同步化安排(如设计开发、制度组织、制造工艺和营销服务等的并行化),并逐渐扩展到企业外部创新元素及影响因素的同步化安排(对技术发展预测、利用外部资源的比较优势进行人才培养、合作研发、生产、销售等)。

由于互联网技术的发展,技术创新过程能在高度重叠和并列基础上进行,各阶段活动之间紧密地、高频地、双向地信息交流,彻底改变了技术创新的线性实施进程,推动技术换代加速进行,大大缩短技术开发周期。知识经济时期的赢者通吃现象已使企业将创新速度提高到重要的战略地位。

【例 5-4】 波音 777 飞机的并行设计

在波音 777 飞机的设计开发中,波音公司将过程、技术合作、知识结合到一起,创造了一种极不寻常的工作方式,大大提高了竞争力。波音公司总共投入 9 台 IBM 大型计算机,2200 台工作站,美、英、日三国的技术人员共 4000 余名,组成 238 个集成产品工作团队,通过计算机网络实现跨国共同设计。整个飞机的设计图样达 35000 多张,3 个国家的设计人员均采用 CAD 系统工作,各部分的配合验证、数据的修改、工作讨论均通过网络进行,实现了无纸化设计。设计中利用了三维数字化设计软件、数字化装配等先进技术。在整个新机开发中,只有数字样机,没有物理样机,极大地提高了波音产品的开发能力及开发速度。

4. 技术创新原理科学化

科学理论已成为技术创新的持续动力。据统计,现代技术创新成果有 90% 是源于科学理论基础上的原始创新,美国利用强大的研发实力和科学理论基础,使技术创新能力不断发展,并为知识经济奠定了坚实基础。

例如,二战以后,美国先后在核物理、空间物理、半导体科学、电子和光电子学、材料科学、生物学等方面取得了重大突破,促进了核技术、空间技术、电子技术、通信技术、生物工程技术等应用技术的快速发展。近年来,美国取得的知识经济巨大成就,也因其在计算机科学、通信科学、生物科学等学科上的优势及建立在这种优势上的全国性技术创新浪潮。不断涌现的新科学技术成就使美国能够一直占据着世界经济的霸主地位,领导科技进步的潮流。

一个社会如果缺乏创新的原动力,即使直接复制其他国家的先进技术,也不会达到预期效果,这迫使企业必须高度重视基础研究。

5. 技术创新主体合作化

由于教育、政策、人才等存在地区差异性,导致创新资源存量和增量的区域性不均衡,再加上技术创新本身复杂性,已使单个企业的创新资源无法完全覆盖创新所涉及的所有技术领域,多技术和多领域支持已成为技术创新成功的条件之一。

合作创新是社会分工的必然结果,以自己的比较优势参与合作。因此出现了跨地区、跨行业、跨国界的合作创新。很多跨国公司利用区域比较优势建立企业内研发全球网络,有效地利用国外公司、大学和其他科研机构等技术资源。

计算机和网络技术的发展,意味着企业可跨地区、跨部门地使用外部创新资源,达到低成本的共享,从而在全球视野中组织技术创新。

【例 5-5】 "山姆大叔"与"高卢雄鸡"的联姻

随着国产中型客机首飞成功,C919采用的LEAP-X1C发动机也为人所关注。在国际航空业合作中,说起"山姆大叔"与"高卢雄鸡"的联姻,人们自然就会想起CFM国际公司这个美法"混血儿"。CFM国际公司是由美国通用电气和法国斯奈克玛为了研发和制造CFM56系列喷气发动机而各自出资50%组建的合资公司。CFM系列是由斯奈克玛M56的初级(低压)扇叶与通用电气CF6的高压增压器与涡轮机所组合而成的混种产品。现在每2.5秒就有一架装CFM56发动机的飞机起飞,超过其他同推力级别的任何发动机。40多年来,通过CFM56和LEAP发动机的合作研制,两家公司都扩大了自己在民用发动机市场的份额,实现了双赢。

6. 技术创新可持续性

持续的技术创新能力已成为企业成长的重要保证。缺乏持续创新能力和以此为基础的企业核心能力,即使凭侥幸成功完成一次或数次创新战略,最多只能获得短暂的优势,而无法保持较长时期的竞争优势。

一个高速发展的企业乃至国家,如果没有自己的研发,是不可持续的。高技术行业里的核心竞争力不再是高端的设备流水线,而是知识产权。许多企业虽然产值相当大,但是利润相当少,而且主要核心技术不在自己手里。因此要打造核心竞争力,就要自主技术创新。未来的市场竞争,不仅仅是智慧的竞争,更是持续的技术创新竞争。

【例 5-6】 极盛转衰的王安电脑

美国华人曾经创办了一家高科技企业。比尔·盖茨对他的评价是,如果它没有陨落,世界上可能就没有今日的微软公司。而它的陨落是那么迅速,从鼎盛时期至申请破产,仅仅花了四年。如今,已经没有多少人记得他,他就是王安和他的电脑公司。

1975年，王安公司开发出了全球第一台具有编辑、检索功能的文字处理机。这款在当时具有颠覆性的产品彻底改变了人们的工作模式，极大地提升了工作效率。从白宫到私人企业无不追捧，与今日的iPhone比有过之而无不及。

在一帆风顺的发展中，王安变得愈来愈自负，以至于蒙蔽了双眼。而IBM看清了个人电脑的发展趋势，投入大量资源，它不仅自行开发，还极其富有先见地开放了技术标准，使得大量兼容机厂商得以生存并壮大。鼎盛一时的王安电脑公司，面对电脑市场竞争激烈，仅满足于自己产品在设计和技术水平上的优势和声誉，没有跟上电脑转型创新的步伐，终于败在IBM和苹果公司手下，导致破产。

(三) 技术创新相关概念比较

1. 技术创新与技术发明

技术发明是指在技术上有较大突破，创造出新产品或新方法。技术发明是技术创新的源泉，但技术发明不一定都能成为技术创新，只有将发明的技术引入生产体系并实现商业化的行为才是技术创新。

技术发明属于技术范畴，而技术创新属于经济范畴。如果将技术发明到其应用过程看成一个完整的技术活动链，技术发明侧重于技术活动链的前端，而技术创新则涉及整个技术活动链，但更侧重于活动链的后端。

2. 技术创新与研究开发

研究开发指研究机构、企业持续进行的具有明确目标的系统活动，目的是实质性地改进技术、产品和服务。

研究开发活动属于技术创新的前期阶段，侧重于技术活动链的前端，构成技术创新的一个必要环节，也是技术创新过程中的一个非常重要的环节，有助于促进创新。研究开发的主要任务是创造新产品，降低成本。研究开发活动并不必然实现技术创新，如果研究开发活动未延伸至商业化应用时，它就不会构成技术创新的组成部分。

【例5-7】 石墨烯的研发及应用前景

石墨烯具有结构稳定、导电性高、韧度高、强度高、比表面积大等突出的物理化学性质。在太阳能电池方向，石墨烯是替代铟锡氧化物的理想之选。美国麻省理工学院在柔性石墨烯片上涂覆纳米线，生产出低成本、透明以及柔韧性佳的太阳能电池，能够在窗户、屋顶以及其他物体的表面使用。在柔性显示方面，韩国三星公司研发石墨烯触摸屏幕，并用于Galaxy智能型手机。浙江大学研制出新型铝-石墨烯电池，可在零下40摄氏度到零下120摄氏度的环境中工作。实验表明，手机充电5秒可通话2小时。该校将石墨烯太阳能电池的效率提高到18.5%，这是目前国际上获得的最高转化效率的石墨烯/半导体异质结太阳能电池。

石墨烯在半导体、光伏、能源、航空航天、国防军工、新一代显示器等领域都将带来革命性的技术变革。一旦量产将会成为下一个万亿级的产业，对带动制造业相关下游产业技术进步，提升创新能力，抢占新一轮竞争制高点，都有着重要意义。

3. 技术创新与技术进步

技术进步是相对宏观、宽泛的概念，人们一般用它来表示社会技术经济活动的结果。在经济学上，技术进步指生产函数中扣除资本、劳动等要素后的产出贡献因素。

技术进步的实现手段很多,如提高教育水平和劳动者素质、实现规模经济等,但技术进步的根本途径则是技术创新。另外,技术进步更适用于宏观分析而不是企业的微观分析,技术创新更适用于企业层次。

4. 技术创新与技术改造

技术改造侧重于生产手段的改进,一般以工程项目投资的方式予以实施,如在现有设备和工艺流程中增添新装置,用新设备、新工艺全面或局部更新现有生产设备和工艺,建设新的生产线等。技术改造不包含新产品开发及将新产品推向市场的过程。技术改造可以为产品创新和工艺创新提供手段支持,从而构成实现技术创新的重要途径。

5. 技术创新与技术成果转化

技术成果转化一般是指将研究开发形成的技术原型(产品样机、工艺原理及基本方法等)进行扩大试验,并投入实际应用,生产出产品推向市场或转化为成熟工艺投入应用的活动,是技术创新活动链的重要环节。技术成果转化侧重于技术活动链的后端,强调商业价值。

【例 5-8】 中科院大连化学物理研究所:技术成果转化何以出类拔萃?

中科院大连化学物理研究所(以下简称"大连化物所")专利申请量与技术成果转化率一直名列前茅,其不仅与国内外诸多大企业建立了长期合作关系,还孵化出 30 多家高新技术公司,涉及的知识产权 200 多件。这家综合性研究所在技术成果转化方面可谓出类拔萃。

2018 年初,延长中科(大连)能源科技股份有限公司与陕西兴化集团有限责任公司签订"50 万吨/年合成气制乙醇(DMTE)装置技术许可合同"。此次交易的 DMTE 技术由双方共同研发、双方共享知识产权,交易完成后中国的合成气制乙醇技术将进入大规模工业化生产阶段。

大连化物所推动实施"本部+中心创新发展模式"及"大型骨干企业牵引重点区域合作战略"。2012 年成立的张家港分中心已经实体化为张家港产业技术研究院,并正在尝试孵化出更多高新技术企业。成立初期,大连化物所一次性注入价值 7000 万元的 69 件专利,覆盖生命健康、高端仪器、新能源材料等领域。围绕研究所创新优势和当地产业布局开展生命健康等领域产业性研发与转化工作,依托大连化物所前端创新技术,重点推动氢能燃料电池等领域关键产业技术突破、转移转化、中试放大和产业孵化,建成"政产学研用资服"高度融合协同发展的一流产业技术研发孵化平台。

二、技术创新的分类

(一)按技术创新程度分类

英国萨塞克斯大学的科学政策研究所根据创新的重要性划分如下。

1. 渐进式创新

现有技术的改进和完善引起的渐进性、连续的创新。

【例 5-9】 家电的渐进式创新

从冰箱、电视、洗衣机,到手机、电脑、虚拟现实眼镜……一年一度的柏林国际消费电子展尽管较少出现革命性的新产品和新技术,却全面展示了消费电子和家用电器领域渐进式创新的趋势。健康方便、节能低噪、智能互联等是家电发展的大趋势。

人工智能技术的核心是对海量数据进行处理，当前以 CPU/GPU/DSP 为核心的传统计算架构已不适应人工智能时代对计算的需求。华为公司首款人工智能移动计算平台——麒麟 970 集成神经元网络单元（NPU），创新设计了 HiAI 移动计算架构，可用更高能效比完成人工智能计算任务，例如，在图像识别速度上可达到约每分钟 2000 张。

2. 根本性创新

指技术有重大突破，往往与科学上的重大发现相联系，并在商业化方面取得成功，获得相应效益的创新活动。

【例 5-10】 激光器的发明与应用

激光器的发明是 20 世纪科学技术的一项重大成就，标志着人类对光的认识和利用达到了一个新水平。1916 年，爱因斯坦《关于辐射的量子理论》提出了受激辐射新概念。第二次世界大战后微波波谱学的发展促使了 1954 年第一台微波激射器（MASER）的问世，从理论、技术和人才等方面为激光器（LASER）的问世创造了条件。1960 年第一台红宝石激光器及稍后的氦氖激光器诞生后，人们根据激光的一系列优异特性——高单色性、高方向性、高相干性和高亮度，设想了激光的种种应用前景，由此吸引了来自政府和企业等各方面的投资，大批研发人员转入这一领域，激光理论、器件和技术的研究因此进展更为迅速。社会需求使得激光技术在材料加工、医疗、通信、武器、全息照相、同位素分离、核聚变和计量基准等领域发挥着巨大的作用，获得更为广泛的应用，成为支撑信息时代的一项关键技术。

3. 技术系统的变革

这类创新会产生具有深远意义的变革，通常体现在技术上有关联的创新群。

例如，数码相机对于传统相机的替代表现为彻底型变革。数码相机是集光学、机械、电子、存储于一体的全新产品，具备传统相机无法实现的全新功能，如可当场检查拍摄效果、影像数据快速传输电脑等。在 20 世纪末，随着数码相机技术的成熟以及电子信息技术的不断普及，传统相机产业的核心资产与核心活动均遭受毁灭性打击，整个产业经历了一次彻底型变革。

4. 技术-经济范式的变更

这类创新包含许多根本性的创新群和技术系统变更，几乎影响所有经济部门。

【例 5-11】 互联网、技术革命与技术-经济范式转换

随着互联网的普及，电子商务、互联网金融、O2O、远程医疗、网络众包、智能制造等新模式、新业态的不断涌现，其背后的技术支撑是以移动互联（物联网、万联网）、云计算、大数据为代表的新一代信息通信技术。互联网特别是移动互联网的普及，正在对工业社会所形成的经济社会运行模式带来颠覆性冲击，互联网相关的信息通信技术的植入和渗透，几乎在经济社会运行的每一个环节，包括贸易、金融、消费、生活、生产等。

数据信息将成为新的关键要素，围绕数据信息要素，以分布式、网络化、智能化、集成化、产业融合、跨界融合、线上线下融合、大规模低成本个性化和定制化等为特征的新技术-经济范式正在形成。各种新模式、新业态的出现恰恰折射出技术-经济范式转换的端倪，为经济社会发展提供新的机遇。

（二）按技术创新对象分类

1. 产品创新

在技术变化的基础上推出新产品，也包括对现有产品进行局部改进而推出改进型产品。广义的产品包括实体产品与服务（无形产品），因此产品创新也包括服务创新。产品在市场上要拥有竞争优势，必须在产品的成本和差异性上有所突破，使其独具一格。

例如，在人工智能领域，英伟达产品遍布自动驾驶汽车、高性能计算、机器人、医疗保健、云计算、游戏视频等众多领域。其针对自动驾驶汽车领域的全新人工智能超级计算机Xavier；麦当劳的连锁店的创新则属于服务创新。而智能手机OLED屏设计是产品创新，而完善其功能，为用户提供更丰富的使用体验的app则是服务创新。

2. 过程创新

将一种新的生产方式和流程引入生产体系，指生产（服务）过程技术变革基础上的技术创新。过程创新包括在技术较大变化基础上采用全新过程的创新，也包括对原有过程的改进所形成的创新。

例如，华为、高通公司通过不断的过程创新从而保证有新的、更有力的产品不断推向市场，从而保持竞争的领先地位。

技术创新和产品创新既有密切关系，又有区别。一般来说，运用同样的技术可以生产不同的产品，生产同样的产品可以采用不同的技术。产品创新侧重于商业和设计行为，具有成果的特征，而技术创新具有过程的特征。产品创新可能包含技术创新的成分，还可能包含商业创新和设计创新的成分。技术创新可能并不带来产品的改变，而仅仅带来成本的降低、效率的提高，如改善生产工艺、优化作业过程从而减少资源消费、能源消耗、人工耗费或者提高作业速度。另一方面，新技术的诞生，往往可以带来全新的产品，技术研发往往对应于产品或者着眼于产品创新；而新的产品构想，往往需要新的技术才能实现。

（三）按技术创新源分类

1. 原始创新

指重大科学发现、技术发明、原理主导的技术创新。原始创新意味着在基础研究和高技术研究领域取得独有的发现或发明。原始创新是最根本的创新，是最能体现智慧的创新。

例如，一个国家诺贝尔奖获得者人数多少可以从某方面反映一国的原始创新能力。根据历年来诺贝尔奖的获奖名单统计，截至2017年，全世界诺贝尔奖的获得者共有876人，其中美国的356人占总获奖者三分之一。美国原始创新的能力是其他任何一个国家包括欧盟也无可比拟的。

原始创新成果通常具备三大特征。一是首创性，研发成果前所未有。二是突破性，在原理、技术、方法等某个或多个方面实现重大变革。三是带动性，在对科技自身发展产生重大牵引作用同时，对经济结构和产业形态带来重大变革。

【例 5-12】 Wi-Fi之母海蒂·拉玛

海蒂·拉玛（见图 5-1）1914年出生于奥地利维也纳犹太人家庭。作为好莱坞明星，1941年海蒂借鉴了音乐家乔治·安太尔同步演奏钢琴的原理，再加上她数学和通信功底，发明了"跳频技术"，为CDMA、Wi-Fi等技术奠定了基础。其发明1942年获得美国专利。

图 5-1 发明家海蒂·拉玛

直到 20 世纪 50 年代后期,海蒂的这一杰出设计思想,才被运用到军队计算机芯片中。从那时起,这一技术也启发了许多通信领域的科学家,从而被广泛运用到手机、无线电话和互联网协议的研发上,以便很多人共同使用同一频段的无线电信号。

1997 年,当以 CDMA 为基础的通信技术开始走入大众生活时,科学界才想起了已经 83 岁高龄的海蒂,授予了她"电子国境基金"的先锋奖,称她为"扩频之母"。这一奖项是对她在计算机通信方面贡献的承认。

全球电信和通信技术行业著名工程师、分析师莫克则在 2005 年出版的传记《高通方程式》中,以这样的文字来描述这个矛盾的天才人物:"只要你使用过移动电话,你就有必要了解并感谢她。要知道,这位性感女星为全球无线通信技术所做出的贡献至今无人能及。"

2. 模仿创新

指在基于引进技术基础上,通过学习、分析、借鉴进行的再创新。在技术方面,模仿创新不做新技术的开拓探索者和率先使用者,而是做有价值的新技术的积极追随学习和改进者。在市场方面,模仿创新者也不独自去开辟全新的市场,而是充分利用并进一步发展先驱者已经开辟的市场。

【例 5-13】 三星电子,从学习模仿到自主创新

韩国三星电子公司自创立至今,其产品开发战略演变经历了"拷版战略""模仿战略""紧跟技术领先者战略""技术领先战略"四个阶段,从学习模仿日本公司到自主创新成功地走上自己的发展之路。20 世纪 90 年代掀起的以 TFT-LCD 为代表的平板显示器浪潮,三星不甘落后,紧跟日本夏普公司,并出口美国。三星已多年占有全球最大电视品牌。半导体产业是世界上最赚钱的产业之一,日本 NEC、东芝 DRAM 一度战胜美国英特尔,称霸世界;而三星公司的 DRAM 打败了日本,至今稳执世界 DRAM 和闪存 NAND 市场牛耳。三星的智能手机年营收也仅次于苹果位居世界第二。三星在引进外国技术的同时，始终强调研发的重要性，强调在提升技术能力的基础上寻求市场、产品和技术的动态匹配。这一切都离不开三星自主、持续、高投入和高强度的研发活动和坚持自主创新发展的方向。三星电子认为：正是自主、不懈的研究与开发，才使三星电子成为一家冉冉升起的全球领导企业。

伴随着经济全球化，中小企业在国际国内市场上面临的竞争将更加激烈。中小企业如何依靠技术进步求得生存与发展，如何依靠技术优势扩大市场占有率是当前我国经济发展面临的一个重要课题。创新是企业持续发展的根本所在，而中小企业因其经营环境及自身能力的制约，常常陷入需要创新以推进企业发展却又难以承担创新风险与投入的两难困境。因此，模仿创新则是中小企业创新模式的一种理性选择。

三、技术创新过程与管理

（一）技术创新过程

技术创新过程涉及创新构思产生，到研究开发，到技术管理与组织，到工程设计与制造，再到市场营销等一系列复杂活动。这些活动相互联系、循环交叉和并行联系，不仅包括技术方面的变化，而且还涉及生产、营销、企业组织的运作等。

技术创新过程是一个从新的产品或工艺创意到真正商业化的过程。一般可以将技术创新过程划分为以下六阶段。

1. 创意形成阶段

创意主要表现在创新思想的来源和创新思想形成两个方面。创意可能来自科学家或从事某项技术活动的工程师，也可能来自市场营销人员或用户，但是这些创意要变成创新还需要很长时间。

2. 研究开发阶段

研究开发阶段的基本任务是创造新技术，企业根据技术、经济和市场需要，敏感地捕捉各种技术、市场机会，探索应用的可能性，并将这种可能性变为现实性。研究开发阶段是根据技术、商业、组织等方面的可能条件对创新构思阶段的计划进行检查和修正。有些企业也可以根据自身的情况购买技术或专利，从而跳过这个阶段。

3. 中试阶段

中试阶段的主要任务是完成从技术开发到试生产的全部技术问题，以满足生产需要。小型试验在不同规模上考验技术设计和工艺设计的可行性，解决生产中可能出现的技术和工艺问题，是技术创新过程不可缺少的阶段。

4. 批量生产阶段

按商业化规模要求将中试阶段的成果变为现实的生产力，产生出新产品或新工艺，并解决大量的生产组织管理和技术工艺问题。

5. 市场营销阶段

技术创新成果的实现程度取决于其市场的接受程度，包括试销和正式营销两个阶段。试销探索市场的可能接受程度，进一步考验其技术的完善程度，并反馈到以上各个阶段，予以不断改进与完善。市场营销阶段实现了技术创新所追求的经济效益，完成技术创新过程中质的飞跃。

6. 创新技术扩散阶段

即创新技术被赋予新的用途,进入新的市场。如雷达设备用于机动车测速,微波技术用于微波炉的制造。创新过程的各个阶段活动不仅仅是按线性序列递进的,有时存在着过程的多重循环与反馈以及多种活动的交叉和并行。下一阶段的问题会反馈到上一阶段以求解决,上一阶段的活动也会在下一阶段得到推动、深入和发展。各阶段相互区别又相互联结和促进,形成技术创新的活动链。

【例 5-14】 苹果 iPhone X 的产业链

iPhone X 是苹果公司推出的高端版机型,搭载了色彩锐利的 OLED 屏幕,使用 3D 面部识别(Face ID)传感器解锁手机。在其产业链中,中国台湾地区占有重要份额,提供了多达 52 个元器件,包括 A11 芯片制造、大立光的镜片、电路板等,成为供应量排名第一的地区。排名第二的是美国,占据 44 席,负责最精密、高端的部件,包括 A11 芯片的设计、Face ID 的原深投影矩阵、高通/Intel 的基带、西部数据的闪存等。第三是日本厂商,占据 41 席,供应包括高级材料、东芝硬盘、索尼摄像头 CMOS 等。第四是中国大陆厂商,占据 19 席,供应线缆、连接器、音频组建、电池等,相对技术含量较低。此外,欧洲国家占据 16 席、韩国(三星的屏幕、闪存等)占据 12 席、中国香港占据 9 席、新加坡占据 7 席。

从供应商比例上看,中国台湾地区占比 25.8%,美国占比 21.8%,日本占比 20.4%,中国大陆占比 9.4%。

(二)技术创新模型

技术创新过程模型是对技术创新以及与之相关联的一系列活动(行为)之间关系的理解和描述方式。

1. 线性创新模型

基本假设:前一环节向后一环节逐步推进。诱导机制或动力来源:技术推动,市场拉引。

(1)技术推动模型。

基本含义:研究开发是技术创新的主要来源,技术创新是由研究开发成果引发的一种线性过程。创新过程起始于研究开发,经过生产和销售最终将新技术引入市场,市场是创新成果的被动接受者。

模型:基础研究→应用研究→研究开发→生产制造→市场销售。

创新是以基础研究或科技为起点、以市场为终点的直线过程。这类技术创新往往起源于根本性的技术推动,并形成一个新的产业。

例如,激光、无线电、半导体、材料等技术创新。

(2)市场拉动模型。

基本含义:技术创新在本产业投资、产业高速发展之后出现,即需求在先,发明创新在后。技术创新是由需求拉动的。需求包括市场需求和生产需求。市场需求是研究开发构思的主要来源,60%~80%的创新是由需求拉动的(见表 5-1)。

模型:市场需求→研究开发→生产制造→市场销售。

表 5-1　创新的驱动因素

驱动因素	美　　国	英　　国
来自科技推动	22%	27%
来自市场需求	47%	48%
来自生产需求	31%	25%

市场需求是研究开发构思的主要来源,市场需求为技术创新提供了机会和思路,技术创新是市场拉引的结果,市场需求在技术创新过程中起到了关键作用。

(3) 技术推动-市场拉动综合作用模型。

创新活动由需求和技术共同决定,往往是在市场潜在需求下,寻求现有技术的新应用和多种技术的综合应用,这种模式的技术创新,往往开发出全新的产品,从而激活市场的潜在需求,形成新的市场(见图 5-2,表 5-2)。

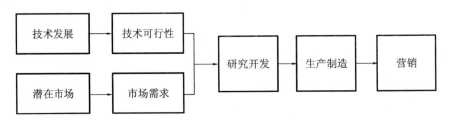

图 5-2　技术推动-市场拉动综合作用模型

表 5-2　技术推动、市场拉动、技术推动-市场拉动综合作用三种模型比较

类别 名称	技术推动模型	市场拉动模型	技术推动-市场拉动 综合作用模型
创新诱因	技术发明	市场需求	技术与需求
技术需求关系	技术创造需求	需求促进技术发明	双向作用
创新难度	难	较难	较易
创新周期	长	较短	短
创新规律	技术发展规律	经济发展规律	二者合一
关键人物	科学家	企业经营者	应用技术能力拥有者
成果应用	难	易	易
创新效果	技术体系变化	易于商品化	技术需求相互促进

【例 5-15】　让盲人重见光明的 eSight 眼镜

一百多年前,海伦·凯勒在急性脑炎中失去了光明。之后的岁月里,她再也没能亲眼见到这世界。她曾经幻想拥有 3 天光明,欣赏徘徊在脑海中的风景。

加拿大 eSight 公司推出了一款人工智能眼镜(见图 5-3),装载一个高速、高画质摄像机,能清楚看到全彩的清晰影像。佩戴者也可以自己控制 OLED 荧幕显示的色彩、对比度、焦距、亮度和放大倍率,并将其投影在眼前两个 OLED 荧幕上。通过记录大量高清晰度的视频,然后利用放大、对比和专有算法,将图像转变成为盲人可以看到的信息,从而帮助盲人实现出行导航、阅读等日常活动,让盲人看到这个美丽的世界。

图 5-3 eSight 眼睛

2. 交互作用模型

交互作用模型不仅强调了技术和市场的有机结合,而且强调了创新过程中各环节间与市场需求和技术进展的交互作用,技术推动和需求拉动在创新过程的不同阶段有各自不同的作用(见图 5-4)。

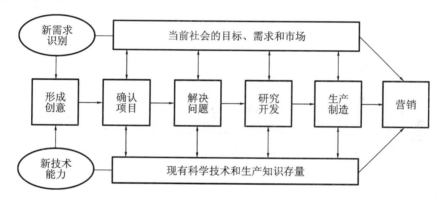

图 5-4 技术与市场交互作用的创新模型

技术与市场的交互作用共同引发并决定着技术创新。交互作用模式与线性模型的关系:它是技术推动-市场拉动综合作用模型的深化,单纯的技术推动和市场拉动模型是其特例。

例如,一位名叫埃利亚斯·豪(Elias Howe)的波士顿人在 1846 年发明了世界上第一台缝纫机。他到英国试图销售,但是没能成功。返回美国后,却发现一位名叫艾萨克·辛格(Isaac Singer)的人侵犯了他的专利,并组织批量生产。辛格被迫向豪支付所有生产的缝纫机的专利权税,但是大多数人将缝纫机与辛格的名字联系在一起,而不是豪。

萨谬尔·摩斯(Samuel Morese)被认为是现代电报之父,发明了用他名字命名的编码。而摩斯拥有超人的能力与远见,为推广电报项目,他将营销技能与政治手段结合在一起,以确保政府对开发工作的资助。

3. 网络模型

创新不仅受经济因素影响,还受环境、制度、组织、社会和政治等其他因素影响(见图 5-5)。

(三)技术创新管理

技术创新管理是在一定的技术条件下,为了使各种资源的利用更加合理、企业整个系

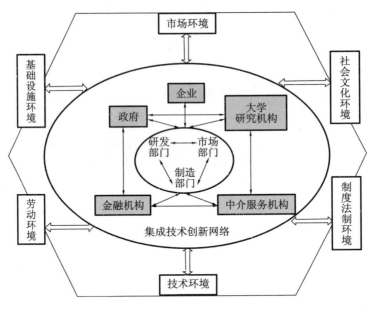

图 5-5　网络创新模型

统运行更加和谐高效、生产能力得到更充分有效的发挥而进行的发展战略、管理体制、组织结构、运作方式以及具体的管理方法与技术以及文化氛围等方面的管理。

技术创新管理是指由技术的新构想，经过研究开发或技术组合，到获得实际应用，并产生经济、社会效益的商业化全过程的活动。其中，"技术的新构想"指新产品、新服务、新工艺的新构想；"技术组合"指将现有技术进行新的组合；"实际应用"指生产出新产品、提供新服务、采用新工艺或对产品、服务、工艺的改进；"经济、社会效益"指近期或未来的利润、市场占有或社会福利等；"商业化"指全部活动出于商业目的；"全过程"则指从新构想产生到获得实际应用的全部过程。

技术创新管理由产品创新管理和过程创新管理两部分组成，包括从新产品、新工艺的设想、设计、研究、开发、生产和市场开发、认同与应用到商业化的完整过程。产品创新管理——为市场提供新产品或新服务、创造一种产品或服务的新质量；过程创新管理——引入新的生产工艺条件、工艺流程、工艺设备、工艺方法。技术创新管理不仅是将科学技术转化为现实生产力的转化器，而且也是科技与经济结合的催化剂。技术创新管理的根本目的就是通过满足消费者不断增长和变化的需求来提高企业的竞争优势。

【例 5-16】　大疆科技，创新无限

深圳大疆创新科技公司仅用短短 10 余年时间，成为全球领先的无人飞行器控制系统及无人机解决方案的研发和生产商，客户遍布全球 100 多个国家，占据着全球 70% 的无人机市场份额。

大疆创新的关键不是"从 1 到 n"的过程，而是"从 0 到 1"的颠覆式创新。大疆开辟了民用无人机市场。大疆除了最常见的航拍、影视拍摄和新闻报道，还有搜索救援、执法、防火、电力巡线、环保科研等行业。

民用无人机在全球爆发式增长的同时，大疆创新也在逐渐适应其行业"领军者"的角色，通过专利布局、专利运营等活动，以不断地技术创新拓展市场，着眼于整个行业的良性可持续发展。在大疆创新的研发实验室里储备了未来 2～3 年的最新科技，并持续融入自己的创造力和想象力,使得这些超前的科技成果可以被应用到解决各种实际工业和商业问题的产品中去。在技术创新的同时,实现企业文化等方面的创新。

思考题

1. 简述技术创新的概念及特点。
2. 简述技术创新与发明、研发、技术成果转化的区别。
3. 从创新程度的角度论述创新的分类及每种创新类别的特点。
4. 简述创新过程模型的特征。

第二节　管　理　创　新

一、什么是管理创新

管理学发展的历史,就是一部不断创新的历史。

(一)管理创新的定义

管理学大师彼得·德鲁克在20世纪50年代将创新引进管理领域,有了管理创新。他认为创新就是赋予资源新的创造财富能力的行为。德鲁克认为：创新是有系统地抛弃昨天,有系统地寻求创新机会,在市场的薄弱之处寻找机会,在新知识的萌芽期寻找机会,在市场的需求和短缺中寻找机会。以企业家的精神组织企业的创新活动以开创一个新的工业为目标,而不是以发明一个新产品或者修正一个旧产品为目标。

国内管理研究学者认为,管理创新是指创造一种更有效的新的资源整合范式,这种范式既可以是新的有效整合资源以达到企业目标和责任的全过程式管理,也可以是新的具体资源整合及目标制定等方面的细节管理。这样一个概念至少可以包括下列5种情况:①提出一种新经营思路并加以有效实施;②创设一个新的组织机构并使之有效运转;③提出一种新的管理方式方法;④设计一种新的管理模式;⑤进行一项制度的创新。

综上所述,管理创新可定义为根据组织面临的具体问题和内外部环境,自主创造或引进已有的管理理念或实践、过程、技能和结构,加以整合、修正并实施,以实现更有效地利用资源和持续提升组织效率与绩效的过程。

管理创新具有不易被观察、不易被定义、不易被识别、不易被模仿、不易被实施和不易被评估等特点。

【例5-17】 经理人要学会"创新思维"

企业发展到一定阶段,再做大就不容易了,就好像存在着一个过不去的坎。学会创新思维,有助于开拓思路,走出困境。

其一:创新思维一是具有首创性。在管理方面,特别是在产品开发上,过去没有的、没想到的、不一般的创意,可使企业走在同行的前面。二是思维具有广阔性。善于驰骋联想,跳出常规,让思维呈发散状,思路就不会局限在一个点上。三是思维具有前瞻性。像一个好棋手,走一观二想着三,深谋远虑保证在创新路上不断前进。

其二:要克服思维障碍。即传统思维障碍、定式思维障碍、顺向思维障碍、线性思维障碍。同时还要摒弃畏惧、懒惰、过分自谦。有的经理人虽已有创新的念头,但害怕乱了方寸,企业不稳定,畏首畏尾。有的经理人奉行"小富即安",思维保守,不会出现创意火花。有的经理过分谦虚,老觉得别人比自己强,喜欢跟人学,没有创意。

其三:经理人要想快速发展,必须培养良好的品质和性格。努力做到:兴趣广泛,好奇心强;善于观察,想象力强;思想流畅,变通性强;不会盲从,反思力强;标新立异,独创性强;充满自信,坚韧性强;不为挫折,探索性强。

其四:现实中处理和解决管理问题有多种思维方法,除了逆向思维、侧向思维、发散思维以外,还有求异思维、系统思维、非线性思维等。这些思维方法可以帮助经理人打破思维定式,使思路更加开阔,从而多角度地找出解决问题的办法或途径。经理人要善于将各种思维方法加以综合运用,开阔思维,发现解决问题的切入点。

总之,创新思维为经理人提供了科学的思维依据和方法,融会贯通后定会提高分析问题和解决问题的能力,促进企业快速发展。

(二)管理创新的分类

管理创新包括管理思想、管理理论、管理知识、管理方法、管理工具等的创新。从运作层面来看,管理创新即管理方法、管理过程、管理技能和组织结构等组织内部工作得以顺利开展的规则和秩序。

按功能可将管理创新分解为目标、计划、实行、反馈、控制、调整、领导、组织、人力九项管理职能的创新。按业务组织的系统,可将创新分为战略创新、模式创新、流程创新、标准创新、观念创新、风气创新、结构创新、制度创新。

以企业职能部门的管理而言,管理创新包括研发管理创新、生产管理创新、市场营销管理创新、供应链管理创新、人力资源管理创新、财务管理创新、信息管理创新等类创新。

创新理论的发展离不开企业的管理与创新实践。创新理论大体上先后经历了以单一创新为主、强调技术创新的传统创新理论,到以组合创新为主、重视技术、组织、文化与制度的协同创新的组合创新理论,再到近年来的以各创新要素的组合协同为主的全面创新管理理论三个阶段。

全面创新管理是以培养核心能力、提高企业竞争力为中心,以价值增加为目标,以战略为导向,以技术创新为核心,以各种创新组织创新、市场创新、战略创新、管理创新、文化创新、体制创新等的有机组合与协同为手段,通过有效的创新管理机制、方法和工具,力求做到全员创新,全时创新,全流程创新,全球化创新和全价值链创新。

【例5-18】 华为:用不断创新为客户创造价值

坚持以客户为中心、持续为客户创造价值,是华为持续盈利的主要原因,而"基于客户的持续创新"是其核心。任何一个商业组织,财富的产生和持续扩张,最根本或者唯一的源泉,就是客户。除了客户以外,没有任何人、任何体系可以给公司持续地带来价值。华为持续进行组织变革,但变革只有一个聚焦点,围绕着以客户为中心这个方向进行变革。客户显性需求的满足更多是通过微创新或者跟随式创新,客户隐性需求就需要与研发人员结合形成最终的开发目标。在华为看来,企业要发展就必须有利润,而利润来源于客户,所以不论是产品的核心技术还是外表设计,以客户为导向是创新最根本的归属。只有满足用户的需求,实现技术商品化,才能为客户创造价值。

管理创新可以为组织带来潜在的优势,并使组织在行业中保持领导者地位。另一方面,技术和产品创新只能为组织带来有限的优势。相对于技术创新而言,管理创新是组织获取长久、持续竞争优势的源泉。

（三）管理创新的内容

管理创新是一项复杂的系统工程。从系统的观点来看，管理创新是指管理者不断根据市场和社会变化，利用新思维、新技术、新方法、新机制创造一种新的更有效的资源组合范式，以适应和创造市场，促进企业管理系统综合效益的不断提高，达到以尽可能少的投入获得尽可能多的综合效益的目的的具有动态反馈机制的全过程管理。

1. 管理理论创新

管理理论创新是摒弃原有的管理理论，引入现代的管理理论模式，并对现有的管理理论进行创新性的改变，也就是对管理思想从感性认识到理性认识的转变；管理思想理论的创新就是要对原有的科学的管理理论上升到行为科学理论。从20世纪80年代开始，许多优秀的企业家、专家提出了许多新的管理思想和观念。如知识增值理论、知识管理理论、全球经济一体化理论、战略管理理论、持续学习理论等。

【例 5-19】 稻盛和夫的哲学：自利则生，利他则久

稻盛和夫1959年创办京瓷Kyocera，1984年创办第二电电公司（现名KDDI，目前在日本是仅次于NTT的第二大通信公司）。上述两家公司都在他有生之年进入世界500强。

稻盛和夫用了50年的时间，倡导和实践他的做人和经营哲学——"自利利他"。自利是人的本性，没有自利，人就失去了生存的基础。同时，利他也是人性的一部分，没有利他，人生和事业就会失去平衡并最终导致失败。

利他使视野开阔。利他可以让我们摆脱自私自利的束缚，给企业家"心底无私天地宽"的开阔感，因而发现复杂事物背后的本质问题；利他让激情燃烧。利他的动机能够焕发员工的激情和创造力，同时，也让企业家具有前所未有的决断力和正义感；利他让智慧绽放。宇宙具有一种生生不息的意志和力量，这是一种"向善"的力量。利他之心符合"向善"的宇宙意志，因而将会协助企业家打开"智慧的宝库"，让企业享受灵光一现的惊喜。

2. 管理制度创新

管理制度的创新是打破束缚企业发展的陈旧的管理制度，建立起以激励为前提，人本化的制度，最大限度地发挥组织内部的创新能力。企业制度主要包括产权制度、经营制度和管理制度。

制度创新就是企业根据内外环境需求的变化和自身发展壮大的需要，对企业自身运行方式、原则规定的调整和变革。制度创新要从反映经济运行的客观规律、体现企业运作的客观要求、充分调动组织成员的积极性为出发点和归宿，使各方面的权利和利益得到充分体现，使组织成员的作用得到充分发挥。

【例 5-20】 3M公司的15%原则

美国3M公司是世界著名的产品多元化跨国企业，其产品种类近7万种，每天全世界50%以上的人都直接或间接地接触到3M产品。注重创新的3M已使公司连续多年成为美国最令人羡慕的企业之一。

3M公司的"15%原则"，就是允许每个技术人员在工作时间内可用15%的时间来"干私活"——做个人感兴趣的事情，不管这些事情是否直接有利于公司。据称雅特·富莱就

是运用这个"15％原则"锲而不舍地进行黏着剂研究,发明的记事贴风靡全球。

3M并不是对每个人的工作时间进行严格限制,并确定哪些是属于"15％"的时间,而是在倡导一种创新与日常工作的互动关系。当员工产生一个很有希望的构思时,他可以直接与相关部门联系,看是否可以付诸实践。3M公司会组织一个由该构思的开发者以及来自生产、销售、营销和法律部门的志愿者组成的风险小组。谁有新主意,他可以在公司寻求资金支持。新产品出来了,不仅是加薪,还包括职位的晋升等。3M的人力资源配置和薪酬设计体系都与鼓励员工创新相关联,并根据员工的创新发明情况随时调整。

3. 管理组织创新

组织创新在于更合理地根据组织发展和市场竞争的需要进行调整和创新。管理创新过程中必须重视增加组织的柔性,探讨更高效更灵活的组织结构方式,如建立跨职能的机动团队,以此来提高管理效率。

组织涉及结构和机构这两个不同层次。结构与各管理部门之间,特别是与不同层次的管理部门之间的关系有关,它主要涉及纵向分工问题,即所谓的集权和分权问题。而机构是指企业将那些有密切关系的生产经营业务归并到一起,形成不同的管理部门,它主要涉及横向分工问题。

【例5-21】 海尔"倒三角"的颠覆

海尔的"倒三角"是组织变革和管理理念变革带来的管理创新。所谓"倒三角"就是将传统"正三角"组织架构中接触市场的最底层的组织人员变为整个组织的最上层,成为一级经营体;原来中层职能管理部门转变为以服务为主要任务的二级经营体;原来最高管理层则变成三级经营体,他们在负责长远战略规划的同时,还负责管理机制创新。

在这样的组织中,原则上没有领导、上级的概念,员工的能力不是由领导评价而是由市场和用户说了算。市场信息在这里以倒逼的形式从市场端流向各个相关经营体,驱动整个组织联动。一线员工主动获取用户需求,以最快的速度满足用户需求,并通过为用户创造价值来实现自身价值。

海尔之所以要化整为零,是为了应对用户需求碎片化、体验化,用户需求占主导的产业变化的挑战。根据用户独特的需求而组建一个个独立的自主经营体,被赋予的自主权让每个经营体可以灵敏、迅捷地响应用户需求,与用户结成同盟,共同创造价值,营造一个互相依赖的生态圈。

4. 管理方法创新

管理方法的创新是在创新的管理理论指导下,借鉴成功的先进管理模式,运用到企业的管理之中,为企业创造更大的经济效益,提升企业的竞争优势,如工业工程、六西格玛、精益生产等。

【例5-22】 丰田的精益生产模式

源自日本丰田汽车公司,由美国麻省理工学院召集14个国家的专家、学者,花费5年时间,耗资500万美元,经理论化后总结出精益生产(Lean Production,LP)。精,即少而精,不投入多余的生产要素,只是在适当的时间生产必要数量的市场急需产品(或下道工序急需的产品);益,即所有经营活动都要有益有效,具有经济效益。精益生产是当前工业界最佳的一种生产组织体系和方式。

精益生产既是一种以最大限度地减少企业生产所占用的资源和降低企业管理和运营

成本为主要目标的生产方式,同时它又是一种理念,一种文化。精益生产的实质是管理过程,包括:①人事组织管理的优化,大力精简中间管理层,进行组织扁平化改革,减少非直接生产人员;②推进生产均衡化和同步化,实现零库存与柔性生产;③推行全生产过程(包括整个供应链)的质量保证体系,实现零不良;④减少和降低任何环节上的浪费,实现零浪费;⑤最终实现拉动式准时化生产方式。

精益生产的特点是消除浪费,追求精益求精和不断改善。去掉生产环节中无用的东西,每个工人及其岗位的安排原则是必须增值,撤除不增值的岗位。精简是它的核心。精简产品开发、设计、生产、管理中不产生附加值的工作,旨在以最优品质、最低成本和最高效率对市场需求做出最迅速的响应。

(四) 管理创新的特性

现在有关创新的研究多集中在技术创新领域,因此对技术创新与管理创新的内涵和基本特性进行区分,不仅有利于形成管理创新相对独立的研究领域,还能借鉴部分技术创新研究手法,以促进管理创新领域的发展。

与技术创新相比较,管理创新的特性体现在以下方面:①管理创新的结果具有模糊性和不确定性;②管理创新是一个漫长、渐进的过程;③大部分组织在管理创新方面均缺乏现成的专业知识或经验;④管理创新对外部创新推动者的需求和依赖更强烈;⑤管理创新决策者受创新模糊性和不确定性的影响较大。

管理创新是一项系统性高风险工程,关乎企业整体利益及未来发展,既存在类似于丰田通过其精细化管理等创新实践赶超通用汽车和福特等强劲竞争对手,主导欧美市场的繁荣景象;也存在国内大量企业因为实施业务流程再造等管理实践陷入困境的尴尬局面。因此,减少模糊性和不确定性是管理者面临的一项艰巨任务,也突显管理者的核心作用。

总之,管理创新除了高风险性,其难度也往往超过一般的组织变革和技术创新,加上管理创新要求跟组织情境紧密结合,而组织间内外环境的差异性增加了找到一个有效且通用的创新方式或途径的难度;同时,管理创新是一项关乎组织未来命运的重大决策,对组织影响的全局性超过一般技术创新。鉴于此,独立于技术创新或专门针对管理创新开展研究,从理论和实践角度而言均有着重要意义。

【例 5-23】 微软的管理创新

现在凡有个人电脑处皆有微软。2018 年,微软实现了里程碑式突破,研发出了首个可将中文翻译成英文的人工智能翻译系统,所完成的中译英文章与语句,精确度可与人类翻译语言相媲美。如果让微软说出自己最大挑战的话,那一定也是"创新",不仅是技术创新,而且还有管理创新。

微软强调组织的扁平化,大大减少中层管理人员,使信息从上至下和从下至上的沟通变得更加容易,使得大部分人能够专注于技术上的创新。微软之前倡导内部竞争,末位淘汰。这样造成员工之间过度竞争。现在微软倡导协同合作,取消排名,鼓励从单兵作战到团队共赢,从卫冕者变成挑战者,从专注于技术变成拥抱用户,从劳碌变成卓越。

知识型企业一个重要特征就是拥有一大批具有创造性的人才。微软的文化遵循"组建职能交叉专家小组"的策略准则;授权专业部门定义自己的工作,招聘并培训新雇员,使工作种类灵活机动,让人们保持独立的思想性;专家小组的成员可在工作中学习,从有经验的人那里学习。让员工有驾驭感,通过日常工作,能够觉得每天有所习得,变得更加优秀。

二、管理创新思维

(一)什么是管理创新思维

管理创新思维是一种创造性思维,是管理创新活动的产物。管理创新思维是指思维主体不受现在的、常规的思路约束,发现和解决管理问题全新的或独创性的有效方法的思维过程。管理创新思维是以整体性思维、非线性思维、过程性思维、情境思维为主要特征的考察事物运动变化的思维方式。

管理创新思维是由管理、管理创新和创造性思维三个概念组合而成的复合概念,需要结合管理创新实践、管理活动内容、管理者认知过程和思维特点来分析。界定清楚这种思维结构将有利于发挥管理者的创造性。

第一,管理创新思维以管理创新实践为出发点,遵循创造性思维的基本形式,大都成对出现,彼此互补。例如,逻辑思维和形象思维、直觉思维,发散思维与收敛思维,正向思维与逆向思维,横向思维与纵向思维,求同思维与求异思维,模糊思维与精确思维,系统思维与精细思维等。

第二,除基本形式之外,这种思维也有从实践活动中衍生出的新形式。例如,辩证思维、开放性思维、前瞻思维、超越思维、价值思维等。其中,超越思维和价值思维并非思维科学严格范式,而是一种经营理念。

第三,管理者通常采用直觉思维,决策时多用辩证思维与横向思维,高层管理人员更需要系统思维、形象思维和逻辑思维。

第四,中西方思维方式各有所长。中国管理者擅长系统思维、直觉思维、模糊思维,习惯于正向思考,乐于求同。创新思维应是中西方思维的融会贯通,更需要前瞻思维、精细思维和开放性思维。

【例5-24】 劳心者治人,劳力者治于人

生物学家研究发现,在成群的蚂蚁中,大部分蚂蚁都很勤快,寻找食物、搬运食物争先恐后,少数蚂蚁则整日东张西望,无所事事,一点活也不干。

为了研究这类懒蚂蚁在蚁群中如何生存,生物学家做了一个试验。他们在这些懒蚂蚁身上都做上记号,并断绝蚂蚁的食物来源,破坏蚂蚁窝,然后进行观察。试验发现,在这个时候,那些勤快的蚂蚁一筹莫展,不知所措,而懒蚂蚁则"挺身而出",带领伙伴向它侦察到的新食物源转移。

接着,实验者又把这些懒蚂蚁从蚁群里抓走,他们发现所有的蚂蚁都停止了工作,乱成一团。直到他们把那些懒蚂蚁放回去后,整个蚁群才恢复到正常的工作中。

绝大部分的蚂蚁都勤奋,忙忙碌碌,任劳任怨,但它们的劳作却离不开小部分的懒蚂蚁,懒蚂蚁在蚁群中的地位有着不可替代的作用。它们把大部分时间都花在了"侦察"和"研究"上了。它们能观察到组织的薄弱之处,拥有让蚁群在困难时刻仍然能存活下去的本领,它们善于运用头脑观察、分析事物,能够在环境的变化中发挥行动引导的作用。

经济学家们认为,蚁群中的"懒蚂蚁"与平常的蚂蚁相比更重要,懒蚂蚁看到了事物的未来,正确地把握了当前的行动,所以能使自己在蚁群中不可替代。

在这个社会上,一个人的收入与待遇取决于他做什么事情,用什么样的方法来做事。那些不会思考,埋头苦干的工作最终可能被机器、软件来代替。可见,思考对一个人是多

么重要。懒于杂务,才能勤于思考,尤其对于今天的管理者而言。在激烈的职场竞争中,如果所有的人都很忙碌,没有人能静下心来思考、观察企业外部的市场环境和内部的经营状况,就永远不能跳出狭窄的视野,找到发现问题、解决问题的关键,看到企业未来的发展方向并对之做出一个长远的战略规划。相反,还可能会一次次重复犯低级错误,这样的企业怎么会成功?

你是只"勤蚂蚁"还是"懒蚂蚁"呢?你是"劳心者"还是"劳力者"呢?

管理创新本身是由于经济发展、技术进步,为解决企业生存与发展问题而产生的。企业保持活力的唯一途径就是创新,其中最重要的和最直接的创新方式是技术创新和制度创新,而管理创新对两者都起着巨大的推动作用。

【例5-25】 华为创新机制:寻找永久的汗血宝马

中国古代的汗血宝马代表着勇气和力量,蕴含着人们的理想和幻想。两千多年前,西汉就特意铸造了金马,派遣使者千里出使去引进汗血宝马。最终,不得已通过战争手段夺来的1000多匹宝马在中原却以灭绝收场。没有建立完整的谱系管理制度,是汗血宝马退化、消亡的主要原因。

如果将创新产品比作汗血宝马,没有合适的管理机制,创新是不可持续的。华为从机制创新出发,创造"孕育汗血宝马"的环境。华为坚持全球创新平台和中国低成本实现能力的结合,在全球比较优势下进行资源的最佳配置,全球一起做创新。华为在全球部署16个研究所,创新为我所用:俄罗斯员工做算法,法国员工研究美学/色彩,日本员工研究材料应用……

华为俄罗斯研究所重点放在数学算法,这主要得益于俄罗斯的科学家和工程师超强的数学能力。通过数学算法的创新,俄罗斯工程师发现移动网络中不同代的网络可以通过软件打通,在这个理论支持下,华为开发了业界首个SingleRAN技术。这项技术大大融合并简化了2G、3G和4G移动网络设备,使电信运营商可通过最少的硬件更换升级到最新一代的技术。这种平台统一在极端情况下,能够节省50%的成本,一般能够节省20%~30%。

(二)管理创新思维的特性

管理活动中的创新思维,作为创造性思维,具有创新思维的一般品质。它是突破各种思维定式的非常规思维;它是否定传统,开辟独特新颖的思路,探索新规律,使思维具有突破性的思维活动;它以具有一定的科学价值的新的方法、理论、方案等独特性成果体现出来,具有卓异性;它常伴有直觉、灵感、联想等非逻辑思维的介入,同时又是以逻辑思维为基础的思维过程。管理活动中的创新思维,又因为它独特的活动领域带有思维的独特性。

1. 具有问题的前瞻性

创新思维的价值在于解决思维对象出现的问题。任何创新都始于问题的发现和提出。管理活动所面对的对象,更是各种矛盾的焦点,为使组织正常运转,并在激烈的竞争环境下处于优势,必须具有强烈的问题意识,保持对问题的警觉性,借助于超越现实、指向未来的超前思考,使组织发现新的竞争空间,从而营造出新的竞争优势。

【例5-26】 洛克菲勒的眼光:先舍后得

第二次世界大战结束后,战胜国决定成立联合国,在纽约建立联合国大厦。在寸土寸金的纽约,要买一块土地谈何容易。正当各国政要一筹莫展的时候,洛克菲勒财团决定投一笔巨资,在纽约买一大片土地,无偿赠送给联合国。同时还将这块土地周边的地皮都买下来。

几年后,联合国大厦建立起来了,联合国事务开展得红红火火,那块土地很快变成全球的一块热土。并且它四周的地价也不断升值,几乎是成倍地飙升。结果,洛克菲勒财团所购买的土地价值直线上升,所赢得的利润相当于所赠土地价款的数十倍、上百倍。

洛克菲勒究竟高明在哪里?

其一,超越时代的政治眼光。洛克菲勒很清楚,历经多年战乱,世界需要和平,人民希望安定。联合国总部必然会成为世界瞩目的热土,成为各国高官要员出入的领地。捐赠给这样的机构,无论对于财团的声誉,还是对于事业的发展,都只有好处,没有坏处。

其二,超越时代的经济眼光。洛克菲勒知道,随着联合国声誉的提升,联合国总部所在地很快会成为各界人士注目的黄金宝地,各种政治、经济、文化等团体与组织都会争相在这里设立办事机构,其地价必然会急剧上升。因此,在策划购买土地时,洛克菲勒已将公司的发展也计划其中,在赠地的同时,也将四周的土地收购进来,以待来日。果然不出所料,洛克菲勒精明的谋划得到了丰厚的回报。

2. 具有思维的多向性

条条大路通罗马,解题方法并非一种。管理者面对工作中遇到的问题,应该尽可能多地想出不同的方案和方法。想出的解决方案越多,包含正确合理的创造性方案的可能性就越大。组织的管理者在进行决策前,需要积极思考,尽其所能,构思出多个方案,然后对这些方案进行比较、筛选、分析,选择出最佳方案。

【例 5-27】 华为没有秘密,任正非没有密码

人们一直在探寻华为的成功基因,没有找到。但是,华为能够成为世界级企业,有它的非典型意义。道可学,道正则术通。有数量众多的企业,想学华为某一点上的术,如管理制度、营销模式等,但是学到后面就被一面墙给挡住了,因为价值观不一样。但道可学,因为华为的这些经营之道不是秘密也不是密码,是一种商业常识,而商业的共性大于差异。华为作为一个管理学现象的意义在于,它为中国企业提供了成为制造业领袖的管理思想体系,任正非的成功之道是"读万卷书,行万里路,干一件事",探索出在中国发展与管理高科技企业的道路。

3. 具有思维的突破性

创新思维本质上要求思维突破以往的惯例和传统,不迷信权威和旧有的经验、理论,甚至是成功的经验、理论,不受旧的思维定式的影响,具有更为自由宽松的思维空间。创新思维的最大敌人就是过去的思维定式的消极影响。拘泥于旧的套路,从众心理、崇拜权威心理等各种思维惯性抑制了创新的活力。思维的突破性要求:思维不在僵化的观点、方法上原地踏步,摒除惰性,追求、探索新的内容,在扬弃旧的思想框架的基础上,向新的基点、方向迈进。

【例 5-28】 张瑞敏的创新思维

著名管理类杂志《世界经理人》曾推出"对中国管理影响最大的 15 人",海尔集团首席执行官张瑞敏荣列其中。2015 年 11 月,张瑞敏被授予 Thinkers 50(全球 50 大管理思想家),是唯一获得奖项的中国企业家。Thinkers 50 被誉为"管理思想界的奥斯卡",彼得·

德鲁克曾是首届获奖者。微软创始人比尔·盖茨、苹果创始人乔布斯等全球商界传奇人物都曾入选"Thinkers 50"榜单。

海尔集团之所以能从一个资不抵债亏空的小厂发展为全球营业额超过1000亿元的跨国企业,管理创新发挥了重要的作用。在名牌战略阶段,张瑞敏砸冰箱,抓全面质量管理,创出中国冰箱业历史上第一枚质量金牌;在多元化扩张阶段,张瑞敏创出"日事日毕、日清日高"的OEC管理模式,并将这种管理文化作为基因注入到其兼并的18家企业,使之全部扭亏为赢;在国际化战略阶段,张瑞敏进行以市场链为纽带的业务流程再造,并创新探索出全员SBU的管理理论;在全球化品牌战略阶段,张瑞敏提出海尔"人单合一"信息化管理,此发展模式为解决全球商业的库存、生产成本和逾期应收账款问题提供了创新思维。

张瑞敏善于将多种思维方式结合在一起,在打价格战时不人云亦云,运用逆向思维,提出打价值战的战略。随后为了降低成本,又不以牺牲产品质量为代价,张瑞敏创造性地将市场竞争法则引入企业经营管理,借用局外信息的启示,与企业需要解决的问题联系起来,经过反复的推敲思考,提出了新方案——企业市场链法,从而在管理创新的道路上又前进了一大步。

4. 具有思维的独特性

这一方面指思想方法独特,用不同于他人、前人的方法思考问题;另一方面指成果的独特性。异于前人的思考方式必然带来超越前人的思维结果。具有创新思维的管理者,一定崇尚标新立异、求新求异,追求独辟蹊径、与众不同,突出地显示出思维的独特性。

【例5-29】 谷歌X实验室的"无用"发明

1999年,谷歌公司创始人拉里·佩奇用导航地图开车载他同事经过一个停车场时突然想到:在线搜索也可以获利。当时他认为,谷歌能在每次搜索中自动获得用户的潜在兴趣,这样便可以将搜索引擎作为最有效的广告系统从B端推向C端。谷歌搜索的创建,标志着互联网行业最成功的商业模式诞生,搜索也成为谷歌最为"有用"的发明。

太空升降梯?气球上网?海水提炼燃料?智能眼镜?……这些看似异想天开的点子都是谷歌X实验室曾经有过的创意。自2010年创立以来,谷歌X实验室针对各方面的重大挑战每年构想上百个创意,成为谷歌疯狂点子起飞的地方。实验室已经成功实现不少创意,比如谷歌气球和Waymo自动驾驶。

作为谷歌的子公司,"Waymo"这个公司名所代表的是"A new way forward in mobility"(未来新的机动方式)。Waymo在多项无人驾驶技术方面全球领先,打造了自己的自动驾驶软硬件系统,将无人驾驶硬件商业化的拦路虎激光雷达的成本降低了90%以上。

思考题

1. 简述管理创新的特点及内容。
2. 企业家的管理创新思维体现在哪些方面?
3. 分析以下问题:浙江省是人口密度最高的省份,自然资源又十分贫乏,但它为什么又是全国人均最富庶的省份?

创新思维——技法·TRIZ·专利实务

第三节 技术创新与管理创新互动

技术创新与管理创新是企业核心竞争力的源泉。无论是从产品创新到工艺创新,还是从渐进性创新到颠覆性创新,技术创新所带来的不仅对企业自身,而且对整个行业产生积极影响,使技术、经济环境以及管理理念发生重大变化。技术创新与管理创新是企业发展的一对风火轮,两者相辅相成,辩证统一在企业发展中。

技术创新主要立足市场变化、追求新奇性以满足消费者需求的差异化。相比较而言,管理创新则强调与组织外部环境和内部问题的匹配性,以改善内部运行效率,提高组织绩效,为技术创新提供支撑。

(一)技术创新推动管理创新

技术创新直接或间接地推动管理创新。直接作用表现为:通过技术创新使管理技术得以创新,直接促进管理方法、手段的创新,如价值工程、网络技术、信息技术、运筹学、博弈论的运用。间接作用表现为:由于技术创新中产品、工艺方面的创新,使得企业中组织结构、人员安排、市场营销及管理观念,都需做出相应的变革以适应生产流程、产品性能的变化。

管理的变革总是与技术的变革相伴而生,技术的进步势必推动管理的进步,管理的变革必须适应技术的进步。一方面,技术创新与进步带来管理思想、管理理念、管理方法、管理体制、管理流程、组织模式的变革与创新,对深层次的组织模式变革起着促进和推动作用。技术进步带来新的生产方式、生活方式、思维方式、行为方式,管理创新必须与技术创新相匹配才能在市场中取得竞争优势。另一方面,技术创新是管理变革与创新的技术基础与必备的技术支撑条件,先进的技术为科学管理和管理创新提供了科学、先进的方法、手段。

例如,互联网技术的发展,创造了电子商务经营模式,信息技术与生产技术应用的融合及其创新,促进着生产方式的变革与创新,以计算机集成制造、敏捷制造、精益生产等为代表的先进生产方式反映了管理思想、管理模式的创新。

【例 5-30】 潍柴以科技创新驱动迈向高端

国内第一台拥有完全自主知识产权的高速大功率蓝擎发动机、第一套自主ECU电控系统,打破了国外长期技术垄断……一个个首创引领潍柴产业格局迈向高端,引领中国装备制造业转型升级。

潍柴以互联网为支撑,在全球范围内搭建了五国十地协同研发平台,依托世界科技创新变革的前沿阵地优势资源,吸纳全球顶尖的高端技术人才,集中在传统能源发动机及零部件前沿技术等方面进行攻关突破,在新能源技术、整车智能驾驶、物联网等领域实现引领,促进产业高端化、智慧化,向高端装备制造迈进。

潍柴倡导工匠精神,成立劳模创新工作室和首席技师工作室,培育工匠群体,营造精益求精的风尚,推动全员创新。企业每年技术革新成果3000多项,以员工命名的现场改善项目60余项,创造效益近亿元。

(二)管理创新是技术创新内在保障

管理具有"整合"和"优化"技术的特征,即管理对技术有着一定的驾驭性。管理系统为技术系统从体制、组织、战略、领导、环境、运作方式、资源配置效率等方面提供保证。技术创新能否给企业带来预期的绩效、能否提高创新效率,在很大程度上取决于能否同管理创新协同与匹配,能否同组织创新、文化创新、体制创新、运行机制创新等协同与匹配。

一方面,通过管理创新使企业内部的权力机构、决策机构、执行机构形成所有者、经营者及生产者之间明确的相互激励和相互制衡关系,从而确立技术创新的决策与激励机制。另一方面,技术创新除了研发因素外,还受到技术创新主体能力、行为方式、技术创新过程的管理效率等因素的影响,因而技术创新过程不仅是一个技术问题,还是一个管理问题。通过对技术创新过程的细节管理创新,可以降低技术创新过程中的不确定性,有助于技术创新的成功。

技术创新能否给企业带来预期的效果,在很大程度上取决于是否有与之相协同的管理体系。在现代管理和现代技术日益渗透融合的趋势下,对于企业只有技术创新和管理创新齐头并进,才能在激烈竞争的市场中获胜。

例如,美国两个最有影响的"大科学"项目"曼哈顿工程计划"与"阿波罗登月计划"便是明证。奥本海默在总结曼哈顿工程计划的成功经验时说:"使科学技术充分发挥活力的是科学的组织管理。"

【例 5-31】 海尔"创新平台"开创全新管理模式

海尔是被西方管理界研究最多的中国企业之一。海尔改革最具革命性的创新是,促进内部创新和设计、发展产品的自经营团队和"利益共同体"。现在,海尔甚至计划打破这些内部结构,成为完全开放的"创新平台"。

海尔正在将自己发展成一个为成百上千"小微企业"服务的创业平台。这些小微企业不但将负责设计、制造和分销海尔用户想要的产品,还能够有计划地获得海尔甚至外部的投资,进行自我创新。这被瑞士国际管理发展研究院创新管理学教授比尔·费舍尔称作"去海尔化"。费舍尔说,在海尔持续的成功中,张瑞敏对管理学创新的贡献,堪比苹果的乔布斯对科技创新的贡献。海尔将变得更像一个风险投资的孵化器,而不再只是一个跨国的制造商。

互联网的蓬勃发展让海尔有机会与消费者更近距离地接触,了解消费者的需求并为他们提供定制产品。比如,一个叫作 iSee Mini 的创业团队发现了将电视投影到天花板上以此来方便孕妇的细分市场。一位儿子为喜欢书法的父亲提供了一台海尔定制空调,并刻上了父亲最爱的一句成语"天道酬勤"。张瑞敏十分推崇彼得·德鲁克"商业的目的是为了创造和留住消费者"的观点,并将其付诸实施。

思考题

1. 简述技术创新与管理创新的关系。
2. 结合你所了解的实例,说明技术创新与管理创新在企业发展中的作用。

参 考 文 献

[1] 吴贵生.技术创新管理[M].2版.北京:清华大学出版社,2009.
[2] 许庆瑞.研究、发展与技术创新管理[M].北京:高等教育出版社,2010.
[3] 陈劲,王方瑞.技术创新管理方法[M].北京:清华大学出版社,2009.
[4] 创新路径——技术创新战略、流程与案例[M].天津:天津大学出版社,2007.
[5] 成海清.产品创新管理方法与案例[M].北京:电子工业出版社,2011.
[6] 周留征.华为创新[M].北京:机械工业出版社,2017.
[7] 胡泳,郝亚洲.海尔创新史话(1984~2014)[M].北京:机械工业出版社,2015.
[8] 宁钟.创新管理:获取持续竞争优势[M].北京:机械工业出版社,2012.
[9] [英]彼得·菲斯克.创新天才[M].北京:机械工业出版社,2012.
[10] [英]克里斯托弗·威廉斯.管理创新案例集[M].北京:北京大学出版社,2014.
[11] 来尧静.中国企业创新管理案例[M].北京:经济管理出版社,2012.
[12] [美]马克·斯特菲克,等.创新突围——美国著名企业的创新策略与案例[M].北京:知识产权出版社,2008.
[13] [美]德鲁·博迪,等.微创新:5种微小改变创造伟大产品[M].北京:中信出版社,2014.
[14] [美]克莱顿·克里斯坦森.创新者的窘境[M].北京:中信出版社,2010.
[15] 周苏、孙曙迎.创新思维与管理创新[M].北京:清华大学出版社,2017.
[16] 李宇,苗莉.创新管理:获得竞争优势的三维空间[M].北京:机械工业出版社,2018.
[17] 沈小平,等.技术创新与管理创新的互动模式研究[J].科学学与科技管理,2001(10).

第六章　商业模式创新

> 【学习要点及目标】
>
> 　　商业模式可以改变整个行业格局。技术创新必须与商业模式创新有机结合，以技术研发的突破、商业运营的成功确保企业有持续盈利的能力，支持后续的创新。技术创新的成功离不开商业模式创新，新技术还必须依靠商业模式创新来实现商业化应用。
>
> 　　通过本章学习，了解商业模式对企业的重要性，以及商业模式的特征、要素和设计方法，了解商业模式创新与技术创新的关系，学会描述一个企业的商业模式。

第一节　什么是商业模式

　　现代管理学之父彼得·德鲁克表示："当今企业之间的竞争，不是产品之间的竞争，而是商业模式之间的竞争。"

　　目前，企业之间的竞争已不再是简单的产品层级的竞争，而是商业模式的竞争。商业模式是企业竞争的最高形态，关系到企业生死存亡和兴衰成败。企业要想获得成功就要从制定成功的商业模式开始。企业必须根据自身的资源与禀赋，结合外部环境，选择一个适合自身发展的商业模式，并随着客观环境的变化不断加以创新，获得持续的核心竞争力。

　　所谓商业模式，即以价值创造为核心，描述企业如何创造价值、传递价值和获取价值。具体而言，就是为实现客户价值最大化，将能使企业运行的内外各要素整合起来，形成一个完整的高效率的具有独特核心竞争力的运行系统，并通过最优的实现形式满足客户需求、实现客户价值，同时使系统达成持续盈利目标的整体解决方案。

　　【例6-1】　QQ如何在免费基础上赚钱？

　　腾讯主要产品是QQ和微信。它们主要用于人们之间的交流与沟通。按照以往的经营思路，腾讯最主要的收入来源应该是像中国移动一样向用户收取使用费。可事实上，腾讯将这两个产品完全免费。这种做法不仅使腾讯快速免费吸引了众多用户，同时也奠定了腾讯在这一领域的霸主地位。

　　QQ是如何赚钱的呢？在互联网上确实能做到。一款好产品，通过互联网可以接触到几亿用户，那么在这几亿用户当中，推出一项增值服务，即使只有一小部分人愿意下单付钱，那么加起来也能形成规模经济。QQ有9亿用户，如果腾讯推出一个黑钻，即使只有0.1%的用户愿意每个月花10元钱购买，那么腾讯每个月也能有9000万元收入。

　　腾讯QQ的增值服务有多种，如聊天表情、QQ空间、QQ秀、QQ游戏等。对QQ用户来说，游戏也是一种基础服务，可以免费玩，但是客户要想玩得很爽，很痛快，玩得超越别人，那就要在里面买QQ道具增值服务。这些功能基本上所有用户都可以免费开通及使用，但如果客户想要与众不同或想要更好的服务与体验，就需要缴纳费用。如果客户爱上QQ游戏，付费用户的特权就太有诱惑了。

在移动互联网时代，腾讯推出的"微信"这个垄断级产品，直接打垮了移动和联通两大电信运营商的短信业务，免费的威力可见一斑，而其推出的增值服务更是商业模式的创新。

一、商业模式的发展

一个商业模式，是对一个组织如何行使其功能的描述，是对其主要活动的提纲挈领的概括。它定义了企业的客户、产品和服务，还提供了企业如何组织以及创收和盈利的信息。商业模式还描述了企业的产品、服务、客户市场以及业务流程。

最古老也是最基本的商业模式是"店铺模式"，就是在具有潜在消费者群的地方开设店铺并展示其产品或服务。一般地，服务业的商业模式要比制造业和零售业的商业模式更复杂。

20世纪早期出现了"饵与钩"模式。这种模式基本产品的出售价格极低，通常处于亏损状态，而与之相关的消耗品或是服务的价格则十分昂贵。如剃须刀（饵）和刀片（钩），手机（饵）和通话时间（钩），打印机（饵）和墨盒（钩），相机（饵）和照片（钩）等等。随着时代的进步，商业模式也变得越来越精巧。

例如，苹果公司的"硬件＋软件"模式，以软件使用增加用户对硬件使用的黏性，其独到的"iPod＋iTunes"相结合的商业模式创新却使苹果公司后来居上，并且开创了一个全新的数字音乐产业。

国内商业模式第一代为路边和门店模式；第二代为百货商场模式；第三代为购物中心和百货的结合，酒店和购物中心的结合；第四代则为经营、生活、文化、购物、旅游为一体，打造互联网与城市综合体相结合的新型营销模式。

例如，长沙万家丽国际MALL是目前全球最大单体建筑，集观光、旅游、休闲、展览、购物于一体，为消费者提供一个超五星级的体验。MALL建成投入运营后安排就业员工超万人，年销售额近50亿元。

进入21世纪，传统行业已经饱和，市场同质化竞争，许多企业感到市场疲软、增长受阻，无法实现自身的再次超越。但是，一些新兴行业却如鱼得水、快速崛起，如国美电器、阿里巴巴、分众传媒等，短时期内创造出新的商业神话。它们一是发现消费者需求结构的变化，二是通过资本介入快速实现整合，奠定霸主地位。

例如，国美突破传统的家电销售模式，实行集中规模化采购，开展一站式商超化连锁经营模式，既降低了采购成本，又便于统一销售服务，方便消费者购买。阿里巴巴则是构建网络无店铺营销平台，满足互联网便捷购货需求。

随着科技不断发展，商业模式也出现了多样化趋势，像腾讯、阿里巴巴、百度以及苹果、星巴克、亚马逊等企业，虽然它们提供的产品或服务完全不同，但其成功却有惊人的相似之处。这些企业不仅仅局限于满足客户需求，而且致力于开发全新的市场空间，引领消费潮流。未来商业模式的趋势将线上线下结合，增强用户的体验，线上购物、看货，线下体验、服务、售后，增强用户的购物体验。

阅读材料　商业模式到底能给企业带来什么？

商业模式是一套全新的赚钱逻辑。商业模式从系统科学出发，是对管理思想的又一次提升。它将管理理论和管理实践结合起来，登上了一个新的高峰。商业模式是利用新渠道，开发产品以外的新资源、新价值，进而获取利润，并且追求更大的利润。

成功的企业都有一套成功的运作模式，这就是它的商业模式。商业模式的好坏直接决定着企业的成败，企业的成功都是源于商业模式的成功。

每一次商业模式创新都会带来相应的竞争优势。"没有不能赚钱的行业，只有赚不到钱的模式。"著名管理学家迈克尔·波特的这句话，切中了商业模式创新的要害。企业必须选择一个适合自己的、有效的商业模式，并且随着客观情况的变化不断加以创新，才能获得持续的竞争力。

小企业经营产品，大企业经营平台。成功的商业模式一定是开发一个平台，并通过这个平台开发新资源，如阿里巴巴和京东。传统的经营叫产品经营，商业模式经营的是资源，因此叫资源经营。企业正在从传统的产品经营迈向资源经营，这是管理的一大进步。比如机会就是一种稀缺资源，互联网时代的电商网、快递企业（物流）、app 等正在开创造富神话。

商业模式最终建立的是一套生态系统。所谓"模式"，就是一套系统和方法。商业模式必须是个体系，最终必须形成一套帮助企业获取利润的生态系统，并且是可持续的。要明白企业与商业模式的生态关系，以更好地理解商业模式的广度和深度。

二、商业模式的分类

商业模式的分类是相关研究的一个热点和难点。原因一是商业模式涉及面广；二是各产业间的不同特点导致了相异产业内部企业在商业模式上有各自的特点和侧重，表现在形态上便有很大的差异；三是在当前这个各种新因素、新问题、新方法层出不穷和迅速变化的时代里，商业模式呈现出的表象也是更加千姿百态。

国内外关于商业模式分类主要归纳为两种思路：一是通过逻辑推理，建立商业模式分类标准，从而进行分类；二是通过案例归纳出一些典型模式，作为商业模式的类别。我们归纳了以下常见的商业模式（见表 6-1）。

表 6-1　常见商业模式

类型	特点	举例
平台模式	搭建平台，吸引相关客户来经营发展，收取佣金或租金，保证稳定的业务增长和持续发展	优步、天猫等网络交易平台，万达商场、国美、红星美凯龙等
资源模式	形成品牌等稀缺资源。从现有资源中挖掘衍生价值，构建新的盈利点	迪士尼乐园、环球影城等，《小黄人》等电影大片的衍生产品，如玩具、服装、书籍、音乐等
网络模式	通过构建密集完整的网络体系，最大限度地占有市场份额，保持对市场的控制度，并整合市场中尽可能多的资源	快捷酒店、教育、快递、餐饮等挂靠经营、加盟、连锁经营

续表

类型	特点	举例
价值链模式	定位于分拆后价值链中的最优环节,或将价值链的某个片段外包出去,构建价值链	IBM从制造业转向服务业,成为全球最大的信息技术服务和解决方案公司。 耐克运动鞋、优衣库服装制造环节外包
渠道模式	取消多余环节,与客户建立直接联系,在不同供应商与客户间搭建沟通渠道或交易平台,从中获取不断升值的利润	戴尔计算机直销模式。 图书渠道由书店扩张到机场、超市、报摊等。 可口可乐在餐饮业获取超额利润
免费增值模式	免费提供服务,借助口碑传播有效地获得大量用户,然后向用户提供增值附加服务	QQ、微信聊天免费,但内置的游戏等增值服务收费
广告模式	免费产品聚集大量用户,用各种方式让用户尽可能久地在产品停留,再吸引广告主投放广告,为广告主导流用户,广告主再从用户身上获取其他价值	Google的AdSense、百度广告形成广告商、视频制作人、网站、访问用户共赢
金字塔模式	根据客户的不同特点,对客户群进行细分,提供不同类型、不同层次的产品,以达到最大限度覆盖市场的效果	欧莱雅化妆品、宝洁洗发水等根据不同需求设计各种功能型产品
饵与钩模式	以低价格甚至零价销售作为诱饵,以后续的辅助产品盈利	汽车4S店,软件升级。 复印机/打印机的碳粉/墨水

三、商业模式的要素

商业模式有四个关键要素:客户价值主张,即企业能给客户带来什么价值？盈利模式,即企业给客户带来价值之后怎么盈利？关键资源,即企业有什么资源和能力能同时带来客户价值和公司盈利？关键流程,即企业如何能同时带来客户价值和公司盈利？

商业模式可细成九个要素:价值主张、客户细分、客户关系、关键业务、核心资源、重要合作、渠道通路、成本结构和收入来源。分析这九个要素,就会发现价值主张和客户细分关系到客户价值主张,成本结构和收入来源关系到盈利模式,其他五个要素则可以分别归结为关键资源和关键流程。

(一)价值主张

客户价值主张是商业模式的核心要素,也是其他几个要素的预设前提。这也符合最基本的商业逻辑:企业都想盈利,请问企业能为别人带来什么价值？商业的本质是价值交换,要交换价值就得首先创造价值,因此创业者一定要搞清楚:企业的目标客户是谁？企业能为他们提供什么价值？凡是成功的企业都能找到一种为客户创造价值的方法。客户价值主张最重要的特性是其精准度——如何满足客户的需求。

(二)盈利模式

盈利模式是对企业如何既为客户提供价值、又为自己创造价值的详细计划,包括以下构成要素：

(1) 收入模式：产品单价×销售数量。

(2) 成本结构：直接成本、间接成本和规模经济。成本结构主要取决于实施商业模式所需关键资源的成本。

(3) 利润模式：在已知预期数量和成本结构的情况下，为实现预期利润要求每笔交易贡献的收入。

(4) 利用资源的速度：为了实现预期营业收入和利润，需要实现多高的库存周转率、固定资产及其他资产的周转率，还要考虑从总体上如何利用好资源。

人们往往混淆"盈利模式"和"商业模式"的概念。事实上，盈利模式只是商业模式的一部分。

(三) 关键资源

关键资源是指人员、技术、产品与厂房设备以及专利、品牌等无形资产，向目标客户群体传递价值主张。这里关注的是可以为客户和企业创造价值的关键要素，以及这些要素间的相互作用方式。需要指出的是，每个企业也都拥有一般资源，但这些资源无法创造出差异化的竞争优势。

(四) 关键流程

成功企业都有一系列的运营流程和管理流程，确保其价值交付方式能够被大规模复制和扩展，这包括员工的培训与发展、生产制造、预算与规划、销售和服务等重复发生的工作。此外，关键流程还包括企业的制度、绩效指标等。

上述四个要素是每个企业的构成要素。客户价值主张和盈利模式分别明确了客户的价值和企业的价值。关键资源和关键流程则描述了如何交付客户价值和企业价值。

商业模式是一个整体、系统的概念，而不仅仅是一个单一的组成因素。如收入模式（广告收入、服务费）、客户价值（在价格上竞争、在质量上竞争），组织架构（自成体系的业务单元、整合的网络能力）等，这些都是商业模式的重要组成部分。

商业模式框架蕴藏了各部分之间复杂的、相互依赖的关系。四个要素中的任何一个发生大的变化，都会对其他要素和整体产生影响。成功企业需要一个稳定的系统，将这些要素以连续一致、互为补充的方式联系在一起。

【例 6-2】 分众传媒的成功因素

诞生于 2003 年的分众传媒，在全球范围首创了电梯媒体。其成功因素有以下方面：

把握了电梯口的机会。中国大规模的楼宇的出现，汇聚了庞大的人流量，这些人流量发展成一种商机。电梯口是汇集人流的主要场所，因此就具有商业价值，也成为一个绝佳的商业开发的场所和机会。

电视机的发展为电梯口商业开发提供了技术性条件。电视机原来体积庞大，只能够放在家庭的客厅。而液晶电视和超薄电视的出现，出现了挂壁电视，也为电视机走出客厅提供非常好的条件。

广告业的发展推动了开发技术的大幅度提升。大规模的车体广告和商场广告，以及街头的广告，为电梯口的商业价值的产生提供基本的商业环境和商业开发的能力储备。

资本的介入为电梯口的开发提供了后续的动力。首先是风险资本的敏锐眼光和适当时机的介入，推动了分众传媒的发展速度。而后期在美国的上市，推动了这种模式的成熟。

智能手机没有大规模的出现,为分众传媒的产生提供时代的缝隙。由于没有大规模的智能手机的出现,人们在电梯口显得无聊,加上中国的楼宇设计不合理,以及在早上和晚上电梯口的拥挤人群,客观上具有商业价值,给了人们一种很好的商业开发的环境。

四、成功商业模式的特征

调查显示:在创业企业中,因为战略原因而失败的只有23%,因为执行原因而夭折的也只不过是28%,但因为没有找到商业模式而走上绝路的却高达49%。成功的企业都有它赖以成名的商业模式。

例如,滴滴出行、苏宁的O2O的云商模式、淘宝网的C2C模式、麦当劳与可口可乐的B2B模式、微信的SNS+移动电子商务,它们的发展历程都是成功商业模式的最好诠释。

商业模式的各组成部分必须有内在联系,通过内在联系将各组成部分有机地关联起来,使它们互相支持,共同作用,形成一个良性的循环。成功的商业模式具有以下特征:

(一)成功的商业模式价值是独特的

独特价值往往是产品和服务独特性的组合。这种组合要么可以向客户提供额外的价值,要么使得客户能用更低的价格获得同样的收益,或者用同样的价格获得更多的收益。这是因为独特的商业模式不仅是一个企业立足生存、持续发展的关键,而且还是企业获得利润回报的基础。

【例6-3】 苹果公司的转型

2003年,苹果公司推出iPod与iTunes音乐商店。这场便携式娱乐设备的革命,创造了一个新市场,并使苹果公司成功转型。短短三年内,iPod-iTunes组合为苹果公司赚取了近100亿美元,几乎占公司总收入的一半。苹果公司的股票市值一路飙升,从2003年的50亿美元左右,升至2007年的1500多亿美元。

苹果公司并非第一家将数字音乐播放器推向市场的公司。1998年,"钻石多媒体"(Diamond Multimedia)公司推出MP3随身听Rio。2000年,Best Data公司推出了Cabo 64。这两款产品均性能优良,既可随身携带,又时尚新颖。但最后获得成功的为什么是iPod,而不是Rio或Cabo 64?

苹果公司不仅仅为新技术提供了时尚的设计,而且将新技术与卓越的商业模式结合起来。苹果公司真正的创新是让数字音乐下载变得简单便捷。为此,公司打造了一个全新的商业模式,集硬件、软件和服务于一体。这一模式的运行原理与吉列公司著名的"刀片+剃刀"模式正好相反:吉列公司是利用低利润的剃须刀来带动高利润刀片的销售,苹果公司却是靠发放"刀片"(低利润的iTunes音乐)来带动"剃刀"(高利润iPod)的销售。这一模式以全新方式对产品价值进行了定义,并为客户提供了前所未有的便捷性。

(二)成功的商业模式是难以模仿的

成功的商业模式一定要与自身独有的优势紧密结合,企业通过确立自己的独到之处,提供独特的价值,来提高行业的门槛,要考虑到后进者的壁垒,难以模仿。

【例6-4】 戴尔依靠直销专利撼动IBM

戴尔公司创立初期没有专利筹码,每年得将营业额的4%作为专利许可费支付给IBM公司。通过密切跟踪IBM,戴尔发现了核心专利的技术路线。最后,戴尔通过估值

160多亿美元的43件专利组合取得了与IBM的交叉许可。戴尔的专利虽少,但是制衡能力极强。戴尔用4件专利垄断了网上销售电脑的商业模式,每天从网上获得的销售收入一度平均高达3000多万美元。戴尔当时的1000多件专利,其中550多件在营运领域,100多件在工业生产制造领域,大多和流水线、包装自动化有关。正是有了这些核心专利,才使戴尔的模式无法轻易被模仿。

戴尔公司根据客户的订单装配产品,然后直接将产品寄送到客户手中。这个模式抛开传统商业销售链的中间商和零售商环节,节省了成本,降低了产品价格。戴尔模式难以复制的背后,是一套完整的、难以复制的资源和生产流程。这种模式有以下特点。

（1）按单生产：根据客户通过网站和电话下的订单来组装产品,这使客户有充分的自由来选择自己喜欢的产品配置。公司则根据订单订购配件,无须备大量配件,占用资金。

（2）直接与客户建立联系：通过直销与客户建立了直接联系,不仅节省了产品通过中间环节销售所浪费的时间和成本,还可以更直接、更好地了解客户的需求,并培养一个稳定的客户群体。

（3）高效流程降低成本：通过建立一个超高效的供应链和生产流程管理体系,大大降低了生产成本。

（4）产品技术标准化：所经营的技术产品多是标准化的成熟产品,因此该公司总是能让客户分享到有关行业进行大量技术投资和研发而取得的最新成果。

（三）成功的商业模式是脚踏实地的

脚踏实地就是实事求是,将商业模式建立在对客户需求的准确理解和把握上。现实中很多企业对于自己的钱从何处赚,为什么客户看中自己企业产品和服务,都不甚了解。这样方向模糊的"商业模式",在当今数不胜数。只有真正能够接地气、脚踏实地的商业模式才能在竞争中站稳脚跟。

【例6-5】 中国茶的突围,找寻"茶颜悦色"

在以黑白、简约的北欧风盛行的现代市场,"茶颜悦色"独树一帜的中国风、复古装帧,意外成为都市审美中的一股"清流"。茶颜悦色的画风更加中式,与他们强调"中茶西做"呼应。

在产品方面,"浣纱绿"是绿茶系列,"红颜"是红茶系列。"豆蔻"是在奶盖茶的基础上,添加了淡奶油和坚果、巧克力等。声声乌龙、幽兰拿铁、蔓越阑珊、桂花弄、两生花……雅致的饮品名称,让人在点单时便有愉悦的情愫。

门店风格,杯子设计,都带着水墨古典的韵味。与此同时,这种古典里也透着俏皮,比如Logo是一个红底的古装女。茶颜悦色的英文招牌是"Sexy Tea",古装人物用漫画的形式呈现。设计一改以前的奶茶店卡通化、低龄化的形象,更受白领人群欢迎。

"茶颜悦色"有自主设计的文创产品,除了茶饮店本身销售之外,他们还有单独的零售品牌店"知乎,茶也"。文创产品有100个左右,包括茶和茶具,以及丝巾、伞、陶瓷等。文创产品是希望增加品牌的厚重,他们也有"茶颜悦色"和"知乎,茶也"的集合店,希望能以文创类产品带动茶的销售。

成功的商业模式一是要简单。首先产品要简单,针对用户的一个强需求,将用户体验做到极致。其次业务前提要简单,一个商业模式如果环节非常复杂,可能不可执行。二是重复消费,成功的商业模式用户都是重复消费的,巨额投入拓展的市场,如果用户不重复消费,这种商业模式很难持续。三是多维增值。拥有用户,能够多维度开发用户价值,让用户不断延展消费。四是要有一定门槛。没有门槛或者门槛很低意味着,率先尝试的人如同第一个吃螃蟹的人,倘若成功,其他人便蜂拥而上,与你一起分享胜利的成果。

企业的商业模式在取得成功的同时,必然受到竞争者的模仿。不可否认,一些企业照搬其他企业成功的商业模式也能在市场上生存下来,但生存空间会越来越小。

著名实业家稻盛和夫说:"作为企业经营者,必须把握企业所处产业的发展规律,把握自己企业的发展方向,打造自己企业的文化体系,形成自己企业的商业模式!"这种独特性表现在它怎样界定客户、界定客户需求和偏好、界定竞争者、界定产品和服务、界定业务内容吸引客户以创造利润。在摸索自我企业适合的商业模式同时,找到企业核心竞争力。

五、商业模式与管理模式的关系

商业模式和管理模式从不同层面完整地描述了企业的运营,区别主要是理论内涵不同、着眼点不同、管理客体不同,并最终导致对企业绩效的影响也不同。

商业模式着重研究整个企业的运行机制。商业模式是企业的基础结构,类似于一艘战舰的构造:不同种类战舰的发动机、船舱、夹板、炮塔、导弹的结构和配置是不相同的,它在舰队中的位置和功能也是不同的。

商业模式告诉人们,企业是怎样运转起来的,反映的是企业的运行机制。因为关键业务、盈利模式、关键资源和成本结构,与组织中有什么样的人并无直接关系。成功的商业模式的一个非常重要的特征是,平均水平的人员素质和管理能力,也可以创造出上佳的业绩(见图6-1)。

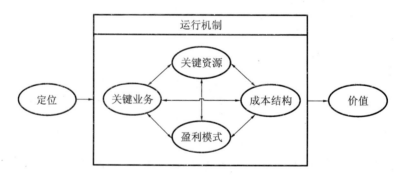

图 6-1 商业模式结构图

管理模式是在管理理念指导下建构起来,由管理方法、管理模型、管理制度、管理工具、管理程序组成的管理行为体系结构。它包括六个要素:战略、组织结构、管理控制、企业文化、人力资源管理和业绩。管理模式反映了企业的执行机制(见图6-2)。

管理模式类似于驾驶战舰的官兵,舰队的最高长官,既需要组织分配好官兵的工作,制定出相应的管理控制流程,建立官兵的选拔、培养和激励等制度,也需要有能够凝聚舰队战斗力的舰队文化。

战略决定企业的发展方向,是企业实现其长远目标的方法和途径。组织结构是按照战略的要求,确定企业由哪些部门和岗位组成,部门与岗位目标、职责和职权是什么,以及相互关系是怎样界定的。管理控制指的是企业中的管理流程以及相应的制度和方法,常见的如战略规划流程、经营计划流程、预算管理流程、新产品开发流程、销售管理流程等。

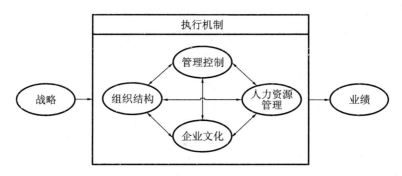

图 6-2　管理模式结构图

企业文化是企业内部员工共同的价值观和行为准则。人力资源管理,则是那些与人力资源的招聘、培养、选拔、考核和激励等相关的工作。战略通过组织结构、管理控制、企业文化和人力资源管理来实现,业绩是战略实现的结果。

商业模式看重的是企业长期盈利的能力和体制,是在满足客户需求、为客户创造价值和实现企业价值最大化之间构造出一座桥梁。而管理模式看重的是企业长远目标的确定和业绩的达成,是为了使工作更加有效和培养团队的战斗力。

商业模式和管理模式分别从两个互异但却互补的层面,完整地描述了企业的运营。由于定位是战略的核心内容之一,所以事实上,商业模式和管理模式从两个不同的角度,保证了战略的实现。

【例 6-6】　从制造商到服务商:IBM 的成功战略转型

IBM 一直以"硬件制造商"的形象给自己定位。但进入 20 世纪 90 年代,其传统的支柱产品进入衰退期。面对前所未有的困境,IBM 开始了一场从制造商到服务商的战略转型。

以客户为中心,持续技术创新。IBM 在研发领域的长期投入使其一直在专利方面都处于领先地位。但由于研发成果与市场需求脱钩,因而不能将知识产权资源转化成具有竞争力的产品。现在研究部门要求科学家以更多的时间同产品开发人员乃至客户接触,了解他们的实际要求,注意倾听他们的声音。

服务创新,走差异化服务道路。IBM 服务内容涵盖了从行业战略层面的商务战略咨询和托管服务,从企业管理层的电子交易、电子协同、客户关系管理、供应链管理、企业资源规划、商务信息咨询等全方位服务。如华为引进了 IBM 的 IPD(集成产品开发)和 ISC(集成供应链),这两个流程的成功是华为国际化进程中的里程碑。

重新整合资源,突出核心业务。为配合公司战略目标的调整,IBM 通过兼并、分立、剥离等各种手段对 IBM 的业务进行了重新组合,从而突出 IBM 适应全球竞争环境变化的核心业务。

IBM 从硬件制造商成功转型为"为客户解决问题"的信息技术服务公司。其成功战略转型是一种从经营理念到企业结构上的根本性转变,这种转变使 IBM 能够自如地预见并把握机会,而且使它能够抵御外部市场波动的冲击,保持企业竞争力。

思考题

1. 常见的商业模式有哪些,各有什么特点?
2. 商业模式与管理模式有哪些区别?

第二节 创业项目商业模式

创业之初选择适合自己或团队的创业模式非常重要,也是创业成功的关键。创业涉及学习、就业以及素质教育、管理等诸多因素,受到资金、场地、专业知识等方面的限制,初创者往往青睐于小成本的创业项目,或者利用电子商务平台等进行创业。

不论是选择技术型创业模式还是服务型创业模式,甚至是资本型创业模式,或交叉型的创业模式,都是创业者综合自己各方面的资源特点以及当时社会发展趋势的结果。

一、创业项目商业模式分类

1. 技术型模式

技术型模式是指创业者依托自己所在高校、实验室、研究所等科研组织研发的科技成果或核心技术,将其打造成能够满足市场需求的核心产品或服务,并据此创立公司进行创业的模式。这种模式的核心在于科技成果衍化出的产品和服务,对创业者的专业技术要求较高,对初始资金的需求较大,承担的风险也较高,但是盈利能力较强,能够促进科技成果向商业化和产业化转变,能够有效地促进现代制造业发展和产业升级。

技术型创新创业受关注的原因主要是技术型创新看似风险高,但有专利技术在手,风险相对可控。如果创业失败,可通过技术转让、专利许可等方式获益,或二次创业。在投资人越来越趋于理性的情况下,技术型创新正受到推崇。基于互联网的技术型创业模式,一方面可以充分发挥创业者学到的知识,另一方面,在创业初期也不需要大量的资源和资金,也适合于初次创业。

【例 6-7】 创新先锋"技术立业"

随着百度、腾讯等互联网巨头强势崛起,商业模式创新空间逐渐缩小,前沿科技创新和垂直细分领域创新正成为新的创业"主力军"。

人工智能是科技领域的热点。2016 年,章桦成立了"连心医疗",专注于肿瘤放疗数据管理、分析及平台搭建,辅助医生提供精确、智能、高效的个性化临床放疗方案。连心医疗将人工智能技术具体应用在医学上,通过人工智能算法帮助医生实现肿瘤治疗的自动靶区勾画,将原来需要 3~4 小时的工作量压缩到 20~30 分钟完成,提高了放射治疗的工作效率。

在"北京创新创业大赛季 2017 总决赛"中,共有 3400 个项目参与比拼,涵盖人工智能、新材料、智能制造等多个前沿领域。最终进入总决赛的 24 支队伍中,不无"硬实力",如新能源汽车无线充电项目、抗抑郁新药项目等。以科技创新为发动机的企业核心竞争力正在成为未来企业能否在商海沉浮中赢得胜利的关键因素。未来将更注重推动硬科技创业,加强原始创新和核心技术突破,带动双创从商业模式创新为主的软创业向以智能硬件为代表的硬创业拓展。

2. 服务型模式

随着社会经济的发展,服务业在社会生活中占据越来越重要的地位。相对于普通服务业来说,智力服务业逐渐兴起,越来越多的创业者选择在智力含量较高的服务业进行创业。

随着互联网的高速发展,大数据、云计算已经成为信息时代的重要特征,培养互联网思维,打破传统商业模式受到的时空上的束缚,是促进传统行业改造升级,催生新业态的重要途径和方式。互联网思维下的创业模式主要包含免费模式、聚化模式、平台模式、微化模式、共生模式等模式,创业者通过互联网模式进行创业也成为最佳选择。

【例 6-8】 颠覆下一个商业时代的定制链

这是一个不断被颠覆的时代,服务业的兴起颠覆了纯粹的交易与产品的本身价值,电商的兴起颠覆了零售的运行链条,而定制链的兴起将颠覆供过于求的不景气市场。随着个性化时代来临,定制链不仅是趋势,更是商机。

19岁那年,苏超超和同学穿着个性T恤衫出游时,他突然看到了定制的商机,萌生了创业的想法。有需求就会有商机,当人们越来越倾向于展现个性,当人们越来越想让产品符合自己的想法与要求时,定制链的商机也应运而生。

作为"由米"定制链创始人,苏超超靠定制链两轮融资后掀起了一轮让人耳目一新的创业热潮,所研发的定制链系统,突破了传统的私人定制实体店模式,可以同时给无数分销商使用,对每个分销商而言都拥有定制链的所有功能。第一步:当有订单时,只需跟客户沟通,了解预算、款式要求、设计需求等基本信息,然后通过定制链下达给客服和设计师,他们会在第一时间接单服务。第二步:填写好订单表,点击下单。第三步:实时跟踪订单,查询产品的快递信息。准确快速地给客户提供最优质的服装。定制链在完成SAAS系统的功能助推销售额不断攀升后,与所有顶层供应商和大型销售商签订了定制链合作协议,保证了供应优势和销售方法的迭代速度。

2017年,苏超超和他的团队创立的定制链已经在全国范围服务千余家销售商,6天内就有23个商家使用定制链总值超2亿元。

3. 资本型模式

资本型的创业模式需要有一定的启动资金。资本型的创业模式需要的创业资金,通常从下列途径来获取:一是利用家族自筹资金,给创业者带来的压力较少。二是寻找合伙人。创业者可以通过合资、入股的方式说服他人参与投资项目,吸收合伙人资金。三是通过借贷。金融机构为初创企业在贷款手续、利息、税收等方面提供了方便和优惠。四是通过资金加盟连锁企业。一方面,可以少走弯路,客户对品牌知晓度高,可以减少创业前期的探索过程,同时也减少品牌推广的费用。另一方面,可以借助连锁企业的成熟公司制度、服务和培训过程来填补自己对市场认识、市场分析、经营方式、财务分析、市场细分以及经验等方面的空白。

二、创业项目需求分析

为推进大众创业万众创新,有关部门通过中国创新创业大赛和全国大众创业万众创新活动周这些活动搭建实现梦想的舞台,聚集资金、技术、人才等创业资源,汇集投资、创业导师、技术转移等服务,培育创新创业文化。创业者参与这些活动,可展示并推介自己的创业项目,借力于众创空间→创业苗圃→创业孵化器→创业加速器构成的创业孵化服务链条,以及其他各种类型的创业服务机构,争取财政资金和社会资本的支持。

（一）市场需求

当创业项目要开发一种新产品或向新的市场扩展时，首先就要进行市场预测。市场预测首先要对需求进行预测：市场对这种产品的需求，需求程度可以给项目带来所期望的利益，新的市场规模。需求发展的未来趋向及其状态，影响需求的因素。其次，市场预测还要包括对市场竞争的情况项目所面对的竞争格局进行分析：市场主要的竞争者，有利于本项目产品的市场空当，本项目预计的市场占有率，本项目进入市场会引起的竞争者反应，等等。

【例6-9】 美篇如何找到中老年的需求

在互联网行业开始关注少年的时候，美篇抓住了中老年用户的需求，活得有滋有味。美篇的核心用户是30～60岁的中老年人，成立仅2年时间，注册用户就超过5400万人，月独立访客1.5亿人次。

美篇的创始人兼CEO汤祺曾经在华为研发部门工作8年多，工作的第5年就有了自主创业的想法。创业的动力来自父亲的一个难题。汤祺的父亲是一个摄影爱好者，在一次出游后拍摄了很多张照片。他希望将照片发出去，但受限于微信9张图，又不想刷屏，左右为难下找到了懂技术的儿子。汤祺在应用市场试用了几款照片分享、图文创作的app，但操作烦琐，对中老年人极不友好。他决定自己给父亲写一个app。几天之后，一个可以拖入许多张图片，并且插文的demo诞生，父亲试用之后表示满意。汤祺将这款demo放到华为的内部论坛，做了一次小小的推广，一周收获了几百个种子用户。

结合用户属性，不难发现原因：用文字和图片表达情感，交流互动，更符合中老年用户的习惯和需求。美篇的创作需要图片素材和插文，门槛比朋友圈要高，时间投入也比朋友圈更多，而中老年人有更多的空闲时间，因此自然吸引了大批中老年用户。

（二）竞争优势

在众多的创业项目问题中，产品缺乏核心竞争力、核心技术，成为创业者项目失败的最主要原因，其占比超过83%。

竞争优势就是相较于竞争对手拥有的可持续性优势：优势资源、先进的运作模式、更适合市场需求的产品和服务。通过上述某个或多个领域相互作用形成优于对手的核心竞争力。

项目的优势资源包括社会资源、人力资源、财力资源等。运作模式包括管理、商业模式、创新力等。产品和服务包括高价值、优势价格、独特性等。项目的创新点、创新程度、创新难度，项目产品（服务）的主要技术性能指标与国内、国外同类产品先进技术指标的比较。

【例6-10】 中医家传秘方的竞争优势

可以挂在婴儿床边的药草香囊，使用鼠标时垫的中药腕枕，用微波炉加热就能用的热敷包……这些颇具现代生活气息中药制品的核心技术，都来自于翟科母亲交给他的一张"家传秘方"。翟科出生在传统中医世家，行医半生的母亲，用祖传的草本保健方子为老年患者治疗颈肩腰痛，疗效好，很受患者追捧，并将祖传草药方子申请了专利。

翟科学的是企业管理，毕业后做过广告、婚庆等行当，偏偏对家传的中医技巧不感兴趣。怎样才能拥有自己的核心优势？翟科四处寻找新的创业项目。他偶然发现小区中医理疗店生意十分红火。自己家就有一张家传的中医药方，不就是自己寻找的核心优势吗？

翟科还进入武昌一所大型中医医院骨伤科实习。他学会了医院规范的问诊、检查流程,并应用到自家店中。

翟科的创业项目成为武汉市专利创业孵化链的首批支持项目。传统的中药方子变身设计精美的时尚礼品,与电商合作上网销售。他还打算将货品进超市,让客户像挑选日用品一样购买中药保健品。

(三)产品定位

产品定位需要描述创业项目的产品(服务)及其特色,为客户产生的价值,与竞争者相比的优势,创业者可以向客户提供的产品(服务)。

产品、技术或服务能否以及在多大程度上解决现实生活中的问题,或者产品(服务)能否帮助客户节约开支,增加收入。通常,产品介绍应包括以下内容:产品的概念、性能及特性,主要产品介绍,产品的市场竞争力,产品的研究和开发过程,发展新产品的计划和成本分析。

在产品(服务)介绍部分,要对产品(服务)做出详细的说明,说明要准确,也要通俗易懂,使非专业的投资者也能明白。一般地,产品定位必须回答以下问题:

(1)客户希望项目能解决什么问题,客户能从项目中获得什么好处?

(2)项目与竞争对手的产品相比有哪些优缺点,客户为什么会选择本项目的产品?

(3)自己的产品采取了何种保护措施,项目拥有哪些专利、许可证,或与已申请专利的厂家达成了哪些协议?

(4)为什么项目的定价可以使项目产生足够的利润,为什么用户会大批量地购买的某种产品?

(5)项目采用何种方式去改进产品的质量、性能,项目对发展新产品有哪些计划,等等。

【例6-11】 鲜花市场的商机

随着生活水平的不断提高,居民消费意识逐渐增强,更注重精神型、享受型消费。而鲜花作为一种情感消费的载体是永不过时的情感表达方式,其中也蕴藏着很大的商机。

随着鲜花市场的个性化需求不断扩大,刻字玫瑰打破了以往玫瑰原有的含义的限制,是对玫瑰的含义的更大补充,它是令人惊奇的礼物!它是有深刻寓意的玫瑰。

玫瑰刻字机(说话玫瑰),店家可以应客户的要求,在情人节、生日、结婚、商业促销等礼仪活动时用印字鲜花给他们一个意外的惊喜。刻字玫瑰机采用特殊的技术使购花者在花瓣表面表现他的无限创意,使每一枝玫瑰具有鲜活的个性,在鲜花花瓣表面制作精美的文字图案、商标、肖像等,使一枝普通的玫瑰花变成可传递信息的广告媒体。

(四)市场营销

市场首先需要界定目标市场在哪里,是既有的市场既有的客户,还是在新的市场开发新客户。不同的市场不同的客户都有不同的营销方式。在确定目标之后,决定怎样上市、促销、定价等,并且做好预算。

营销是经营中富有挑战性的环节,影响营销策略的主要因素有:①客户的特点;②产品的特性;③企业自身的状况;④市场环境方面的因素。最终影响营销策略的则是营销成本和营销效益因素。

营销策略应包括以下内容:①市场机构和营销渠道的选择;②营销队伍和管理;③促

销计划和广告策略;④价格决策。

对创业项目来说,由于产品和企业的知名度低,很难进入其他企业已经稳定的销售渠道中去。因此,企业不得不暂时采取高成本低效益的营销战略,如上门推销,大打商品广告,向批发商和零售商让利,或交给任何愿意经销的企业销售。

【例 6-12】 罗辑思维续讲商业故事

"罗辑思维"是一个读书、品书、传播知识和思想的脱口秀节目。由于节目很受欢迎,主讲人罗振宇团队萌生了在自己的微信公众号上售书的想法。他们与出版社合作,签订独家版权协议,享有短则几个月、长则三五年的独家发售权,然后出版社才能公开发行。这样一家书店,涉足生产、销售、传播等产业链的多个环节。

一是粉丝经济。与普通追星族不同,"罗粉"们普遍年龄更大、学历更高,具有良好的阅读基础与思考能力,他们愿意为了扩大传播书中的理念而买单。

二是定位准确。时下网络书商、出版业的利润被压得很低,创作者无法获得合理的回报,于是好书越来越少。"罗辑思维"反其道而行之,从一开始就将用户定位于真正爱书、追求品质的人。

三是价值筛选。图书终究还是"内容为王"。在市场图书数量巨大、质量参差的情况下,"罗辑思维"充当了过滤器的角色,将最适合特定读者群胃口的、对其最有价值的书筛选了出来。

四是,也是最核心的在于独到解读。偏学术化的书籍读者容易敬而远之。"罗辑思维"让更多人在走出大学校门之后重拾"深阅读"的习惯,同时让写书人得到更好的支持,有条件和动力去创作出更好作品,从而将图书行业导向良性循环。通过持续创造有价值的内容,运营粉丝圈子销售产品,以优质原创内容输出更加能够获得客户的认可,这是为提升用户体验的必然趋势。

(五)财务规划

财务规划需要花费较多的精力做具体细致的分析,其中就包括现金流量表、资产负债表以及损益表的制备。流动资金是企业的生命线,因此企业在初创或扩张时,对流动资金需要有预先周详的计划和进行过程中的严格控制;损益表反映的是企业的盈利状况,它是企业在一段时间运作后的经营结果;资产负债表则反映在某一时刻的企业状况,投资者可以用资产负债表中的数据得到的比率指标来衡量企业的经营状况以及可能的投资回报率。

财务规划一般要包括以下内容:①条件假设;②预计的资产负债表,预计的损益表,现金收支分析,资金的来源和使用。

要完成财务规划,必须明确下列问题:①产品在每个周期出货量有多少?②什么时候开始产品线扩张?③每件产品的生产费用是多少?④每件产品的定价是多少?⑤使用什么分销渠道,所预期的成本和利润是多少?⑥需要雇佣哪几种类型的人?⑦雇佣何时开始,工资预算是多少?等等。

思考题

1. 创业项目商业模式有什么特点?
2. 创业项目需求分析包括哪些部分?

第三节 商业模式设计

企业在不同发展阶段,其对于商业模式的需求是不同的。初创企业最重要的是在创业前一定先设计好商业模式。由于创业冲动,许多创业者只考虑投资创业的两大要素:资金和业务。至于有了资金又有了业务怎么能够成功地赚取更多的钱,往往分析不够。

成长期的企业一般已经初步形成了自己的商业模式,许多企业由于找不到突破口,长期徘徊在一定的销售规模,甚至出现亏损、创业失败。这期间的企业最重要的就是将商业模式创新作为突破口。

成熟期的企业商业模式比较成熟,但因为已有的成功容易犯下墨守成规和盲目自大的错误。在这个阶段,最重要的就是完善原有的商业模式的细节和操作。

一、商业模式设计原则

一个成功的商业模式不一定是在技术上的突破,可以是对某一个环节的革新,或是对原有模式的重组创新,甚至是对整个规则的颠覆。

(一)客户价值最大化原则

一个商业模式能否持续盈利,与该模式能否使客户价值最大化有必然关系。一个不能满足客户价值的商业模式,即使盈利也一定是暂时的,是不能持续的。反之,一个能使客户价值最大化的商业模式,即使暂时不盈利,但终究会走向盈利。所以应把客户价值的实现、满足当作企业始终追求的主观目标。

(二)持续盈利原则

企业能否持续盈利是判断其商业模式是否成功的唯一的外在标准。因此,在设计商业模式时,盈利和如何盈利也就自然成为重要的原则。持续盈利是指既要"盈利",又要有发展后劲,具有可持续性,而不是一时的偶然盈利。

【例6-13】"海澜之家":男人的衣柜

价值主张:专业的男士品牌服装服饰提供商,实现服装、营销、服务和连锁品牌统一。

模式核心:①定位于男士服装品牌,为成年男士提供从西服、休闲西服、夹克到围巾、袜子完整的服装、服饰系列,使"海澜之家"成为"男人的衣柜"。②通过投资从研发到生产的各个环节,形成完整的服装产业链。在降低成本和控制品质的基础上让利于民,创立"高品位、中价位"的营销品牌。③针对男性购衣特点,"海澜之家"提供"无干扰、自选式"的服务,提供独特而又周到的服务。④标准化经营,统一连锁店的形象、价格、管理、采购、配送、装修、招聘、培训与结算,实现品牌连锁化。

在中国服装市场上,有轻资产运作著称的PPG、凡客等后起之秀,也有像海澜之家一样掌握整个服装产业链的老牌劲旅,如杉杉、雅戈尔等。与这些竞争对手相比,"海澜之家"的服装品牌不能与杉杉、雅戈尔这样国内服装巨头相抗衡,而基于在已有产业投资的基础上,"海澜之家"也不能走轻资产运作之路。

在市场受到前后夹击的背景下,创立不久的"海澜之家"没有选择价格战,而是通过起点高、立意新的品牌运作使"海澜之家"品牌避免在"红海"中竞争。"海澜之家"成功的背后,关键在于独辟蹊径的围绕男士服装这个缝隙市场,精耕细作,提供高品质、高性价比的成年男性所需的所有服装，简而言之，就是在一个细分市场上提供完整的产品系列，使"海澜之家"这个品牌的知名度、影响力与日俱增，成为"男人的衣柜"。

（三）资源整合原则

整合就是优化资源配置。在战略思维层面上，资源整合是系统的思维方式，通过组织协调，可以将企业内部彼此相关但却分离的职能，将企业外部的合作伙伴整合成一个为客户服务的系统，取得 1＋1＞2 效果。

在战术选择层面上，资源整合是优化配置的决策，根据企业的发展战略和市场需求对有关的资源进行重新配置，以凸显企业的核心竞争力，并寻求资源配置与客户需求的最佳结合点，目的是要通过组织制度安排和管理运作协调来增强企业的竞争优势，提高客户服务水平。

（四）创新原则

商业模式的创新形式贯穿于企业经营的整个过程之中，贯穿于企业资源开发研发模式、制造方式、营销体系、市场流通等各个环节，也就是说，在企业经营的每一个环节上的创新都可能变成一种成功的商业模式。

【例 6-14】 南锣鼓巷从商业街走向商业生态圈的创新

在北京南锣鼓巷，随处可见的都是独树一帜、别具一格的个性主题店铺。每间店铺都有自己特定的主题和基调。他们找准了南锣鼓巷消费群体的定位，秉承着独特的经营方式和超前理念，完成了从传统商业街区向商业时代化的完美转型。

从商业走向文化的新时代——胡同文化节。一年一度的胡同文化节是融合老北京市井风情和民俗曲艺为一体的节日，在这里，游客可以欣赏老北京服饰艺术，聆听响器叫卖，观看民间杂耍，使人仿佛置身当年商贸文化盛景之中。利用文化节吸引游客刺激消费，实现文化与商业的成功结合。

生态经营的商业链条完整。南锣鼓巷传统的文化气息吸引客户，客户吸引商家来这里落户，商家又吸引客户购买，这就形成了一个很好的商业生态圈。通过叠加，使盈利与非盈利有机结合，比如参观街巷、胡同可以不挣钱，但同时又通过商铺的商品来挣钱，几个环节的组合，来完成整个商业链条的生存问题，就平衡地维持着整个商业环境的生存环境。

商业与文化聚集区赢得战略制高点。南锣鼓巷作为现在来京的必游之地，能汇聚大量游客的核心就在于它突出地展现了极具老北京特色的文化，这种商业与文化的融合赢得了战略制高点，从而形成独特魅力。

（五）组织管理高效率原则

高效率是每个企业管理者追求的目标。用经济学衡量，决定企业是否有盈利能力的是效率。按现代管理学理论，一个企业要想高效率地运行，首先要解决的是企业的愿景、使命和核心价值观，这是企业生存、成长的动力，也是员工保持高绩效的理由。其次是要有一套科学实用的运营和管理系统，解决系统协同、计划、组织和约束问题。最后还要有科学的奖励激励机制，解决如何让员工分享企业的成长果实的问题，也就是向心力的问题。只有将这三个主要问题解决好了，企业的管理才能实现高效率。

（六）风险控制原则

设计得再好的商业模式，如果抵御风险的能力很差，就会像在沙丘上建立的大厦一样,经不起任何风浪。这个风险既指系统外的风险,如政策、法律和行业风险,也指系统内的风险,如产品的变化、人员的变更、资金的不继等。

例如,爱立信手机生产由于研发时没有选择更多供应商,重要芯片全都由飞利浦美国新墨西哥州工厂生产,2000年3月该工厂发生火灾,导致爱立信手机至少半年不能出货,最后爱立信被迫宣布退出手机市场,之后重新与索尼合资成立索尼爱立信公司。

(七)融资有效性原则

融资模式的打造对企业有着特殊的意义,尤其是对中小企业来说更是如此。企业生存、发展、快速成长都需要资金。资金已经成为所有企业发展中绕不开的障碍和很难突破的瓶颈。谁能解决资金问题,谁就赢得了企业发展的先机,也就掌握了市场的主动权。

二、商业模式画布

商业模式画布是一种关于企业商业模式的构想,能让全员看到同一幅画面,憧憬同一个愿景,直观、简单、可操作。在创业项目中,商业模式画布起到了健全商业模式、将商业模式可视化及寻找已有商业模式漏洞的作用,可减少决策失误带来的损失。商业模式画布常被用于设立创业项目或打造与众不同的商业模式。商业模式画布如图6-3所示。

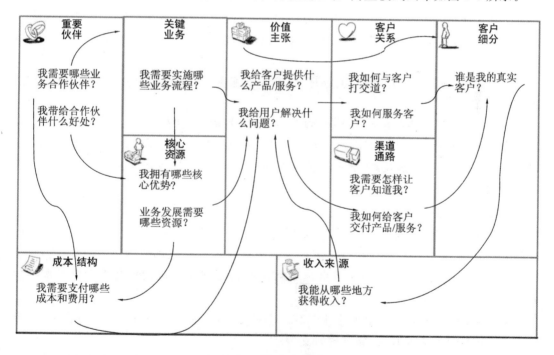

图 6-3 商业模式画布

商业模式画布是会议和头脑风暴的工具,它通常由一面大黑板或一面墙来呈现。商业模式画布图总共分为9个模块,它们的顺序依次为:客户细分、价值主张、渠道通路、客户关系、收入来源、核心资源、关键业务、重要伙伴、成本结构。

商业模式画布的优点在于让讨论商业模式的会议变得高效率、可执行,同时产生不止一套的方案。优秀的方案确定下来,同时还会产生很多备选方案用来应对变化。

(一)客户细分(customers)

客户细分指的是企业最想或最可能服务或接触的群体或组织。客户细分时必须搞清楚:一是正在或准备为谁创造价值或提供服务;二是这些群体中谁是最重要的客户。客户细分的主要依据是需要提供不同的产品或服务,客户群体需要通过不同的分销渠道来获得产品或服务。

例如,"如家快捷酒店"的客户定位在中小企业商务人士、休闲及自助游客,150元至300元之间的经济型客房具有极大的吸引力。由于快速地加盟、复制、扩张,如家快捷酒店及时占据了区位优势。在经济型连锁酒店领域,也出现了更为细分的市场,如莫泰268、汉庭,瞄准了比如家略高一个档次的市场。

又如,"享客中国"将目标用户群体定位于在校生和初入职场的上班族,推出新潮时尚的优质产品。采取分享式购物的交易模式,满足了消费者花"小钱"办"大事"的消费心理。购物和集体娱乐结合在一起,迎合了年轻人的购物需求和娱乐心理。

(二)价值主张(value provided)

价值主张指的是企业为特定客户细分创造价值的系列产品和服务,这些价值既可以是定量的,如价格、服务标准、培训等,也可以是定性的,如设计、客户体验等。

价值主张必须回答:一是向客户传递什么样的核心价值;二是能够帮助客户解决哪一类难题;三是能够满足客户哪些需求;四是能够提供给客户细分群体哪些系列产品和服务。

设计价值主张时必须考虑的关键环节:产品或服务,客户痛点解决方案,客户收益创造方案。

例如,"双11"期间各大电商平台都不约而同地新增了"网红+直播+电商"模式,战果不菲。新一代的网红,基本等同于生活方式的传播者,包括时尚、健身、宠物、美食、旅行,等等。引入网红直播之后,刺激了大量年轻用户群的消费,这也是网红电商受到追捧的关键因素。

(三)渠道通路(channels)

渠道通路指的是企业通过谁来沟通,接触其细分客户而传递价值主张的。渠道设计解决五个问题:通过哪些渠道可以接触细分的客户群体?现在如何接触他们?是否有多个渠道并进行有效整合?哪些渠道最容易和客户的需求进行融合?哪些渠道成本收益最好?

渠道通路帮助提升公司价值主张在客户中的认知,帮助客户评估公司的价值主张,协助客户识别购买产品或服务,提供售后支持。

例如,"上海多利农庄"采用有机农业+电子商务+会员制的形式,利用互联网自建电子商务和部分物流渠道。有机蔬菜自田间收获后,绕开供应链中经纪人、各级代理、零售商等环节,压缩中间环节直达餐桌。

(四)客户关系(customer relationships)

客户关系指的是企业与特定客户细分群体建立的关系类型。建立良好的客户关系需思考四个问题:每个客户细分群体希望与之建立和保持何种关系?哪些关系已经建立?这些关系成本如何?如何将他们与商业模式的其他部门进行整合?

常见客户关系的类型:简单的买卖型,战略合作型,线上线下互动型,社区型,合资(合伙)型。

如大数据驱动的智能全渠道全触点营销模式,以消费者为全程关注点,化线性单向营销思维为立体营销思维,让客户的用户画像更完善和准确,让营销更能打动人心。实现全链路、全媒体、全数据、全渠道的营销,也为企业产品研发、销售策略、售后服务等提供决策依据,提高商业效率和营销精准度。

(五)收入来源(revenue)

收入来源指企业从客户群体中获取的现金收益,设计收入来源必须考虑的五个问题:什么样的价值能让客户愿意付费?他们现在付费买什么?他们是如何支付费用的?他们为何更愿意支付费用?每种收入来源占总收入的比例是多少,持续性如何?

收入来源有:通过客户一次性付费获得的交易收入,来自客户为获得价值主张而持续支付的费用。

例如,"快书包"满足城市客户对"快速"的需求,一反众多电子商务的"综合化模式",关注"窄需求",缩短供应链,将城市整体物流配送的能力化整为零,划分为1小时可送达的配送区域。盈利模式主要是通过商品的差价挣钱。快书包日均订单量为200左右,1个月的流水可以达到10万~20万,图书行业的毛利在15%~20%。

(六)核心资源(key resources)

核心资源指用来描述商业模式有效运转所必需的重要因素。核心资源包括实体资产、知识产权、人力资源、金融资产。一般情况下,不同的商业模式所需的核心资源不同。

确定核心资源必须考虑三个问题:企业价值主张需要什么样的核心资源?企业渠道通路需要什么样的核心资源?企业客户关系和收入来源需要什么样的核心资源?

例如,"云南白药"将白药配方添加到"成熟产品"中,让云南白药神奇疗效在充分竞争的产品市场发挥新效应。形成"两翼产品"系列(云南白药膏、白药创可贴、药妆产品、白药牙膏),在充分竞争的市场中重新展现了自身独特的资源价值。而在竞争策略上,则秉承"以强制强"的策略,将自己的优势与全球领先技术结合,达到共同创新产品,开拓新市场的目标。

(七)关键业务(key activities)

关键业务指用来确保商业模式正常运行,企业必须做的最重要的事情。关键业务包括生产产品(生产养殖产品,给客户提供自然造物的业态)、制造产品(制造一定数量或一定质量的产品供应给客户)、专业服务(为单一个体或群体提供专业的问题解决方案,如企业咨询、外卖服务等)、中介服务(以个体企业或平台为核心资源的商业模式,关键业务与服务内容和平台属性相关,如网络服务、交易服务)等。

设计关键业务需思考:企业的价值主张需要哪些关键业务?企业的渠道通路需要哪些关键业务?企业的客户关系和收入来源需要哪些关键业务?

例如,小米的关键业务是经典的"铁人三项"——硬件、软件、服务。硬件包括手机及其周边产品(如平板、移动电源、电视、机顶盒、路由器、手环等);软件包括MIUI系统以及一些小米应用;提供的服务主要是互联网相关服务,如小米云服务、MIUI社区、娱乐等。

又如,菜鸟驿站作为面向社区和校园的物流服务网络平台,为网购用户提供包裹代收服务,致力于为消费者提供多元化的最后一公里服务。菜鸟驿站采取划片经营的社区管理模式,有明确的目标人群,对目标人群比其他非菜鸟驿站运营模式的同业竞争者有地理上的优势。

(八)重要伙伴(key partners)

重要伙伴指用来描述行业模式有效运作所需的供应商与合作伙伴的网络。典型的合作关系类型包括非竞争者之间的战略联盟关系,竞争者之间的战略合作关系,为开发新业务而构建的伙伴关系,为确保可靠供应的供应商——购买方之间的关系。

考虑重要伙伴时必须回答三个问题:谁是我们的合作伙伴?我们能够从合作伙伴那里获取哪些核心资源?合作伙伴都执行哪些关键业务?

例如,波音787客机可以说是全世界外包生产程度最高的机型。波音公司只负责最后组装,其余的工序由遍布于全球的40个重要合作伙伴完成:飞机机翼由日本三菱重工生产,起落架由法国赛峰集团生产,发动机则由通用电气或英国罗尔斯·罗伊斯公司提供。至于其数以万计的零部件,则由韩国、墨西哥、南非等国的公司完成。

(九)成本结构(costs)

成本结构指运营一个商业模式所引发等各种费用的总和。成本结构包括固定成本、可变成本、规模经济、范围经济。成本结构类型包括成本驱动型、价值驱动型。

设计成本结构时必须回答:什么是企业商业模式中最重要的固有成本?哪些核心资源花费最多?哪些关键业务花费最多?

例如,互联网行业最为流行的免费商业模式,不可避免地冲击了很多产业,尤其是媒体等。支付手段的成熟、用户付费习惯的日渐成形,再加上付费模式带来优质内容,互联网正在经历从免费到付费的演变。现在包括视频网站在内的诸多媒体,开始拓展收费业务。从打赏到分答,给了我们一个很好的启示:原来我们还可以设计出一种机制,让消费者自愿买单。

一个完整的商业模式设计必须考虑以上九个环节,每一个环节都至关重要。在设计商业模式做到:专业、聚焦、差异化、强检验。专业就是一定要秉承专业化路线,聚焦就是往小里做,做"小而美"的企业。差异化就是要做别人不能做的事情,确定自己的独特定位。强检验则指只有为客户创造立竿见影、可以衡量的价值,才有可能给企业带来利润。

商业模式画布操作步骤如下。

(1) 在一个大房间里,按照以上的顺序依次在9个板块里填写内容——最好是以便笺纸的形式,每张纸上只写一个点,直到每个板块拥有大量可选答案。然后,摘掉欠佳的便笺纸,留下最好的答案,最后按顺序让这些便笺纸上的内容互相产生联系,就能形成一套或多套商业模式。

(2) 人数。2~6人。较好的做法是个人先做好收集资料等准备工作,独立构思并描绘出各自的想法。为了将个人的想法与某个组织现有的或是即将出现的商业模式联系起来,应该和其他人一起共同工作。参与者的背景差异越大,描述出来的商业模式越精确。

(3) 时间。个人单独的工作时间需要15分钟,构建某个企业组织的新商业模式需要2~4小时,开发未来的商业模式或是开发刚刚起步的商业模式需要多达两天的时间。

(4) 规则。最好的方式就是让大家在墙上的挂图纸上将它画出来。打印一副放大后的画板或是在墙上画一个画板,将要讨论的条目列在上面。

阅读材料　客户如何细分

客户细分是商业模式设计或创新中的一个相当重要的环节,是企业根据客户的属性、行为、需求、偏好以及价值等因素对客户进行分类,并提供有针对性的产品、服务和销售模式。客户都有谁?他们都有什么核心需求?哪些客户需求是当下可以满足的?这些客户中哪些是重点客户?哪些是潜在客户?这些是我们必须仔细思考的问题。

(1) 客户细分的方法。

①客户特征细分。一般客户的需求主要是由其社会和经济背景决定的,因此对客户的特征细分,也即是对其社会和经济背景所关联的要素进行细分。这些要素包括地理(如居住地、区域规模等)、社会(如年龄范围、性别、经济收入、工作行业、职位、受教育程度、家庭成员数量等)、心理(如个性、生活状态等)和消费行为(如置业情况、购买动机类型、品牌忠诚度、对产品的态度等)要素。

②客户价值区间细分。不同客户给企业带来的价值并不相同,部分客户可以连续不断地为企业创造价值和利益,因此企业需要为不同客户创造不同的价值。在经过基本特征的细分之后,需要对客户进行高价值到低价值的区间分隔(如大客户、重要客户、普通客户、小客户等),根据20%的客户为项目带来80%的利润的原则重点锁定高价值客户。客户价值区间的变量包括客户响应力、客户销售收入、客户利润贡献、忠诚度、成交量,等等。

③客户共同需求细分。围绕客户细分和客户价值区隔,选定最有价值的客户细分作为目标客户细分,提炼它们的共同需求,以客户需求为导向精确定义企业的业务流程,为每个细分的客户市场提供差异化的营销组合。

(2) 客户细分的方式。

①外在属性。如客户的地域分布,客户的组织归属——企业用户、个人用户、政府用户等。通常,这种分层最简单、直观,数据也很容易得到。但这种分类比较粗放,我们依然不知道在每一个客户层面,谁是"好"客户,谁是"差"客户。我们能知道的只是某一类客户(如大企业客户)较之另一类客户(如政府客户)可能消费能力更强。

②内在属性。内在属性行为客户的内在因素所决定的属性,如性别、年龄、爱好、收入、家庭成员数、信用度、性格、价值取向等。

③消费行为分类。在不少行业对消费行为的分析主要从三个方面考虑,即最近消费、消费频率与消费额。但并不是每个行业都能适用。例如,在通信行业,对客户分类主要依据这样一些变量:话费量、使用行为特征、付款记录、信用记录、维护行为、注册行为等。

按照消费行为来分类通常只适用于现有客户,对于潜在客户,由于消费行为还没有开始,当然分层无从谈起。即使对于现有客户,消费行为分类也只能满足企业客户分层的特定目的,如奖励贡献多的客户。至于找出客户中的特点为市场营销活动找到确定对策,则要做更多的数据分析工作。

思考题

1. 根据商业模式的要素,分析一个你所了解的商业模式创新案例。
2. 请选择一个拟创业的项目,尝试如何细分客户。

创新思维——技法·TRIZ·专利实务

第四节 商业模式创新

商业模式创新可以改变整个行业格局,让市场重新洗牌。商业模式的创新比产品创新和服务创新更为重要,因为它涉及整个公司的价值创造系统。正如时代华纳前首席执行官迈克尔·邓恩所说:"相对于商业模式而言,高技术反倒是次要的。在经营企业的过程当中,商业模式比高技术更重要,因为前者是企业能够立足的先决条件。"真正的变革绝不局限于伟大的技术发明及其商业化,它们的成功在于将新技术和恰到好处的新商业模式相结合。

商业模式创新要求企业在客户价值主张、运营模式、盈利模式、营销模式等多个环节上实现新的突破,最终对商业模式构成要素进行系统性变革。企业可通过商业模式创新来构建竞争优势。

【例 6-15】 德国免费公厕一年赚 3 亿

公厕又脏又臭的活,很多人给钱都不愿意干。但在一位德国生意人眼中却是一个难得的发财机会,他是怎样做的呢?

在德国,任何个人和企业都有权经营公共厕所。德国政府规定,城市繁华地段每隔 500 米应有 1 座公厕,一般道路每隔 1000 米应建 1 座公厕,其他地区每平方千米要有 2~3 座公厕,整座城市拥有公厕率应为每 500~1000 人 1 座。

经营厕所能挣钱吗?肯定很难挣钱。而德国被称为"茅厕大王"的汉斯·瓦尔却向政府承诺免费提供,一举拿下了柏林市所有公共厕所的经营权。当时,大家都认为瓦尔公司疯了。他们算了一笔账,即使按照每人每次收费 0.5 欧元的高价格计算,一年仅柏林一个城市就得损失 100 万欧元。

既然是企业,肯定以赚钱为第一目标,他们最大的收入来源是广告。他们不单在厕所外墙做广告,还将内部的摆设和墙体作为广告载体。考虑到德国人上厕所时有阅读的习惯,他们甚至将文学作品与创意广告印在手纸上。国际一线大牌香奈儿、欧莱雅、苹果、诺基亚等都在这里做过广告。目前,广告收入是瓦尔公司最大的盈利点。

另外,他们与周边的餐饮合作,人们上完厕所后还能获得一些赠餐券,餐厅会返利给他们。他们还在厕所内安置了公用电话,然后从通信运营商获取一定的提成。提供付费服务:他们修建一些高档厕所,提供付费服务,诸如个人护理、婴儿尿布、擦拭皮鞋、后背按摩、听音乐等服务。就这样,瓦尔公司依靠这种广告收入和服务为主的商业模式,一年就能盈利几千万欧元。

一、商业模式创新的特征

商业模式创新是一个系统工程,其难度也要比单一功能的创新难得多。商业模式为企业盈利的途径和方法,商业模式创新不仅是企业技术方向和路线的选择,更涉及企业组织、文化、资源配置的全方位、深层次革命,是企业发展战略的顶层设计。

(一)客户价值最大化是商业模式创新核心目标

商业模式创新是由传统的占领市场转向占领客户,以客户为中心,从客户的需求出发,为客户创造最大化的价值。

每一次商业模式的创新都能给企业带来一定时间内的竞争优势,但是随着时间的变化,企业必须不断地重新思考它的商业设计。随着消费者价值取向的转移,企业必须不断创新它们的商业模式。一个企业的成败与否最终取决于它的商业设计是否符合了客户需求。

例如,戴尔公司采取"消除中间人"的直销模式,通过电话和互联网络与客户沟通,直接与客户建立关系,生产出满足客户需要的产品。新的商业模式不仅为客户提供更低的价格、更好的服务和最大化的价值,也使戴尔不必在经销商和库存品上额外花钱,拥有了成本和价格优势。

【例 6-16】 小设计帮中国"非洲手机之王"制胜

提到国产手机在海外市场表现出色者,很多人都会首先想到华为、OPPO 等品牌。但是在 2016 年的非洲市场,深圳一家名不见经传的手机生产商"传音",手机出货量超过 8000 万部,其旗下的手机品牌 TECNO、itel、Infinix,占据了非洲 40% 的手机市场,在撒哈拉以南的非洲更是家喻户晓,成为当之无愧的中国"非洲手机之王"。而其成功的秘密在于让黑人也能玩自拍!

人人都爱自拍,非洲人也不例外。由于大部分手机拍摄都通过面部进行识别,肤色较深的人种很难做到准确识别。传音将手机内建的相机,增加灰阶 10% 至 20%,分得更细而加强测光辨识度,或者是将标准灰阶直接提高 2 阶,增加曝光度,借此能拍摄出黑人更多脸部细节,帮助非洲消费者拍出更满意的照片,比三星更能照出当地人的风采。

传音结合非洲消费者的特点、生活习惯开发手机的新功能。非洲消费者大多有数张 SIM 卡,却没有消费多部手机的能力。传音正是看准了这种需求率先在非洲推出双卡手机,大受欢迎。其新款手机 Boom J8 主打音乐功能,随机赠送了一个定制的头戴式耳机,音乐一打开,它就能调动起让非洲人喜欢的舞蹈气氛。作为专注非洲市场的中国手机生产商,传音凭借其贴近本地需求、迎合非洲消费者偏好的产品策略,成为在非洲叫得最响的中国品牌。

(二)技术创新仍是商业模式创新的基础

新技术或新产品进入市场的初期,价格较高,为了平衡高价格给消费者带来的风险,商业模式创新应运而生,拥有先进的核心技术是商业模式创新的前提。

【例 6-17】 苹果独特之处:技术与营销之间的完美结合

公众对苹果公司的关注点常放在其独特的"硬件+平台+内容"的商业模式上,往往忽略了苹果产品的新技术,其实每一代苹果产品给人们带来完美体验都是依靠技术创新的支撑。

苹果首款 iPhone 第一次采用了电容式触摸屏,支持多点触摸操作,在众多电阻屏手机中无疑是标新立异的。除了人性化的操作方式,还真正关注移动互联网应用体验,内置的 web 浏览器、电子邮件功能都要更为先进。新一代产品支持无线充电,配有 3D 垂直激光系统,激光传感器更好地支持 AR 功能,等等。

苹果产品新技术使苹果产品以高于同类产品的价格销售,并获得了丰厚的利润,也构成了苹果独特的商业模式中最基础的一环。人们选择苹果产品很大程度上是因为它的设计和技术,而坚持使用苹果产品则更多的是因为它的商业模式。

（三）信息网络成为商业模式创新的支撑平台

随着互联网的出现，信息网络的开放性和灵活性为企业选择更多更复杂的运作方式提供了平台条件，由于硬件技术的易扩散性和生产的易模仿性，基于硬件的商业模式不可能长久，基于信息网络平台的商业模式成为企业商业模式创新的主流。信息网络平台将相互独立的产品或服务提供者和用户联系起来，通过全新的商业模式，使产品和服务价值实现了聚变。

例如，亚马逊依托于自己大量的图书"软"资源和信息网络平台，研发了电子阅读器Kindle。Kindle阅读器为消费者带来了低成本阅读和更加具有时效性的图书，为出版商降低了发行成本，增加了资金周转速度和净利润。

【例 6-18】 大数据让"永辉超市"逆境中"破冰"

近年来，O2O(Online to Offline)热潮席卷全国，很多线下零售超市（大润发、家乐福等）都开始建设自有电商平台，以期紧跟时代大潮，挽回销售下滑的被动局面。企业运营效率是衡量当下企业核心竞争力的关键指标，在经营上都应该尽可能地以数据的方式量化，做到快速高效决策。如果专注于核心业务，并在行业内建立优势，抗风险能力会强于多元经营企业。永辉超市在客流大量流失之后，看到过去以模式创新、投资拉动带来的增长空间逐渐缩小，提升运营效率尤其是精细化管理日益重要，于2014年启动了O2O整体战略，其中包括电商平台、CRM平台、ERP平台、精准营销平台以及大数据平台的建设。

永辉与第三方数据公司合作，拟定了大数据分析为本、精准营销辅助落地的策略，打通线上和线下双结合的数据运营模式，明确了客户洞察、营销分析、商品分析、营运分析、预测分析、舆情分析等分析主题，其中涵盖了客人、店铺、商品三大主体。针对百万级的会员资源池，在会员偏好、生命周期、客户价值、活跃度、忠诚度、流失率等方面进行大数据分析，从而提供众多资源画像中的个性化购买建议和促销信息，实现了真正的精准营销。

（四）全产业链共赢是商业模式创新的突出表现

商业模式创新的核心是更好地创造价值，成功的商业模式不仅为客户创造价值，也为产品价值链各环节的产品和服务提供者创造价值。因此，商业模式创新需要建立一个包括为客户提供不同产品和服务的互补企业在内的产业价值链体系，实现覆盖全产业链各环节的企业价值共赢。

例如，苹果公司通过搭建app平台，将手机生产商、消费者、应用程序开发商的价值取向统一起来，产业价值链上的各利益相关者可基于同一个平台最大限度地达到价值共赢。

二、商业模式创新的方法

商业模式创新就是对企业的基本经营方式进行变革。一般而言，有改变收入模式、改变企业模式、改变产业模式和改变技术模式等方法。

（一）改变收入模式

改变企业的用户价值定义和相应的收入模式。这就需要企业从确定用户的新需求入手，从更宏观的层面重新定义用户需求。首先，要深刻理解用户购买你的产品需要完成的任务或要实现的目标是什么。其次，用户要完成一项任务需要的不仅是产品，而是一个解决方案。一旦确认了此解决方案，也就确定了新的产品价值定义，并可依次进行商业模式创新。

【例 6-19】 川航免费接送旅客模式

四川航空公司(以下简称"川航")推出了一个独特的服务,旅客只要购买五折以上价格的机票,就可以免费乘坐川航提供的从机场到成都市区内的出租车。川航发现的客户需求痛点,就是机场到市内的交通问题。

川航最终给出了比较巧妙的解决方案:乘坐川航的旅客免费接送,并成立专业的车队。他们负责购置出租车,并与东风汽车合作,以超低价格(每辆价格 9 万元,当时市场价是 14.8 万)加免费广告的模式,购置 150 辆风行 MPV,川航同时承诺为汽车厂商做广告;另一方面,将所有汽车以 17.8 万的高价出售给司机,虽然车价比市场价贵,但四川航空承诺司机每载一个乘客给予 25 元的提成。司机考虑到汽车的所有权是自己的,而且客源和收入也较为稳定,所以也乐意掏这笔钱。

据统计,川航因此增加了数以万计的旅客(一类是从其他的航空公司分流过来,一类是从高铁等替代者中分流过来),这部分新增旅客带来的利润远高于公司的补贴费用,商业模式获得了成功。

这种模式的本质是多方(川航、旅客、司机和东风汽车)共赢。羊毛出在狗身上,猪来埋单——众筹。其他模式还有羊毛出在羊身上——两种商品,其一免费,如餐厅打出"孩子免费入场"或者"进入超市免费停车"。羊毛出在狗身上——客户免费,第三方付费,如各大门户网站就是通过广告业务来支撑网站运营。

(二)改变企业模式

改变企业在产业链的位置和充当的角色,改变其价值定义中"造"和"买"的搭配,一部分由自身创造,其他由合作者提供。一般而言,企业的这种变化是通过垂直整合策略或出售及外包来实现。

例如,谷歌在意识到大众信息获取已从桌面平台向移动平台转移,实施垂直整合,大手笔收购安卓操作系统,进入移动平台领域,从而改变了自己在产业链中的位置及商业模式,由软变硬。

又如,IBM 在 20 世纪 90 年代初期意识到个人电脑产业无利可寻,即出售此业务,并进入 IT 服务和咨询业,同时扩展它的软件部门,一举改变了它在产业链中的位置和它原有的商业模式,由硬变软。

【例 6-20】 酷漫居的华丽转身

传统的办公家具企业因缺少终端渠道和品牌无法形成核心竞争力。成立于 2008 年的广州酷漫居动漫科技有限公司,2011 年初次试水电子商务,但是由于生产模式、管理模式和服务模式不适应电商而惨败。随后,酷漫居从其前身传统办公家具企业到基于线上与线下(O2O)模式的儿童动漫家具企业完成了艰难的转型。

酷漫居一方面改变了产品和生产形态,通过产品结构标准化、外形个性化和组装积木化实现了适应电商市场的快速大规模定制生产。另一方面,改进了产品包装,采用零担物流配送,实现了符合电商市场的配送服务模式,以此提升消费者的满意度。

酷漫居是互联网动漫家居细分市场的首创者。它先后获得迪士尼、Hello Kitty、海绵宝宝、喜羊羊、阿狸等全球及国内顶级动漫品牌在中国儿童家具业的独家授权,跨界融合儿童产业、动漫产业、家居产业和互联网产业,发展成为用动漫创意文化整合提升传统制造业的领军企业。

酷漫居通过控制动漫品牌及创意设计的源头，及时把握消费者的需求及喜好，从而整合了传统产业的多方资源，并有效保障了各合作方的利益。在这个完整的产业链条中，酷漫居扮演的角色不是制造商，也不是简单的零售商，而是一个集动漫文化、动漫品牌、创意设计和生活方式的供应商。

（三）改变产业模式

改变产业模式是最激进的一种商业模式创新，它要求一个企业重新定义原产业，进入或创造一个新产业。

例如，IBM通过推动智能星球计划（Smart Planet Initiative）和云计算。它重新整合资源，进入新领域并创造新产业，如商业运营外包服务和综合商业变革服务等，力求成为企业总体商务运作的领军企业。

又如，亚马逊的商业模式创新向产业链后方延伸，为各类商业用户提供如物流和信息技术管理的商务运作支持服务（Business Infrastructure Services），并向它们开放自身的20个全球货物配发中心，大力进入云计算领域，成为提供相关平台、软件和服务的领导者。

【例6-21】 向高科技转身的富士康

在公众印象中，富士康是一家给高科技公司"打下手"的公司。但真正让人惊异的是它对于"工业精神"和"制造之道"的把握。苹果的设计能否在工业上实现量产？产品能否完整实现设计师预期的效果？生产成本能否控制在规定的范围内？能否及时交货？只有富士康能将这些未知数变成确定的答案。富士康赚到的绝不仅仅是手工费。

富士康正在成为一家拥有众多高科技专利的公司。所有电子电信产品，都有一些将"电子讯号"和"电源"连接起来的组件，而"电子讯号"之间也需要连接桥梁，这些组件和桥梁就是连接器。它虽然是配件，却被看作是传递电子产品指令的中枢神经。一个小小的连接器，价钱只有2美元。但富士康在连接器上却有8000多件专利。

向上延伸，富士康逐步开发出包括机壳、电路板、内存、光驱、电源器、中央处理器等关键零部件的连接器。美国公司开发一项结构模块需要16周，而富士康只需要6周。最终，富士康连接器形成一种强大的整合能力，体现出速度、效率、成本和品质，这也成为富士康称霸全球PC代工市场的诀窍。复制电脑连接器的模式，富士康迅速进入了手机、消费电子、汽车、电子通路、数字内容等产业。

（四）改变技术模式

技术创新往往是商业模式创新的最主要驱动力。企业可以通过引进激进型技术来主导自身的商业模式创新，如众多企业利用互联网进行商业模式创新。当今，最具潜力的技术是人工智能、云计算、大数据，它们能提供诸多崭新的用户价值，从而提供企业进行商业模式创新的契机。

例如，3D打印技术，它帮助诸多企业进行深度商业模式创新。保时捷用3D打印技术为其经典车型生产零部件，甚至可让用户在网上订货，并在邻近网点将所需汽车打印出来。

【例6-22】 文学的新"起点"

在大多数人观念中，文学是一种艺术创作，很难作为谋生的手段。但随着互联网的普及，中国互联网文学创作也开始出现动漫化、游戏化的趋势。很多网络写手看中了这种题材创作蕴藏的巨大商业价值。与此同时，生活节奏越来越快，上班族、学生、年轻主妇等，不仅已经习惯于在网络上进行小篇幅、可间断的阅读，而且口味多样，起点中文网种类繁多的文学作品恰好能够满足他们更为多元化、更加细分的市场需求。

起点中文网思索网络写手以及网站自身盈利模式，由此推出了一种 VIP 阅读模式，即与网站上优秀作品的作者签约，以章节为单位向用户进行销售，用户付费额的部分支付给作者作为稿酬。比如，一部 30 万字的小说，读者要读完全部内容，通常需要支付 3～6 元，这比购买一部同样字数的纸质书要更便宜和方便。通过与作者三七分成，起点中文网也能拥有一部分稳定的收入。

读者直接付费给作者，大大增强了作者的写作积极性和创作持续性。起点中文网的文学作品发展到了 12 个大类、100 多个小类。由于起点的规模不断壮大，不少传统作家也开始向网络平台创作倾斜。知名作家的加入进一步提高了起点的知名度，增加了网站人气。

起点中文网还是一个包装者和运营者，核心是在汇集尽可能多的文学原创作品的基础上对其进行筛选，将其中有商业价值的一部分作家和作品挖掘出来，在网站和其他媒体、下游合作环节进行推广、包装和营销，将其作品不仅仅以网络形式发表，而且与出版社、影视公司、网络游戏公司以及动漫企业、无线增值服务提供商等合作，开发成其他形式的文学衍生品，让文学作品的商业价值最大化。

思考题

1. 商业模式创新有哪些方法？
2. 简述一个你所了解的商业模式创新案例。

第五节　商业模式创新与技术创新互动

一个成功的商业模式，必须能够将管理创新、技术创新、产品创新和服务创新进行有机的集成，将产业链上的各环节利益捆绑在一起，不断地推动产业竞争模式的发展和经济进步。在此过程中，技术创新与商业模式创新相辅相成、协同发展。

（一）技术创新支撑商业模式创新

在某种意义上，技术创新是商业模式创新的前提，有了更先进的技术就可以改变企业的盈利模式和利润来源。我们经常会关注某些企业独特的商业模式，其实它们的产品都是依靠技术创新的支撑，这也构成了独特的商业模式的基础。

大多数的商业模式都依赖于技术。互联网的创业者们发明了许多全新的商业模式，这些商业模式依赖于新兴的技术，使企业用最小的代价，接触到更多的客户。

【例 6-23】　人工智能带来的精准营销

通过分析用户的购买、浏览、点击等行为，结合各类静态数据得出用户的全方位画像，搭建机器学习模型去预测用户何时会购买什么样的产品，并进行相应的产品推荐。新一代人工智能技术会精准营销，带来的不只是机器模型效果的提升，通过机器视觉技术收集消费者在线下门店内的数据、通过自然语言处理技术分析客户在与客服沟通时的数据，用于构建消费者画像的数据维度与数据量得到了极大的提升与丰富，提升了精准营销的效果。

精准营销和个性化推荐系统是零售行业内应用最为广泛、效果最为显著的人工智能技术，线上线下的零售巨头都在运用此技术帮助进行交叉销售、向上销售、提高复购率。如天猫淘宝2016年创造的1000亿人民币销售额背后就是一套成熟稳定的个性化推荐系统。此外，阿里巴巴旗下蚂蚁金服无论是支付宝、余额宝，还是蚂蚁小贷、芝麻信用，其服务都是既植根于网络信息技术创新，也依托于对传统商业模式的颠覆。

(二)技术创新驱动商业模式创新

很多新的商业模式都是围绕着技术创新而产生的，新技术往往可以为商业模式创新注入动力。最典型的就是云计算。云计算本身就既是技术也是商业模式，不同的公司建立不同的云计算商业模式。

例如，谷歌立足于终端用户，通过建立强大的基础平台、软件系统和信息资源，以信息搜索服务的方式提供给用户，从广告获得收益。而微软的云计算思路是"云＋端"，既强调云端的服务功能、将软件以服务方式提供给用户，又强调不断改进用户端的软件功能，同时让云端与用户端无缝连接。

【例6-24】"智医助理"与机器学习

人工智能一直是科幻小说主流题材之一，而现实中与其相关的设想正在实现。机器通过学习分析行为模式，并以此为依据做出相应预测反应，如应用于购物网站，进行购物推荐。除分析大型数据、挖掘潜在行为模式、行为预测等功能之外，机器还具备从各种模式中学习后产生新模式的能力。

2017年10月，谷歌的子公司DeepMind的AlphaGo Zero采用了新的强化学习算法，从空白状态学起，在无任何人类输入条件下，其自我训练时间仅为3天，自我对弈棋局数量为490万盘，并以100：0战绩击败它的"前辈"AlphaGo。

在医疗保健领域，通过物联网与全球数据对接，可穿戴设备即可借助于人工智能的强大分析能力，为穿戴者提供身体状况诊断、医疗指导等服务。科大讯飞"智医助理"机器人顺利通过临床执业医师综合笔试，与安徽省立医院共建智慧医院(人工智能辅助诊疗中心)。这标志着人工智能全面赋能中国医疗的时代正式开启。

在金融科技领域，智能投顾根据客户理财需求和资质信息、市场状况、投资品信息、资产配置经验等数据，基于大数据的产品模拟和模型预测分析等人工智能技术，输出符合客户风险偏好和收益预期的投资理财建议。

(三)商业模式创新推动新技术转化

对于新兴产业和新技术而言，由于技术不成熟、研发成本高、缺乏配套设施等原因，技术和产品的市场推广应用难度愈来愈大。如果没有合适的商业模式创新与之匹配，技术创新很有可能将以失败告终。在新兴产业领域，技术和商业模式都处于探索阶段，更需要有活跃的商业模式创新来配合技术应用推广，通过商业模式创新有效降低成本。

例如，电动汽车、分布式能源、太阳能光伏、能源大数据等在内的多种创新模式，正在重塑能源行业的商业模式，推动能源市场开放和产业升级，形成新的经济增长点。

(四)商业模式创新助力开辟新市场

商业模式创新的核心价值在于最大限度地满足客户需求，许多商业模式的创新都是通过细分、挖掘、定位不同客户的不同需求进行的。

例如,苹果产品对消费者最大的贡献在于它创造了客户的需求,在 iPad 出现之前,消费者对平板电脑没有明确的需求,而用户使用了 iPad 后,平板电脑及其内容服务就在市场上迅速普及起来。

又如,印度电信企业家古普塔为了将银行服务推向农村市场,将标准的银行分支机构浓缩到了一部智能手机和一个指纹扫描仪中,所有交易通过手机进行记录,并与银行总部进行联系,完成账户的交易,这一系统已经帮助在巴林的印度建筑工人开设银行账户,并汇款回家。

(五) 商业模式创新形成新入者门槛

商业模式创新通过与技术创新的集成,构筑了企业的核心竞争力,同时为技术创新的模仿设置了新的"门槛"。

【例 6-25】 包装业"土豪"利乐的商业模式

世界 500 强之一的瑞典利乐公司(Tetra Pak)1985 年正式进入中国市场,定位明确:为客户提供传统的液态食品灌装设备以及售后维修服务。由于其一台设备昂贵,动辄需要数百万元,下游食品企业的购买能力受到限制,加上后来其他厂家同类产品进入市场,利乐在液态包装市场的垄断地位开始瓦解。

利乐公司很快提出了一个有吸引力的灌装机与包装材料捆绑销售方案——80/20 的设备投资方案:用户付款 20%,就可以安装设备,此后 4 年里每年购买一定量的利乐包装材料,就可以免交余下的 80% 的设备款。下游企业得以用省下的 80% 的资金去开拓市场,运营资金周期大大缩短。除此之外,利乐还利用其 5000 多件专利和 2800 项研发中的技术,为客户提供从灌装、冷却、分离、混合到加工的全流程管理等增值服务,运用这样一个全系统解决方案,如果客户从超市购买的一盒牛奶发现有问题,那么根据产品中的储存信息,利乐生产过程追溯模型就可以将整个生产过程重新检查,从而实现整个生产过程的可视化。剃须刀生产商吉列公司首创的"剃须刀+刀片"(基础服务免费+增值服务付费),在网络时代几乎是所向披靡。

利用密码技术和生产过程追踪模型技术,利乐为客户提供整套生产制造系统的解决方案,从而控制整条产业链,锁定客户,占据行业领导地位,最终分享到中国奶业市场带来的长期利润增长,其收入的年增长率高达 44%。

(六) 商业模式创新引领与改变行业竞争规则

一直以来,企业之间的竞争主要依靠技术革新和产品性价比提高,随着商业模式创新与技术创新的不断结合,行业的技术竞争与产品竞争模式正在被颠覆,以基于新技术为客户提供更新体验和更优服务为目标的商业模式创新成为新的竞争规则。

例如,台湾的联发科技公司通过开发 MTK 集成芯片和交钥匙解决方案,直接将集成芯片交付给手机厂商,缩短了手机的研发制造周期,由此改变了整个产业的游戏规则。

【例 6-26】 商业模式创新引发智能制造革命

以互联网为核心的新一轮科技和产业革命蓄势待发,人工智能机器人、虚拟现实等新技术日新月异,虚拟经济与实体经济的结合,将给人们的生产方式和生活方式带来革命性变化。旗瀚科技提出的"机器人+"新商业模式,让机器人可以真正对接百行百业,在不同场景下提供不同的智能化服务,让用户完美体验智能产品带来的美好生活。

旗瀚科技从单纯的机器人设备提供商转型为定制化机器人平台解决方案提供商,不但扩大了产品的应用市场,并且建立了较难被竞争者复制的定制化智能服务平台竞争力。其发布的一款"可场景化定制提供人工智能机器人服务"的高科技产品,轻松掌握几十种农作物知识,可以帮助农业县镇解决专业技术人员匮乏的老大难问题。

商业创新只有与技术创新共振、互动,以新技术打开视野,以新的商业模式、理念、运营方式使技术落地,才能发挥出最大的效能,产生最大的价值,增加核心竞争力。技术创新会创造新的产品、带来新的需求,进而刺激企业进行商业模式创新,以提升竞争力、对接市场需求,为更多消费者提供产品与服务。

当市场开拓出来,用户积累到一定数量后,同质化的竞争便会出现,如何立于不败之地？企业就要加大技术创新的力度,拿出新产品、创造新需求。纵观当今世界的领先企业,都是将技术创新与商业模式创新有机结合,以技术研发的突破、商业运营的成功确保企业有持续盈利的能力,支持后续的创新。

阅读材料　未来的商业模式是什么样的?

(1) 未来产业分为三种:一维的传统产业,二维的互联网产业,三维的智能科技产业。一维世界正在推倒重建,二维世界被BAT掌控,三维世界正在形成,高维挑战低维总有优势。所以网店可以冲击实体店,而微信的对手一定在智能领域诞生。

(2) 互联网的进化论:传统互联网—移动互联网—万物互联。传统互联网就是PC互联网,它解决了信息不对称的问题,移动互联网解决了效率对接的问题。未来的物联网需要解决万物互联:数据自由共享、价值按需分配。各尽其才、各取所需,让每一个人都能找到与之相匹配的人,然后发生各种关系。

(3) 电子商务进化论:B2B—B2C—C2C—C2B—C2F,从商家对商家、到商家对个人、个人对个人、个人对商家、最终是个人对工厂。未来每一件产品,在生产之前就知道它的客户是谁,个性化时代到来,乃至跨国生产和定制。

(4) 产业链的流向正在逆袭。以前是先生产再消费:生产者—经销商—消费者。未来是先消费再生产:消费者—设计者—生产者。因此,传统经销商这个群体将消失,而能够根据消费者想法而转化成产品的设计师将大量出现。

(5) 商业未来十年内的主题都将离不开"跨界互联",以互联网+为基础,不同行业之间互相渗透、兼并、联合,从而构成了商业新的"上层建筑"。不同业态将互相制衡,最终达到一种平衡的状态,从而形成新的商业生态系统。

(6) 商业本质正从"物以类聚"切换到"人以群分"。第一,原来社会的中心是"物"(产品、商品),是人随物动。未来社会的中心是"人",是物随人动,以人为本的时代到来。第二,原来社会结构按"物品"归类,未来社会按"人群"归类。相同爱好、志向的人很容易汇聚到一起。

(7) 未来对于每个人来说,有一个东西会变得很重要,那就是信用。行为—信用—能力—人格—财富。在大数据的帮助下,你的行为推导出了你的信用值,然后以信用值为支点,能力为杠杆,人格为动力,联合撬动的力量范围,就是你所掌控世界的大小。

(8) 一大批有"匠心"的人的社会地位将获得提升,成为脚踏实地的人,比如工匠、程序员、设计师、编剧、作家、艺术家等。因为互联网已经将社会的框架搭建完成,剩下的就是灵魂填充,所以即便是普通的工作岗位,他们的社会地位也将获得提升,获得尊重。

(9) 未来如何拥有自己的产品？逻辑应该是：创意—表达—展示—订单—生产—客户。当你有一个想法时，你可以先表达出来，然后在平台上进行展示，吸引喜欢的人去下单，拿到订单后可以找工厂生产，生产精细化和定制化，然后再送到消费者手里。

(10) 社会的基本细胞是"企业"。社会上的每一个"需求"和"供给"往往都是由企业对企业所完成的，而今后基本细胞是"个人"。供需双方很多都在个人化，社会结构将越来越精密细致。可以做一个这样的比喻：如果经济是一场血液循环，那么今后它的毛细血管会更加丰富，输送和供氧能量会更加强大。

思考题

1. 利用所学的商业模式要素、商业模式画布等知识，以小组为单位，结合创业团队拟创业的项目，描述其商业模式，指出其结构和要素是什么。
2. 结合你所了解的实例，说明商业模式创新与技术创新的关系和作用。

参 考 文 献

[1] 吴伯凡,阳光,等.这,才叫商业模式[M].北京:商务印书馆,2011.
[2] 司春林.商业模式创新[M].北京:清华大学出版社,2013.
[3] 李江涛.大时代的商业模式[M].北京:东方出版社,2014.
[4] 石泽杰.商业模式创新设计路线图:互联网＋战略重构[M].北京:中国经济出版社,2016.
[5] 丁浩,王炳成,范柳.国外商业模式创新途径研究述评[J].经济问题探索,2013(9).
[6] 王雪冬,董大海.商业模式创新概念研究述评与展望[J].外国经济与管理,2013(11).
[7] 原磊.商业模式分类问题研究[J].中国软科学,2008(5).
[8] 张建新,乔晗,汪寿阳,张奇.基于交易结构理论商业模式分类研究[J].科技促进发展,2016(1).
[9] 何颖,任海峰.商业模式创新与技术创新融合互动研究[N].科技日报,2013-10-14.